"十二五"普通高等教育本科国家级规划教材

光纤通信系统(第3版)

顾畹仪　编著

U0290915

北京邮电大学出版社
www.buptpress.com

内 容 提 要

本书系统地介绍了光纤的传输理论；半导体激光器的工作原理和工作性质，光源的直接调制和间接调制；光接收机的组成、噪声的分析和接收机灵敏度的计算；单信道和 WDM 数字光纤传输系统的组成、关键技术和总体设计；光网络的发展概况和类型，光传送网和自动交换光网络的结构、原理、关键技术和应用；大容量长距离光纤传输中的影响因素及其支撑技术等。本书力求理论上的系统性、技术上的时新性和应用上的实用性。

本书可作为信息通信类和电子科学与技术类硕士研究生教材，也可供重点院校的本科生使用，亦可作为相关科技工作者的参考用书。

图书在版编目(CIP)数据

光纤通信系统 / 顾畹仪编著 . -- 3 版 . -- 北京：北京邮电大学出版社，2013.6(2022.1 重印)
ISBN 978-7-5635-3491-3

Ⅰ. 光… Ⅱ.①顾… Ⅲ.①光导纤维通信－高等学校－教材 Ⅳ.①TN929.11

中国版本图书馆 CIP 数据核字(2013)第 078297 号

书　　　名：光纤通信系统(第 3 版)
著作责任者：顾畹仪　编著
责 任 编 辑：付兆华
出 版 发 行：北京邮电大学出版社
社　　　址：北京市海淀区西土城路 10 号(邮编：100876)
发 行 部：电话：010-62282185　传真：010-62283578
E-mail：publish@bupt.edu.cn
经　　　销：各地新华书店
印　　　刷：保定市中画美凯印刷有限公司
开　　　本：787 mm×960 mm　1/16
印　　　张：27
字　　　数：572 千字
版　　　次：1999 年 11 月第 1 版　2006 年 9 月修订版　2013 年 6 月第 3 版　2022 年 1 月第 5 次印刷

ISBN 978-7-5635-3491-3　　　　　　　　　　　　　　　　　定价：52.00 元

前　言

本书第 1 版是在 1999 年作为"普通高等教育'九五'国家级重点教材"和"面向 21 世纪课程教材"出版,在 2006 年进行了第一次修订(修订版),以"普通高等教育'十一五'国家级重点教材"出版。多年来受到广大读者的关注和好评。

20 世纪 90 年代中期以前推出的光波系统是以电时分复用为基础的单信道系统,借助于这样的系统,光纤通信的速率每 5 年提高了 9 倍。波分复用(WDM)技术和掺铒光纤放大器(EDFA)的实用化使之如虎添翼,面目一新。1996 年首次实现了太比特每秒(每秒一万亿比特)的传输,同时也使建立以波长路由为基础、具有高度灵活性和生存性的 WDM 全光通信网成为可能。光交叉连接、光分叉复用的概念应运而生,并很快进行了 WDM 光网络的现场试验。除此之外,新型的光电器件、新兴的技术和新型的系统也都层出不穷,获得迅速发展。第 1 版教材的内容是基于 20 世纪光纤通信的发展情况而编著。

进入 21 世纪的前五六年中,IP 业务爆发式的增长,变为吞噬网络带宽的主流业务。电信业和 IT 业正处于融合与冲突的"洗牌"阶段,技术发展与更新的速度加快。IP 业务具有突发性、自相似性和不对称性等特征,要求光网络能够实时、动态地按需提供带宽,实现资源的最佳利用;要求光网络具有更加完善的保护和恢复功能、更强的互操作性和扩展性,以减少不断增加的网络运维费用等。这些要求促使光网络向智能化发展,也使基于电路交换的光网络正在向以数据为中心的新一代网络进行演变。自动交换光网络、光网络与数据网的融合、光标记交换、光突发交换(OBS)、多业务多层次环境下网络的控制、管理和生存性等都是当时光通信的重要课题。另外,在爆炸式增长的数据业务驱动下,光纤通信继续向大容量、长距离传输的方向发展,支撑大容量 WDM 长距离传输的各种技术成为新的研究热点。为了能够反映光纤通信当时的发展水平,本书于 2006 年进行了第一次修订。当时教材修订的重点在光网络技术方面。

近五六年来,光纤通信技术又有了长足的进步,主要表现在如下几方面。

① IP 流量的持续高速增长对光纤通信的传输容量提出更高的要求,提升传输容量、提高光频谱效率、延长传输距离一直是光纤通信发展所追求的目标。高阶矢量调制格式、基于全光正交频分复用(O-OFDM)的 Tbit/s 的超级信道、探索新的调制、复用和信号

处理方式等成为光纤通信研究中新的热点。

② 在大容量、高谱效光纤通信系统的发展中,相干光通信成为一个不可或缺的关键技术。而光器件的进步和数字处理技术(DSP)的发展使得相干光通信技术的实用化成为可能。在过去的数年中,相干光通信发展很快,在采用矢量调制的单信道速率为100 Gbit/s 及以上的传输系统、O-OFDM 等系统中获得广泛的应用。

③ 副载波复用(SCM)光波通信技术曾在有线电视(CATV)光纤传输中发挥过重要应用,随着 CATV 的数字化进程而逐渐淡出,但在其技术基础上发展起来的光载无线(ROF)技术成为近几年来新的研究热点,并在众多领域有广阔的应用前景。

④ 在光网络的发展方面,分组化、智能化、宽带化、灵活性的趋势更加明显。分组传送网已获得商用,智能化和宽带化在骨干网和接入网的发展中得到充分体现,光网络中频谱的分配与利用、光交叉连接和分插复用技术更加灵活和动态化。在光纤通信系统和网络技术发展的驱动下,新的光电器件也不断出现。

此次教材修订中,保持了原教材的基本理论体系,引入了上述近几年来光纤通信发展的新技术和新成果,同时,删除了一些较为陈旧的内容,对教材进行了修改、补充和完善。

教材兼顾光纤通信基本理论的系统性、技术的时新性和文字上的可读性,参考了国内外大量资料,也凝聚了作者所在课题组多年来的科研经验和最新研究成果,包含了多位博士生和硕士生在他们博士论文或硕士论文中的部分研究成果。

由于作者水平有限,修订本中难免有错误不当之处,敬请广大读者批评、指正。

作 者

目　　录

绪　　论

1970 年，美国康宁玻璃公司研制出损耗为 20 dB 的石英光纤，证明光纤作为通信的传输媒质是大有希望的。同年，GaAlAs 异质结半导体激光器实现了室温下的连续工作，为光纤通信提供了理想的光源。从此，便开始了光纤通信迅速发展的时代。

在 20 世纪 70 年代，光纤通信由起步到逐渐成熟。这首先表现在光纤传输质量的大大提高及光纤的传输损耗逐年下降。1972—1973 年，在 0.85 μm 波段，光纤的传输损耗已下降到 2 dB/km 左右；与此同时，光纤的带宽不断增加。光纤的生产从带宽较窄的阶跃型折射率光纤转向带宽较宽的渐变型折射率光纤；另外，光源的寿命不断增加，光源和光电检测的性能不断改善。

光纤和光电器件的发展为光纤传输系统的诞生创造了有利条件。到 1976 年，第 1 个速率为 44.7 Mbit/s 的光纤通信系统在美国亚特兰大的地下管道中诞生。该系统经过现场实验和全面性能测试后，很快商用化。

20 世纪 80 年代是光纤通信大发展的年代。在这个时期，光纤通信迅速由 0.85 μm 波段转向 1.3 μm 波段，由多模光纤转向单模光纤。通过理论分析和实践摸索，人们发现，在较长波段光纤的传输损耗可以达到更小的值。经过科学家和工程技术人员的努力，很快在 1.3 μm 和 1.55 μm 波段分别实现了损耗为 0.5 dB/km 和 0.2 dB/km 的极低损耗的光纤传输。同时，石英光纤在 1.31 μm 波段时色度色散为零，这就促使 1.3 μm 波段单模光纤通信系统迅速发展。各种速率的光纤通信系统如雨后春笋般在世界各地建立起来，显示出光纤通信优越的性能和强大的竞争力，并很快替代电缆通信，成为电信网中重要的传输手段。

在 20 世纪 80 年代，波分复用系统、相干光通信系统、光纤放大器等技术已受到人们的重视，并投入大量的人力和物力进行研究。80 年代末期，掺铒光纤放大器问世，它的优越的性能使其他类型的放大器望尘莫及，很快进入实用化阶段。由于掺铒光纤放大器是工作在 1.55 μm 波段，而在这一波段光纤的损耗也最低，从而促使 1.55 μm 波段光纤通信更快发展。

随着社会信息化时代的临近，人类对通信的需求呈现加速增长的趋势。为了满足带宽和容量的需求，一条途径是提高单信道系统的速率。1993 年，2.5 Gbit/s 的系统已经实用化；1995 年，又推出 10 Gbit/s 的系统。但是，受电子速率瓶颈的限制，单信道速率达到 40 Gbit/s 以上已很困难。另一条途径是发展波分复用技术。由于一般的掺铒光纤放大器的带宽仅有 35 nm 左右，必须把复用信道集中在掺铒光纤放大器的带宽之内，也就是发展密集波分复用技术。这一技术在 20 世纪 90 年代很快实用化。

发展迅速的各种新型业务对通信网的带宽和容量提出了越来越高的要求。以欧美为例，尽管 20 世纪 90 年代后传统的电话业务增长缓慢，用户线年增长率只有 3%，但是高速数据交换网和国际互联网主机的数量几乎每年增加一倍，各类交互式服务（如多媒体通信、家庭购物等）大致以同样的速率增长。移动电话市场也在迅速扩大。面对上述挑战，通信网的两大主要组成部分——传输和交换，都在不断地发展和革新。

随着掺铒光纤放大器的广泛应用和波分复用技术的成熟，一根光纤中已经能够传输几百吉比特每秒到几个太比特每秒的数字信息。在 2001 年的 OFC 会议上，报道了实验室中单根光纤的传输容量已达到 10.92 Tbit/s。传输系统容量的快速增长带来的是对交换系统发展的压力和促使其变革的动力。通信网中交换系统的规模越来越大，运行速率越来越高，未来的大型交换系统将需要处理总量达几百太比特每秒的信息。但是目前的电子交换和信息处理的速率难以适应这种需求。面对发展迅速的各种新型业务对通信网的带宽和容量的挑战，通信网的两大主要组成部分——传输和交换，都在不断地发展和变革。为了解决电子瓶颈限制问题，研究人员开始在交换系统中引入光子技术，从而引发了光网络的发展。

20 世纪 90 年代中后期，WDM 全光通信网成为引人注目的研究热点，并由 ITU-T 规范定名为光传送网（OTN）。OTN 在传送网中加上光层，在光上进行交叉连接和分插复用，从而减轻电交换节点的压力，大大提高了整个网络的传输容量和节点的吞吐容量，成为网络升级的可选方案。

进入 21 世纪以来，IP 业务爆发式地增长，变为吞噬网络带宽的主流业务。IP 业务具有突发性、自相似性和不对称性等特征，要求光网络能够动态地按需提供带宽，实现资源的最佳利用；要求光网络能够实施实时的流量工程，具有更加完善的保护和恢复功能，更强的互操作性和扩展性，以减少不断增加的网络运维费用等。这些要求的实质是要赋予现有光网络更多的智能，因此，在 OTN 的研究基础上如何提升网络的智能成为新的研究热点，具有高度智能化的自动交换光网络（ASON）成为光网络发展的主要方向。

ASON 是能够智能化地、自动完成光网络交换连接功能的新一代光传送网。ASON 引入智能的控制平面，通过控制平面的信令、路由、链路管理和自动发现机制，自动建立端到端的按需连接，同时提供可行、可靠的保护恢复机制，实现故障情况下连接的自动重构。

由于数据业务增长的强大推动，基于电路交换的光网络正在向以数据为中心的新一代网络进行演变。光网络与数据网的融合、光标记交换、光突发交换（OBS）和光分组交换(OPS)、网络的异构互连、多业务/多层次环境下网络的控制、管理和生存性等都是与未来信息网密切相关的重要课题。

　　在爆炸式增长的数据业务驱动下,光纤通信继续向大容量、长距离传输的方向发展,支撑大容量 WDM 长距离传输的各种技术(如低噪声放大技术、非线性光学效应的抑制、群速度色散和偏振模色散的补偿、新型调制格式和纠错编码等)成为新的研究热点。

　　总而言之,自 1970 年以来的 40 多年的时间里,光纤通信以惊人的速度迅速发展着,为国家信息基础设施提供了宽敞的传输通路。纵观光纤通信的发展过程,我们可以看到以下几点发展趋势。

　　① 由短波长(0.85 μm)向长波长(1.3 μm 和 1.55 μm)发展;

　　② 由多模光纤向单模光纤发展;

　　③ 由低速率向高速率发展;

　　④ 由准同步数字系列(PDH)向同步数字系列(SDH)发展;

　　⑤ 由单波长传输系统向多波长传输系统(WDM 系统)发展;

　　⑥ 由点到点的传输系统向动态、灵活、透明的智能光网络发展;

　　⑦ 应用领域遍及骨干网、城域网和接入网;

　　⑧ 新技术、新型器件层出不穷。

　　光纤通信之所以能得到如此迅速的发展,与光纤通信的优越性是分不开的。光纤通信的主要优点如下。

　　① 传输损耗低,容量大;

　　② 尺寸小,重量轻,有利于敷设和运输;

　　③ 抗电磁干扰性能好,适合应用于有强电干扰和电磁辐射的环镜中;

　　④ 光纤之间的串话小;

　　⑤ 制造光纤的主要原料是 SiO_2,它是地球上蕴藏最丰富的物质,取之不尽,用之不竭。

　　我国是具有广阔通信市场的大国,1974 年开始研究光纤通信,目前在全国已基本形成"南北纵穿、东西横跨"的光缆网络格局。2.5 Gbit/s、10 Gbit/s 的 SDH 设备和 WDM 设备在我国骨干网和城域网中已大量应用。CAINONET、3Tnet、中国高速光互联网等一批具有自主知识产权的实验网络也已获得成功。随着 ASON 开始进入实用化,光网络将成为我国信息基础设施的重要支柱之一,推动着信息化前进的步伐。

第 1 章　光纤的传输理论

分析光纤中光的传输，可以用射线光学（即几何光学）理论和波动光学理论两种理论。射线光学是忽略波长 λ 的光学，是用光射线去代表光能量传输路线的方法。这种理论对于光波长远远小于光波导尺寸的多模光纤是容易得到简单而直观的分析结果的，但对于复杂的问题，射线光学只能给出较粗糙的概念。

波动光学是把光纤中的光作为经典电磁场来处理，因此，光场必须服从麦克斯韦方程组以及全部边界条件。从波动方程和电磁场的边界条件出发，可以得到全面、正确的解析或数字结果，给出波导中容许的场结构形式（即模式），从而给出光纤中完善的场的描述。

本章首先用射线光学理论简单分析光在多模光纤中的传输情况，然后着重于波动光学理论的分析。

1.1　光纤的基本性质

1.1.1　光纤的结构、分类和光的传输

1. 光纤的结构和分类

（1）光纤的结构

光通信中使用的光纤是横截面很小的可挠透明长丝，它在长距离内具有束缚和传输光的作用。

图 1.1.1 是光纤的横截面。从图中可以看出，光纤主要是由纤芯、包层和涂敷层构成。纤芯是由高度透明的材料制成的；包层的折射率略小于纤芯，从而造成一种光波导效应，使大部分的电磁场被束缚在纤芯中传输；涂敷层的作用是保护光纤不受水汽的侵蚀和机械的擦伤，同时又增加光纤的柔韧性。在涂敷层外，往往加有塑料外套。

为了便于工程上安装和敷设，常常将若干根光纤组合成光缆。光缆的结构繁多，图 1.1.2 是我国较为普遍采用的层绞式和骨架式两种结构。光缆中的钢质加强心，一方

面是为了提高其抵抗张力的能力；另一方面由于加强心的膨胀系数小于塑料，所以它能抵制塑料的伸缩，从而使光缆的温度特性有所改善。

（2）光纤的分类

按光纤原材料的不同，光纤可分为以下几种类型。

① 石英系光纤。这种光纤的纤芯和包层是由高纯度的 SiO_2 掺有适当的杂质制成的，例如用 $GeO_2 \cdot SiO_2$ 和 $P_2O_5 \cdot SiO_2$ 作芯子，用 $B_2O_3 \cdot SiO_2$ 作包层。目前，这种光纤的损耗最低，强度和可靠性最高、应用最广泛，但价格也较高。

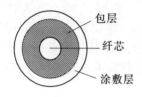

图 1.1.1　光纤的结构

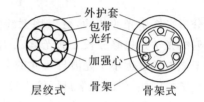

图 1.1.2　光缆结构

② 多组分玻璃纤维。如用钠玻璃（$SiO_2 \cdot Na_2O \cdot CaO$）掺有适当杂质制成。这种光纤的损耗较低，但可靠性尚存在一些问题。

③ 塑料包层光纤。这种光纤的芯子用石英制成，包层是硅树脂。

④ 全塑光纤。这种光纤的芯子和包层都由塑料制成。塑料光纤的价格低于石英光纤，但损耗大，可靠性尚存在一定问题。

光通信中主要用石英光纤，本书后面所说的光纤也主要是指石英光纤。

根据光纤横截面上折射率分布的情况来分类，光纤可分为阶跃折射率型和渐变折射率型（也称为梯度折射率型）。对于阶跃折射率光纤，在纤芯中折射率分布是均匀的，在纤芯和包层的界面上折射率发生突变；而对于渐变折射率光纤，折射率在纤芯中连续变化。

根据光纤中的传输模式数量分类，光纤又可分为多模光纤和单模光纤。在一定的工作波长下，多模光纤能传输许多模式的介质波导，而单模光纤只传输基模。

多模光纤可以采用阶跃折射率分布，也可以采用渐变折射率分布；单模光纤多采用阶跃折射率分布。因此，石英光纤大体上也可以分为多模阶跃折射率光纤、多模渐变折射率光纤和单模阶跃折射率光纤 3 种，它们的结构、尺寸、折射率分布及光传输的示意如表 1.1.1 所示。

2. 光的传输

（1）多模阶跃折射率光纤中光的传输

可以用射线光学理论分析多模光纤中光的传输问题。

在多模阶跃折射率光纤的纤芯中，光按直线传输，在纤芯和包层的界面上光发生反射。由于包层的折射率 n_2 小于纤芯的折射率 n_1，所以存在着临界角 φ_c，如图 1.1.3 所示。当光线在界面上的入射角 φ 大于 φ_c 时，将产生全反射现象。若 $\varphi < \varphi_c$，入射光有一部分反射，另一部分通过界面进入包层，经过多次反射以后，光能量很快衰减。因此，只有满足全反射条件的光线才能携带能量传向远方。

表 1.1.1　3 种主要类型的光纤

光纤类型与折射率分布、光的传输	芯径/μm	包层直径/μm	频带宽度	接续和成本
(a)多模阶跃折射率光纤	50	125	较大 <200 MHz·km	接续较易 成本费最小
(b)多模渐变折射率光纤	50	125	大 200 MHz·km ~3 GHz·km	接续较易 成本费最大
(c)单模阶跃折射率光纤	<10	125	很大 >3 GHz·km	接续较难 成本费较小

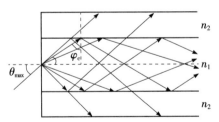

图 1.1.3　阶跃折射率光纤的子午光线

临界角 φ_c 由下式决定：

$$\varphi_c = \arcsin \frac{n_2}{n_1} \tag{1.1.1}$$

若光源发射的光经空气以后耦合到光纤中，那么满足光纤中全内反射条件的光的最大入射角 θ_{max} 满足

$$\sin \theta_{max} = n_1 \sin(90° - \varphi_c) = \sqrt{n_1^2 - n_2^2} \tag{1.1.2}$$

定义光纤的数值孔径为

$$NA = \sqrt{n_1^2 - n_2^2} \tag{1.1.3}$$

数值孔径表示光纤的集光能力。

实际上,光的全反射现象远非射线光学描述的这么简单。全反射仅仅是能量全反射,在靠近界面的包层介质中仍具有电磁波,只是透射波的场分量沿垂直于界面的方向按指数规律衰减,即所谓是倏逝波。而且透射波的波矢量有平行于界面的分量,从而构成了表面波。Goos-Hänchen 的实验证实了光表面波的存在,证明并不是入射波抵达界面时就在该点反射,而是反射点离入射点有一段距离。

在多模阶跃折射率光纤中,满足全反射但入射角不同的光线的传输路径是不同的,结果使不同的光线所携带的能量到达终端的时间不同,从而产生了脉冲展宽,这就限制了光纤的传输容量。

从射线光学的观点可以计算多模阶跃折射率光纤中子午光线的最大群时延差。子午光线是处在一个子午面(包含光纤轴线的平面)内,经过光纤的轴线在周围边界面间作内部全反射的光线,如图 1.1.4 所示。设光纤的长度为 L,光纤中平行轴线的入射光线的传输路径最短,为 L;以临界角入射到纤芯和包层界面上的光线的传输路径最长,为 $\dfrac{L}{\sin \varphi_c}$。因此,最大时延差为

$$\Delta \tau_d = \frac{\dfrac{L}{\sin \varphi_c} - L}{c / n_1} = \frac{L n_1}{c} \cdot \frac{n_1 - n_2}{n_2} \tag{1.1.4}$$

定义光纤的相对折射率差为

$$\Delta = \frac{n_1 - n_2}{n_1} \tag{1.1.5}$$

单位长度光纤的最大群时延差为

$$\Delta \tau_d = \frac{n_1 \Delta}{c} \tag{1.1.6}$$

群时延差限制了多模阶跃折射率光纤的传输带宽,使它的传输带宽一般小于 200 MHz·km。为了减小多模光纤的脉冲展宽,人们制造了渐变折射率光纤。

(2)多模渐变折射率光纤中光的传输

渐变折射率光纤的折射率在纤芯中连续变化。适当地选择折射率的分布形式,可以使不同入射角的光线有大致相等的光程,从而大大减小群时延差。渐变折射率光纤的脉冲展宽可以减小到仅有阶跃折射率光纤的 1/100 左右。

光纤的光学特性决定于它的折射率分布。在渐变折射率光纤中,纤芯中折射率的分布是变化的,而包层中的折射率通常是常数,用 n_a 表示。纤芯中折射率分布可用方幂律式表示。故渐变折射率光纤的折射率[①]分布可以表示为

[①] 在有些书中,纤芯中折射率分布表示为:$n(r) = n_0 \left[1 - 2\Delta \left(\dfrac{r}{a} \right)^g \right]^{1/2}$,将此式展开且忽略高次项,仅保留两项,便得到式(1.1.7)。两式非常接近,但从式(1.1.7)出发,可使许多分析计算简化。

$$n(r) = \begin{cases} n_0 \left[1 - \Delta \left(\dfrac{r}{a} \right)^g \right] & r < a \\ n_a & r \geqslant a \end{cases} \tag{1.1.7}$$

式中，g 是折射率变化的参数；a 是纤芯半径；r 是光纤中任意一点到轴心的距离；Δ 是渐变折射率光纤的相对折射率差，即

$$\Delta = \frac{n_0 - n_a}{n_0} \tag{1.1.8}$$

阶跃折射率光纤也可以认为是 $g = \infty$ 的特殊情况。使群时延差减至最小的最佳的 g 在 2 左右，称为抛物线分布。下面用射线光学理论分析渐变折射率光纤中子午光线和偏射线的传输性质。

① 近轴子午光线。光线在介质中的传输轨迹应该用射线方程表示，即

$$\frac{\mathrm{d}}{\mathrm{d}s} \left(n \frac{\mathrm{d}\boldsymbol{r}}{\mathrm{d}s} \right) = \nabla n \tag{1.1.9}$$

式中，$\boldsymbol{r}$ 是轨迹上某一点的位置矢量；s 为射线的传输轨迹；$\mathrm{d}s$ 是沿轨迹的距离单元；∇n 表示折射率的梯度。

将射线方程应用到光纤的圆柱坐标中，讨论抛物线分布的光纤中的近轴子午光线，即和光纤轴线夹角很小、可近似认为平行于光纤轴线（z 轴）的子午光线。由于光纤中的折射率仅在径向变化，而沿圆周方向和 z 方向是不变的。因此，对于近轴子午光线，射线方程可简化为

$$\frac{\mathrm{d}^2 r}{\mathrm{d}z^2} = \frac{1}{n} \frac{\mathrm{d}n}{\mathrm{d}r} \tag{1.1.10}$$

式中，r 是射线离开轴线的径向距离。

对抛物线分布，有

$$\frac{\mathrm{d}n}{\mathrm{d}r} = -\frac{n_0 \Delta}{a^2} \cdot 2r \tag{1.1.11}$$

将式（1.1.11）代入式（1.1.10），得

$$\frac{\mathrm{d}^2 r}{\mathrm{d}z^2} = -\frac{2n_0 r}{na^2} \cdot \Delta \tag{1.1.12}$$

对近轴光线，$\dfrac{n_0}{n} \approx 1$，因此式（1.1.12）可近似为

$$\frac{\mathrm{d}^2 r}{\mathrm{d}z^2} \approx \frac{2r}{a^2} \cdot \Delta \tag{1.1.13}$$

设 $z = 0$ 时，$r = r_0$，$\dfrac{\mathrm{d}r}{\mathrm{d}z} = r'_0$，式（1.1.13）的解为

$$r = r_0 \cos \left[(2\Delta)^{1/2} \frac{z}{a} \right] + r'_0 \frac{a}{(2\Delta)^{1/2}} \sin \left[(2\Delta)^{1/2} \frac{z}{a} \right] \tag{1.1.14}$$

这就是抛物线分布的光纤中近轴子午光线的传输轨迹。图 1.1.4 显示了当 $r_0 = 0$ 和

$r'_0 = 0$ 时这些光线的轨迹。可以看出,从光纤端面上平行入射的光线或从光纤端面上同一点发出的近轴子午光线经过适当的距离后又重新汇聚到一点。也就是说,它们有相同的传输时延,有自聚焦性质。

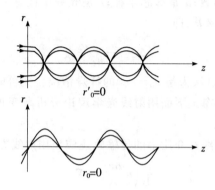

图 1.1.4　抛物线分布光纤中的近轴子午光线的传输轨迹

如果不作近轴光线的近似,分析过程就会变得比较复杂,但从射线方程同样可以证明,当折射率分布取双曲正割函数时,所有的子午光线具有完善的自聚焦性质。自聚焦光纤的折射率分布为

$$n(r) = n_0 \operatorname{sech}(\alpha r) = n_0 \left(1 - \frac{1}{2}\alpha^2 r^2 + \frac{5}{24}\alpha^4 r^4 + \cdots \right) \qquad (1.1.15)$$

式中,$\alpha = \dfrac{\sqrt{2\Delta}}{a}$,可见抛物线分布是 $\operatorname{sech}(\alpha r)$ 分布忽略高次项的近似。

②偏射线。除子午光线外,多模光纤中还存在着偏射线。偏射线是不在一个平面内的空间曲线,它不与光纤轴线相交。图 1.1.5 给出了两种偏射线在垂直于光纤轴线平面上的投影。可以看出,偏射线在两个焦散面之间振荡,并且与焦散面相切,在焦散面之内是驻波,之外则作衰减。对阶跃折射率光纤,外焦散面就是纤芯和包层的界面,内焦散面的位置与入射角度有关。对渐变折射率光纤,外焦散面并不一定与纤芯和包层的界面重合。

(a)阶跃折射率光纤　　(b)渐变折射率光纤
　中的偏射线　　　　　　中的偏射线

图 1.1.5　多模光纤中的偏射线

在渐变折射率光纤中,如果两个焦散面重合,偏射线则成为螺旋线。螺旋线的特点是仅仅改变角度 φ 和距离 z,而 $r=$ 常量,所以它必然满足条件

$$\frac{\mathrm{d}r}{\mathrm{d}z} = 0 \qquad (1.1.16)$$

从这个条件出发,利用圆柱坐标系中的射线方程,可以推导出:若要传输螺旋

线，光纤纤芯折射率的分布应为

$$n(r) = n_0 [1 + (\alpha r)^2]^{-\frac{1}{2}} = n_0 \left[1 - \frac{1}{2}(\alpha r)^2 + \frac{3}{8}(\alpha r)^4 - \cdots \right] \qquad (1.1.17)$$

若仅保留零次项和二次项，则上式也可近似为抛物线分布。

螺旋线不能产生自聚集，不同角度入射的螺旋线不汇聚在一点，它们仍然有群时延差存在。

总结以上的分析可知，要想子午线聚焦，折射率分布须用 $n(r) = n_0 \mathrm{sech}(\alpha r)$ 的形式，但在这种分布形式中，偏射线并不能得到自聚焦性质；要想得到螺旋线，折射率分布应为 $n(r) = n_0 [1 + (\alpha r)^2]^{-\frac{1}{2}}$。螺旋线不能自聚集，所以射线光学理论很难得出最佳的折射率分布。由于以上分析所得的两种折射率分布形式都和抛物线分布形式接近，所以 $g = 2$ 的抛物线分布是目前通行的分布形式。但它不一定是最优的分布规律，并不一定能使群时延差达到最小值。最佳的折射率分布规律在本章第 4 小节中用 WKBJ 法进行分析。

1.1.2　光纤的传输性质

损耗和色散是光纤的两个主要的传输特性。

1. 光纤的损耗

传输损耗是光纤很重要的一项光学性质，它在很大程度上决定着传输系统的中继距离。损耗的降低依赖于工艺的提高和对石英材料的研究。

对于光纤来说，产生损耗的原因较复杂，它不像金属波导那样容易计算损耗量的大小，损耗量的具体确定往往依赖于实验测量。这里简单说明损耗机理。

不论是哪种类型的石英光纤，损耗的产生都是由以下因素造成的。

① 纤芯和包层物质的吸收损耗，包括石英材料的本征吸收和杂质吸收。

② 纤芯和包层材料的散射损耗，包括瑞利散射损耗以及光纤在强光场作用下诱发的受激喇曼散射和受激布里渊散射。

③ 由于光纤表面的随机畸变或粗糙所产生的波导散射损耗。

④ 光纤弯曲所产生的辐射损耗。

⑤ 外套损耗。

这些损耗机理又可分为两种不同的情况：一是石英光纤的固有损耗机理，像石英材料的本征吸收和瑞利散射，这些机理限制了光纤所能达到的最小损耗；二是由于材料和工艺所引起的非固有损耗机理，它可以通过提纯材料或改善工艺而减小，甚至消除其影响，如杂质的吸收、波导的散射等。

（1）石英光纤的固有损耗

光纤材料的本征吸收和本征散射是光纤的固有损耗机理。光纤材料的本征吸收有两个频带：一个在红外波段，其吸收峰在 $8 \sim 12 \ \mu m$ 波长区域，对光纤通信影响不大；另一个在紫外波段，其尾巴会拖到 $0.7 \sim 1.1 \ \mu m$ 的波段，对光纤通信产生一定的影响。

光纤材料的本征散射主要指瑞利散射,它是由于光纤中折射率在微观上的随机起伏所引起的。石英光纤在加热拉制过程中,由于热骚动,使原子得到的压缩不均匀,这使物质的密度不均匀,进而使折射率不均匀,这种不均匀性在冷却的过程中被固定下来。这种不均匀度与波长相比是小尺寸的,因此产生的散射称为瑞利散射。瑞利散射按 $1/\lambda^4$ 的比例产生损耗,在较长的波长上传输时,瑞利散射损耗大大减小。理论和实验指出,熔融二氧化硅的瑞利散射极限值在波长 $0.63\ \mu m$、$1\ \mu m$ 和 $1.3\ \mu m$ 处分别为 $4.8\ dB/km$、$0.8\ dB/km$ 和 $0.3\ dB/km$。

图 1.1.6 是一根典型的石英光纤的频谱损耗曲线,从图中可以清楚地看到各种固有损耗机理在不同波长时的影响。可见在长波长($1.3\sim1.55\ \mu m$)光纤的损耗是很小的。

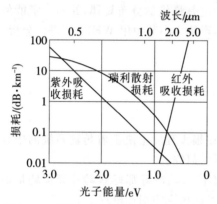

图 1.1.6　掺锗二氧化硅光纤固有损耗机理

(2) 非固有损耗

一种重要的非固有损耗机理是杂质吸收,光纤中的金属离子和 OH^- 根离子都有自己的吸收峰和吸收带,从而增加光纤的损耗。尤其是 OH^- 根离子的振动吸收是造成 $0.95\ \mu m$,$1.24\ \mu m$ 和 $1.39\ \mu m$ 处出现损耗峰的主要原因。只有使光纤中的 OH^- 根含量低于 1×10^{-9} 以下,OH^- 根的吸收损耗才可以忽略。因此,高度提纯光纤材料,是减小光纤损耗的重要途径。

光纤波导宏观上的不均匀性也会增加光纤的损耗,称之为波导散射损耗。波导散射损耗是由于波导尺寸、结构上的不均匀以及表面畸变引起模式转换或模式耦合所造成。由于不均匀性,一部分导模可能转换成辐射模,而产生附加损耗。另外,当入射光功率很强时,光纤会呈现非线性,诱发出受激喇曼散射和受激布里渊散射,这也会增加光纤的损耗。波导散射可以通过改善制造工艺来解决,受激喇曼散射和受激布里渊散射可以通过限制入纤功率在功率阈值以下而对传输不产生影响。

光纤的弯曲会产生一定的辐射损耗。光纤在绞合成缆以及光缆敷设过程中,总存在一定的弯曲,如果制造光缆时处理不当,会因光纤的微弯而产生较大的附加损耗。

另外,由于在包层里电磁场并没有完全消失,所以在光纤的塑料外套里需要把这些剩余的电磁场吸收掉,以免产生串话,因而存在着外套损耗。但所有这些非固有损耗机理可以通过对光纤和光缆的精心设计和精心制作而减小到可以忽略的程度。随着光纤制造工艺的改进,光纤的传输损耗逐年降低,如图 1.1.7 所示。

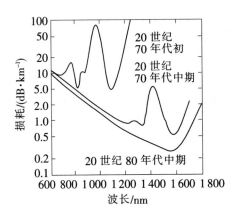

图 1.1.7　不同时期光纤的损耗-波长曲线

0.85 μm,1.3 μm 和 1.55 μm 左右是光纤通信中常用的低损耗窗口(如图 1.1.8 所示)。0.85 μm 的窗口是最早开发的,因为首先研制成功的半导体激光器(GaAlAs)的发射波长刚好在这一区域。随着对光纤损耗机理的深入研究,人们发现在长波长(1.3 μm 和 1.55 μm)光纤的传输损耗更小。因此,长波长光纤通信受到重视并得到非常迅速的发展。实际上,对高纯度的石英光纤,在 1.1~1.6 μm 的整个波段内,光纤的传输损耗都可以达到很低。

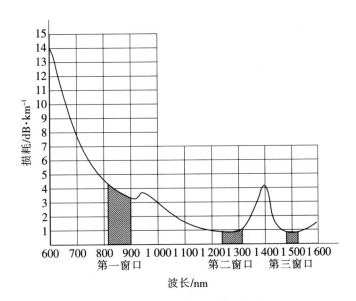

图 1.1.8　光纤通信的 3 个低损耗窗口

2. 光纤的色散

由于色散的存在,光脉冲在传输过程中将被展宽,这极大地限制了光纤的传输容量或传输带宽。从机理上说,色散可分为模式色散、材料色散以及波导色散。

前面已从射线光学的观点简单分析过多模光纤中各种子午光线的群时延差(群时延色散)。从波动光学的理论来分析,多模光纤中各模式在同一频率下有不同的群速度,因而形成模式色散。适当地选择光纤折射率的分布形式,使 g 取最佳值,可以使所有模式的群速度几乎相等,从而大大减小模式色散。g 的最佳值与玻璃组分及波长有关,如图 1.1.9 所示。当 g 取最佳值时,光纤具有很小的模式色散,若采用发射光谱很窄的分布反馈激光器作为光源,光纤有很宽的基带宽度,如图 1.1.10 所示。

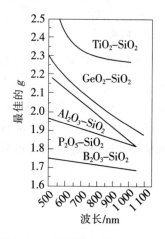

图 1.1.9 不同掺杂的石英光纤的
最佳折射率分布参数

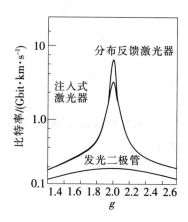

图 1.1.10 光纤带宽随 g 变化

用后面第 1.4 节介绍的 WKBJ 法可以计算出,当 g 取最佳值时,各模式间最大的群时延差为

$$\Delta \tau_{\min} = \frac{n_0 L \Delta^2}{8c} \qquad (1.1.18)$$

这是多模光纤的最大群时延差所能达到的最小值,比阶跃折射率光纤的最大群时延差〔式(1.1.16)表示的〕缩小了 $\Delta/8$ 倍。

采用最佳折射率分布来均衡模式色散虽然非常有效,但也需十分严格。只要 g 稍微偏离 $g_{最佳}$,例如 $g = g_{最佳}(1 \pm \Delta)$,那么群时延差就要比 $g = g_{最佳}$ 大 9 倍左右。因此,在实际制造上非常难控制,从工艺上说,可能比制造单模光纤还要困难。

材料色散是石英的折射率随波长而变所引起。石英材料的 $\dfrac{\mathrm{d}n}{\mathrm{d}\lambda}$,$\dfrac{\mathrm{d}^2 n}{\mathrm{d}\lambda^2}$ 都是波长的函数,而实际的半导体光源有一非零的光谱宽度,结果使不同波长的光的传输时延不同,产生材料色散。

在长度为 L 的光纤中,因材料色散引起的群时延展宽为

$$\Delta\tau_c = (L/c)\lambda \cdot \delta\lambda (\mathrm{d}^2 n/\mathrm{d}\lambda^2) \qquad (1.1.19)$$

式中,c 为真空中的光速;n 为折射率;$\delta\lambda$ 为 $1/\mathrm{e}$ 点光源的谱线宽度。用 GaAlAs 材料制作的注入激光器的发射谱线宽度是发光二极管的 $1/20$ 左右,那么,用激光器取代 LED,光纤的材料色散会降低 20 倍。

纯石英材料在 $1.27~\mu\mathrm{m}$ 波长时无材料色散,称为零色散波长 λ_0。可以用不同的元素给石英光纤掺杂,也可以把零色散波长移向较长的波长区域。

波导色散是模式本身的色散。对光纤的某个模式,在不同的频率下,由于群速不同,故引起色散。波导色散不仅与光源的谱线宽度有关,而且与光纤结构的导引效应有关,较细的芯径产生较大的波导色散,而且较细的芯径有增大零色散波长 λ_0 的作用。

材料色散和波导色散都表现为某一模式对不同波长的光的传输时延不同,在测量上很难分开,有时也统称为模内色散。但它们的物理机理并不一样,材料色散是由于材料的 $\dfrac{\mathrm{d}^2 n}{\mathrm{d}\lambda^2} \neq 0$ 所造成,而波导色散是因为某一模式的 $\dfrac{\mathrm{d}^2 \beta}{\mathrm{d}\lambda^2} \neq 0$ 所形成。一般情况下,波导色散引起的脉冲展宽并不很大。

在多模光纤中,模式色散的影响是主要的,而且使用的光源愈接近单色,模式色散就愈占主导地位。这就是说,光源的谱线宽度严重影响材料色散与波导色散,对模式色散的影响则很小。从图 1.1.11 也可以看出,当 $g = g_{最佳}$ 时,使用发射谱线不同的光源,光纤的带宽也很不一样。对于发射谱线很窄的分布反馈激光器,只要 g 取最佳值使模式色散减为最小,光纤就可达到很宽;但对发射谱线很宽的发光二极管,由于材料色散和波导色散很大,g 取最佳值对光纤的带宽并没有太大的改善。

对于目前大量使用的单模光纤,主要存在材料色散、波导色散和偏振模色散。偏振模色散是由于沿两个不同偏振方向传输的同一模式的群时延差所造成,其值通常很小,但当单模光纤工作在零色散波长(即材料色散和波导色散相抵消)时,偏振模色散的影响就变得不能忽视了。

1.2　介质平板波导

这一节用波动光学理论分析介质平板波导中的传输模式。介质平板波导的求解过程,在数学上是简单的,在物理概念上是明确易懂的。这一问题的分析,便于人们了解、熟悉介质波导的求解方法,建立模式的物理概念,从而为分析数学上复杂的圆光纤做好准备。

1.2.1 基本波导方程式

1. 波动方程

设介质材料中没有电荷和电流存在,而且是线性和各向同性的,则麦克斯韦方程组为

$$\nabla \times \boldsymbol{E} = -\frac{\partial \boldsymbol{B}}{\partial t} \tag{1.2.1a}$$

$$\nabla \times \boldsymbol{H} = \frac{\partial \boldsymbol{D}}{\partial t} \tag{1.2.1b}$$

$$\nabla \cdot \boldsymbol{B} = 0 \tag{1.2.1c}$$

$$\nabla \cdot \boldsymbol{D} = 0 \tag{1.2.1d}$$

对于各向同性的线性媒质,下列的物质方程成立:

$$\boldsymbol{D} = \varepsilon \boldsymbol{E} \tag{1.2.2a}$$

$$\boldsymbol{B} = \mu \boldsymbol{H} \tag{1.2.2b}$$

对于式(1.2.1a)的两边取旋度,并利用式(1.2.1b)和式(1.2.2),得到

$$\nabla (\nabla \cdot \boldsymbol{E}) - \nabla^2 \boldsymbol{E} = -\mu \varepsilon \frac{\partial^2 \boldsymbol{E}}{\partial t^2} \tag{1.2.3}$$

由式(1.2.1d)和式(1.2.2a),可得

$$\nabla \cdot \boldsymbol{E} = -\frac{\nabla \varepsilon}{\varepsilon} \cdot \boldsymbol{E} \tag{1.2.4}$$

将式(1.2.4)代入式(1.2.3),得到

$$\nabla^2 \boldsymbol{E} + \nabla \left(\frac{\nabla \varepsilon}{\varepsilon} \cdot \boldsymbol{E} \right) = \mu \varepsilon \frac{\partial^2 \boldsymbol{E}}{\partial t^2} \tag{1.2.5}$$

对于均匀光波导,$\nabla \varepsilon = 0$,设电场随时间呈简谐振荡,则式(1.2.5)可化为

$$\nabla^2 \boldsymbol{E} + k^2 \boldsymbol{E} = 0 \tag{1.2.6}$$

式(1.2.6)中

$$k^2 = \omega^2 \mu \varepsilon \tag{1.2.7}$$

式(1.2.6)就是均匀波导中的波动方程。对于非均匀波导,波动方程应采用式(1.2.5)的形式。但若波导中 ε 随位置的变化很微小,在一个波长的距离上 ε 的变化远小于场分量的变化,则可近似认为 $\frac{\nabla \varepsilon}{\varepsilon} \to 0$,这时仍可用式(1.2.6)所给的波动方程来求解。对磁场 $\boldsymbol{H}$,也可推导出和式(1.2.6)相同的波动方程。

在直角坐标系中,$\boldsymbol{E}$ 和 $\boldsymbol{H}$ 的 x,y,z 分量均满足下列标量波动方程:

$$\nabla^2 \psi + k^2 \psi = 0 \tag{1.2.8}$$

其中,ψ 代表 $\boldsymbol{E}$ 和 $\boldsymbol{H}$ 的各分量。但在圆柱坐标系中,只有 E_z 和 H_z 分量才满足式

(1.2.8),横向电磁场分量并不满足。

2. 基本波导方程式

在求解波导问题时,往往先从波动方程求解出两个场分量,例如 E_z 和 H_z 分量;然后再从这两个场分量求出其他的场分量,并通过电磁场的边界条件确定有关的常数。下面从麦氏方程导出仅用 E_z 和 H_z 分量表示的其他场分量的表达式。

将波导的纵轴定义为 z 轴,在波导中能量是沿 z 方向传输。设纵向传输常数为 β, ε 不依赖于 z,但随 x 和 y 变化,则波导中的电磁场可写为

$$\boldsymbol{E} = \boldsymbol{E}_0(x,y)\mathrm{e}^{-\mathrm{i}\beta z} \tag{1.2.9}$$

$$\boldsymbol{H} = \boldsymbol{H}_0(x,y)\mathrm{e}^{-\mathrm{i}\beta z} \tag{1.2.10}$$

将上面两式表示的场分量代入麦氏方程的两个旋度方程(1.2.1a)和(1.2.1b),利用 $\dfrac{\partial}{\partial t} = \mathrm{i}\omega$, $\dfrac{\partial}{\partial z} = -\mathrm{i}\beta$ 的关系,写出各个分量的方程,则得

$$\frac{\partial H_z}{\partial y} + \mathrm{i}\beta H_y = \mathrm{i}\omega\varepsilon E_x \tag{1.2.11a}$$

$$-\mathrm{i}\beta H_x - \frac{\partial H_z}{\partial x} = \mathrm{i}\omega\varepsilon E_y \tag{1.2.11b}$$

$$\frac{\partial H_y}{\partial x} - \frac{\partial H_x}{\partial y} = \mathrm{i}\omega\varepsilon E_z \tag{1.2.11c}$$

$$\frac{\partial E_z}{\partial y} + \mathrm{i}\beta E_y = -\mathrm{i}\omega\mu H_x \tag{1.2.11d}$$

$$-\mathrm{i}\beta E_x - \frac{\partial E_z}{\partial x} = -\mathrm{i}\omega\mu H_y \tag{1.2.11e}$$

$$\frac{\partial E_y}{\partial x} - \frac{\partial E_x}{\partial y} = -\mathrm{i}\omega\mu H_z \tag{1.2.11f}$$

消去式(1.2.11a)和式(1.2.11e)中的 H_y,可得到用 E_z 和 H_z 表示的 E_x 的表达式为

$$E_x = \frac{-\mathrm{i}}{K^2}\left(\beta\frac{\partial E_z}{\partial x} + \omega\mu\frac{\partial H_z}{\partial y}\right) \tag{1.2.12}$$

式(1.2.12)中

$$K^2 = k^2 - \beta^2 = \omega^2\mu\varepsilon - \beta^2 \tag{1.2.13}$$

类似的方法也可以得到用 E_z 和 H_z 表示的 E_y、H_x 和 H_y 的表达式为

$$E_y = \frac{-\mathrm{i}}{K^2}\left(\beta\frac{\partial E_z}{\partial y} - \omega\mu\frac{\partial H_z}{\partial x}\right) \tag{1.2.14}$$

$$H_x = \frac{-\mathrm{i}}{K^2}\left(\beta\frac{\partial H_z}{\partial x} - \omega\varepsilon\frac{\partial E_z}{\partial y}\right) \tag{1.2.15}$$

$$H_y = \frac{-\mathrm{i}}{K^2}\left(\beta\frac{\partial H_z}{\partial y} + \omega\varepsilon\frac{\partial E_z}{\partial x}\right) \tag{1.2.16}$$

这些就是基本的波导方程式。利用这些方程式,只要从标量波动方程求出 E_z 和 H_z 分量,其他的场分量就可以立即得到,并不需要逐个求解。

根据解出的场分量 E_z 和 H_z 的情况,导行波可以分成各种不同的模式,在无限大介质中或在介质波导中可以存在的各种不同类型的模式如表 1.2.1 所示。

表 1.2.1　各种模式类型

名　称	纵向分量	横向分量
TEM(横电磁波)	$E_z = 0, H_z = 0$	E_T, H_T
TE(横电波)	$E_z = 0, H_z \neq 0$	E_T, H_T
TM(横磁波)	$E_z \neq 0, H_z = 0$	E_T, H_T
HE 或 EH(混合波)	$E_z \neq 0, H_z \neq 0$	E_T, H_T

1.2.2　对称介质平板波导的传输模式

1. 对称介质平板波导中的波导方程式和模式

对称介质平板波导的形状及坐标轴取向如图 1.2.1 所示。在两介质板之间($-d <$

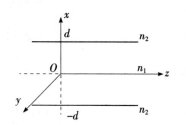

图 1.2.1　对称平板波导的几何形状

$x < d$)折射率为 n_1,介质板外($|x| > d$)的折射率为 n_2。电磁场沿 z 方向传输,z 方向波导的几何形状不变。在 y 方向波导是无限延伸的,同时由于对称性,场分量在 y 方向没有变化,即

$$\frac{\partial}{\partial y} = 0 \qquad (1.2.17)$$

波导中电场表达式可写为

$$\boldsymbol{E} = \boldsymbol{E}_0(x) \mathrm{e}^{-\mathrm{i}\beta z} \qquad (1.2.18)$$

由于 $\frac{\partial}{\partial y} = 0$,基本的波导方程式可以化为

$$E_x = \frac{-\mathrm{i}\beta}{K^2} \cdot \frac{\partial E_z}{\partial x} \qquad (1.2.19)$$

$$E_y = \frac{\mathrm{i}\omega\mu}{K^2} \cdot \frac{\partial H_z}{\partial x} \qquad (1.2.20)$$

$$H_x = \frac{-\mathrm{i}\beta}{K^2} \cdot \frac{\partial H_z}{\partial x} \qquad (1.2.21)$$

$$H_y = \frac{-\mathrm{i}\omega\varepsilon}{K^2} \cdot \frac{\partial E_z}{\partial x} \qquad (1.2.22)$$

同时,由于对称性的限制 $(\partial/\partial y = 0)$,可以将波导中的场分为 TE 模和 TM 模式。

TE 模的 $E_z=0$，由式(1.2.19)~式(1.2.22)可知：$E_x = H_y = 0$，仅有 E_y，H_x 和 H_z 3 个场分量；对于 TM 模，$H_z = E_y = H_x = 0$，仅有 E_x，E_z 和 H_y 3 个场分量。

2. TE 模式

（1）TE 模解的形式

对于 TE 模式，E_y 是电场的仅有分量，可表示为

$$E_y = E_y(x)e^{-i\beta z} \tag{1.2.23}$$

代入标量波动方程式(1.2.8)，得到

$$\frac{d^2 E_y}{dx^2} + K^2 E_y = 0 \tag{1.2.24}$$

解出 E_y 以后，可以从式(1.2.11d)和式(1.2.11f)求出 H_x 和 H_y，它们为

$$H_x = \frac{-\beta}{\omega\mu}E_y \tag{1.2.25}$$

$$H_z = \frac{i}{\omega\mu} \cdot \frac{\partial E_y}{\partial x} \tag{1.2.26}$$

下面分两个区域求式(1.2.24)的解。

① 当 $-d < x < d$ 时，$k = k_0 n_1 = \sqrt{\omega^2 \mu \varepsilon_1}$。

对于导模，在波导内应呈振荡形式的解。为此，应有 $K^2 = k_0^2 n_1^2 - \beta^2 > 0$，场分量的解为

$$E_{y1} = A \cos Kx + B \sin Kx \tag{1.2.27}$$

$$H_{x1} = -\frac{\beta}{\omega\mu}(A \cos Kx + B \sin Kx) \tag{1.2.28}$$

$$H_{z1} = \frac{i}{\omega\mu}(-AK \sin Kx + BK \cos Kx) \tag{1.2.29}$$

② 当 $|x| > d$ 时，$k = k_0 n_2$。

对于导模，在介质板外场分量应迅速衰减。为此，应有 $K^2 = k_0^2 n_2^2 - \beta^2 < 0$。令 $\gamma^2 = \beta^2 - k_0^2 n_2^2$，场分量的解为

$$E_{y2} = De^{-\gamma(|x|-d)} \tag{1.2.30}$$

$$H_{x2} = -\frac{\beta D}{\omega\mu}e^{-\gamma(|x|-d)} \tag{1.2.31}$$

$$H_{z2} = \frac{i\gamma D}{\omega\mu}\left(\frac{-x}{|x|}\right)e^{-\gamma(|x|-d)} \tag{1.2.32}$$

式(1.2.27)~式(1.2.32)中，A、B、D 都是常系数。

（2）边界条件和特征方程式

上面求出来的场分量应满足电磁场的边界条件，即当 $x = \pm d$ 时，横向场分量应保持连续。

当 $x = d$ 时，应有 $E_{y1} = E_{y2}$，$H_{z1} = H_{z2}$，由这两个关系式可得到

$$A\left(1 - \frac{K}{\gamma}\tan Kd\right) + B\left(\tan Kd + \frac{K}{\gamma}\right) = 0 \qquad (1.2.33)$$

当 $x = -d$ 时，应有 $E_{y1} = E_{y2}$，$H_{z1} = H_{z2}$，由这两个关系式可得到

$$A\left(1 - \frac{K}{\gamma}\tan Kd\right) - B\left(\tan Kd + \frac{K}{\gamma}\right) = 0 \qquad (1.2.34)$$

对于式(1.2.33)和式(1.2.34)组成的线性齐次方程组，要使 A,B 有非零解，须令其系数行列式为零，即

$$\begin{vmatrix} \left(1 - \dfrac{K}{\gamma}\tan Kd\right) & \left(\tan Kd + \dfrac{K}{\gamma}\right) \\ \left(1 - \dfrac{K}{\gamma}\tan Kd\right) & -\left(\tan Kd + \dfrac{K}{\gamma}\right) \end{vmatrix} = 0 \qquad (1.2.35)$$

由式(1.2.35)可得到 TE 模的特征方程式为

$$\tan 2Kd = \frac{2K\gamma}{K^2 - \gamma^2} \qquad (1.2.36)$$

从特征方程式可以确定 TE 模式的传输常数与波导尺寸的关系。

3. 偶 TE 模式和奇 TE 模式

仔细分析式(1.2.33)和式(1.2.34)还可以发现，要使两个方程式都成立，A 和 B 不能同时不为零。现将 $A \neq 0$，$B = 0$ 时对应的模式称为偶 TE 模；将 $A = 0$，$B \neq 0$ 时的模式称为奇 TE 模。下面分别研究偶 TE 模和奇 TE 模的子情况，这更有利于理解模式结构和特征方程式的物理概念。

(1) 偶 TE 模

对 $-d < x < d$ 的区域，偶 TE 模的场分量为

$$E_{y1} = A \cos Kx \qquad (1.2.37)$$

$$H_{x1} = -\frac{\beta A}{\omega \mu} \cos Kx \qquad (1.2.38)$$

$$H_{z1} = -\frac{iK}{\omega \mu} A \sin Kx \qquad (1.2.39)$$

对于 $|x| > d$ 的区域，场分量仍可用式(1.2.30)~式(1.2.32)的形式。

从边界条件得到偶 TE 模的方程式为

$$\tan Kd = \frac{\gamma}{K} \qquad (1.2.40)$$

设 φ_0 为第一象限的角，且 $\varphi_0 = \arctan \dfrac{\gamma}{K}$，则由特征方程式可知

$$Kd = \varphi_0 + n\pi \qquad (1.2.41)$$

式(1.2.41)中，$n = 0,1,2,\cdots$，分别对应着 TE_0，TE_2，TE_4，$\cdots$ 模式，n 称为偶 TE 模的模

数。由以上的分析可以知道,所谓模式,就是波导中容许存在的一种场结构的形式,这种场结构形式既满足麦氏方程组也满足电磁场的边界条件,它的传输常数和波导尺寸间的关系由特征方程给出。对于不同的模式,场分量在波导横截面上的分布是不同的,它们的传输常数也不同。

图 1.2.2 给出了 TE_0 模场分量沿 x 轴变化的情况,这是根据偶 TE 模的解〔式(1.2.37)~式(1.2.39)〕及 TE_0 模的特征方程画出来的。

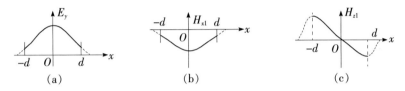

图 1.2.2　TE_0 模的场分量

根据 TE_0 模场分量的变化情况,可以画出它们的场型如图 1.2.3 所示。

用同样的方法,我们也可以分析 TE_2,TE_4 等模式的场分量的变化及场型。TE_2 模的 E_y 分量的变化如图 1.2.4 所示。

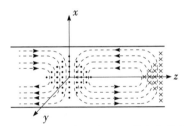

(-- 表示磁力线,·表示 E_y 的方向指向读者,× 号表示 E_y 的方向指向纸面)

图 1.2.3　TE_0 模场型

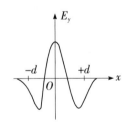

图 1.2.4　TE_2 模的 E_y 分量

(2) 奇 TE 模

对 $-d < x < d$ 时,奇 TE 模的场分量为

$$E_{y1} = B \sin Kx \tag{1.2.42}$$

$$H_{x1} = \frac{-\beta B}{\omega\mu} \sin Kx \tag{1.2.43}$$

$$H_{z1} = \frac{iBK}{\omega\mu} \cos Kx \tag{1.2.44}$$

奇 TE 模的特征方程式为

$$\tan Kd = -\frac{K}{\gamma} \tag{1.2.45}$$

TE$_1$ 模和 TE$_3$ 模的 E_y 分量沿 x 轴的变化如图 1.2.5 所示。

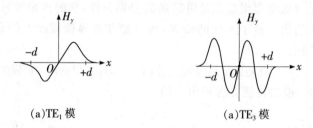

(a)TE$_1$ 模　　　　　　　　　(a)TE$_3$ 模

图 1.2.5　奇 TE 模的 E_y 分量的变化

4. 传输常数的确定

从前面有关 TE 模的分析,已经得到下列的关系式:

$$K^2 = k_0^2 n_1^2 - \beta^2 \quad (\text{导模传输条件}) \tag{1.2.46}$$

$$\gamma^2 = \beta^2 - k_0^2 n_2^2 \quad (\text{导模传输条件}) \tag{1.2.47}$$

$$\tan Kd = \frac{\gamma}{K} \quad (\text{偶 TE 模特征方程})$$

$$\tan Kd = -\frac{K}{\gamma} \quad (\text{奇 TE 模特征方程})$$

下面从这些关系式出发,得到以波导的物理参量 n_1,n_2,d 以及光波长表示的每一个 TE 模的传输常数。对前面的这些方程进行适当的整理,将式(1.2.46)和式(1.2.47)两边乘以 d^2 后相加,得到

$$K^2 d^2 + \gamma^2 d^2 = k_0^2 (n_1^2 - n_2^2) d^2 \tag{1.2.48}$$

设

$$X = Kd \tag{1.2.49a}$$

$$Y = \gamma d \tag{1.2.49b}$$

$$V = k_0 d \sqrt{n_1^2 - n_2^2} \tag{1.2.49c}$$

则式(1.2.48)可以以圆的形式画出,为

$$X^2 + Y^2 = V^2 \tag{1.2.50}$$

式(1.2.40)和式(1.2.45)也可以变换为

$$Y = X\tan X \quad (\text{偶 TE 模}) \tag{1.2.51}$$

$$Y = -X\cot X \quad (\text{奇 TE 模}) \tag{1.2.52}$$

为了得到 TE 模式的传输常数,可将式(1.2.50)、式(1.2.51)和式(1.2.52)绘在 X-Y 平面上,如图 1.2.6 所示。对于某一个 TE 模式,应该既满足它的特征方程式,也满足导模的传输条件($X^2+Y^2=V^2$ 的圆),因此,由圆方程和式(1.2.51)及式(1.2.52)的交点,就可确定各个 TE 模式的传输常数。例如,对于 TE$_0$ 模,可以从圆方程与第一个分支的交点确定出 $K_0 d$ 或 $\gamma_0 d$ 的值,在已知波导参数 n_1,n_2 和 d 的情况下,利用式(1.2.46)或

式 (1.2.47) 便可求出 TE_0 模的传输常数 β_0。其他的 TE 模的传输常数，也可用同样的方法得到。

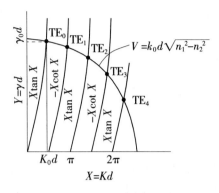

图 1.2.6　TE 模的特征方程

从图 1.2.6 也可以看出，波导中传输模式的数目与 V 有关，V 是介质平板波导的结构参量，它与波导的 n_1, n_2, d 及真空中的波长 λ_0 有关。表 1.2.2 给出了这些参量增加时所引起的模式数目的变化。若

$$V \gg 2\pi \tag{1.2.53}$$

则波导中存在许多传输模式。因此，若设计一个多模介质板波导，应按下式选择介质平板的半宽度，即

$$d \gg \frac{\lambda_0}{\sqrt{n_1^2 - n_2^2}} = \frac{\lambda_0}{NA} \tag{1.2.54}$$

NA 是波导的数值孔径

$$NA = \sqrt{n_1^2 - n_2^2} \tag{1.2.55}$$

若波导的

$$V < \frac{\pi}{2} \tag{1.2.56}$$

则图 1.2.6 中的圆只能与 $X \tan X$ 曲线的第 1 个分支相交，这时波导中只存在一个 TE 模，即 TE_0 模。

表 1.2.2　波导的参量与模式数量的关系

被增加的物理量	传输模式的数目
介质板间折射率 n_1	增加
介质板外折射率 n_2	减小
介质板间半宽度 d	增加
光波长 $\lambda_0 = \dfrac{2\pi}{k_0}$	减小

例题 一对称介质平板波导，$d=1~\mu m$，$n_1=2.234$，$n_2=2.214$，$\lambda_0=0.632~8~\mu m$，求：(1)波导中存在哪些 TE 模？(2)当光波长增加到多少时，波导中只有 TE_0 模存在？

解：(1) $V=k_0 d~\sqrt{n_1^2-n_2^2}=2.96$，因为 $\frac{\pi}{2}<V<\pi$，可知波导中存在着 TE_0 模和 TE_1 模。

(2)若只允许 TE_0 模存在，须

$$V<\frac{\pi}{2}$$

$$\lambda_0>4d~\sqrt{n_1^2-n_2^2}=1.19~\mu m$$

5. 模式截止条件

当某模式在介质平板以外的介质(也称之为包层)中也有振荡形式的解，场分量不迅速衰减时，我们就认为传输模式截止。这时，这个模式不再由波导导行，而成为一个辐射模。辐射模具有连续谱，必须用积分表达，它表现为向波导以外的区域的能量辐射，产生辐射损耗。模式截止条件可以用

$$\gamma=\gamma_c=0 \tag{1.2.57}$$

来表示。当模式截止时，则

$$\beta_c=k_0 n_2 \tag{1.2.58}$$

$$K_c=k_0~\sqrt{n_1^2-n_2^2} \tag{1.2.59}$$

K 和 β 是传输矢量 $\boldsymbol{k}$ 的横向和纵向分量。图 1.2.7 表示模式截止时传输矢量和介质板的法线所组成的角。应用式(1.2.58)和式(1.2.59)表示的截止条件，得到

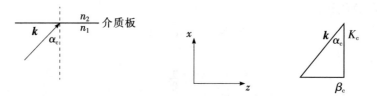

图 1.2.7　模式截止时的传输矢量

$$\tan \alpha_c=\frac{\beta_c}{K_c}=\frac{n_2}{\sqrt{n_1^2-n_2^2}} \tag{1.2.60}$$

为了进一步理解模式截止的物理意义，用部分波的概念将模式与平面波联系起来是有益的。以介质板波导中的偶 TE 模为例，其电场可表示为

$$E_y=A\cos Kx \cdot \mathrm{e}^{-\mathrm{i}\beta z}=\frac{A}{2}\big[\mathrm{e}^{\mathrm{i}(Kx-\beta z)}+\mathrm{e}^{-\mathrm{i}(Kx+\beta z)}\big] \tag{1.2.61}$$

$\mathrm{e}^{\mathrm{i}(Kx-\beta z)}$ 和 $\mathrm{e}^{-\mathrm{i}(Kx+\beta z)}$ 分别代表沿 $-x$，$+z$ 方向和 $+x$，$+z$ 方向传输的平面波，这两个平面波的传输方向与介质板的法线所构成的角满足下式：

$$\tan \alpha = \pm \frac{\beta}{K} \tag{1.2.62}$$

可见介质板波导中的偶 TE 模是由两个分别沿 $+x$,$+z$ 方向和 $-x$,$+z$ 方向传输的平面波的叠加而得到。这两个平面波经介质板反射后,又以同样的入射角投射到各自对面的介质板上,在波导中边反射边传输。在介质板上,两个平面波都满足内部全反射条件,它们对介质板的入射角度是由模式的传输矢量的分量 β,K 所决定的。模式截止的情况,与以临界角入射到介质板上的平面波相对应,很容易证明,式(1.2.60)表示的 α_c 就是平面波在介质板上产生内部全反射的临界角。

6. 对称介质板波导中的 TM 模

前面已经比较详细地分析了介质板波导中的 TE 模。对 TM 模,在此仅列出结果。这并不是因为 TM 模不重要,而是由于它的分析方法和 TE 模的分析方法相似,没有必要重复。

（1）偶 TM 模

在介质板内（$|x| \leqslant d$）：

$$H_{y1} = A \cos Kx \tag{1.2.63}$$

$$E_{x1} = \frac{\beta}{\omega \varepsilon_1} \cdot A \cos Kx \tag{1.2.64}$$

$$E_{z1} = \frac{iK}{\omega \varepsilon_1} \cdot A \sin Kx \tag{1.2.65}$$

$$K^2 = k_0^2 n_1^2 - \beta^2 \tag{1.2.66}$$

在介质板外（$|x| > d$）：

$$H_{y2} = A \cos Kd \cdot e^{-\gamma(|x|-d)} \tag{1.2.67}$$

$$E_{x2} = \frac{\beta}{\omega \varepsilon_2}(A \cos Kd)e^{-\gamma(|x|-d)} \tag{1.2.68}$$

$$E_{z2} = \frac{i\gamma}{\omega \varepsilon_2}\left(\frac{x}{|x|}\right)(A \cos Kd)e^{-\gamma(|x|-d)} \tag{1.2.69}$$

$$\gamma^2 = \beta^2 - k_0^2 n_2^2 \tag{1.2.70}$$

偶 TM 模的特征方程式为

$$\tan Kd = \frac{n_1^2}{n_2^2}\left(\frac{\gamma}{K}\right) \tag{1.2.71}$$

（2）奇 TM 模

在介质板内（$|x| \leqslant d$）：

$$H_{y1} = B \sin Kx \tag{1.2.72}$$

$$E_{x1} = \frac{\beta}{\omega \varepsilon_1} B \sin Kx \tag{1.2.73}$$

$$E_{z1} = -\frac{iK}{\omega \varepsilon_1} B \cos Kx \qquad (1.2.74)$$

在介质板外($|x| > d$):

$$H_{y2} = \frac{x}{|x|} B \sin Kd \cdot e^{-\gamma(|x|-d)} \qquad (1.2.75)$$

$$E_{x2} = \frac{x}{|x|} \cdot \left(\frac{\beta}{\omega \varepsilon_2}\right) B \sin Kd \cdot e^{-\gamma(|x|-d)} \qquad (1.2.76)$$

$$E_{z2} = \frac{i\gamma}{\omega \varepsilon_2} \cdot B \sin Kd \cdot e^{-\gamma(|x|-d)} \qquad (1.2.77)$$

奇 TM 模的特征方程式为

$$\tan Kd = -\frac{n_2^2}{n_1^2}\left(\frac{K}{\gamma}\right) \qquad (1.2.78)$$

在介质板波导中，TE 和 TM 模形成一组导行模。然而在一个介质板波导中，完全的一组模式应包括一定数量的导行模和无穷多个辐射模。

1.2.3 介质板波导中的多模群时延

在多模传输的介质板波导中，也会产生多模群时延失真，使传输的光脉冲展宽。不同模式所产生的最大群时延差可用最低次模和最高次模的传输时间之差来表示，即

$$\Delta\tau_d = |\tau_{dL} - \tau_{dH}| \qquad (1.2.79)$$

由导模的传输条件：

$$K^2 = k_0^2 n_1^2 - \beta^2 > 0 \qquad (1.2.80)$$

$$\gamma^2 = \beta^2 - k_0^2 n_2^2 > 0 \qquad (1.2.81)$$

可知，β 的取值范围为

$$k_0 n_2 < \beta < k_0 n_1 \qquad (1.2.82)$$

波导中单位长度的群时延 $\tau_d = \dfrac{d\beta}{d\omega}$。又因为 $k_0 = \dfrac{\omega}{c}$，因此可得到

$$\frac{d}{d\omega}\left(n_2 \cdot \frac{\omega}{c}\right) < \frac{d\beta}{d\omega} < \frac{d}{d\omega}\left(n_1 \cdot \frac{\omega}{c}\right) \qquad (1.2.83)$$

或

$$\frac{1}{c}\left(n_2 + \omega \frac{dn_2}{d\omega}\right) < \frac{d\beta}{d\omega} < \frac{1}{c}\left(n_1 + \omega \frac{dn_1}{d\omega}\right) \qquad (1.2.84)$$

为了使符号简化，定义群折射率 N_{g1} 和 N_{g2} 为

$$N_{g1} = n_1 + \omega \frac{dn_1}{d\omega} \qquad (1.2.85)$$

$$N_{g2} = n_2 + \omega \frac{dn_2}{d\omega} \qquad (1.2.86)$$

则式(1.2.84)可写成

$$\frac{N_{g2}}{c} < \tau_d < \frac{N_{g1}}{c} \tag{1.2.87}$$

各模式产生的最大群时延差可以表示为

$$\begin{aligned}
\Delta \tau_d &= \frac{L}{c}(N_{g1} - N_{g2}) \\
&= \frac{L}{c}\left[(n_1 - n_2) + \omega\left(\frac{dn_1}{d\omega} - \frac{dn_2}{d\omega}\right)\right]
\end{aligned} \tag{1.2.88}$$

式中,L 是光纤的长度。

如果介质板内的介质和介质板外的介质的色散特性相同或接近,则

$$\frac{dn_1}{d\omega} - \frac{dn_2}{d\omega} \approx 0 \tag{1.2.89}$$

那么,最大群时延差可近似为

$$\Delta \tau_g \approx \frac{L}{c}(n_1 - n_2) \tag{1.2.90}$$

式(1.2.90)和本章第 1 小节中用射线光学理论分析的多模阶跃折射率光纤中的子午光线的最大群时延差有相同的结果。这也说明在满足 $\lambda \rightarrow 0$ 的条件下,射线光学和波动光学理论间的一致性。

1.3　阶跃折射率光纤的模式理论

光在光纤中传输的详细情况只能通过解麦克斯韦方程组来得到。光纤作为圆形介质波导,它的求解过程是复杂的,本节先介绍弱导行(n_1 和 n_2 相差很小,通信用的光纤通常是这种情况)的阶跃折射率光纤的求解方法。

1.3.1　圆柱坐标系中的波导方程式

对于圆柱形光纤,采用圆柱坐标系更合适,因此,需要把已得到的直角坐标系中的基本波导方程式及波动方程变换到圆柱坐标系中。

1. 圆柱坐标系中的基本波导方程式

圆柱坐标系和直角坐标系的关系(如图 1.3.1 所示)为

$$x = r \cos \varphi \tag{1.3.1}$$

$$y = r \sin \varphi \tag{1.3.2}$$

$$r = \sqrt{x^2 + y^2} \tag{1.3.3}$$

$$\varphi = \arctan \frac{y}{x} \tag{1.3.4}$$

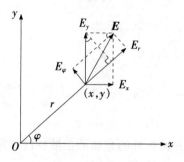

图 1.3.1　直角坐标系和圆柱坐标系的关系

在圆柱坐标系中横向电场分量 E_r 和 E_φ 可用 E_x 和 E_y 表示为

$$E_r = E_x \cos \varphi + E_y \sin \varphi \tag{1.3.5}$$

$$E_\varphi = - E_x \sin \varphi + E_y \cos \varphi \tag{1.3.6}$$

将 E_x 和 E_y 的表达式(1.2.12)和式(1.2.14)代入上面的两式，并利用偏微分的一些关系，得

$$\frac{\partial}{\partial x} = \frac{\partial}{\partial r} \frac{\partial r}{\partial x} + \frac{\partial}{\partial \varphi} \frac{\partial \varphi}{\partial x} \tag{1.3.7}$$

$$\frac{\partial}{\partial y} = \frac{\partial}{\partial r} \frac{\partial r}{\partial y} + \frac{\partial}{\partial \varphi} \frac{\partial \varphi}{\partial y} \tag{1.3.8}$$

以及

$$\frac{\partial r}{\partial x} = \frac{x}{r} = \cos \varphi \tag{1.3.9}$$

$$\frac{\partial \varphi}{\partial x} = - \frac{y}{r^2} = - \frac{\sin \varphi}{r} \tag{1.3.10}$$

$$\frac{\partial r}{\partial y} = \frac{y}{r} = \sin \varphi \tag{1.3.11}$$

$$\frac{\partial \varphi}{\partial y} = \frac{x}{r^2} = \frac{\cos \varphi}{r} \tag{1.3.12}$$

由此可以得到在圆柱坐标系中用 E_z 和 H_z 分量表示的 E_r 和 E_φ 的表达式。用同样的方法，也可以求出 H_r 和 H_φ 的表达式。圆柱坐标系中这组波导方程式为

$$E_r = \frac{-\mathrm{i}}{K^2} \left(\beta \frac{\partial E_z}{\partial r} + \frac{\omega \mu}{r} \frac{\partial H_z}{\partial \varphi} \right) \tag{1.3.13}$$

$$E_\varphi = \frac{-\mathrm{i}}{K^2} \left(\frac{\beta}{r} \frac{\partial E_z}{\partial \varphi} - \omega \mu \frac{\partial H_z}{\partial r} \right) \tag{1.3.14}$$

$$H_r = \frac{-\mathrm{i}}{K^2}\Big(\beta\frac{\partial H_z}{\partial r} - \frac{\omega\varepsilon}{r}\frac{\partial E_z}{\partial \varphi}\Big) \tag{1.3.15}$$

$$H_\varphi = \frac{-\mathrm{i}}{K^2}\Big(\frac{\beta}{r}\frac{\partial H_z}{\partial \varphi} + \omega\varepsilon\frac{\partial E_z}{\partial r}\Big) \tag{1.3.16}$$

2. 圆柱坐标系中的波动方程

在圆柱坐标系中, $\nabla^2\psi$ 表示为

$$\nabla^2\psi = \frac{1}{r}\frac{\partial}{\partial r}\Big(r\frac{\partial \psi}{\partial r}\Big) + \frac{1}{r^2}\frac{\partial^2 \psi}{\partial \varphi^2} + \frac{\partial^2 \psi}{\partial z^2} \tag{1.3.17}$$

对于理想的阶跃折射率光纤,满足下列条件:①光纤材料是线性的、各向同性的,光纤中不存在电荷或电流;②光纤是半无限长的,光波沿 z 方向(光纤轴线)传输;③光纤的结构是均匀的,纤芯半径为 a,折射率为 n_1;包层无限大,折射率为 n_2;④光纤是无耗的。因此,光纤中的电磁场可以表示为

$$\boldsymbol{E} = \boldsymbol{E}(r,\varphi)\exp(\mathrm{i}\omega t - \mathrm{i}\beta z) \tag{1.3.18}$$

$$\boldsymbol{H} = \boldsymbol{H}(r,\varphi)\exp(\mathrm{i}\omega t - \mathrm{i}\beta z) \tag{1.3.19}$$

对于 E_z 和 H_z 分量,应满足下面的标量波动方程:

$$\frac{\partial^2 \psi}{\partial r^2} + \frac{1}{r}\frac{\partial \psi}{\partial r} + \frac{1}{r^2}\frac{\partial^2 \psi}{\partial \varphi^2} + (k^2 - \beta^2)\psi = 0 \tag{1.3.20}$$

用分离变量法求解此方程,令

$$\psi(r,\varphi) = R(r)\Phi(\varphi) \tag{1.3.21}$$

由于光纤是圆柱形波导,电磁场沿 φ 方向是以 2π 为周期的周期函数,所以 $\Phi(\varphi)$ 可表示为

$$\Phi(\varphi) = \mathrm{e}^{\mathrm{i}\nu\varphi} \qquad \nu \text{ 为整数}, \nu = 0,1,2,\cdots \tag{1.3.22}$$

式(1.3.20)可以写为

$$\frac{\mathrm{d}^2 R(r)}{\mathrm{d}r^2} + \frac{1}{r}\frac{\mathrm{d}R(r)}{\mathrm{d}r} + \Big(k^2 - \beta^2 - \frac{\nu^2}{r^2}\Big)R(r) = 0 \tag{1.3.23}$$

这个方程可以化为贝塞尔方程(见附录1),在特定的边界条件下求解 $R(r)$,便可得到阶跃折射率光纤的模式情况。

1.3.2 阶跃折射率光纤中波动方程的解

1. 解的形式

求解方程式(1.3.23)的过程,实际上就是根据边界条件选择适当的贝塞尔函数的过程。

(1) 在纤芯中($r \leqslant a$), $k = k_1 = k_0 n_1$

对于传导模,在纤芯中沿径向应呈驻波分布,式(1.3.23)应有振荡形式的解。为此,

应满足 $k_0^2 n_1^2 - \beta^2 > 0$ 的条件。同时,纤芯包含了 $r=0$ 的点,在这一点,场分量应为有限值,所以第二类贝塞尔函数不合要求(参见附录1)。令

$$u^2 = (k_0^2 n_1^2 - \beta^2) a^2 \tag{1.3.24}$$

可得到

$$\begin{bmatrix} E_{z1} \\ H_{z1} \end{bmatrix} = \begin{bmatrix} A \\ B \end{bmatrix} J_\nu \left(\frac{ur}{a} \right) e^{i\nu\varphi} \tag{1.3.25}$$

式中,A、B 为常系数。

为书写简单,暂时省略因子 $e^{(i\omega t - i\beta z)}$。

(2) 在包层里($r>a$),$k=k_2=k_0 n_2$。

对于传导模,在包层里场分量应迅速衰减,因此,应满足 $\beta^2 - k_0^2 n_2^2 > 0$,才能得到变形的贝塞尔方程而得到衰减形式的解。此外,包层包括无穷远处,所以不能用第一类而只能用第二类变形的贝塞尔函数(参见附录1中如图A1.1所示)。令

$$w^2 = (\beta^2 - k_0^2 n_2^2) a^2 \tag{1.3.26}$$

得到

$$\begin{bmatrix} E_{z2} \\ H_{z2} \end{bmatrix} = \begin{bmatrix} C \\ D \end{bmatrix} K_\nu \left(\frac{wr}{a} \right) e^{i\nu\varphi} \tag{1.3.27}$$

式中,C、D 为常系数。

结合参量 u 和 w,可以定义光纤的重要的结构参量 V 为

$$V^2 = u^2 + w^2 = k_0^2 a^2 (n_1^2 - n_2^2) = \left(\frac{2\pi a}{\lambda_0} \right)^2 (n_1^2 - n_2^2) \tag{1.3.28}$$

V 一方面与波导尺寸(芯径 a)成正比,另一方面又与真空中的波数 k_0 成正比,而 $k_0 = \omega/c$(c 为真空中的光速),因此 V 称为归一化波导宽度或归一化频率。V 是决定光纤中模式数量的重要参量。

从以上的求解过程也可以得出导模的传输条件。为得到纤芯里振荡、包层里迅速衰减的解的形式,必须满足 $k_0^2 n_1^2 - \beta^2 > 0$ 和 $\beta^2 - k_0^2 n_2^2 > 0$,因此,导模的传输常数的取值范围为

$$k_0 n_2 < \beta < k_0 n_1 \tag{1.3.29}$$

若 $\beta < k_0 n_2$,则 $w^2 < 0$,这时包层里也得到振荡形式的解,这种模式称为辐射模。$\beta = k_0 n_2$ 表示一种临界状态,称为模式截止状态,模式截止时的一些性质往往通过 $w \to 0$ 时的特征方程式来讨论。

相反地,$\beta \to k_0 n_1$ 或 $u \to 0$ 的情况是一种远离截止的情况,模式远离截止时其电磁场能很好地封闭在纤芯中。

2. 边界条件和特征方程

求出来的 E_z 和 H_z 分量应满足纤芯和包层边界($r=a$)上连续的条件,因而可写为

$$E_z = \begin{cases} \dfrac{A}{J_\nu(u)} J_\nu\left(\dfrac{ur}{a}\right) e^{i\nu\varphi} & r < a \\[3mm] \dfrac{A}{K_\nu(w)} K_\nu\left(\dfrac{wr}{a}\right) e^{i\nu\varphi} & r > a \end{cases} \tag{1.3.30}$$

$$H_z = \begin{cases} \dfrac{B}{J_\nu(u)} J_\nu\left(\dfrac{ur}{a}\right) e^{i\nu\varphi} & r < a \\[3mm] \dfrac{B}{K_\nu(w)} K_\nu\left(\dfrac{wr}{a}\right) e^{i\nu\varphi} & r > a \end{cases} \tag{1.3.31}$$

利用式(1.3.13)~式(1.3.16)表示的基本波导方程式,可以求出其他的场分量。其中 E_φ 和 H_φ 分量为

$$E_\varphi = \begin{cases} -\mathrm{i}\left(\dfrac{a}{u}\right)^2 \left[A\dfrac{\mathrm{i}\nu\beta}{r}\dfrac{J_\nu\left(\dfrac{ur}{a}\right)}{J_\nu(u)} - B\omega\mu\dfrac{\dfrac{u}{a}J_\nu'\left(\dfrac{ur}{a}\right)}{J_\nu(u)} \right] & r < a \\[5mm] \mathrm{i}\left(\dfrac{a}{w}\right)^2 \left[A\dfrac{\mathrm{i}\nu\beta}{r}\dfrac{K_\nu\left(\dfrac{wr}{a}\right)}{K_\nu(w)} - B\omega\mu\dfrac{K_\nu'\left(\dfrac{wr}{a}\right)\dfrac{w}{a}}{K_\nu(w)} \right] & r > a \end{cases} \tag{1.3.32}$$

$$H_\varphi = \begin{cases} -\mathrm{i}\left(\dfrac{a}{u}\right)^2 \left[B\dfrac{\mathrm{i}\nu\beta}{r}\cdot\dfrac{J_\nu\left(\dfrac{ur}{a}\right)}{J_\nu(u)} + A\omega\varepsilon_0 n_1^2 \dfrac{J_\nu'\left(\dfrac{ur}{a}\right)\dfrac{a}{u}}{J_\nu(u)} \right] & r < a \\[5mm] \mathrm{i}\left(\dfrac{a}{w}\right)^2 \left[B\dfrac{\mathrm{i}\nu\beta}{r}\dfrac{K_\nu\left(\dfrac{wr}{a}\right)}{K_\nu(w)} + A\omega\varepsilon_0 n_2^2 \dfrac{K_\nu'\left(\dfrac{wr}{a}\right)\dfrac{w}{a}}{K_\nu(w)} \right] & r > a \end{cases} \tag{1.3.33}$$

在 $r = a$ 处,E_φ 和 H_φ 应连续,从式(1.3.32)和式(1.3.33)可得到

$$A\dfrac{\mathrm{i}\nu\beta}{a}\left(\dfrac{1}{u^2} + \dfrac{1}{w^2}\right) - B\dfrac{\omega\mu}{a}\left[\dfrac{1}{u}\dfrac{J_\nu'(u)}{J_\nu(u)} + \dfrac{1}{w}\dfrac{K_\nu'(w)}{K_\nu(w)}\right] = 0 \tag{1.3.34a}$$

$$A\dfrac{\omega\varepsilon_0}{a}\left[\dfrac{n_1^2}{u}\dfrac{J_\nu'(u)}{J_\nu(u)} + \dfrac{n_2^2}{w}\dfrac{K_\nu'(w)}{K_\nu(w)}\right] + B\dfrac{\mathrm{i}\nu\beta}{a}\left(\dfrac{1}{u^2} + \dfrac{1}{w^2}\right) = 0 \tag{1.3.34b}$$

对于这个线性齐次方程组,如果 A、B 有非零解,则它们的系数行列式应为零,从这出发并经过复杂的数学运算,得到本征方程为

$$\left[\dfrac{J_\nu'(u)}{u J_\nu(u)} + \dfrac{K_\nu'(w)}{w K_\nu(w)}\right] \left[\dfrac{n_1^2}{u n_2^2}\dfrac{J_\nu'(u)}{J_\nu(u)} + \dfrac{K_\nu'(w)}{w K_\nu(w)}\right] =$$
$$\nu^2\left(\dfrac{n_1^2}{n_2^2}\dfrac{1}{u^2} + \dfrac{1}{w^2}\right)\left(\dfrac{1}{u^2} + \dfrac{1}{w^2}\right) \tag{1.3.35}$$

对于弱导光纤,$n_1 \approx n_2$,式(1.3.35)简化为

$$\dfrac{J_\nu'(u)}{u J_\nu(u)} + \dfrac{K_\nu'(w)}{w K_\nu(w)} = \pm\nu\left(\dfrac{1}{u^2} + \dfrac{1}{w^2}\right) \tag{1.3.36}$$

式中,"′"表示对宗量的微分。

3. 光纤中的各种导模

首先分析阶跃折射率光纤中存在哪些模式。对应 $\nu=0$ 有两套波型：TE_{0m} 模和 TM_{0m} 模，这里 ν 表示圆周方向的模数，m 表示径向模数，$m=1,2,\cdots$。由波导方程式可知，对于 TM_{0m} 模，仅有 E_z,E_r 和 H_φ 分量，$H_z=E_\varphi=H_r=0$；而对于 TE_{0m} 波，仅有 E_φ,H_r 和 H_z 分量，$E_z=E_r=H_\varphi=0$。$\nu=0$ 意味着 TE 波和 TM 波的场分量沿圆周方向没有变化。

当 $\nu\neq0$ 时，E_z 和 H_z 分量都不为零，为混合模。混合模也分为 $HE_{\nu m}$ 和 $EH_{\nu m}$ 两套模式，它们之间的区分是一个混乱的问题。有的书以 E_z 和 H_z 分量的相对大小来区分，E_z 较大的为 $EH_{\nu m}$ 模，H_z 较大的为 $HE_{\nu m}$ 模。但 E_z 和 H_z 分量一般都很小，难以区分。比较直截了当的区分方法是通过式(1.3.36)表示的特征方程来区分，若方程等号右边取正号，则对应于 $EH_{\nu m}$ 波型；若取负号，则对应于 $HE_{\nu m}$ 波型。

下面通过特征方程式来分析各类模式的截止条件，并求出各模的截止频率。

(1) TE_{0m} 模和 TM_{0m} 模

在弱导近似下，TE_{0m} 和 TM_{0m} 模式有相同的特征方程，为

$$\frac{J_0'(u)}{uJ_0(u)}+\frac{K_0'(w)}{wK_0(w)}=0 \tag{1.3.37}$$

当模式截止时，$w\rightarrow0$，由第二类变形的贝塞尔函数的递推关系及渐近公式，可以得到(见附录 1)

$$\frac{J_0'(u)}{uJ_0(u)}=\infty \tag{1.3.38}$$

所以截止状态下的特征方程为

$$J_0(u)=0 \tag{1.3.39}$$

$J_0(u)$ 的根有 $2.4048,5.520,8.6537,\cdots$，它们分别对应着 $TE_{01}(TM_{01})$，$TE_{02}(TM_{02})$，$TE_{03}(TM_{03})$，$\cdots$ 模的截止频率。就是说，若波导的归一化频率 $V>2.4048$，则 $TE_{01}(TM_{01})$ 模就能在光纤中存在；反之，若 $V<2.4048$，$TE_{01}(TM_{01})$ 模就不是导模。对其他模式可依次类推。

TE_{0m} 和 TM_{0m} 模有相同的截止频率，即截止时，两种波型简并。若不进行弱导近似，当离开截止时，两模式的特征方程的传输常数并不相同，两模彼此分离。

(2) $HE_{\nu m}$ 模

$HE_{\nu m}$ 模的特征方程为

$$\frac{J_\nu'(u)}{uJ_\nu(u)}+\frac{K_\nu'(w)}{wK_\nu(w)}=-\frac{\nu}{u^2}-\frac{\nu}{w^2} \tag{1.3.40}$$

利用贝塞尔函数的递推公式可将上式化为(见附录 1)

$$\frac{J_{\nu-1}(u)}{uJ_\nu(u)}=\frac{K_{\nu-1}(w)}{wK_\nu(w)} \tag{1.3.41}$$

先研究 $\nu=1$ 时的特征方程

$$\frac{J_0(u)}{uJ_1(u)}=\frac{K_0(w)}{wK_1(w)} \tag{1.3.42}$$

当模式截止、$w \to 0$ 时，HE_{1m} 模的特征方程可化为（见附录 1）

$$\frac{J_0(u)}{u J_1(u)} = \infty \tag{1.3.43}$$

所以

$$J_1(u) = 0 \tag{1.3.44}$$

$J_1(u) = 0$ 的根有 $0, 3.831\ 7, 7.016\ 0, 10.173\ 5, \cdots$，它们依次对应着 HE_{11}，HE_{12}，HE_{13}，HE_{14}，$\cdots$ 模式的截止频率。

这里之所以能取零根，是因为 $J_0(0) = 1$，零根同样能使方程式（1.3.43）成立。实际上，在所有的导模中，只有 HE_{11} 模式的截止频率为零，亦即截止波长为无穷大。HE_{11} 模式是任何光纤中都能存在、永不截止的模式，称为基模或主模。

当 $\nu > 1$ 时，$HE_{\nu m}$ 模的特征方程在截止状态时可近似为（见附录 1）

$$\frac{J_{\nu-1}(u)}{J_\nu(u)} = \frac{u}{2(\nu-1)} \tag{1.3.45}$$

这是一个超越方程，此方程的解，就对应着 $HE_{\nu m}$ 模的截止频率。

例题　试证明在弱导近似下，HE_{21} 模的截止频率等于 TE_{01} 和 TM_{01} 模的截止频率。

证明　对于 HE_{2m} 模，弱导近似下，在截止状态时特征方程为

$$\frac{J_1(u)}{u J_2(u)} = \frac{1}{2 \times (2-1)} = \frac{1}{2}$$

即

$$J_1(u) = \frac{u}{2} J_2(u)$$

由贝塞尔函数的递推关系

$$J_2(u) = \frac{2}{u} J_1(u) - J_0(u)$$

得

$$J_1(u) = J_1(u) - \frac{u}{2} J_0(u)$$

$$J_0(u) = 0$$

可以看出，HE_{2m} 模在截止状态下的特征方程与 TE_{0m} 和 TM_{0m} 模是相同的。$J_0(u) = 0$ 的第一个根 $u_{21} = 2.404\ 8$ 对应于 HE_{21} 模的截止频率，也是 TE_{01} 和 TM_{01} 模的截止频率。

由于式（1.3.45）是从弱导近似下的特征方程〔式（1.3.36）〕推导出的，所以仅在弱导近似下 HE_{21} 模的截止频率同 TE_{01} 和 TM_{01} 模；在精确情况下，并不相等。

（3）$EH_{\nu m}$ 模

利用贝塞尔函数的递推公式，也可以把弱导近似下 $EH_{\nu m}$ 模的特征方程式化为（见附录 1）

$$-\frac{J_{\nu+1}(u)}{u J_\nu(u)} = \frac{K_{\nu+1}(w)}{w K_\nu(w)} \tag{1.3.46}$$

当模式截止、$w \to 0$ 时,从上式可推导出(见附录1)

$$-\frac{J_{\nu+1}(u)}{u J_{\nu}(u)} = \infty \tag{1.3.47}$$

所以,截止时 $EH_{\nu m}$ 模的特征方程为

$$J_{\nu}(u) = 0 \tag{1.3.48}$$

$J_{\nu}(u) = 0$ 的根对应着 $EH_{\nu m}$ 模的截止频率,但是应注意,不能取零根,因为若取零根,式(1.3.47)是 0/0 型,不满足趋于 ∞ 的条件。

因此求取各模式截止值的方程可归纳如下。

① 对 TE_{0m} 和 TM_{0m} 模:$J_0(u) = 0$。

② 对 HE_{1m} 和 $EH_{\nu m}$ 模:$J_{\nu}(u) = 0$。

③ 对 $HE_{\nu m}(\nu > 1)$ 模:$\dfrac{J_{\nu-1}(u)}{J_{\nu}(u)} = \dfrac{u}{2(\nu-1)}$。

为了便于分析模式的排列情况,通过图 1.3.2 和表 1.3.1 所示给出几个较低阶贝塞尔函数的前几个根。

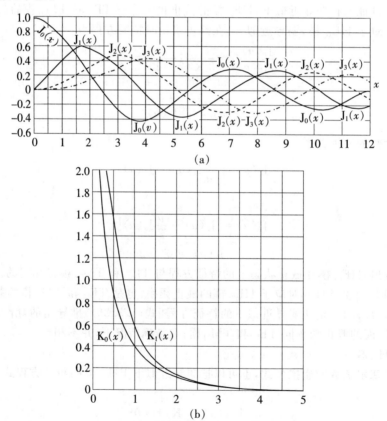

图 1.3.2 贝塞尔函数图形

表 1.3.1　贝塞尔函数的根

贝塞尔函数	$J_0(u)$	$J_1(u)$	$J_2(u)$
前 3 个根 （不包括零根）	2.405	3.832	5.136
	5.520	7.016	8.417
	8.654	10.173	11.620

从以上的分析可以知道，HE_{11} 模是光纤的主模，这种模式对于任意的光波长都能在光纤中传输，它的截止频率为零。如果光纤的归一化频率 $V < 2.405$，TE_{01}，TM_{01}，HE_{21} 模还没有出现时，光纤中只有 HE_{11} 模，因此

$$V < 2.405$$

或

$$\frac{2\pi a}{\lambda_0}\sqrt{n_1^2 - n_2^2} < 2.405 \qquad (1.3.49)$$

就是阶跃折射率光纤单模传输的条件。

当 $V > 2.405$ 以后，TE_{01} 和 TM_{01} 模开始出现，紧接着 HE_{21} 模也开始出现，这 3 个模式的传输常数彼此接近。而当 $V > 3.832$，EH_{11} 模以及紧接着的 HE_{12} 和 HE_{31} 模式出开始出现……较低次模的排列次序及归一化传输常数 $\beta/k_0 = (\beta\lambda_0)/(2\pi)$ 随 V 的变化如图 1.3.3 所示。

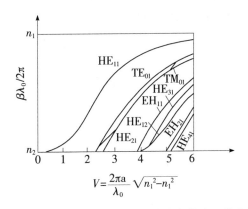

图 1.3.3　几个低次模的归一化传输常数随 V 的变化

由图 1.3.3 也可以看出，光纤中传输模式的数量完全由归一化频率 V 决定，即由纤芯和包层的折射率差、纤芯的半径及传输光波长所决定，这些因素对传输模式的影响，与介质平板波导中是相同的。

例题　已知一阶跃折射率光纤，$n_1 = 1.5$，$\Delta = 0.002$，$a = 6~\mu m$，当光波长分别为 ①$\lambda_0 = 1.55~\mu m$；②$\lambda_0 = 1.30~\mu m$；③$\lambda_0 = 0.85~\mu m$ 时，求光纤中传输哪些导模？

解：$V = \dfrac{2\pi a}{\lambda_0} \sqrt{n_1^2 - n_2^2} = \dfrac{2\pi a}{\lambda_0} n_1 \sqrt{2\Delta}$

① 当 $\lambda_0 = 1.55\ \mu m$ 时，$V = 2.307 < 2.405$，所以光纤中的导模只有 HE_{11} 模。

② 当 $\lambda_0 = 1.30\ \mu m$ 时，$V = 2.75$，因为 $2.405 < V < 3.832$，所以光纤中的导模有 HE_{11}，TE_{01}，TM_{01} 和 HE_{21} 模。

③ 当 $\lambda_0 = 0.85\ \mu m$ 时，$V = 4.21$。因为 $3.832 < V < 5.136$，所以光纤中的导模有 HE_{11}，TE_{01}，TM_{01}，HE_{21}，EH_{11}，HE_{31}，HE_{12} 模。

（4）远离截止时的 $EH_{\nu m}$ 模和 $HE_{\nu m}$ 模

前面已经得到弱导近似下 $HE_{\nu m}$ 模和 $EH_{\nu m}$ 模的特征方程式，它们为

$$\frac{J_{\nu-1}(u)}{uJ_\nu(u)} = \frac{K_{\nu-1}(w)}{wK_\nu(w)} \qquad HE_{\nu m}\ 模$$

$$-\frac{J_{\nu+1}(u)}{uJ_\nu(u)} = \frac{K_{\nu+1}(w)}{wK_\nu(w)} \qquad EH_{\nu m}\ 模$$

$w \to \infty, u \to 0$ 是模式远离截止的条件。当 $w \to \infty$ 时，$K_\nu(w)$ 近似地正比于

$$K_\nu(w) \propto \left(\frac{\pi}{2w}\right)^{1/2} \exp(-w) \tag{1.3.50}$$

所以

$$\lim_{w \to \infty} \frac{K_{\nu-1}(w)}{wK_\nu(w)} = \lim_{w \to \infty} \frac{K_{\nu+1}(w)}{wK_\nu(w)} = 0 \tag{1.3.51}$$

从而得到在远离截止时 $HE_{\nu m}$ 模和 $EH_{\nu m}$ 模的特征方程为

$$J_{\nu-1}(u) = 0 \qquad HE_{\nu m}\ 模 \tag{1.3.52}$$

$$J_{\nu+1}(u) = 0 \qquad EH_{\nu m}\ 模 \tag{1.3.53}$$

可见在远离截止时，$HE_{\nu+1,m}$ 模和 $EH_{\nu-1,m}$ 模有相同的特征方程，它们彼此靠近。

4. 模式的场型图

根据所求出的各模式的场分量，可以画出各模式的场型图，但过程相当繁琐，这里仅给出几个低次模式的场型示意图。其中 HE_{11}（包括 HE_{1m}）模是线偏振模，TE_{0m} 和 TM_{0m} 模与角度 φ 无关，是径向对称模。但在一般情况下，所得到的场型是一种复杂的混合形式。

还需说明一点，图 1.3.4 中仅画出了纤芯中的场型，实际上包层中也有电磁场，只是包层中的电磁场迅速衰减，这是所有介质波导的共有特性。

1.3.3 近似解——LP 模

LP 模是 D. Glogy 在 1971 年提出来的光纤中传输模式的近似解。

前面已经证明，在弱导近似下，远离截止时，$EH_{\nu-1,m}$ 模和 $HE_{\nu+1,m}$ 模有相同的特征方程和传输常数。由图 1.3.3 也可以看出，即便不满足远离截止的条件，$EH_{\nu-1,m}$ 模和

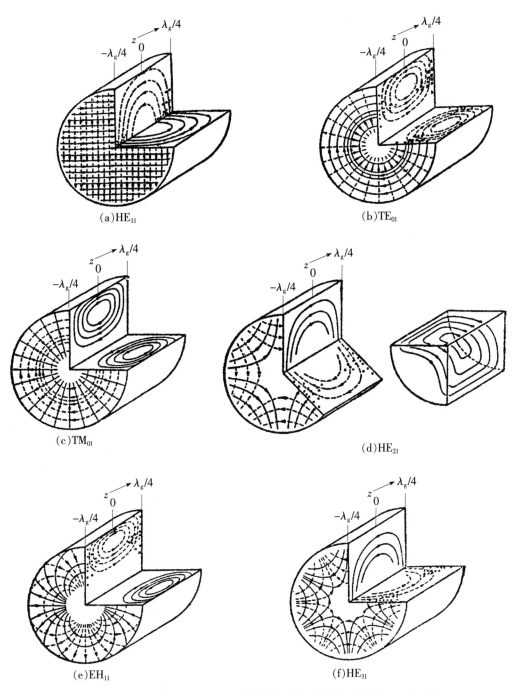

(a)HE$_{11}$

(b)TE$_{01}$

(c)TM$_{01}$

(d)HE$_{21}$

(e)EH$_{11}$

(f)HE$_{31}$

图 1.3.4 　几个低次模的场型(实线为电力线,虚线为磁力线,$\lambda_g = 2\pi/\beta$)

$HE_{\nu+1,m}$ 模的传输常数也是接近的。因此,对于弱导行光纤,有可能通过解的线性组合使问题得到简化。LP 模的基本出发点是:不考虑 TE、TM、EH、HE 模的具体区别,仅仅注意它们的传输常数,并用 LP 模把所有弱导近似下传输常数相等的模式概括起来。

1. LP 模是线偏振模

LP 模的名称来自英文 Linearly Polarized Mode,即线性偏振模的意思,可以证明,若将 $HE_{\nu+1,m}$ 模和 $EH_{\nu-1,m}$ 模线性叠加,得到的是直角坐标系中的线偏振模,下面简单给予证明。

适当地选择圆柱坐标系的方位,可以用正弦和余弦函数来表示 $HE_{\nu+1,m}$ 模和 $EH_{\nu-1,m}$ 模场分量在圆周方向的变化,$\sin \nu\varphi$ 和 $\cos \nu\varphi$ 表示两个不同的偏振方向,那么,在 $r<a$ 的区域,$HE_{\nu+1,m}$ 模和 $EH_{\nu-1,m}$ 模线性叠加后场的纵向分量可表示为

$$E_{z1} = \frac{iAu}{2a}\left\{ J_{\nu+1}\left(\frac{ur}{a}\right) \begin{bmatrix} \sin(\nu+1)\varphi \\ \cos(\nu+1)\varphi \end{bmatrix} + J_{\nu-1}\left(\frac{ur}{a}\right) \begin{bmatrix} \sin(\nu-1)\varphi \\ \cos(\nu-1)\varphi \end{bmatrix} \right\}$$

$$(1.3.54)$$

$$H_{z1} = -\frac{iAu}{2a}\left(\frac{\varepsilon_1}{\mu}\right)^{1/2}\left\{ J_{\nu+1}\left(\frac{ur}{a}\right) \begin{bmatrix} \cos(\nu+1)\varphi \\ \sin(\nu+1)\varphi \end{bmatrix} - J_{\nu-1}\left(\frac{ur}{a}\right) \begin{bmatrix} \cos(\nu-1)\varphi \\ \sin(\nu-1)\varphi \end{bmatrix} \right\}$$

$$(1.3.55)$$

两模式线性叠加后的模向场分量 E_r、E_φ、H_r 和 H_φ 可以从式(1.3.13)～式(1.3.16)表示的基本波导方程得到。然后通过如下的矩阵变换可以将这些横向场分量变到直角坐标系。

$$\begin{bmatrix} E_x \\ E_y \end{bmatrix} = \begin{bmatrix} \cos\varphi & -\sin\varphi \\ \sin\varphi & \cos\varphi \end{bmatrix} \begin{bmatrix} E_r \\ E_\varphi \end{bmatrix}$$

$$(1.3.56)$$

磁场分量也可以做类似的矩阵变换。通过复杂的变换,得到直角坐标系中的横向场分量为

$$E_{y1} = AJ_\nu\left(\frac{ur}{a}\right) \begin{bmatrix} \cos\nu\varphi \\ \sin\nu\varphi \end{bmatrix}$$

$$(1.3.57)$$

$$H_{x1} = -n_1 A\left(\frac{\varepsilon_0}{\mu}\right)^{1/2} J_\nu\left(\frac{ur}{a}\right) \begin{bmatrix} \cos\nu\varphi \\ \sin\nu\varphi \end{bmatrix}$$

$$(1.3.58)$$

$$E_{z1} = H_{y1} = 0$$

$$(1.3.59)$$

可见这种线性组合的结果得到 y 方向的线偏振模。对于 $r>a$ 的区域,也可以做类似的线性组合,只需用第二类变形的贝塞尔函数 $K_\nu\left(\frac{wr}{a}\right)$ 代替式(1.3.54)和式(1.3.55)中 $J_\nu\left(\frac{ur}{a}\right)$。线性组合的结果得到包层中的横向场分量为

$$E_{y2} = \frac{AJ_\nu(u)}{K_\nu(w)} K_\nu\left(\frac{wr}{a}\right) \begin{bmatrix} \cos\nu\varphi \\ \sin\nu\varphi \end{bmatrix}$$

$$(1.3.60)$$

$$H_{x2} = - n_2 A \left(\frac{\varepsilon_0}{\mu}\right)^{1/2} \frac{J_\nu(u)}{K_\nu(w)} K_\nu\left(\frac{wr}{a}\right) \begin{Bmatrix} \cos \nu\varphi \\ \sin \nu\varphi \end{Bmatrix} \tag{1.3.61}$$

$$E_{x2} = H_{y2} = 0 \tag{1.3.62}$$

包层里的场也是线偏振场。

为了完整地描述 LP 模,自然需要这种模式具有正交偏振性质。为此,可以通过下述的置换来得到:对式(1.3.54)表示的 E_z 分量,$\sin(\nu\pm1)\varphi \rightarrow \cos(\nu\pm1)\varphi$,$\cos(\nu\pm1)\varphi \rightarrow \sin(\nu\pm1)\varphi$ 以及 $J_{\nu-1}\left(\frac{ur}{a}\right) \rightarrow -J_{\nu-1}\left(\frac{ur}{a}\right)$;对(1.3.55)式表示的 H_z 分量,$\cos(\nu\pm1)\varphi \rightarrow \sin(\nu\pm1)\varphi$,$\sin(\nu\pm1)\varphi \rightarrow -\cos(\nu\pm1)\varphi$ 以及 $-J_{\nu-1}\left(\frac{ur}{a}\right) \rightarrow J_{\nu-1}\left(\frac{ur}{a}\right)$。这样就可以得到:

① 当 $r<a$ 时

$$E_{x1} = A J_\nu\left(\frac{ur}{a}\right) \begin{Bmatrix} \cos \nu\varphi \\ \sin \nu\varphi \end{Bmatrix} \tag{1.3.63}$$

$$H_{y1} = n_1 A \left(\frac{\varepsilon_0}{\mu}\right)^{1/2} J_\nu\left(\frac{ur}{a}\right) \begin{Bmatrix} \cos \nu\varphi \\ \sin \nu\varphi \end{Bmatrix} \tag{1.3.64}$$

$$E_{y1} = H_{x1} = 0 \tag{1.3.65}$$

② 当 $r>a$ 时

$$E_{x2} = \frac{A J_\nu(u)}{K_\nu(w)} K_\nu\left(\frac{wr}{a}\right) \begin{Bmatrix} \cos \nu\varphi \\ \sin \nu\varphi \end{Bmatrix} \tag{1.3.66}$$

$$H_{y2} = n_2 A \left(\frac{\varepsilon_0}{\mu}\right)^{1/2} \frac{J_\nu(u)}{K_\nu(w)} K_\nu\left(\frac{wr}{a}\right) \begin{Bmatrix} \cos \nu\varphi \\ \sin \nu\varphi \end{Bmatrix} \tag{1.3.67}$$

$$E_{y2} = H_{x2} = 0 \tag{1.3.68}$$

总体来说,LP_{0m} 模是由 HE_{1m} 模得到;LP_{1m} 模是由 TE_{0m},TM_{0m} 和 HE_{2m} 模的线性组合得到;LP_{2m} 模是由 EH_{1m} 和 HE_{3m} 模的线性组合得来……依次类推。由于每一个 $HE_{\nu m}$ 模或 $EH_{\nu m}$ 模都有两个不同的偏振方向,因此 LP_{0m} 模的简并度为 2,而 $LP_{\nu m}$ 模($\nu\neq0$)的简并度为 4。图 1.3.5 所示显示出纤芯中 LP_{11} 模的 4 种不同的横向电场的分布形式。

2. LP 模的特征方程

由电磁场的边界条件($r=a$ 时,E_z,H_z,E_φ 和 H_φ 分量应连续),可以确定出 $LP_{\nu m}$ 模的特征方程为

$$\frac{u J_{\nu-1}(u)}{J_\nu(u)} = \frac{-w K_{\nu-1}(w)}{K_\nu(w)} \tag{1.3.69}$$

当模式截止、$w\rightarrow0$ 时,利用 $K_\nu(w)$ 的渐近公式

$$\lim_{w\rightarrow\infty} \frac{w K_{\nu-1}(w)}{K_\nu(w)} \approx \lim_{w\rightarrow0} \frac{w \cdot 2^{\nu-2} \Gamma(\nu-1)/w^{\nu-1}}{2^{\nu-2} \Gamma(\nu)/w^\nu} = 0 \tag{1.3.70}$$

所以

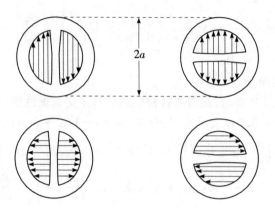

图 1.3.5　LP$_{11}$模的横向电场分量(四重简并)

$$\frac{u\mathrm{J}_{\nu-1}(u)}{\mathrm{J}_\nu(u)} = 0 \qquad\qquad (1.3.71)$$

$$\mathrm{J}_{\nu-1}(u) = 0 \qquad\qquad (1.3.72)$$

也就是说,LP$_{\nu m}$模的归一化截止频率可根据 J$_{\nu-1}(u)$ 的零点来确定,如图 1.3.6 所示。

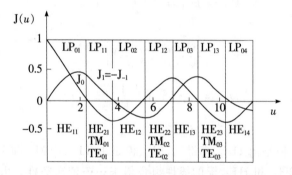

图 1.3.6　贝塞尔函数的零点和 LP 模的截止频率

值得注意的是,LP 模并不是光纤中存在的真实的模式,它是在弱导行情况下人们为简化分析而提出来的,因而从上述近似方程中求出的每一个 $\beta_{\nu m}$ 和精确模相比,实际上是 HE$_{\nu+1,m}$ 模和 EH$_{\nu-1,m}$ 模简并的结果。沿着实际光纤上的各个点,并不存在着 LP 模的连续的场分布,因为实际的 HE$_{\nu+1,m}$ 模和 EH$_{\nu-1,m}$ 模之间总是存在着很小的色散,从而这两个模沿光波导交替地以同相和异相互相结合,而永远不会连续地显示出上述的 LP 模的场分布。

3. 模功率分布

从 LP 模的场分量计算导模携带的功率在纤芯和包层中的分布是较方便的。在纤芯中,导模携带的功率可按下式进行计算:

$$p_{\text{core}} = \int_0^a \int_0^{2\pi} r(E_x H_y^* - E_y H_x^*) \mathrm{d}r \mathrm{d}\varphi \tag{1.3.73}$$

式中，H_y^* 和 H_x^* 分别表示 H_y 和 H_x 的共轭量。

用同样的方法也可以计算导模在包层中携带的光功率，只要用包层里的场分量代入 (1.3.73)式，并把对 r 的积分限改为从 a 到 $+\infty$。这样可以得到

$$\frac{p_{\text{core}}}{p_{\text{total}}} = 1 - \frac{u^2}{V^2}\left[1 + \left(\frac{w}{u}\right)^2 \frac{\mathrm{J}_\nu^{\,2}(u)}{\mathrm{J}_{\nu+1}(u)\mathrm{J}_{\nu-1}(u)}\right] \tag{1.3.74}$$

$$\frac{p_{\text{clad}}}{p_{\text{total}}} = \frac{u^2}{V^2}\left[1 + \left(\frac{w}{u}\right)^2 \frac{\mathrm{J}_\nu^{\,2}(u)}{\mathrm{J}_{\nu+1}(u)\mathrm{J}_{\nu-1}(u)}\right] \tag{1.3.75}$$

式(1.3.75)和图 1.3.7 所示都清楚地说明，随着光纤的归一化频率 V 的增大，导模在包层中所载的功率减小。对于某一个具体的 $\text{LP}_{\nu m}$ 模，当它工作于近截止状态时，大量的光功率存在在包层中，随着光纤归一化频率 V 的增加，模式离开截止状态，纤芯中携带的功率才迅速增加。以 LP_{01} 模为例，当 $V=1$ 时，$p_{\text{clad}}/p_{\text{total}} \approx 70\%$，而当 $V=2.405$、第二个模群开始出现时，$p_{\text{cald}}/p_{\text{total}} \approx 16\%$。

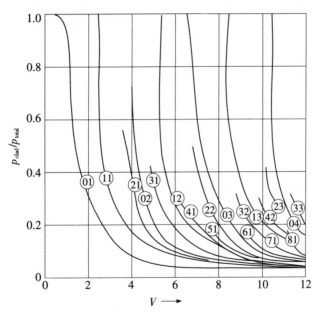

图 1.3.7　LP 模的模功率分布

4. 阶跃折射率光纤中导模数量的估算

（1）p 模群的概念

对于通信中使用的多模光纤，往往能传输很多的模式（多达几百个模式），传输的光功率在很大程度上是由高次模式所携带。对于高次模式，宗量 u 往往很大，用大宗量的

贝塞尔函数的渐近公式可以使问题的分析得到简化。

当 $u \gg 1$ 时

$$J_\nu(u) \approx \left(\frac{2}{\pi u}\right)^{1/2} \cos\left(u - \frac{\nu\pi}{2} - \frac{\pi}{4}\right) \tag{1.3.76}$$

因此,对于较高次的 $\mathrm{LP}_{\nu+1, m}$ 模,截止状态下的特征方程可以表示为

$$\cos\left(u_{\nu m} - \frac{\nu\pi}{2} + \frac{\pi}{4}\right) = 0 \tag{1.3.77}$$

或

$$u_{\nu m} - \frac{\nu\pi}{2} + \frac{\pi}{4} = \left(m + \frac{1}{2}\right)\pi$$

$$u_{\nu m} = \frac{\pi}{2}\left(\nu + 2m + \frac{1}{2}\right) \tag{1.3.78}$$

式中,m 是径向的模数。

从式(1.3.78)可以看出,对于不同的 ν、m 组合,只要 $\nu+2m$ 为同一值,这些模式就具有近似相同的截止频率,可以近似地认为这些不同的 LP 模是简并的。也就是说,较高次模是分成群的,我们有理由用一个新的整数 $p = \nu+2m$ 来表示模群数,则有

$$u_{\nu m} \approx \frac{\pi}{2}p \tag{1.3.79}$$

对于每一个模群 p,大约有 $p/2$ 对不同的 (ν, m) 的组合情况,每一对 (ν, m) 值又对应有四重简并,因此,每个模群 p 包括有 $2p$ 个模式。这些模式的传输常数都可近似为

$$\beta_p^2 = k_0^2 n_1^2 - \frac{u_{\nu m}^2}{a^2} \approx k_0^2 n_1^2 - \frac{\pi^2 p^2}{4a^2} \tag{1.3.80}$$

(2) 阶跃折射率光纤导模数量

前面已经分析过,光纤中导模的传输常数的取值范围为

$$k_0 n_2 < \beta < k_0 n_1$$

最高次模群的传输常数 $\beta_{p\max}$ 对应着 $k_0 n_2$,即

$$\beta_{p\max} \approx k_0 n_2 \tag{1.3.81}$$

由式(1.3.80)又可得到

$$\beta_{p\max}^2 \approx k_0^2 n_1^2 - \frac{\pi^2 p_{\max}^2}{4a^2} \tag{1.3.82}$$

从而得到

$$p_{\max}^2 = \frac{4}{\pi^2}(k_0^2 n_1^2 - k_0^2 n_2^2)a^2$$

所以

$$p_{\max} = \frac{2V}{\pi} \tag{1.3.83}$$

阶跃折射率光纤中导模总数为

$$M \approx \sum_{p=1}^{p_{\max}} (2p) = \frac{\pi^2 p_{\max}^2}{8} = \frac{V^2}{2} \tag{1.3.84}$$

即导模数目是由光纤的归一化频率所决定的。

总之,利用 LP 模的概念可以使许多问题的分析得到简化,而且对于弱导行光纤,也有相当好的精确度。

1.4　渐变折射率光纤的近似分析

渐变折射率光纤是非均匀的光波导,波动方程的求解过程相当复杂,比较简单的方法是 WKBJ 法,这种方法是由 Wentzel、Kramers、Brillouin 和 Jeffregs 提出来的,所以由他们名字的第一个字母命名。

WKBJ 法是量子力学中常用的方法,有时也称为相位积分法。它的优点是易于理解它同物理图像的对应关系,对芯径大(传输模式多)的多模光纤,能以合理的精度给出场分量的解析式,并便于对多模光纤的有关特性进行分析。但对于模数少的光纤,精度较差;对于单模光纤,就更不能适用了。

1.4.1　渐变折射率光纤的近似解

1. 模式的量子力学解释

一般说来,渐变折射率光纤的折射率在纤芯中变化很缓慢,与场分量随位置的变化相比,折射率的变化很微小,满足 $\dfrac{\nabla \varepsilon}{\varepsilon} \to 0$ 的条件。因此,对 E_z 和 H_z 分量,仍可从式(1.2.8)所示的标量波动方程来求解。

设 E_z 和 H_z 有如下形式

$$\psi(r, \varphi, z, t) = R(r) e^{i\nu\varphi} e^{(i\omega t - i\beta z)} \tag{1.4.1}$$

则 $R(r)$ 满足方程

$$\frac{d^2 R(r)}{dr^2} + \frac{1}{r} \frac{dR(r)}{dr} + \left[k_0^2 n^2(r) - \beta^2 - \frac{\nu^2}{r^2} \right] R(r) = 0 \tag{1.4.2}$$

为了便于求解,将此微分方程进行适当的变量变换,令

$$F(r) = r^{1/2} R(r) \tag{1.4.3}$$

则式(1.4.2)可以化成

$$\frac{d^2 F(r)}{dr^2} + \left[k_0^2 n^2(r) - \beta^2 - \frac{\left(\nu^2 - \dfrac{1}{4} \right)}{r^2} \right] F(r) = 0 \tag{1.4.4}$$

令

$$E = k_0^2 n_0^2 - \beta^2 \tag{1.4.5}$$

$$U(r) = k_0^2 n_0^2 - k_0^2 n^2(r) + \frac{\left(\nu^2 - \dfrac{1}{4}\right)}{r^2} \tag{1.4.6}$$

n_0 是纤芯中心部分的折射率。这里 $k_0^2 n_0^2$ 项是为了使它们同以后讨论的形式一致而附加上的,则式(1.4.4)可写为

$$\frac{\mathrm{d}^2 F(r)}{\mathrm{d}r^2} + [E - U(r)]F(r) = 0 \tag{1.4.7}$$

这个方程与量子力学里一维薛定谔方程的形式相同。与量子力学类比,$F(r)$ 相当于波函数,E 相当于质点能量,$U(r)$ 相当于壁垒的势能。对于折射率分布为抛物线型的光纤,$U(r)$ 函数如图 1.4.1 所示。另一方面,E 值是随着各个模的传输常数 β 值而有所不同的常量,所以当把它重叠在 $U(r)$ 图上一起绘出时,根据 $U(r)$ 和 E 的大小关系,可分成如图 1.4.1 所示的(a)、(b)、(c)3 种情况,它们分别对应的 $F(r)$ 的解的大致形状则如图中下半部分所示。于是,在上半部图中绘有斜线的范围是出现振荡解的区域。

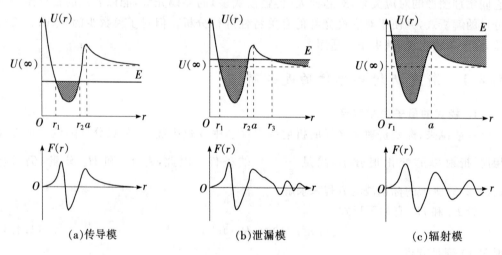

(a)传导模　　　　　　(b)泄漏模　　　　　　(c)辐射模

图 1.4.1　WKBJ 法说明

图 1.4.1 中(a)、(b)、(c)3 种不同的情况分别对应于渐变折射率光纤中的 3 种不同的模式。

(1) $E < U(\infty)$ 的情况——传导模

当 E 满足条件

$$0 < E < U(\infty) \tag{1.4.8}$$

时,如图 1.4.1(a)所示,"势垒"壁无限厚,光子没有足够的能量翻越或穿过"势垒",而被

禁锢于势阱中,这时对应的模式为传导模。由于能量 E 是量子化的,因而 β 是离散的,其取值范围为

$$k_0 n_a < \beta < k_0 n_0 \tag{1.4.9}$$

势阱的宽度 $(r_2 - r_1)$ 随 E 而异,$r = r_1$ 和 $r = r_2$ 相当于第 1.1 小节中所述的焦散面。在焦散面内,$F(r)$ 呈振荡解;在焦散面外,电磁场按指数函数衰减,因此,电磁场的能量被封闭在芯子内而沿 z 方向传输。

(2) $U(\infty) < E < U(a)$ 的情况——泄漏模

在这种情况下,势垒壁逐渐变薄,虽然光子不能越过势垒,但能渗透不同的垒壁向外逃逸,犹如穿过隧道一样,所以,这种模式称为泄漏模,或隧道泄漏模。

由于这种模式 $E > U(\infty)$（即 $\beta < k_0 n_a$）,包层里的电磁场成为振荡解,即包层里存在着传输波导向外的电磁波分量,因而使沿 z 方向传输的电磁场能量逐渐逸散,它还同包层里的吸收损耗结合在一起,使传输损耗加大。另外,由于 $E < U(a)$,在芯子和包层的边界附近又构成 $U(r)$ 的"势垒",所以这种模式向外泄漏的电磁场能量又很小,由于辐射或在包层里吸收所造成的损耗也很小,乍看起来,这种模的行为类似于损耗极大的传导模。

(3) $E > U(a)$ 的情况——辐射模

在这种情况下"势垒"不再存在,光子变成自由粒子,电磁能量向外辐射,相应的模称为辐射模。辐射模的传输损耗远大于泄漏模。

可见采用量子力学的类比方法,可以使模的概念清楚明了,对于较易混淆的泄漏模和辐射模,也能给出较明确的概念。

2. 传导模的 WKBJ 解

现在用 WKBJ 法求解方程式(1.4.7)。

(1) 在 $E - U(r) > 0$ 的区域(振荡解区域)

令

$$\beta_0 = k_0 n_0 \tag{1.4.10}$$

$$p(r) = [E - U(r)]/\beta_0^2 \tag{1.4.11}$$

则方程式(1.4.7)可写成

$$\frac{\mathrm{d}^2 F(r)}{\mathrm{d}r^2} + \beta_0^2 p(r) F(r) = 0 \tag{1.4.12}$$

设振荡解(在 $r_1 < r < r_2$ 的区域)的形式为

$$F(r) = A \exp[\mathrm{i}\beta_0 S(r)] \tag{1.4.13}$$

把上式代入式(1.4.12),得

$$\mathrm{i}\beta_0^{-1} \frac{\mathrm{d}^2 S(r)}{\mathrm{d}r^2} - \left[\frac{\mathrm{d}S(r)}{\mathrm{d}r}\right]^2 + p(r) = 0 \tag{1.4.14}$$

$S(r)$ 按 χ 的幂级数展开,这里

$$\chi = \beta_0^{-1} \tag{1.4.15}$$

则展开式的形式为

$$S = S_0 + S_1\chi + S_2\chi^2 + \cdots \tag{1.4.16}$$

将式(1.4.16)代入式(1.4.14),有

$$[-S_0'^2 + p(r)] + (iS_0'' - 2S_0'S_1')\chi + (iS_1'' - S_1'^2 - 2S_0'S_2')\chi^2 + \cdots = 0 \tag{1.4.17}$$

式中,"′"表示对 r 的微商。

由于 $\chi = \beta_0^{-1} = \dfrac{\lambda}{2\pi n_0}$,对应于波长非常短的情况,可以忽略式(1.4.17)中 χ 的高次项而仅保留低次项。若保留到 χ 的一次项并且求出式(1.4.17)的同 χ 变化无关的条件,可得

$$-S_0'^2 + p(r) = 0 \tag{1.4.18}$$

$$iS_0'' - 2S_0'S_1' = 0 \tag{1.4.19}$$

解之,得

$$S_0(r) = \pm \int \sqrt{p(r)}\,\mathrm{d}r + A_1 \tag{1.4.20}$$

$$S_1(r) = \frac{i}{2}\ln\sqrt{p(r)} + A_2 \tag{1.4.21}$$

式中,A_1,A_2 为常数。

将上两式代入式(1.4.16)和式(1.4.13),得到

$$S(r) \approx \left[\pm\int\sqrt{p(r)}\,\mathrm{d}r + A_1\right] + \beta_0^{-1}\left(\frac{i}{2}\ln\sqrt{p(r)} + A_2\right) \tag{1.4.22}$$

所以

$$F(r) = B[p(r)]^{-1/4}\exp\left[\pm i\beta_0\int_{r_1}^{r}\sqrt{p(r)}\,\mathrm{d}r + \varphi\right] \tag{1.4.23}$$

式中,B,φ 是常数。

(2) 在 $r<r_1$ 和 $r<r_2$ 的区域

导模在这个区域为衰减解。在这两个区域中,$E<U(r)$,可令

$$q(r) = [U(r) - E]/\beta_0^2 \tag{1.4.24}$$

方程式(1.4.7)可化为

$$\frac{\mathrm{d}^2F(r)}{\mathrm{d}r^2} - \beta_0^2 q(r)F(r) = 0 \tag{1.4.25}$$

式中的 $q(r)$ 总是正值。

根据与上述相同的计算步骤,同时考虑到解的不发散条件,则对于 $r<r_1$ 的区域

$$F(r) = B_1 [q(r)]^{-1/4} \exp\left[-\beta_0 \int_r^{r_1} \sqrt{q(r)}\,\mathrm{d}r\right] \qquad (1.4.26)$$

对于 $r_2 < r$ 的区域

$$F(r) = B_2 [q(r)]^{-1/4} \exp\left[-\beta_0 \int_{r_2}^r \sqrt{q(r)}\,\mathrm{d}r\right] \qquad (1.4.27)$$

采用类似的步骤,也可以求出二级或更高级的近似解,这也是 WKBJ 法的优点之一。对于通信中经常使用的传输模数很多的弱导多模光纤,WKBJ 法的一级近似解可以给出良好的精度。但在 $p(r) \approx 0$ 的位置,即 $r = r_1$ 和 $r = r_2$ 位置附近,解的精度将显著变坏。从光射线模型来考虑,这样的点相当于光线由于折射而开始反向折回的地点,也称为转折点。

3. 转折点附近的解

在转折点附近,WKBJ 法的解不能适用,必须求其他的解。所求出来的解要求有同式(1.4.23)、式(1.4.26)和式(1.4.27)相一致的渐近形式。

先看转折点 $r = r_1$ 的情况,$r < r_1$ 是衰减解区域,$r > r_1$ 是振荡解区域。当 $p(r)$ 缓慢变化时,在转折点附近可以表示为

$$p(r) \approx c'(r - r_1) \approx q(r) \qquad (1.4.28)$$

式中 c' 是比例常数。将式(1.4.28)代入式(1.4.12)并求解之,可以得到在 $r \geqslant r_1$ 时解为

$$F(r) = [p(r)]^{-1/4} \xi^{1/4} [CA_i(-\xi) + DB_i(-\xi)] \qquad (1.4.29)$$

$$\xi = \left[\frac{3}{2}\beta_0 \int_{r_1}^r \sqrt{p(r)}\,\mathrm{d}r\right]^{2/3} \qquad (1.4.30)$$

式中,C、D 都是常数;A_i、B_i 是超越函数,称为 Airy 函数,它们是微分方程

$$\frac{\mathrm{d}^2 y}{\mathrm{d}x^2} + xy = 0 \qquad (1.4.31)$$

的两个特解。

在 $r \leqslant r_1$ 时解为

$$F(r) = [q(r)]^{-1/4} \xi'^{1/4} [CA_i(\xi') + DB_i(\xi')] \qquad (1.4.32)$$

$$\xi' = \left[\frac{3}{2}\beta_0 \int_r^{r_1} \sqrt{q(r)}\,\mathrm{d}r\right]^{2/3} \qquad (1.4.33)$$

下面再看转折点 $r = r_2$ 的情况,$r < r_2$ 是振荡解区域,$r > r_2$ 是衰减解区域。式(1.4.12)的解可以表示为

对于 $r \leqslant r_2$

$$F(r) = [p(r)]^{-1/4} \eta^{1/4} [EA_i(-\eta) + FB_i(-\eta)] \qquad (1.4.34)$$

$$\eta = \left[\frac{3}{2}\beta_0 \int_r^{r_2} \sqrt{p(r)}\,\mathrm{d}r\right]^{2/3} \qquad (1.4.35)$$

对于 $r \geqslant r_2$

$$F(r) = \left[q(r) \right]^{-1/4} \eta'^{1/4} \left[EA_i(\eta') + FB_i(\eta') \right] \tag{1.4.36}$$

$$\eta' = \left[\frac{3}{2} \beta_0 \int_{r_2}^{r} \sqrt{q(r)} \, \mathrm{d}r \right]^{2/3} \tag{1.4.37}$$

式中, E、F 均为常数。

4. 解的连续性和特征方程式

前面已经求出各个区域和转折点附近的解, 但式中的常数尚待确定。利用 Airy 函数的渐近公式, 能够确定出各个常数间的关系, 从而使得在越过转折点时, 振荡解区域和衰减解区域的解得以连续起来。

当 $x \gg 1$ 时, Airy 函数的近似式为

$$A_i(x) \approx \frac{1}{2\sqrt{\pi}} x^{-1/4} \exp\left(-\frac{2}{3} x^{3/2} \right) \tag{1.4.38}$$

$$B_i(x) \approx \frac{1}{\sqrt{\pi}} x^{-1/4} \exp\left(\frac{2}{3} x^{3/2} \right) \tag{1.4.39}$$

$$A_i(-x) \approx \frac{1}{\sqrt{\pi}} x^{-1/4} \sin\left(\frac{2}{3} x^{3/2} + \frac{\pi}{4} \right) \tag{1.4.40}$$

$$B_i(-x) \approx \frac{1}{\sqrt{\pi}} x^{-1/4} \cos\left(\frac{2}{3} x^{3/2} + \frac{\pi}{4} \right) \tag{1.4.41}$$

将这些渐近式代入转折点附近的解的表达式, 利用转折点处场连续的条件, 可以确定出常数间的关系并得到传输常数 β 必须满足的特征方程式为

$$\int_{r_1}^{r_2} \left[k_0^2 n^2(r) - \beta_{\nu m}^2 - \frac{\nu^2 - 1/4}{r^2} \right]^{1/2} \mathrm{d}r = \left(m - \frac{1}{2} \right) \pi \tag{1.4.42}$$

这就是决定第 (ν, m) 模的传输常数 $\beta_{\nu m}$ 的特征方程式, 也是 WKBJ 法所得的基本公式, 从此式出发, 可以分析多模渐变折射率光纤的许多传输性质。

1.4.2 渐变折射率光纤特性的 WKBJ 法分析

1. 传输模式的数量

假设 $\nu \gg 1, m \gg 1$, 则可将式(1.3.42)近似为

$$\int_{r_1(\nu)}^{r_2(\nu)} \left[k_0^2 n^2(r) - \beta_{\nu m}^2 - \frac{\nu^2}{r^2} \right]^{1/2} \mathrm{d}r \approx m\pi \tag{1.4.43}$$

式中积分的上下限 r_1 和 r_2 都是 ν 的函数。这个近似对于低次模 $(\nu, m$ 较小) 包含较大的误差, 但对于传导模数为数百以上的多模光纤, 低次模的影响不是很大, 可以暂认为式 (1.4.43)对所有的导模都成立。则第 ν 模群中最大的 m 值发生在 β 取最小值时, 即

$$m_{\max} = \frac{1}{\pi} \int_{r_1(\nu)}^{r_2(\nu)} \left[k_0 n^2(r) - \beta_{\min}^2 - \frac{\nu^2}{r^2} \right]^{1/2} \mathrm{d}r \tag{1.4.44}$$

由式(1.4.9)表示的 β 的取值范围可知:

$$\beta_{\min} = k_0 n_a \tag{1.4.45}$$

图 1.4.2 可以看出,在 $\nu=0,\nu=1,\nu=2,\cdots$ 的各个模群中,每个模群都包括了 $m_{\max}$ 个 LP 模,而每个 LP 模存在着四重简并,所以光纤中的传输模数为

$$M = 4 \int_0^{\nu_{\max}} m_{\max} \mathrm{d}\nu$$

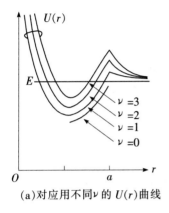

(a)对应用不同 ν 的 $U(r)$ 曲线

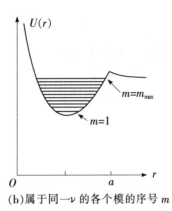

(b)属于同一 ν 的各个模的序号 m

图 1.4.2　模式数量计算的说明

由式(1.4.43)可以看出,$\nu_{\max}$ 值可以通过令 $m \approx 0$,$\beta_{\nu m} = \beta_{\min}$ 而得到,即

$$\nu_{\max} \approx r [k_0^2 n^2(r) - k_0^2 n_a^2]^{1/2} \tag{1.4.46}$$

所以

$$\begin{aligned}
M &= \frac{4}{\pi} \int_0^{\nu_{\max}} \int_0^a \left[k_0^2 n^2(r) - \beta_{\min}^2 - \frac{\nu^2}{r^2} \right]^{1/2} \mathrm{d}r \mathrm{d}\nu \\
&= \frac{4}{\pi} \int_0^a \int_0^{\nu_{\max}} \frac{1}{r} (\nu_{\max}^2 - \nu^2)^{1/2} \mathrm{d}\nu \mathrm{d}r \\
&= \int_0^a r [k_0^2 n^2(r) - k_0^2 n_a^2] \mathrm{d}r
\end{aligned} \tag{1.4.47}$$

由于 ν 的取值范围为 $0 \sim \nu_{\max}$,所以上式中 r 的积分限用可取的最大范围(从 0 到 a)代入。

将渐变折射率光纤的折射率分布

$$n(r) = n_0 \left[1 - \Delta \left(\frac{r}{a} \right)^g \right] \qquad r < a$$

代入式(1.4.47)中,得

$$M = \frac{g}{g+2} a^2 k_0^2 n_0^2 \Delta \tag{1.4.48}$$

$g \to \infty$ 对应阶跃折射率光纤的情况,它的传导模式的数量为

$$M_\infty = a^2 k_0^2 n_0^2 \Delta = \frac{1}{2} k_0^2 a^2 (n_0^2 - n_a^2) = \frac{V^2}{2} \tag{1.4.49}$$

这与第 1.3 小节中用 LP 模分析的结果是一致的。式中 V 是光纤的归一化频率。对 $g=2$ 的抛物线分布的渐变光纤,模式数量为

$$M_{g=2} = \frac{1}{4} V^2 \qquad (1.4.50)$$

即在抛物线分布的渐变折射率光纤中,模式数量仅为具有相同芯径和折射率差的阶跃折射率光纤的一半。同时,也再次看到,光纤中传导模的数量是由光纤的归一化频率所决定的。

2. p 模群和模群间隔

先考虑传输常数 β 大于某一确定的值 β_3 的模式的数量。式(1.4.47)表示光纤中传导模总数,也可以认为是 $\beta > \beta_a = k_0 n_a$ 的模式数量,所以用类比的方法,可以估算 $\beta > \beta_3$ 的模式数量为

$$M(\beta_3) = \int_0^{r_3(\beta_3)} r[k_0^2 n^2(r) - \beta_3^2] dr \qquad (1.4.51)$$

$$\beta_3 = k_0 n(r_3) \qquad (1.4.52)$$

将式(1.1.7)表示的渐变折射率光纤的折射率分布代入式(1.4.52),得到

$$\beta_3^2 = k_0^2 n_0^2 \left[1 - \Delta \left(\frac{r_3}{a} \right)^g \right]^2 \approx k_0^2 n_0^2 \left[1 - 2\Delta \left(\frac{r_3}{a} \right)^g \right] \qquad (1.4.53)$$

所以

$$\left(\frac{r_3}{a} \right)^g = \frac{1}{2\Delta} \cdot \left(1 - \frac{\beta_3^2}{k_0^2 n_0^2} \right) = (1 - \beta_3^2/\beta_0^2)/2\Delta \qquad (1.4.54)$$

因而可以得到

$$\begin{aligned}
M(\beta_3) &= \int_0^{r_3(\beta_3)} r\{ k_0^2 n_0^2 [1 - 2\Delta(r/a)^g] - \beta_3^2 \} dr \\
&= \int_0^{r_3(\beta_3)} [(\beta_0^2 - \beta_3^2)r - 2\Delta\beta_0^2 (r/a)^g r] dr \\
&= (\beta_0^2 - \beta_3^2) \frac{r_3^2}{2} - \frac{2\Delta\beta_0^2 a^2 (r_3/a)^{g+2}}{g+2} \\
&= \left(\frac{g}{g+2} \right) k_0^2 n_0^2 a^2 \Delta \left(\frac{\beta_0^2 - \beta_3^2}{2\Delta\beta_0^2} \right)^{\frac{g+2}{g}}
\end{aligned} \qquad (1.4.55)$$

利用式(1.4.48),可得

$$\frac{M(\beta_3)}{M} = \left(\frac{\beta_0^2 - \beta_3^2}{2\Delta\beta_0^2} \right)^{(g+2)/g} \qquad (1.4.56)$$

β_0 是由式(1.4.10)给出的,$\beta_0 = k_0 n_0$。

式(1.4.56)表示 $\beta > \beta_3$ 的模式数量与传导模总数的比。也可以去掉 β_3 的下标,用 $M(\beta)$ 表示传输常数大于 β 的模式数量,从而用模式数量来表示传输常数:

$$\beta = \beta_0 \left\{ 1 - 2\Delta \left[\frac{M(\beta)}{M} \right]^{\frac{g}{g+2}} \right\}^{1/2} \qquad (1.4.57)$$

对阶跃折射率光纤,曾经通过对 LP 模的分析得到过 p 模群的概念。也就是说,较高次模是分成群的,尽管 ν,m 的组合不同,但只要 $\nu+2m=p$,那么这些不同的 LP 模就有近似相等的传输常数,而用 p 模群来表示这些简并模。对于渐变折射率光纤,也有同样的情况。关于这个问题,抛物线分布的渐变折射率光纤是可以得到严格的证明的。由式(1.3.84)可以知道

$$M \propto p_{\max}^2 \tag{1.4.58}$$

可以类推

$$M(\beta) \propto p^2 \tag{1.4.59}$$

所以,对于 p 模群,式(1.4.57)也可以写为

$$\beta_p = k_0 n_0 \left[1 - 2\Delta \left(\frac{p}{p_{\max}} \right)^{\frac{2g}{g+2}} \right]^{1/2} \tag{1.4.60}$$

从上式可以得到模群间隔为

$$\frac{\mathrm{d}\beta_p}{\mathrm{d}p} = \delta\beta_p \approx \left(\frac{g}{g+2} \right)^{1/2} \frac{2\sqrt{\Delta}}{a} \left(\frac{p}{p_{\max}} \right)^{\frac{g-2}{g+2}} \tag{1.4.61}$$

在此式的推导过程中,应用了 $M = \left(\dfrac{g}{g+2} \right) a^2 k_0^2 n_0^2 \Delta$ 的关系式及下面的近似关系

$$1 - 2\Delta \left(\frac{p}{p_{\max}} \right)^{\frac{2g}{g+2}} \approx 1 \tag{1.4.62}$$

由式(1.4.61)可以看出,对阶跃折射率光纤来说,若 $g=\infty$,则模群间隔的大小随着模次的增加而线性增加,模次越高,$\delta\beta_p$ 越大;对抛物线型折射率分布的光纤来说,若 $g\approx2$,则各模群之间的间隔彼此相等,与模群次数无关。

从已得到的结果还可以分析 p 模群的波矢量与光纤轴线之间的夹角。波矢量的轴向分量就是传输常数 β_p,即

$$\beta_p = k_0 n(r) \cos\theta_p \tag{1.4.63}$$

θ_p 为波矢量与光纤轴线之间的夹角。

在式(1.4.63)中,β_p 是一个固定的量,而 $n(r)$ 随 r 而变化,当 $r=0$ 时,$n(r)$ 为最大,θ_p 也最大,这时有下列关系:

$$\beta_p = k_0 n_0 (1 - \sin^2\theta_p)^{1/2} \tag{1.4.64}$$

由于 β_p 又可以用式(1.4.60)表示,所以

$$\sin\theta_p = \sqrt{2\Delta} \left(\frac{p}{p_{\max}} \right)^{\frac{g}{g+2}} \tag{1.4.65}$$

对于阶跃折射率光纤,$g=\infty$,则 θ_p 与模群号码有完善的对应关系,一个 θ_p 对应一个模群。

对于渐变折射率光纤,$\sin\theta_p$ 与模群号码之间的关系随 g 而变,且 $\sin\theta_p$ 与模群号码

之间不成线性关系。单独的一个 θ_p 并不能唯一地定出渐变折射率光纤的模式性质。

3. 模式色散和 g 的最佳值

现在从式(1.4.60)出发研究渐变折射率光纤中模式色散的问题。令

$$\xi = (p/p_{max})^{2g/(g+2)}$$
$$= \left(\frac{g+2}{g\Delta}\right)^{g/(g+2)} \left(\frac{p}{k_0 n_0 a}\right)^{2g/(g+2)} \tag{1.4.66}$$

则 p 模群的传输常数可表示为

$$\beta_p = \beta_0 (1 - 2\Delta\xi)^{1/2} \tag{1.4.67}$$

对于 p 模群,单位长度的光纤的传输时延为

$$\frac{\tau_p}{L} = \frac{d\beta_p}{d\omega} \tag{1.4.68}$$

先不考虑光纤的材料色散和波导色散,认为 n_0 及 Δ 都不是 ω 的函数,则有

$$\frac{\tau_p}{L} = \frac{d\beta_0}{d\omega}(1 - 2\Delta\xi)^{1/2} + \frac{1}{2}\beta_0(1 - 2\Delta\xi)^{1/2}(-2\Delta)\frac{d\xi}{d\omega} \tag{1.4.69}$$

对式(1.4.66)求导,得

$$\frac{d\xi}{d\omega} = -\frac{2g}{g+2} \cdot \frac{\xi}{\omega} \tag{1.4.70}$$

又由于 $\beta_0 = k_0 n_0 = \frac{\omega}{c}n_0$,所以

$$\frac{\tau_p}{L} = \frac{n_0}{c}(1 - 2\Delta\xi)^{1/2} - \frac{n_0\omega}{c}\Delta(1 - 2\Delta\xi)^{-1/2}\left(\frac{-2g}{g+2}\right) \cdot \frac{\xi}{\omega} \tag{1.4.71}$$

整理式(1.4.71),得

$$\frac{c\tau_p}{n_0 L} = (1 - 2\Delta\xi)^{1/2}\left(1 - 2\Delta\xi + \frac{2g\Delta}{g+2} \cdot \xi\right)$$
$$= \left[1 + \Delta\xi + \frac{3}{2}(\Delta\xi)^2 + \cdots\right]\left(1 - \frac{4\Delta\xi}{g+2}\right)$$
$$= 1 + \left(\frac{g-2}{g+2}\right)\Delta\xi + \left(\frac{3g-2}{g+2}\right) \cdot \frac{(\Delta\xi)^2}{2} + \cdots \tag{1.4.72}$$

两个极端的模群是 $p=2$ 和 $p=p_{max}$,它们分别对应 $\xi\approx0$ 和 $\xi=1$,这两个模群的传输时延分别为

$$\frac{c\tau_2}{n_0 L} \approx 1 \tag{1.4.73}$$

$$\frac{c\tau_{p_{max}}}{n_0 L} = 1 + \frac{g-2}{g+2}\Delta + \frac{3g-2}{g+2} \cdot \frac{\Delta^2}{2} + \cdots \tag{1.4.74}$$

这两模群间的传输时延差可表示为

$$\Delta\tau = | \tau_2 - \tau_{p_{max}} |$$

$$= \frac{n_0 L}{c} \left| \left(\frac{g-2}{g+2} \right) \Delta + \left(\frac{3g-2}{g+2} \right) \cdot \frac{\Delta^2}{2} + \cdots \right| \tag{1.4.75}$$

若要使这两个模群的传输时延差为零,取上式的二次近似,应有

$$\frac{g-2}{g+2} \Delta + \frac{3g-1}{g+2} \cdot \frac{\Delta^2}{2} = 0 \tag{1.4.76}$$

从而得到折射率分布参数 g 应为

$$g = \frac{4+2\Delta}{2+3\Delta} = 2 \left(1 + \frac{1}{2} \Delta \right) \left(1 + \frac{3}{2} \Delta \right)^{-1}$$

$$g \approx 2(1-\Delta) \tag{1.4.77}$$

图 1.4.3 给出了不同模群传输时延的示意图。由图可以看出,当 $g>2$ 时,高次模群的群速度比低次模群慢,传输时延长,通常称这种光纤的模式色散是欠补偿的;若 $g<2$,情况正好相反,称之为过补偿型的;当 $g=2-2\Delta$ 时,最高次模群和最低次模群的传输时延差为零,中间模群的时延差也较小,因此,这种情况可以认为是在忽略材料色散和波导色散的情况下,使模式色散达到最小的最佳的折射率分布,即

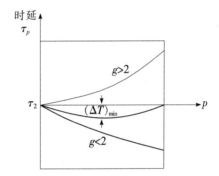

图 1.4.3　模群的传输时延

$$g_{\mathrm{opt}} \approx 2 - 2\Delta \tag{1.4.78}$$

将这个最佳的折射率分布代入式(1.4.72),求出各模群的传输时延,p 模群和最低次模群的传输时延差为

$$\tau_0 - \tau_p = \frac{n_0 L}{c} \left[\frac{\Delta^2}{2-\Delta} \cdot \xi - \left(\frac{2-3\Delta}{2-\Delta} \right) \cdot \frac{\Delta^2}{2} \cdot \xi^2 \right]$$

$$\approx \frac{\Delta^2 n_0 L}{2c} \xi (1-\xi) \tag{1.4.79}$$

在最佳折射率分布下,最大的群时延差发生在 $\xi = \frac{1}{2}$ 处,即

$$\Delta \tau_{\mathrm{d}} = \frac{n_0 L \Delta^2}{8c} \tag{1.4.80}$$

与阶跃折射率光纤的最大群时延差相比,最佳折射率分布的渐变光纤的模群时延差缩小为阶跃折射率光纤的 $\Delta/8$,从而大大减小了模式色散。例如,设 $n_0 = 1.5, \Delta = 0.01$,单位长度阶跃折射率的群时延差为 50 ns/km,而 g_{opt} 分布的渐变折射率光纤的最大群时延差为 62.5 ps/km,对应光纤的带宽约 8 GHz·km。

考虑到光纤的材料色散,n_0, Δ 以及式(1.4.66)中的 p 都是 ω 的函数,推导过程变得较复杂,但用上述类似的方法也可得到最佳的折射率分布为

$$g_{opt} \approx 2 - 2\Delta + y \qquad\qquad (1.4.81)$$

$$y = -\frac{2n_0}{N_0} \cdot \frac{\lambda}{\Delta} \cdot \frac{d\Delta}{d\lambda} \qquad\qquad (1.4.82)$$

N_0 是纤芯中心的群折射率，即

$$N_0 = d(n_0\omega)/d\omega \qquad\qquad (1.4.83)$$

y 的大小和符号与制造光纤的材料有关，即与石英光纤的掺杂有关。另外，由式 (1.4.82)也可看出，y 的值也与光波长或光频率有关，正如在图1.1.10中曾经看到过的，g_{opt} 不仅因光纤材料而异，而且随光波长而变。

1.5 单模光纤

20世纪80年代以后，光纤通信已经逐渐从短波长(0.85 μm)的多模光纤的应用转向长波长(1.3~1.55 μm)单模光纤的应用。由于单模光纤的色散小，约比多模光纤小1~2个数量级，因而更适合高速率、长距离的信息传送，这对陆上长途通信及海底光缆通信具有重要的经济意义。

发展单模光纤的重要意义还在于它在通信以外的广阔领域也有重要的应用。单模光纤的基模的相位，对于各种外界的微扰，例如磁场、转动、振动、加速度、温度等极其敏感，而相位的变化可以引起电场极化的旋转。利用这一特性，可以制作各种高灵敏度的光纤传感器，如磁场计、光陀螺、声纳、加速仪、流量计、温度计等。另外，单模光纤的非线性效应引起的受激喇曼散射及受激布里渊散射，对制作各种激光放大器件以及光纤测量方面也有重要应用。

本节介绍单模光纤的基本性质及其在通信中的应用。

1.5.1 单模光纤的基本分析

单模光纤是在一定工作波长下，传输基模 HE_{11} 模(或 LP_{01} 模)的光纤。若单模光纤的折射率分布是理想的阶跃型的，根据本章第1.3小节的分析可以知道，当光纤的归一化频率 $V < 2.405$ 时，光纤中只有两个相互正交的 LP_{01} 模，其横向电场 E_t 可以表示为

$$E_t = \begin{cases} \dfrac{E_0 J_0\left(\dfrac{ur}{a}\right)}{J_0(u)} & r < a \\[4mm] \dfrac{E_0 K_0\left(\dfrac{wr}{a}\right)}{K_0(w)} & r \geqslant a \end{cases} \qquad (1.5.1)$$

LP_{01} 模的传输常数 β_{01} 可以从下列的特征方程式和 V、u、w 的关系式中联合求出，即

$$\frac{u\mathrm{J}_1(u)}{\mathrm{J}_0(u)} = \frac{w\mathrm{K}_1(w)}{\mathrm{K}_0(w)}$$

$$V^2 = u^2 + w^2$$

这些是本章第 1.3 小节中已经得出的结果，这里不再赘述。

定义满足下式的 λ_c 为单模光纤的截止波长

$$\frac{2\pi}{\lambda_c} n_0 a \sqrt{2\Delta} = 2.405 \tag{1.5.2}$$

当传输光波长大于 λ_c 时，便满足在这种光纤中单模传输的条件。

LP_{01} 模的场分布，在纤芯中按 $\mathrm{J}_0\left(\dfrac{ur}{a}\right)$ 变化，在包层里按 $\mathrm{K}_0\left(\dfrac{wr}{a}\right)$ 变化，这种变化和高斯函数接近，这可以从图 1.5.1 中看出来。因此，在许多实际问题中，经常把 LP_{01} 模的场分布近似为下列形式

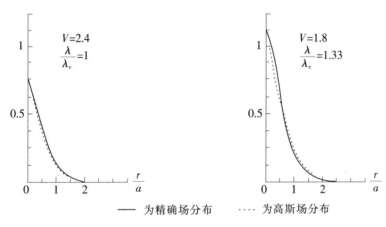

——为精确场分布　·····为高斯场分布

图 1.5.1　LP_{01} 模的场分布

$$\begin{bmatrix} E_x \\ E_y \end{bmatrix} = \begin{bmatrix} A \\ B \end{bmatrix} \exp\left[-\left(\frac{r}{w_g}\right)^2\right] \tag{1.5.3}$$

得到良好的高斯场分布近似的关键是选择 w_g 值。w_g 值的确定原则是：当用此高斯场分布激发 LP_{01} 模时，能得到最大的功率激发效率，即用精确场分布表示 E_y，用高斯场分布表示 H_x，则下列表示的功率激发效率为最大。

$$\rho = \left(\frac{1}{2}\int_0^{2\pi}\int_0^{\infty} E_y H_x r \mathrm{d}r \mathrm{d}\varphi\right)^2 \tag{1.5.4}$$

对于阶跃折射率光纤，由此原则所确定的 w_g 值可以用下面的经验公式给出

$$\frac{w_g}{a} = 0.65 + 1.619V^{-3/2} + 2.879V^{-6} \tag{1.5.5}$$

$2w_g$ 为高斯场分布的 1/e 宽度，称为单模光纤的模场直径。

1.5.2　单模光纤的结构

实际的单模光纤的结构并不是如本章第 1.3 小节所述的简单的阶跃型,而是多层结构,折射率剖面的种类也很多,图 1.5.2 给出了 3 种不同的类型。如图所示,纤芯的半径为 a,折射率为 n_1;纤芯外面是内包层,其半径为 a',折射率为 n_2;再往外是外包层,外包层的折射率可能高于也可能低于内包层。

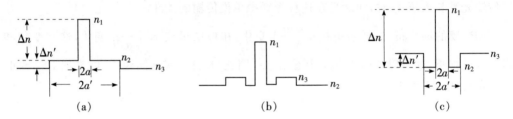

图 1.5.2　单模光纤的结构

采用内包层的作用如下。

（1）减小基模的损耗

从本章第 1.3 小节模功能分布的分析可知,当 $V < 2.405$ 时,LP_{01} 模的电磁场将显著地扩大到纤芯以外;只有当 V 较大时,电磁场才能集中在纤芯中,但这时已不是单模传输而是多模传输了。因此,为了减小基模在包层里的损耗,在纤芯以外需要有一层高纯度、低损耗的内包层。

（2）得到纤芯半径较大的单模光纤

对于普通的阶跃单模光纤,为了使其他模不能传输而只传输 HE_{11} 模,需要将光纤的归一化传输常数 V 限制在 2.405 以下,这就要减小光纤的芯径或数值孔径。但细的芯径和小的数值孔径会加剧非线性光学效应的影响。采用多层结构,可以缓和这一矛盾,这里以 W 型光纤为例,说明这个问题。

如图 1.5.2(b)所示,W 型光纤的外包层的折射率 $n_3 > n_2$,$n_3 > n_j$,n_j 为外套或涂敷层的折射率。这种结构可以使 LP_{01} 模保持很小的传输损耗而使最邻近的 LP_{11} 模有很大传输损耗。在近截止状态下,LP_{11} 模的大部分能量是存在于包层中的,如果内包层相当薄,那么它的能量主要在内外包层介面附近传输,光场可以从折射率较低的内包层漏入折射率较高的外包层,但较难从折射率高的外包层漏入折射率较低的内包层,而漏到外包层的高次模功率很快衰减,这样可以得到纤芯半径较大的单模光纤。

为了使 LP_{01} 模的传输损耗保持很小,而使 LP_{11} 模的传输损耗很大（达到 1 000 dB/km）,必须严格控制内包层的厚度及各层的折射率,这给 W 型光纤的制作工艺提出了很高的要求。

1.5.3　单模光纤的频率色散

单模光纤中只存在 LP_{01} 模,因而基本上消除了模式色散(实际上,LP_{01} 模的两个不同的极化方向也有色散存在),只剩下材料色散和波导色散,这两种色散在测量上很难分开,也统称为频率色散。

1.　单模光纤频率色散的计算

LP_{01} 模在单位长度的光纤中的传输时延为

$$\frac{\tau_d}{L} = \frac{\mathrm{d}\beta}{\mathrm{d}\omega} \tag{1.5.6}$$

若光源的发射频谱宽度为 $\delta\omega$,那么单位长度光纤的时延差或时延展宽为

$$\frac{\delta\tau_d}{L} = \frac{\mathrm{d}^2\beta}{\mathrm{d}\omega^2} \cdot \delta\omega \tag{1.5.7}$$

由本章第 1.3 小节阶跃折射率光纤的分析知

$$\frac{u^2}{V^2} = \frac{k_0^2 n_1^2 - \beta^2}{2k_0^2 n_1^2 \Delta} \tag{1.5.8}$$

因此,LP_{01} 模的传输常数可表示为

$$\beta = k_0 n_1 \left(1 - 2\Delta \frac{u^2}{V^2}\right)^{1/2} \tag{1.5.9}$$

令

$$b = 1 - \frac{u^2}{V^2} \tag{1.5.10}$$

则

$$\beta \approx k_0 n_1 (1 + \Delta b) = \frac{\omega n_1}{c}(1 + \Delta b) \tag{1.5.11}$$

对式(1.5.11)求导,可得

$$\frac{\tau_d}{L} = \frac{N_1}{c}(1 + \Delta b) + \frac{\omega n_1 b}{c} \cdot \frac{\mathrm{d}\Delta}{\mathrm{d}\omega} + \frac{\omega n_1 \Delta}{c} \cdot \frac{\mathrm{d}b}{\mathrm{d}V}\frac{\mathrm{d}V}{\mathrm{d}\omega} \tag{1.5.12}$$

式中,N_1 为群折射率,计算式为

$$N_1 = \frac{\mathrm{d}(n_1\omega)}{\mathrm{d}\omega} = n_1 + \omega \frac{\mathrm{d}n_1}{\mathrm{d}\omega} \tag{1.5.13}$$

由归一化频率的定义

$$V = k_0 a \sqrt{n_1^2 - n_2^2} \approx \frac{\omega n_1 a}{c} \sqrt{2\Delta} \tag{1.5.14}$$

可得

$$\frac{\mathrm{d}V}{\mathrm{d}\omega} \approx \frac{a}{c}\left(\sqrt{2\Delta} N_1 + \frac{\omega n_1}{\sqrt{2\Delta}} \frac{\mathrm{d}\Delta}{\mathrm{d}\omega}\right)$$

$$= V\left(\frac{N_1}{\omega n_1} + \frac{1}{2\Delta}\frac{\mathrm{d}\Delta}{\mathrm{d}\omega}\right) \tag{1.5.15}$$

将式(1.5.15)代入式(1.5.12),得

$$\begin{aligned}
\frac{c\tau_d}{L} &= N_1(1+\Delta b) + \omega n_1 b\frac{\mathrm{d}\Delta}{\mathrm{d}\omega} + V\Delta N_1\frac{\mathrm{d}b}{\mathrm{d}V} + \frac{\omega n_1 V}{2}\frac{\mathrm{d}b}{\mathrm{d}V}\frac{\mathrm{d}\Delta}{\mathrm{d}\omega}\\
&= N_1\left[1 + \Delta\frac{\mathrm{d}(Vb)}{\mathrm{d}V}\right] + \omega n_1\frac{\mathrm{d}\Delta}{\mathrm{d}\omega}\left(b + \frac{V}{2}\frac{\mathrm{d}b}{\mathrm{d}V}\right)
\end{aligned} \tag{1.5.16}$$

为了得到单模光纤的时延展宽,对上式再次微分,得

$$\begin{aligned}
\frac{c\delta\tau_d}{L\delta\omega} &= \frac{c\,\mathrm{d}^2\beta}{\mathrm{d}\omega^2}\\
&= \frac{\mathrm{d}N_1}{\mathrm{d}\omega} + \frac{\Delta\,\mathrm{d}N_1}{\mathrm{d}\omega}\frac{\mathrm{d}(Vb)}{\mathrm{d}V} + \\
&\quad N_1\frac{\mathrm{d}\Delta}{\mathrm{d}\omega}\frac{\mathrm{d}(Vb)}{\mathrm{d}V} + N_1\Delta\frac{\mathrm{d}^2(Vb)}{\mathrm{d}V^2}\left(\frac{VN_1}{\omega n_1} + \frac{V}{2\Delta}\frac{\mathrm{d}\Delta}{\mathrm{d}\omega}\right) + \\
&\quad N_1\frac{\mathrm{d}\Delta}{\mathrm{d}\omega}\left(b + \frac{V}{2}\frac{\mathrm{d}b}{\mathrm{d}V}\right) + \omega n_1\frac{\mathrm{d}^2\Delta}{\mathrm{d}\omega^2}\left(b + \frac{V}{2}\frac{\mathrm{d}b}{\mathrm{d}V}\right) + \\
&\quad \omega n_1\frac{\mathrm{d}\Delta}{\mathrm{d}\omega}\left(\frac{VN_1}{\omega n_1} + \frac{V}{2\Delta}\frac{\mathrm{d}\Delta}{\mathrm{d}\omega}\right)\left(\frac{3}{2}\frac{\mathrm{d}b}{\mathrm{d}V} + \frac{V}{2}\frac{\mathrm{d}^2 b}{\mathrm{d}V^2}\right) +
\end{aligned} \tag{1.5.17}$$

由于 $\Delta \ll 1$,且纤芯和包层的色散性质接近,因此,上式中可以忽略含有 $\left(\frac{\mathrm{d}\Delta}{\mathrm{d}\omega}\right)^2$ 和 $\frac{\mathrm{d}^2\Delta}{\mathrm{d}\omega^2}$ 的项,则可近似为

$$\frac{c\delta\tau_d}{L\delta\omega} \approx \frac{\mathrm{d}N_1}{\mathrm{d}\omega}\left[1 + \Delta\frac{\mathrm{d}(Vb)}{\mathrm{d}V}\right] + N_1\frac{\mathrm{d}\Delta}{\mathrm{d}\omega}\frac{\mathrm{d}^2(V^2 b)}{\mathrm{d}V^2} + \frac{N_1^2\Delta}{\omega n_1}\frac{V\,\mathrm{d}^2(Vb)}{\mathrm{d}V^2} \tag{1.5.18}$$

由式(1.5.18)可见,单模光纤的频率色散主要由 3 项所决定,第 1 项是由 $\frac{\mathrm{d}N_1}{\mathrm{d}\omega}$ 所决定的材料色散;第 2 项与 $\frac{\mathrm{d}\Delta}{\mathrm{d}\omega}$ 有关,也与包层和纤芯的材料色散有关;第 3 项由 $\frac{V\,\mathrm{d}^2(Vb)}{\mathrm{d}V^2}$ 所决定,这是与波导性质有关的波导色散。

2. 单模光纤的零频率色散

单模光纤的材料色散和波导色散在适当的波长可以互相抵消,而得到零频率色散。为了说明这一问题,进一步考察式(1.5.18)中的频率色散的各主要项。

定义

$$Y_m = \left[1 + \Delta\frac{\mathrm{d}(Vb)}{\mathrm{d}V}\right]\omega\frac{\mathrm{d}N_1}{\mathrm{d}\omega} \tag{1.5.19}$$

$$Y_d = N_1\omega\frac{\mathrm{d}^2(V^2 b)}{\mathrm{d}V^2}\frac{\mathrm{d}\Delta}{\mathrm{d}\omega} \tag{1.5.20}$$

$$Y_\omega = \frac{\Delta N_1^2}{n_1}\frac{V\,\mathrm{d}^2(Vb)}{\mathrm{d}V^2} \tag{1.5.21}$$

并用 γ 表示光源的相对谱线宽度,即

$$\gamma = \left| \frac{\partial \lambda}{\lambda} \right| = \left| \frac{\partial \omega}{\omega} \right| \tag{1.5.22}$$

则式(1.5.18)可以写成

$$\frac{c\delta\tau_d}{L} = | Y_m + Y_d + Y_\omega | \gamma \tag{1.5.23}$$

光纤的波导色散与归一化频率 V 有关。阶跃折射率光纤 LP_{01} 模的 $V\dfrac{\mathrm{d}^2(Vb)}{\mathrm{d}V^2}$-$V$ 曲线如图 1.5.3 所示。对单模光纤,V 的取值范围为 $1.5\sim2.4$,所以,单模光纤的波导色散并不改变符号,而是随着 V 的减小波导色散增加。关于这一点,也可以从如图 1.5.4(a)所示中明显地看出来,图中给出不同的芯径($\triangle$ 保持不变,为 0.005)的单模光纤的波导色散 Y_ω,可以看出,随着芯径的减小和波长的增加,波导色散增加。

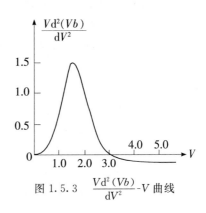

图 1.5.3　$\dfrac{V\mathrm{d}^2(Vb)}{\mathrm{d}V^2}$-$V$ 曲线

光纤的材料色散与波长有关,纯硅材料在波长为 $1.27\ \mu\mathrm{m}$ 附近时材料色散为零,在零材料色散上、下,材料色散改变符号,如图 1.5.4(a)所示。

因此,在某一波长范围内,材料色散和波导色散的符号相反,在某一波长上可以相互抵消,而得到零频率色散,如图 1.5.4(b)所示。减小光纤的芯径,增加波导色散,可以把零频率色散移向较长的波长,从而在光纤本征损耗最低的区域($1.55\ \mu\mathrm{m}$ 波长附近)获得最大的带宽。

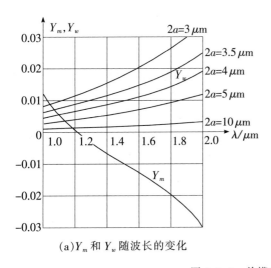

(a) Y_m 和 Y_w 随波长的变化

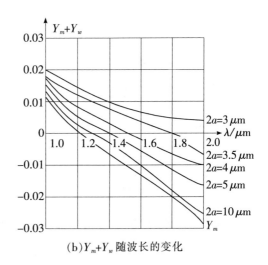

(b) $Y_m + Y_w$ 随波长的变化

图 1.5.4　单模光纤的频率色散

1.5.4 单模光纤的极化

极化是单模光纤所特有而且是很重要的问题。多模光纤传输几百甚至上千个模式，各模式的极化尽管沿途变化和旋转，但除了在终端可能产生模式噪声外，对其他性能并没有影响。因此，多模光纤并不需要专门考虑极化问题。但对单模光纤，极化却极为重要，这不仅是因为当单模光纤的频率色散为零时，极化色散将成为色散的极限，而且还因为极化对相干光通信的实现、对集成光路和单模传感器的制作等都有重要的影响或作用。

单模光纤的极化是一个复杂的问题，它正在构成光学中的一个分支，称为极化光学，这里仅简单介绍单模光纤极化的基本概念。

1. 单模光纤的极化演化

理想的单模光纤的轴线应是直的，其横截面应是圆形，横截面的尺寸及折射率分布沿轴应处处均匀，没有畸变。对于这样的理想光纤，正如前两节所分析的，两极化正交的 LP_{01} 模的传输系数相等，是简并模，它们沿线传输时，彼此同相，因而极化状态保持不变。

然而，实际的光纤总是存在一定的不完善性，如光纤的弯曲、光纤的椭圆度、内部的残余应力等，结果导致光纤内部产生双折射现象。如果这些不完善性沿轴是均匀的，那么极化正交的两个 LP_{01} 模的传输常数将不同，即两个模不再简并，它们沿光纤传输时将产生相位差，从而产生极化演化现象。

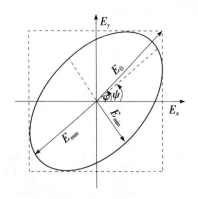

图 1.5.5 线极化波输入、椭圆极化输出示意

如图 1.5.5 所示，x,y 表示光纤横截面上的两个双折射轴，当线极化波 E_0 射入光纤时，激发起两个正交的 LP_{01} 模，它们的电场各为

$$E_{0x} = E_0 \cos \varphi \qquad (1.5.24)$$

$$E_{0y} = E_0 \sin \varphi \qquad (1.5.25)$$

φ 为 E_0 与 x 轴的夹角。忽略光纤的损耗，则在光纤中任意点 z 处，它们的电场各为

$$E_x = E_0 \cos \varphi \cos(\omega t - \beta_x z) \quad (1.5.26)$$

$$E_y = E_0 \sin \varphi \cos(\omega t - \beta_y z) \quad (1.5.27)$$

β_x 和 β_y 分别为 x 和 y 极化方向上 LP_{01} 模的传输常数。这两个模式之间的相位差或相位延迟为

$$\delta = (\beta_y - \beta_x)z \qquad (1.5.28)$$

将 E_x 和 E_y 平方相加，得出椭圆公式，它的长半轴 E_{max} 和 x 轴的夹角 ψ 可以表示为

$$\tan 2\psi = \tan 2\varphi \cos \delta = \tan 2\varphi \cos (\beta_y - \beta_x)z \qquad (1.5.29)$$

ϕ 称为 z 点的输出极化角。可以看出,光纤中总电场的极化沿轴变化。输入的线极化波,沿线可能变为椭圆极化、圆极化、线极化等。与此同时,极化方向旋转。这种极化的不稳定性称为极化演化。

波的极化性质可以用极化程度(也称极化椭圆度)表示,定义为

$$p = \frac{I_{\max} - I_{\min}}{I_{\max} + I_{\min}} = \frac{E_{\max}{}^2 - E_{\min}{}^2}{E_{\max}{}^2 + E_{\min}{}^2}$$ (1.5.30)

其中,$I_{\max}$ 和 $I_{\min}$ 为最大和最小光强;$E_{\max}$ 和 $E_{\min}$ 分别为椭圆长、短半轴,如图 1.5.5 所示,它们分别为

$$E_{\max}{}^2 = E_{0y}{}^2 \sin^2\psi + E_{0x}E_{0y}\sin 2\psi \cos\delta + E_{0x}^2 \cos^2\psi$$ (1.5.31)

$$E_{\min}{}^2 = E_{0y}{}^2 \cos^2\psi + E_{0x}E_{0y}\sin 2\psi \cos\delta + E_{0x}^2 \sin^2\psi$$ (1.5.32)

于是得到

$$p = \cos 2\psi \cos 2\varphi + \sin 2\psi \sin 2\varphi \cos\delta$$ (1.5.33)

由此式可以看出存在下述的两种特殊情况。

① 当 $\varphi = 0°, 90°, 180°, \cdots$ 时,$p=1$。即输入为沿双折射轴的线极化波时,输出也是线极化波,且极化方向保持不变。

② 当 $\varphi = 45°, 135°, 225°, \cdots$ 时,$p = \cos\delta$。即输入为线极为波,输出椭圆极化波。从式(1.5.29)还可以看出,此时的输出极化角 $\psi = \varphi$。

2. 极化色散

极化色散也称为偏振模色散,从本质上讲也属于模式色散,这里仅给出粗略的概念。

当光纤中存在着双折射现象时,两个极化正交的 LP_{01} 模的传输常数将不相等。对于弱导行光纤,β_y 和 β_x 之差可以近似地表示为

$$\Delta\beta = \beta_y - \beta_x \approx \frac{\omega}{c}(n_y - n_x)$$ (1.5.34)

式中,n_x 和 n_y 分别为 x 方向和 y 方向的折射率。

两个极化正交的 LP_{01} 模的群时延差为

$$\delta\tau_p/L = \frac{d(\Delta\beta)}{d\omega} = \frac{n_y - n_x}{c} + \frac{\omega}{c}\left(\frac{dn_y}{d\omega} - \frac{dn_x}{d\omega}\right)$$

$$\approx \frac{n_y - n_x}{c}$$ (1.5.35)

即极化色散是由双折射程度所决定的。双折射程度常用归一化双折射 B 和拍长 L' 来表示。B 定义为

$$B = \frac{\Delta\beta}{\beta_{av}} = \frac{\beta_x - \beta_y}{(\beta_x + \beta_y)/2}$$ (1.5.36)

式中,β_{av} 为平均传输常数。

拍长代表两极化正交的模式的相位差达到 2π 的光纤的长度,即

$$L' = \frac{2\pi}{\Delta\beta} \tag{1.5.37}$$

3. 单模单极化光纤

在单模光纤的许多应用中,例如单模光纤通信系统或集成光路的激发等许多应用中,都要求双折射很小或者要求输出极化保持恒定,这就提出了单模单极化光纤的问题。解决这个问题往往从下述 3 个方面入手:第一,减小单模光纤的不完善性,尽量减小其椭圆度,减小其内部残余应力,以尽量减小单模光纤中的双折射;与之相反,第二,制作尽可能高的双折射光纤,使两个基模的传输系数之差很大,使光纤微扰产生的耦合作用很小,当光纤输入端激发起某一个极化方向的基模时,可以在较长的距离里保持它的主导地位,从而得到单模单极化传输;第三,把光纤设计成水平极化或垂直极化波,使两个极化方向的模式的传输损耗不等,以致使其中一个截止,得到绝对单模光纤。

制作椭圆光纤或在光纤内形成强内应力是增加双折射的有效方法,用这种方法制作的几种高双折射光纤如图 1.5.6 所示。绝对单模光纤的制作方法是在轴对称的折射率分布里加进两个折射率深谷,其结构如图 1.5.7 所示。

(a)圆芯,圆内敷层,椭圆　　(b)圆芯,椭圆敷层,　　　　(c)熊猫式　　　　　　(d)蝴蝶结式
　　外敷层,圆外套　　　　　　椭圆外套

图 1.5.6　各种由内应力产生线双折射的结构

 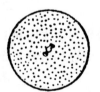

(a)"边坑"式绝对单模光纤　　　　　　　(b)"边坠道"式绝对单模光纤

图 1.5.7　绝对单模光纤

1.5.5　单模光纤的发展与演变

在光纤通信发展的近几十年中,单模光纤的结构和性能也在不断发展和演变。最早实用化的是常规单模光纤(G.652 光纤),其结构多采用阶跃型或者下陷包层型折射率分布。这种光纤的零色散波长在 1.31 μm,在该波长上有较低的损耗和很大的带宽,曾经大

量敷设,在光纤通信中扮演过重要角色。

人类对光纤损耗机理的研究表明,光纤在 1.55 μm 窗口损耗更低,可以低于 0.2 dB/km,几乎接近光纤本征损耗的极限。如果零色散移到 1.55 μm,则可实现零色散和最低损耗传输的性能。为此,人们研制了色散位移光纤(Dispersion Shift Fiber,DSF), ITU-T 命名它为 G.653 光纤。这种光纤的基本设计思路是通过结构和尺寸的适当选择来加大波导色散,使零色散波长从 1.31 μm 移到 1.55 μm。G.653 光纤在 20 世纪 80 年代末和 90 年代初被认为是富有应用前景的理想光纤。

20 世纪 90 年代以后,密集波分复用(DWDM)技术和掺铒光纤放大器(EDFA)迅速发展起来,1.55 μm 波段的几个或几十个波长的信号同时在一根光纤中传输,从而使光纤的传输容量极大地提高。然而,四波混频(Four Wave Mixing,FWM)会引起复用信道之间的串扰,严重地影响 WDM 系统的性能。FWM 是一种非线性光学效应,FWM 的效率与光纤的色散有关,零色散时混频效率最高,随着色散的增加,混频效率迅速下降。这种性质使色散位移光纤在 WDM 系统中失去了魅力。为了适应 WDM 系统的需要,非零色散位移光纤(NZ-DSF)应运而生,它被命名为 G.655 光纤。NZ-DSF 在 1 530～1 565 nm波长区内具有小的(1～6 ps/nm·km)但是非零的色散,从而既能适应高速系统对带宽的需求,又能使 FWM 效率不高。例如 AT&T 的真波光纤、康宁公司的 LEAF 光纤都是得到广泛应用的 NZ-DSF 光纤。

NZ-DSF 光纤的纤芯采用三角形或梯形折射率分布,如图 1.5.8 所示。它的色散在 1 530～1 565 nm(EDFA 的工作波长)范围内可以是正的,也可以是负的。若零色散波长小于 1 530 nm,则为正色散;若零色散波长大于 1 565 nm,则为负色散,从而实现长距离上的色散管理。

NZ-DSF 光纤的缺点是模场直径较小,容易加剧非线性光学效应的影响。为了克服这一缺点,同时也便于连接,人们又研制了大有效面积 NZ-DSF 光纤。图 1.5.9 给出了康宁玻璃公司研制的两种大有效面积 NZ-DSF 光纤的折射率分布:一种是三角形＋外环结构;另一种是双环结构。三角形和内环纤芯的作用是将零色散

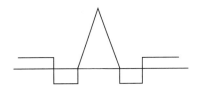

图 1.5.8　理想的三角形折射率分布光纤

波长移向 1.55 μm,外环的作用是把光从中心吸引出来一部分,增大有效面积,减少微弯损耗。

NZ-DSF 光纤和大有效面积 NZ-DSF 光纤已经得到广泛应用。20 世纪 90 年代中后期建立的长途海底光纤通信系统多采用这两种类型的光纤。

还有一种很有应用前景的单模光纤,称为色散补偿光纤。这种光纤在 1 550 nm 波段产生大的负色散,当与 G.652 光纤连接使用时,可以抵消 G.652 光纤的正色散。色散补

偿光纤的情况将在本章第 5.4 小节介绍。

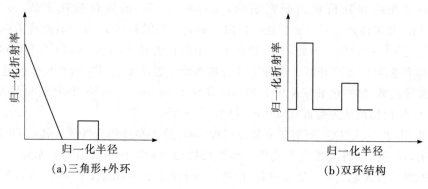

图 1.5.9　大有效面积 NZ-DSF 的折射率分布

小 结

　　本章主要运用波动光学理论分析阶跃折射率多模光纤、渐变折射率多模光纤和单模光纤的传输理论及特性。

　　对于阶跃折射率多模光纤,可以采用波动光学理论较严格地进行分析,这种方法是求解波导问题所采用的传统方法,其步骤可以归纳为:①求解 E_z 和 H_z 分量所满足的标量波动方程;②将 E_z 和 H_z 分量代入基本波导方程式求取 E_r, E_φ, H_r 和 H_φ 分量;③利用边界条件确定常数并求取特征方程式;④由特征方程式进行模式分类,并研究各模式的截止条件、传输常数等。本章用这种方法给出了阶跃光纤中完善的场的描述,给出了阶跃折射率中存在的 TE_{0m}、TM_{0m}、EH_{vm} 和 HE_{vm} 模的场分布、特征方程式及截止条件。对于阶跃折射率光纤,HE_{11} 模是基模,满足只有基模传输的条件是 $V < 2.405$。

　　LP 模是弱导近似下的近似分析结果。实际光纤的折射差为 0.01 或更小,所以是满足弱导近似条件的。用这种方法可以得到模式数量、模功率分布等问题的简便计算分式,这是精确计算法所难以得到的。但必须注意到,LP 模不是光纤中存在的真实模式。

　　本章采用 WKBJ 法分析渐变折射率光纤。这种方法利用量子力学中常采用的近似方法,得出传输常数所必须满足的特征方程式(1.4.42)或式(1.4.43)。从这个基本方程出发,可以分析光纤中的模式数量、p 模群的模群间隔及最佳折射率分布等问题。

　　对于 $g=2$ 的抛物线型分布的光纤,也可以从波动方程出发得到较严格的解。但对于一般渐变折射率光纤,用这种方法求解较困难。渐变折射率光纤的其他的分析方法还有:射线法、变分法及多层分割法等。对这种方法感兴趣的读者可以参考其他的书籍。

　　单模光纤的许多问题,在多模光纤的分析中已得到结果。除了这些与多模光纤共同的问题外,单模光纤突出的问题是极化。由于单模光纤中存在不完善性,如椭圆度、内部应力、弯曲及扭转等,导致双折射现象发生,从而产生极化演化及极化色散,这对通信及其他领域的应用都是有重要影响的。

　　本章还讨论了光纤的两大传输特性——损耗和色散。对于所有类型的石英光纤,产生损耗的物理机理是相同的,而且各种光纤的损耗都已达到极低的值。但对于色散,不同类型的光纤相差甚大。对于阶跃折射率多模光纤,模式色散起主导地位,由于模式色散很大而使带宽限制在 200 MHz·km 以下。渐变折射率光纤的模式色散与折射率分布有关,当折射率分布取最佳值时,可以大大减小模式色散,使光纤具有很宽的带宽,但使折射率分布被严格地控制在最佳值上,这对制造工艺提出了很高的要求。单模光纤基本上消除了模式色散,又可以在适当的波长上用波导色散抵消材料色散,因而有相当大的带宽。对于工作在零频率色散的单模光纤,极化色散将成为最后的极限。

　　随着传输速率的提高,传输距离的加长和波分复用技术的实用化,工作在传输损耗最低区域(1.55 μm 附近)的非零色散位移单模光纤将获得迅速的发展。

习　　题

　　1.1　一阶跃光纤,纤芯半径 $a=25$ μm,折射率 $n_1=1.5$,相对折射率差 $\Delta=1\%$,长度 $L=1$ km。求:

　　(1) 光纤的数值孔径;

　　(2) 子午光线的最大时延差;

　　(3) 若将光纤的包层和涂敷层去掉,求裸光纤的 NA 和最大时延差。

　　1.2　如题图 1.1 所示,已知对称介质板波导,$n_1=1.53$,$n_2=1.48$,$d=4$ μm,传输光波长 $\lambda=1$ μm。

　　(1) 证明偶 TM 模特征方程式为

$$\tan kd = \frac{n_1^2}{n_2^2}(\gamma/k)$$

(2) 在弱导近似下($n_1 \approx n_2$),偶 TE 模和偶 TM 模有什么关系?

(3) 在这个介质板波导中,存在哪些偶 TE 模和偶 TM 模?

1.3 已知介质板波导的结构如题图 1.2 所示,$n_1 = 1.60$,$n_2 = 1.46$,$d = 0.6 \ \mu m$,$\lambda = 1 \ \mu m$。求:

(1) 计算此介质板波导的数值孔径、V 及存在哪些 TE 模式?

(2) 若 d 增加到 $3 \ \mu m$,传输模式如何变化?

(3) 若 λ 增加到 $1.3 \ \mu m$,传输模式如何变化?

1.4 对于如题图 1.3 所示的非对称介质板波导,推导 TE 模和 TM 模的特征方程式。

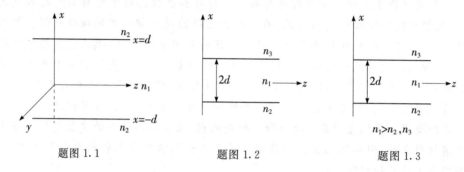

题图 1.1   题图 1.2   题图 1.3

1.5 设计一个对称介质板波导,使其 NA=0.45,V 在 2.0~2.25 之间,传输光波长 $\lambda = 0.82 \ \mu m$,试确定 n_1,n_2 和 d。并利用图 1.2.6 确定波导中存在的 TE 模的 K 和 γ。

1.6 根据图 1.3.2 和表 1.3.2 给出的贝塞尔函数的情况,求阶跃折射率光纤中 12 个最低次模的归一化截止频率。

1.7 阶跃折射率光纤的相对折射率差 $\Delta = 0.005$,当波长分别为 $0.85 \ \mu m$,$1.3 \ \mu m$ 和 $1.55 \ \mu m$ 时,要实现单模传输,a 应小于多少?

1.8 已知光纤的芯径 $2a = 50 \ \mu m$,$\Delta = 0.01$,$n_1 = 1.45$,$\lambda = 0.85 \ \mu m$,若光纤的折射率分布分别为阶跃型和 $g = 2$ 的渐变型,求它们的导模数量。若波长改变为 $1.3 \ \mu m$,导模数量如何变化?

1.9 在近截止状态时,求 LP_{11} 模携带的功率在阶跃折射率光纤的纤芯和包层中的分布。

1.10 用作图法或其他的方法,由 HE_{vm} 模的特征方程

$$\frac{J_{\nu-1}(u)}{J_\nu(u)} = \frac{u}{2(\nu-1)}$$

求 HE_{21}、HE_{22} 和 HE_{23} 模的截止频率。

1.11 一渐变光纤,芯径为 $50 \ \mu m$,$g = 2.0$,轴心折射率 $n_0 = 1.460$,包层折射率 $n_a = 1.450$,光波长为 $0.85 \ \mu m$。求光纤中传输模式的总数量和模群的总数,以及相邻模群传

输常数之差。

1.12　在光纤的材料色散存在的情况下,证明最佳的折射率分布为(1.4.81)式,即

$$g_{\mathrm{opt}} \approx 2 - 2\Delta - \frac{2n_0}{N_0} \cdot \frac{\lambda}{\Delta} \cdot \frac{\mathrm{d}\Delta}{\mathrm{d}\lambda}$$

1.13　已知光纤的芯径 $2a = 50\ \mu\mathrm{m}$,纤芯轴心折射率 $n_0 = 1.460$,包层折射率 $n_a = 1.450$,当 $\lambda = 0.85\ \mu\mathrm{m}$,$N_0 = 1.474$,$N_a = 1.463$,计算使模色散达到最小的最佳的折射率分布 g_{opt}。

1.14　对上题中所述光纤,当折射率取最佳分布时,单位长度的光纤的模群时延差是多少? 若为阶跃折射率光纤,模群时延差是多少?

1.15　阶跃折射率单模光纤,芯径为 4 $\mu\mathrm{m}$,相对折射率差 $\Delta = 0.014\ 7$,当 $\lambda = 1.55\ \mu\mathrm{m}$ 时,$n_1 = 1.465\ 5$,$N_1 = 1.482\ 3$,$n_2 = 1.444\ 4$,$N_2 = 1.462\ 8$,$Y_m = -0.010\ 1$,$\mathrm{d}(Vb)/\mathrm{d}V = 1.06$,$\mathrm{d}^2(Vb)/\mathrm{d}V^2 = 0.48$。试比较 Y_m,Y_d 和 Y_w 的大小,并求总的频率色散。

第 2 章　光源和光调制

在光纤通信中,首先要将电信号转变为光信号,最常用的光源是半导体激光器和发光二极管。之所以用半导体光源,是因为:①半导体光源体积小,发光面积可以与光纤芯径相比较,从而有较高的耦合效率;②发射波长适合在光纤中低损耗传输;③可以直接进行强度调制,即只要将信号电流注入半导体激光器或发光二极管,就可以得到相应的光信号输出;④可靠性较高,尤其是半导体激光器,不仅发射功率大、耦合效率高、响应速度快,而且发射光的相干性也较好,在一些高速率、大容量的数字光纤通信系统中得到广泛应用。

本章着重介绍半导体激光器的原理、性质以及直接强度调制的理论,同时也介绍光源的间接调制技术。

2.1　激光原理的基础知识

2.1.1　原子能级的跃迁

1. 原子的能级

原子是由原子核和绕原子核旋转的核外电子组成。近代物理的大量实验证明,原子中的电子只能在一定的量子态中运动。以硅原子为例,原子中共有 14 个电子环绕着带正电荷($+14e_0$)的原子核旋转,这和行星被太阳所吸引沿着环绕太阳的轨道运行很相似。14 个电子运行的轨道是有区别的,各代表不同的量子态。图 2.1.1 是表示硅原子中电子运动轨道简图。这张简图不能完全反映电子运动轨道的空间概念,仅在平面上表示 14 个电子的量子态分别在离原子核远近不同的 3 层轨道上。列在同一层的量子态也是相互区别的,只是它们和原子核的平均距离以及能量是相同的(严格地说,是近似相等)。最里层量子态上的电子距原子核最近,受原子核束缚最强,能量(包括电子的动能和电位能)最低。越外层量子态上的电子受原子核束缚越弱,能量越高。可以用人造卫星绕地球的环行运动作一个比喻,越外层的电子轨道相当于越高的人造卫星轨道,要把人造卫星发射到更高的轨道上去,必须给它更大的能量,这就是说,轨道越高,能量也越高。

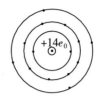

图 2.1.1 硅原子中电子运动轨道简图

电子在原子中的微观运动状态——量子态的一个最根本的特点就是,量子态的能量只能取某些特定的值,而不是随意的。原子中的电子只能在一定大小的、彼此分隔的一系列轨道上运动,原子中能够实现的电子轨道是量子化的,它必须满足下列条件:

$$2\pi r \cdot mv = nh \qquad n = 1, 2, 3, \cdots \qquad (2.1.1)$$

式中 h 是普朗克常数,$h = 6.626 \times 10^{-34}$ J·s。

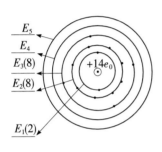

图 2.1.2 硅能子的能级图

这个关系式假设电子沿圆形轨道运动,那么电子在轨道上运动一周的位移($2\pi r$)乘以动量 mv 应等于普朗克常量的整数倍。这就是电子轨道量子化条件。当电子在每一个这样的轨道上运动时,原子具有确定的能量,称为原子的一个能级。例如,图 2.1.1 中最里层的轨道就是量子态所能取的最低的能量,再高的能量就是第二层的轨道,不存在具有中间能量的量子态……为了形象地描述量子态只能取某些确定的能量,常采用如图 2.1.2 所示的能级图,能级图用一系列高低不同的水平横线来表示各个量子态所能取的确定能量 $E_1, E_2, E_3, \cdots$。同一个能级往往有好几个量子态,在图 2.1.2 中用括号注明,最里层 E_1 有两个量子态,其次能量 E_2 有 8 个量子态,再其次能量 E_3 有 8 个量子态……同一个量子态不能有两个电子,这就是电子按量子态运动应遵循的泡里不相容原理。

2. 能级的跃迁

原子中的电子可以通过和外界交换能量的方式发生量子跃迁,或称能级跃迁。若电子跃迁中交换的能量是热运动的能量,称为热跃迁;若交换的能量是光能,则称为光跃迁。在我们的课程中,感兴趣的是光跃迁。

如果高能级 E_2 和低能级 E_1 间满足辐射跃迁选择定则(波矢 $\boldsymbol{k}$ 守恒定则),那么 E_2 和 E_1 之间主要表现为光跃迁。对大量原子组成的体系来说,将同时存在着光的自发发射、受激辐射和受激吸收 3 个过程。现分述如下。

(1)自发发射

处在高能级 E_2 上的电子按照一定的概率自发地跃迁到低能级 E_1 上,并发射一个频率为 ν,能量为

$$\varepsilon = h\nu = E_2 - E_1 \qquad (2.1.2)$$

的光子,这个过程称为光的自发发射过程,如图 2.1.3 所示。自发发射的速率为

$$R_{sp} = -\left(\frac{\mathrm{d}N_2}{\mathrm{d}t}\right)_{sp} = r_{sp}N_2 \tag{2.1.3}$$

式中,N_2 为处于高能级 E_2 的电子数;r_{sp} 为自发跃迁概率,它与能级 E_2 被电子占据的概率和能级 E_1 空着的概率之积成正比。

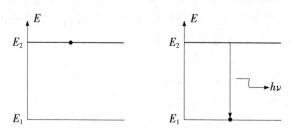

图 2.1.3　光的自发发射

对于大量的处于高能级 E_2 的电子来说,它们是各自独立地分别发射一个一个的光子,这些光子仅仅能量相同而彼此无关,各列光波可以有不同的相位和不同的偏振方向,它们可以向空间各个方向传播。因而,自发发射的光是一种非相干光。

(2) 受激辐射和受激吸收

处于高能级 E_2 的电子在光场的感应下(感应光子的能量 $h\nu = E_2 - E_1$)发射一个和感应光子一模一样的光子,而跃进到低能级 E_1,这个过程称为光的受激辐射,如图 2.1.4 所示。所谓一模一样,是指发射光子和感应光子不仅频率相同,而且相位、偏振方向和传播方向都相同,它和感应光子是相干的。

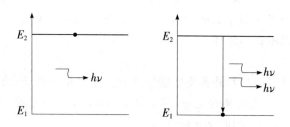

图 2.1.4　光的受激辐射

处在低能级 E_1 上的电子在感应光场的作用下(感应光子的能量 $h\nu = E_2 - E_1$),吸收一个光子而跃迁到高能级 E_2,这个过程称为光的受激吸收过程,如图 2.1.5 所示。

受激跃迁(包括受激吸收和受激辐射)和自发发射之间存在着两个明显的区别。其一是自发发射只存在从高能级到低能级的过程,从 E_1 到 E_2 自发跃迁率为零;受激跃迁同时存在着 $E_2 \rightarrow E_1$ 和 $E_1 \rightarrow E_2$ 两个过程,且受激吸收概率与受激辐射概率相同。其二是自发跃迁概率和光场强度无关,而受激跃迁概率和感应光场的强度成正比。受激跃迁概

率可以表示为

$$(W_{21})_{\text{st}} = (W_{12})_{\text{st}} = W_{\text{st}} = B\rho(\nu) \tag{2.1.4}$$

式中，$\rho(\nu)$ 为单位频率上的能量密度；B 为比例系数。

B 取决于原子而不取决于辐射场，可以从一个殊特的场——处于热平衡状态的黑体辐射场——来求出 B 的表达式为

$$B = \frac{c^3 r_{\text{sp}}}{8\pi n^3 h\nu^3} \tag{2.1.5}$$

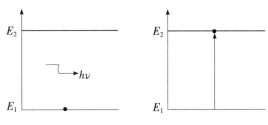

图 2.1.5　光的受激吸收

对于单分子复合物质

$$r_{\text{sp}} = \frac{1}{\tau_{\text{sp}}} \tag{2.1.6}$$

式中，τ_{sp} 为自发发射寿命时间。则有

$$B = \frac{c^3}{8\pi n^3 h\nu^3 \tau_{\text{sp}}} \tag{2.1.7}$$

$$W_{\text{st}} = \frac{c^3}{8\pi n^3 h\nu^3 \tau_{\text{sp}}} \cdot \rho(\nu) \tag{2.1.8}$$

式中，c 为真空中的光速；n 为介质的折射率。

在光电器件中，自发发射、受激辐射和受激吸收过程总是同时出现的。但对于各个特定的器件，只有一种机理起主要作用。这 3 种作用机理对应的器件分别是发光二极管、半导体激光器和光电二极管。

3. 光的吸收和放大

考虑频率为 ν、强度为 I_ν 的单色平面波通过原子媒质传输的情况。该媒质中，处于能级 E_2 上的电子密度为 N_2，处于能级 E_1 上的电子密度为 N_1，暂不考虑自发发射过程，那么在单位体积中，受激辐射的速度为 $N_2 \cdot W_{\text{st}}$，受激吸收的速率为 $N_1 \cdot W_{\text{st}}$。因此，单位体积中发生的净功率为

$$\frac{p}{\text{体积}} = (N_2 - N_1) \cdot W_{\text{st}} \cdot h\nu \tag{2.1.9}$$

这种辐射是相干地（即有确定的相位关系）加至行波辐射，使得在没有任何损耗机理

的情况下,这种辐射等于每单位长度光强的增量,即

$$\frac{\mathrm{d}I_\nu}{\mathrm{d}z} = (N_2 - N_1)W_{st} \cdot h\nu \tag{2.1.10}$$

光波强度 $I_\nu = \frac{c}{n}\rho(\nu)$,将式(2.1.8)代入式(2.1.10),得

$$\frac{\mathrm{d}I_\nu}{\mathrm{d}z} = (N_2 - N_1)\frac{c^2}{8\pi n^2 \nu^2 \tau_{sp}} \cdot I_\nu \tag{2.1.11}$$

此方程的解为

$$I_\nu = I_\nu(0)\mathrm{e}^{\gamma(\nu)z} \tag{2.1.12}$$

式中

$$\gamma(\nu) = (N_2 - N_1) \cdot \frac{c^2}{8\pi n^2 \nu^2 \tau_{sp}} \tag{2.1.13}$$

分两种情况讨论上述结果。

(1)吸收媒质

在这种媒质中,$N_2 < N_1$,受激吸收过程占主要地位,$\gamma(\nu) < 0$,光波经过媒质时强度按指数规律衰减,光波被吸收。

当原子系统处于热平衡时,有

$$N_2/N_1 = \mathrm{e}^{-(E_2 - E_1)/kK} < 1 \tag{2.1.14}$$

式中,k 为玻耳兹曼常数;K 为绝对温度。

在热平衡系统中,N_2 总是小于 N_1,光波总是被吸收。

(2)放大媒质

在这种媒质中,$N_2 > N_1$,受激辐射占主导地位,$\gamma(\nu) > 0$,光波经过媒质时强度按指数规律增加,光波被放大。

$N_2 > N_1$ 的媒质是一种处于非热平衡状态下的反常情况,称之为粒子数反转或布居反转,这种媒质对应于激光型放大的情况。

2.1.2 半导体中载流子的统计分布

1. 晶体的能带

在单个原子中,电子是在原子内的量子态中运动的。当大量原子结合成晶体后,邻近原子中的电子态将发生不同程度的交叠,原子间的影响将表现出来。原来围绕一个原子运动的电子,现在可能转移到邻近原子的同一轨道上去,晶体中的电子不再属于个别原子所有,它们一方面围绕每个原子运动,同时又要在原子之间作共有化运动,如图2.1.6所示。

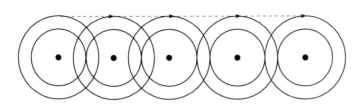

图 2.1.6　晶体中电子的运动

　　晶体的主要特征是它们的内部原子有规则地、周期性地排列着。作共有化运动的电子受到周期性排列着的原子的作用,它们的势能具有晶格的周期性。因此,晶体的能谱在原子能级的基础上按共有化运动的不同而分裂成若干组。每组中能级彼此靠得很近,组成有一定宽度的带,称为能带,如图 2.1.7 所示。内层电子态之间的交叠小,原子间的影响弱,分成的能带比较窄;外层电子态之间的交叠大,能带分裂得比较宽。

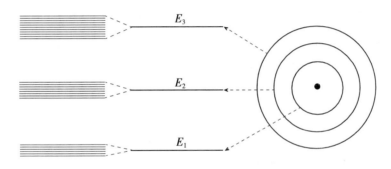

图 2.1.7　晶体中的能带

　　锗、硅和 GaAs 等一些重要的半导体材料,都是典型的共价晶体。在共价晶体中,每个原子最外层的电子和邻近原子形成共价键,整个晶体就是通过这些共价键把原子联系起来。在半导体物理中,通常把这种形成共价键的价电子所占据的能带称为价带,而把价带上面邻近的空带(自由电子占据的能带)称为导带。导带和价带之间,被宽度为 E_g 的禁带

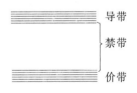

图 2.1.8　价带和导带

所分开,如图 2.1.8 所示。价带和导带是我们最感兴趣的两个能带,因为原子的电离以及电子与空穴的复合发光等过程,主要发生在价带和导带之间。

2. 费米-狄拉克统计

　　在半导体中,电子在各能级上如何分布,这是一个量子统计问题。电子是费米子(自旋量子数为 1/2),它在各能级上的分布,要受泡里不相容原理的限制,即每个单电子量子态中最多只能容纳一个电子,它们或者被一个电子占据,或者空着。电子在各能级中的分布,服从费米-狄拉克统计。

根据费米-狄拉克统计,对于由大量电子所组成的近独立体系,每个能量为 E 的单电子态,被电子占据的概率 $f(E)$ 服从费米分布函数,$f(E)$ 可表示为

$$f(E) = \frac{1}{e^{(E-E_f)/kK} + 1} \tag{2.1.15}$$

式中,E_f 称为费米能级。

费米能级不是一个可以被电子占据的实在的能级,它是反映电子在各能级中分布情况的参量,具有能级的量纲。对于具体的电子体系,在一定温度下,只要把费米能级确定以后,电子在各量子态中的分布情况就完全确定了。费米能级的位置,由系统的总电子数、系统能级的具体情况以及温度等所决定。对于本征半导体,在较低温度下,费米能级的位置处于禁带的中心;对于掺杂的半导体,随着掺杂的不同费米能级的位置也不同。

由费米分布函数可知,当 $E = E_f$ 时,$f(E) = \frac{1}{2}$,即能级 E(如果这是一个实在的能级)被电子占据的概率和空着的概率相等。当 $E < E_f$ 时,$f(E) > \frac{1}{2}$,能级 E 被电子占据的概率大于空着(或称被空穴占据)的概率。如果 $(E_f - E) \gg kK$,则 $f(E) \to 1$,这样的能级几乎都被电子所占据。

当 $E > E_f$ 时,$f(E) < \frac{1}{2}$。如果 $(E - E_f) \gg kK$,费米分布函数可以简化为玻耳兹曼分布,表示为

$$f(E) \approx e^{-(E-E_f)/kK} \tag{2.1.16}$$

这样的能级基本上都被空穴所占据。

3. 各种半导体中电子的统计分布

根据费米分布,可以画出各种半导体中电子的统计分布,如图 2.1.9 所示。

如图 2.1.9(a)所示表示本征半导体。在低温下,费米能级处于禁带的中心,价带中所有的状态都由电子(浓黑的点)填充,而导带中所有的状态都空着(图中用小圆圈表示)。

对于 P 型半导体,由于受主杂质的掺入,费米能级的位置比本征半导体要低,处于价带顶和受主杂质能带之间。对于重掺杂的 P 型半导体,杂质能带和价带连成一片,费米能级进入价带。费米能级进入价带的半导体被称为简并型 P 型半导体,其电子的统计分布,如图 2.1.9(b)所示。

图 2.1.9(c)表示简并型 N 型半导体中电子的统计分布。在这种半导体中,施主杂质能带和导带连成一片,费米能级进入导带。

图 2.1.9(d)表示双简并型半导体,这是一种非热平衡状态下的情况,因而用两种费米能级 E_{fc} 和 E_{fv} 来表征载流子的统计分布。在价带中,载流子的统计分布与简并型 P 型半导体的分布相似,而导带中则与简并型 N 型半导体的情况类似,因而在 E_{fv} 和 E_{fc} 之间

形成了一个粒子数反转的区域。如果有一光波,光子的能量 $h\nu$ 满足条件

$$E_{\mathrm{g}} < h\nu < E_{\mathrm{fC}} - E_{\mathrm{fV}}$$

那么这束光波经过双简并型半导体时将被放大。

这种双简并型半导体对应着结型半导体激光器激光放大的区域。

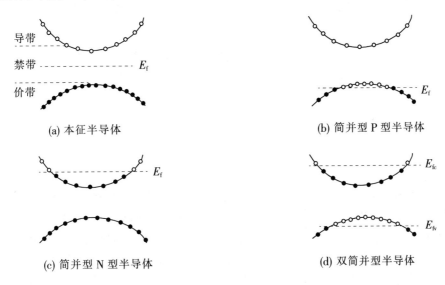

图 2.1.9　半导体中电子的统计分布

2.1.3　PN 结 的 能 带

1. PN 结的形成

在 P 型半导体中存在大量带正电的空穴,同时还存在着等量的带负电的电离受主,它们的电性相互抵消而表现出电中性。同样,在 N 型半导体中,带负电的电子和等量的带正电荷的电离施主在电性上也相互抵消。当 P 型半导体和 N 型半导体形成 PN 结时,载流子的浓度差引起扩散运动,P 区的空穴向 N 区扩散,剩下带负电的电离受主,从而在靠近 PN 结界面的区域形成一个带负电的区域。同样,N 区的电子向 P 区扩散,剩下带正电的电离施主,从而造成一个带负电的区域。载流子扩散运动的结果形成了一个空间电荷区,如图 2.1.10 所示。在空间电荷区里,电场的方向由 N 区指向 P 区,这个电场称为“自建场”。在自建场的作用下,载流子将产生漂移运动,漂移运动的方向正好与扩散运动相反。开始时,扩散运动占优势,但随着自建场的加强,漂移运动也不断加强,最后漂移运动完全抵消了扩散运动,达到动态平衡状态。因此,当不加外电压时,PN 结是处于动态平衡状态,宏观上没有电流流过。

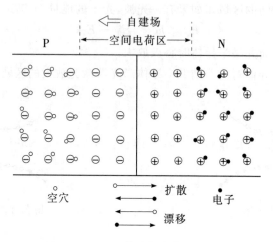

图 2.1.10　PN 结空间电荷区的形成

当 PN 结加上正向电压时,外加电压的电场方向正好和自建场的方向相反,因而削弱了自建场,打破了原来的动态平衡。这时,扩散运动超过了漂移运动,P 区的空穴将通过 PN 结源源不断地流向 N 区,N 区的电子也流向 P 区,形成正向电流。由于 P 区的空穴和 N 区的电子都很多,所以这股正向电流是大电流。当 PN 结加反向电压时,外电场的方向和自建场相同,多数载流子将背离 PN 结的交界面移动,使空间电荷区变宽。空间电荷区内电子和空穴都很少,它变成高阻层,因而反向电流非常小。这就是为什么 PN 结具有单向导电性。

2. PN 结的能带

根据上面分析的 PN 结的基本特性,下面讨论 PN 结的能带结构。考虑简并型 P 型和 N 型半导体形成 PN 结的情况,图 2.1.11(a)示出了兼半型 P 型和 N 型半导体,阴影部分表示主要由电子占据的量子态。如图 2.1.11(b)所示表示热平衡状态下 PN 结的能带。由于一个热平衡系统只能有一个费米能级,这就要求原来在 P 区和 N 区高低不同的费米能级达到相同的水平。如果 N 区的能级位置保持不变,那么 P 区的能级应该提高,从而使 PN 结的能带发生弯曲。能带图是用来描述电子能量的,PN 结能带的弯曲正反映空间电荷区的存在。在空间电荷区中,自建场从 N 区指向 P 区,这说明 P 区相对 N 区为负电位,用 $-V_D$ 表示,叫做接触电位差,或者叫做 PN 结的势垒高度。P 区所有能级的电子都附加了 $(-e_0) \cdot (-V_D) = e_0 V_D$ 的位能,从而使 P 区的能带相对 N 区来说提高了 $e_0 V_D$,同时 $e_0 V_D = E_{fC} - E_{fV}$。在空间电荷区中存在着自建场,它里面任一点 x 相对 N 区都有一定的电位〔$-V(x)$〕,能带相应地抬高 $e_0 V(x)$,所以在图 2.1.11(d)中能带倾斜的部分直接表明空间电荷区中电位的变化。

图 2.1.11(c)示出了 PN 结上加正向电压时的能带图。正向电压 V 削弱了原来的自

建场,使势垒降低。如果 N 区的能带还是保持不变,则 P 区的能带应向下移动,下降的数值应为 $e_0V(V<V_D)$。在这种非热平衡状态下,费米能级也发生分离。

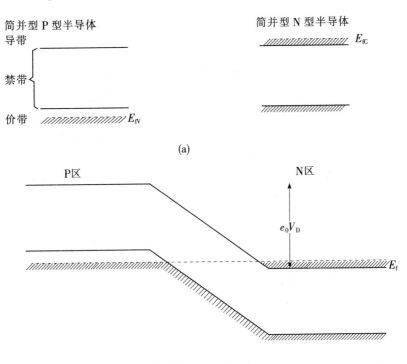

(a)

(b) 达到热平衡时 PN 结的能带

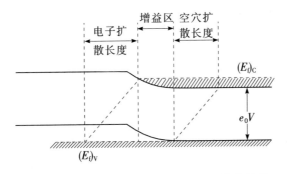

(c) 加正向电压后 $(e_0V>E_g)$PN 结的能带

图 2.1.11　PN 结的能带

正向电压破坏了原来的平衡,引起每个区域中的多数载流子流入对方,使 P 区和 N 区内少数载流子比原来平衡时增加了,这些增多的少数载流子称为“非平衡载流子”。非平衡载流子的统计分布,仍可用费米分布函数描述,但这时的费米能级应为准费米能级。我们用准费米能级 $(E_f)_C$ 描述电子的统计分布,用准费米能级 $(E_f)_V$ 描述空穴的统计分布,有关系式

$$(E_f)_C - (E_f)_V = e_0 V$$

对于 P 区来说,空穴是多数载流子,所以 $(E_f)_V$ 变化很小,基本上和平衡状态下的费米能级差不多。进入 N 区,空穴是少数载流子,$(E_f)_V$ 在 N 区是倾斜的,这表示在 N 区,空穴分布不是均匀的,而处于向 N 区扩散的运动中,而且在扩散运动中不断地与 N 区的电子复合而减小,直到非平衡载流子完全复合掉为止。在离开 PN 结一个扩散长度以外的地方,载流子浓度又回到原来的平衡状态。$(E_f)_V$ 和 $(E_f)_C$ 重合,变成统一的费米能级 E_f。对于 $(E_f)_C$ 的变化也可做同样的解释。在 N 区,$(E_f)_C$ 变化很小,而在 P 区变化显著。$(E_f)_C$ 在 P 区的倾斜,正反映扩散到 P 区的电子是处在向 P 区扩散的运动中,在扩散中不断地与 P 区的空穴复合而减小。

3. 增益区的形成

对于简并型 P 型半导体和简并型 N 型半导体形成的 PN 结,当注入电流(或正向电压)加大到某一值后,准费米能级 $(E_f)_C$ 和 $(E_f)_V$ 的能量间隔大于禁带宽度,即 $e_0 V > E_g$,那么由图 2.1.11(c)可以看出,PN 结里出现一个增益区(也叫有源区),在 $(E_f)_C$ 和 $(E_f)_V$ 之间,价带主要由空穴占据,而导带主要由电子占据,即实现了粒子数反转。这个区域对光子能量满足

$$E_g < h\nu < e_0 V \tag{2.1.17}$$

的光子有光放大作用。半导体激光器的激射就发生在这个区域。

2.2 半导体激光器和发光二极管

2.2.1 半导体激光器

1. 激射条件

和任何类型的激光器一样,在半导体激光器中要形成激光,同样需要具备以下两个基本条件。

① 有源区里产生足够的粒子数反转分布;

② 存在光学谐振机制,并在有源区里建立起稳定的振荡。

本章第 2.1 小节已分析过在 PN 结里实现粒子数反转分布的条件,这里再着重谈谈建立稳定的光振荡的必要性。

当 PN 结加上正向电压后,扩散运动占了优势,P 区和 N 区注入的非平衡载流子在

扩散过程中不断地复合而减小,这种电子和空穴复合过程(自发发射过程)中所发出的光,就形成了半导体激光器中的初始光场。一般说来,电子扩散长度远大于空穴的扩散长度,因此,复合发光的区域是偏向 P 区一侧的。

有源区里实现了粒子数反转以后,受激辐射占据主导地位,但是,激光器初始的光场来源于导带和价带的自发发射,频谱较宽,方向也杂乱无章。为了得到单色性和方向性好的激光输出,必须构成光学谐振机制,形成稳定的光振荡,通过光振荡对光的频率和光谱进行选择。在半导体激光器中,光振荡的形成主要采用两种方式:一种是用晶体天然的解理面形成法布里-珀罗谐振腔(F-P 腔),当光在谐振腔中满足一定的相位条件和振幅条件时,建立起稳定的光振荡。这种激光器称为 F-P 腔激光器。另一种是利用有源区一侧的周期性波纹结构提供光耦合来形成光振荡,如分布反馈(DFB)激光器和分布喇格反射(DBR)激光器。

2. 制作激光器的材料

制作半导体激光器的材料,必须是“直接带隙”的半导体材料。所谓直接带隙,是指导带的最低点和价带的最高点对应着相同的波数 k(波矢量的模)。如图 2.2.1 所示,GaAs 材料(Al 的含量 $x=0.00$)在 $k\langle000\rangle$ 位置上有一个导带能量的极小值,它对应价带的最高点,图中 A 所示的跃迁属于“竖直跃迁”,跃迁过程中动量保持守恒(即发生的是辐射性复合)。但 GaAs 材料在 $k\langle100\rangle$ 位置还有一个次极小值,随着 Al 含量的增加,禁带宽度增加,但两个极小值上升的速度不一样。当 $x>0.35$ 时,$k\langle100\rangle$ 的极小值变为最小值,这时电子和空穴的复合主要是如图中 B 所示的间接跃迁,跃迁过程中由于 k 变化,动量发生变化。由于光子的动量很小,必须有声子参与跃迁过程,这时发生的是非辐射性复合,跃迁过程中发射声子,耗散为晶格的热振动。这种间接带隙的半导体材料发光效率很低。因此,为了提高发光效率,必须采用直接带隙的半导体材料来制作激光器。

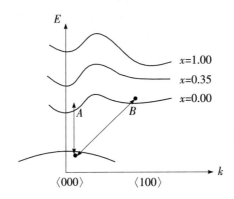

图 2.2.1　GaAs 和 $Ga_{1-x}Al_xAs$ 的 E-k 曲线

半导体材料的禁带宽度(E_g)决定了激光器的发射波长。因为辐射跃迁中发射的光

子能量

$$h\nu \approx E_g \tag{2.2.1}$$

所以发射波长

$$\lambda \approx hc/E_g \tag{2.2.2}$$

式中,h 为普朗克常量;c 为真空中的光速。

在短波长波段($0.85\ \mu m$),采用 GaAs 和 GaAlAs 材料构成异质结构;在长波长波段($1.3 \sim 1.55\ \mu m$),采用 InGaAsP 材料和 InP 材料构成异质结激光器。

2.2.2 F-P 腔半导体激光器的结构与分类

1. F-P 腔的作用

在 F-P 腔半导体激光器中,用晶体的天然解理面来构成"法布里-珀罗"谐振腔。F-P 腔的作用,首先使输出光的方向得到选择,使不能被反射镜面截获的、方向杂乱的光逸出腔外而损耗掉,能在谐振腔内建立起稳定振荡的光基本上是与反射镜面垂直方向的光。另外,要使光在谐振腔内建立起稳定的振荡,必须满足一定的相位条件和振幅条件,相位条件使发射光谱得到选择,振幅条件使激光器成为一个阈值器件。

光振荡需要满足的相位条件可以表示为

$$\beta 2L = q2\pi \qquad q = 1,2,3,\cdots \tag{2.2.3}$$

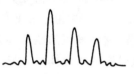

图 2.2.2 激光器的发射光谱

式中,β 为相位常数;L 为谐振腔的腔长。β 是与波长有关的,从而使只有确定波长的光才能在谐振腔里建立起稳定的振荡,使激光器的发射光谱呈现出谱线尖锐的模式结构,如图 2.2.2 所示。

谐振腔中的介质,是实现了粒子数反转分布的区域,称为有源区,该区对光有放大作用。但腔内也存在着损耗,例如镜面的反射损耗(两个镜面的反射率 $R_1R_2 = R$ 总是小于 1),工作物质的吸收和散射损耗等。因此,谐振腔里建立起稳定的振荡须满足阈值条件

$$e^{(\gamma_{th}-a)2l}R = 1 \tag{2.2.4}$$

式中,γ_{th} 为阈值时增益系数;a 为谐振腔内部工作物质的损耗系数;R 为谐振腔两个镜面的反射率之积。

用式(2.1.13)可将增益系数表示为

$$\gamma(\nu) = (N_2 - N_1)\frac{c^2}{8\pi n^2 \nu^2 \tau_{sp}}g(\nu) \tag{2.2.5}$$

式中,$g(\nu)$ 为自发发射的线状函数。

阈值条件说明,只有谐振腔里的增益增大到能够克服损耗,才能建立起稳定的光振荡,输出谱线尖锐、方向性好的激光,而增加增益的方法是加大注入的正向电流。对于半

导体激光器,粒子数反转率(N_2-N_1)可以粗略地和二极管的注入电流联系起来。假设$N_2\gg N_1$,$N_1\approx 0$,则在给定的时间内注入到二极管中的总电子数应等于同期内发生的复合数。即

$$\frac{N_2}{\tau_{sp}}\approx \frac{I\eta_i}{Ae_0}\qquad(2.2.6)$$

式中,I/A为注入电流密度;η_i为内量子效率,表示注入的载流子中辐射性复合所占的比例。

将式(2.2.6)代入式(2.2.5),得到

$$\gamma(\nu)\approx \frac{c^2\eta_i g(\nu)}{8\pi n^2\nu^2 e_0}\cdot\frac{I}{A}\qquad(2.2.7)$$

上式说明,激光器是一个阈值器件,只有注入电流达到阈值以后,谐振腔里的增益才能克服损耗,激光器才开始激射。

例题 一半导体激光器,谐振腔长 $L=300\ \mu m$,工作物质的损耗系数 $\alpha=1\ mm$,谐振腔两镜面的反射率 $R_1R_2=0.33\times 0.33$,求激光器的阈值增益系数 γ_{th}。

解:由阈值条件

$$e^{(\gamma_{th}-\alpha)2l}R_1R_2=1$$

得

$$(\gamma_{th}-\alpha)2l+\ln R_1R_2=0$$

$$\gamma_{th}=\alpha+\frac{1}{2l}\ln\frac{1}{R_1R_2}=4.7\ mm^{-1}$$

2. F-P 腔激光器的结构与分类

(1) 按垂直于 PN 结方向的结构分类

按照垂直于 PN 结方向的结构的不同,F-P 腔激光器可分为同质结激光器、单异质结激光器、双异质结激光器和量子阱激光器。它们结构和性质上的差别,表示在如图 2.2.3 所示中。

对图中所示的 GaAs 同质结激光器,由于 PN 结两边是同种材料,没有带隙差存在,有源区两边的折射率差是由掺杂不同(载流子浓度不同)所决定的。因此,同质结构对各层的掺杂要求很严格,各层必须都是重掺杂的。由于没有带隙差,折射率差很微小(0.1%~1%),有源区对载流子和光子的限制作用很弱,致使阈值电流密度很大。同质结激光器是不能实现室温下连续工作的。

单异质结(SH)激光器是同质结构和双异质结构之间的过渡形式。

在双异质结(DH)激光器中,图 2.2.3(c)所示的 GaAs 双异质结激光器,窄带隙的有源区(GaAs)材料被夹在宽带隙的 GaAlAs 之间,带隙差形成的势垒对载流子有限制作用,它阻止了有源区里的载流子逃离出去。另外,双异质结构中的折射率差是由带隙差决定的,基本上不受掺杂的影响,有源区可以是重掺杂的,也可以是轻掺杂的。有源区里粒子反转的条件靠注入电流来实现。由于带隙差所决定的折射率差较大(可达到 5% 左

右),这使光场能很好地限制在有源区里。载流子的限制作用和光子的限制作用使激光器的阈值电流密度大大下降,从而实现了室温下连续工作。目前光纤通信中使用的 F-P 腔激光器,基本上都是双异质结构。

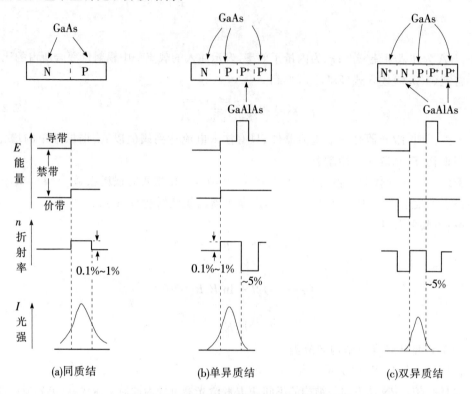

图 2.2.3　同质结、异质结激光器的能带示意

（2）按平行于 PN 结方向的结构分类

按平行于 PN 结方向的结构的不同,半导体激光器的分类如图 2.2.4 所示。

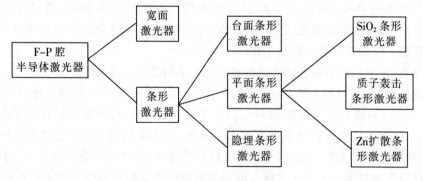

图 2.2.4　半导体激光器分类

在整个 PN 结面积上均有电流通过的结构是宽面结构,只有 PN 结中部与解理面垂直的条形面积上有电流通过的结构是条形结构。条形结构提供了平行于 PN 结方向的电流限制,因而大大降低了激光器的阈值电流,改善了热特性。

在我国,较早发展的双异质结半导体激光器多采用质子轰击平面条形结构,如图 2.2.5 所示。这种结构的条形是这样形成的:用金丝或钨丝将所需要的条形区域(典型宽度 $10 \sim 15\ \mu m$)掩蔽起来,用高速质子流轰击其余部分,经过质子轰击的部分的电阻率将增加两个数量级以上,这样就限制了注入电流在未被轰击的条形之内,从而使有源区也限制在条形之内,使光场在横向(平行于结的方向)也受到限制。

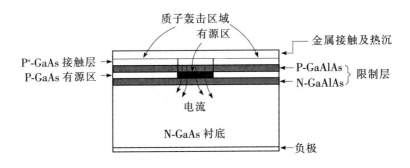

(a)质子轰击双异质结激光器

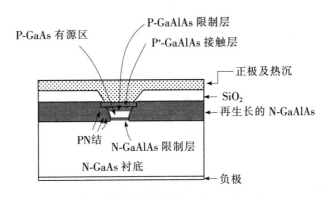

(b)隐埋异质结构激光器

图 2.2.5　GaAlAs/GaAs 窄条形异质结构半导体激光器的几种结构形式

对于质子轰击条形激光器,在 y 方向,条形区域依靠增益形成微小的折射率差,所以这种波导也称为增益波导,即靠增益导向。由于增益波导没有可靠的折射率导向,侧向光场的漏出还是较严重的,这不仅增加了谐振腔的损耗,而且不利于控制激光器的横模性质。

另一种性能较好的条形激光器是隐埋条形半导体激光器。这种结构将有源区用禁带既宽、折射率又低的材料沿横向(y 方向)和垂直于结的方向(x 方向)包围起来,形成折射率导向波导。这种结构不仅具有低阈值电流、高输出光功率、高可靠性等优点,而且能得到稳定的基横模特性,从而受到广泛的重视。

条形激光器的有源区构成矩形介质波导谐振腔(见图2.2.6),在 x 方向,是 PN 结形成的方向;在 y 方向,条形存在;在 z 方向,晶体的两个天然解理面形成法布里-珀罗谐振腔。

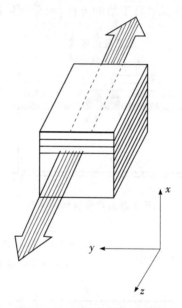

图 2.2.6　激光器结构示意图

2.2.3　量子阱半导体激光器

量子阱(QW)激光器与 F-P 腔双异质结激光器的结构基本相同,只是有源区的厚度非常薄。普通 F-P 腔激光器的有源区厚度为 1 000 ~ 2 000 Å,而量子阱激光器的有源区只有 10~100 Å。它的结构特点是:两种不同成分的半导体材料在一个维度上以薄层的形式交替排列而形成周期结构,从而将窄带隙的很薄的有源层夹在宽带隙的半导体材料之间,形成势能阱。当有源区的厚度小于电子的德布罗意波的波长时,电子在该方向的运动受到限制,态密度呈类阶梯形分布,从而构成超晶格结构。

量子阱激光器工作原理的详细分析需要求解势阱中电子波函数满足的薛定谔方程,超出了本书的范围。这里仅给出多量子阱激光器能带结构图,如图2.2.7所示。

势能阱的数目,可以是多个(多量子阱,MQW),也可以是单个(单量子阱,SQW)。

这种超晶格结构给激光器带来一系列优越的特性,主要有如下几点。

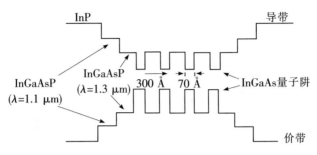

图 2.2.7　多量子阱激光器结构的能带图

① 阈值电流很低,据报导,国际上的最好水平的 QW 激光器的阈值电流已降低到只有 0.55 mA,而激光器的输出功率却相当高。

② 谱线宽度窄,频率啁啾改善。频率啁啾(Chirp)是指对激光器进行直接调制时,由于注入电流的变化,引起载流子浓度的变化,进而导致折射率的变化,结果使发射光谱的动态谱线展宽。激光器的谱线宽度与频率啁啾都和线宽增强因子 α 密切相关,而 α 又与有源区的厚度有关,量子阱激光器的 α 可降低为一般 F-P 腔激光器的 60% 左右,从而使发射谱线变窄,频率啁啾得到改善。

③ 调制速率高,用超晶格结构制造的激光器的调制速度可以远远高于体材料制作的激光器。

目前,人们也在研究量子线(在二维上限制载流子的运动)和量子箱(在三维上限制载流子的运动)的设想,以获得性能更好的激光器。

2.2.4　分布反馈激光器

分布反馈(DFB)型激光器是随着集成光学的发展而出现的,由于其动态单模特性和良好的线性,已在国内外高速率数字光纤通信系统和 CATV 模拟光纤传输系统中得到广泛的应用。

1. 结构特点

DFB 激光器结构上的特点是:激光振荡不是由反射镜面来提供,而是由折射率周期性变化的波纹结构(波纹光栅)来提供,即在有源区的一侧生长波纹光栅,如图 2.2.8 所示。

还有一种结构和原理与 DFB 类似的激光器,称为分布布喇格反射(DBR)激光器。与 DFB 不同之处是,DBR 激光器的波纹光栅在有源区的外面(如图 2.2.9 所示),从而避免了在制作光栅过程中造成的晶格损伤。

2. 工作原理

DFB 激光器的基本工作原理,可以用布喇格(Bragg)反射来说明。波纹光栅是由于

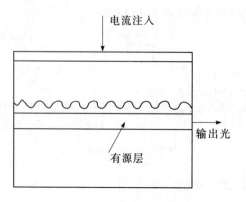

图 2.2.8　DFB 激光器的结构

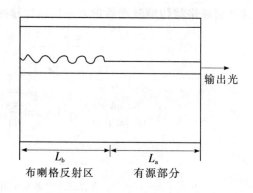

图 2.2.9　DBR 激光器的结构

材料折射率的周期性变化而形成,它为受激辐射产生的光子提供周期性的反射点,在一定的条件下,所有的反射光同相相加,形成某方向光的主极强。波纹结构可以取不同的形状,正弦波形或非正弦波形(如方波、三角波等)。考虑图 2.2.10 所示的布喇格反射,I、I′ 和 I″ 等光束满足同相位相加的条件为

$$\Lambda + B = m\lambda/n \tag{2.2.8}$$

式中,Λ 为波纹光栅的周期,也称为栅距;m 为整数;n 为材料等效折射率;λ 为波长。

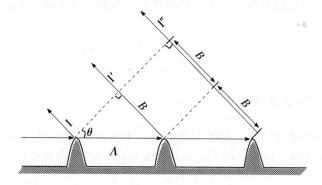

图 2.2.10　布喇格反射原理

　　由图中所示 B、Λ、θ 的几何关系,式(2.2.8)也可表示为

$$n\Lambda(1 + \sin\theta) = m\lambda \tag{2.2.9}$$

式(2.2.9)即为布喇格反射条件,即对应特定的 Λ 和 θ,有一个对应的 λ,使各个反射波为相长干涉。DFB 激光器的分布反馈是 $\theta = \pi/2$ 的布喇格反射,这时有源区的光在栅条间来回振荡。此时的布喇格条件为

$$2n\Lambda = m\lambda \tag{2.2.10}$$

3. DFB 激光器的优点

DFB 激光器较 F-P 激光器具有以下几个优点。

（1）单纵模振荡

F-P 腔激光器的发射光谱，由增益谱和激光器纵模特性共同确定。由于谐振腔的长度较长，导致纵模间隔小，相邻纵模间的增益差别小，所以得到单纵模振荡非常困难。DFB 激光器的发射光谱，主要由光栅周期 Λ 决定，Λ 对应 F-P 腔 LD 的腔长 L，每一个 Λ 形成一个微型谐振腔。由于 Λ 的长度很小，所以 m 阶和 $(m+1)$ 阶模之间的波长间隔比 F-P 腔大得多，加之多个微型谐振腔的选模作用，很容易设计成只有一个模式能获得足够的增益。因此，DFB 激光器总是设计成单纵模振荡。

（2）谱线窄，波长稳定性好

由于 DFB 激光器的每一个栅距 Λ 相当于一个 F-P 腔，因此，布喇格反射可比做多级调谐，使谐振波长的选择性大大提高，谱线明显变窄，DFB 激光器的谱线宽度可以窄到只有几个吉赫兹。光栅的作用有助于使发射波长锁定在谐振波长上，使波长的稳定性改善。

（3）动态谱线好

DFB 激光器在高速调制时仍然保持单模特性，这是 F-P 腔激光器所无法达到的。尽管 DFB 激光器在高速调制时谱线有所展宽，即存在啁啾，但比 F-P 腔激光器动态谱线的展宽要改善一个数量级左右。

（4）线性度好

现已研制出线性度非常好的 DFB 激光器，有线电视光纤传输系统（模拟调制）中使用的激光器，都是 DFB 型激光器。

波纹光栅结构和量子阱结构相结合，可以构成一种性能优越的 MQW-DFB 激光器。这种激光器兼有量子阱和 DFB 激光器的优点，已被广泛应用到高速光纤通信系统中。图 2.2.11 就是一个应变 MQW-DFB 激光器的结构。

4. 半导体激光器的基本性质

（1）阈值性质

半导体激光器是一个阈值器件，它的工作状态随注入电流的不同而不同。当注入电流较小时，有源区里不能实现粒子数反转，自发发射占主导地位，激光器发射普通的荧光，其工作状态类似于一般的发光二极管。随着注入电流的加大，有源区里实现了粒子数反转，受激辐射占主导地位，但当注入电流小于阈值电流时，谐振腔里的增益还不足以克服损耗，不能在腔内建立起一定模式的振荡，激光器发射的仅仅是较强的荧光，这种状态称之为"超辐射"状态。只有当注入电流达到阈值以后，才能发射谱线尖锐、模式明确的激光。

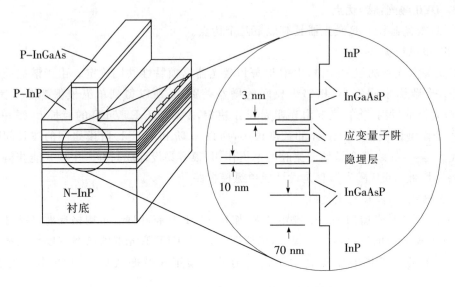

图 2.2.11　应变 MQW-DFB 激光器的结构

（2）半导体激光器的效率

半导体激光器把激励的电功率转换成光功率发射出去,人们经常用功率效率和量子效率衡量激光器的转换效率的高低。

功率效率定义为

$$\eta_{\text{p}} = \frac{\text{激光器辐射的光功率}}{\text{激光器消耗的电功率}} = \frac{p_{\text{ex}}}{V_{\text{j}}I + I^2 R_{\text{s}}} \qquad (2.2.11)$$

式中,p_{ex} 为激光器发射的光功率;V_{j} 为激光器的结电压;R_{s} 为激光器的串联电阻;I 为注入电流。

量子效率分为内量子效率、外量子效率和外微分量子效率。内量子效率定义为

$$\eta_{\text{i}} = \frac{\text{有源区里每秒钟产生的光子数}}{\text{有源区里每秒钟注入的电子-空穴对数}}$$

有源区里的电子-空穴对的复合过程分两种情况:一种是辐射复合,即在复合过程中发射光子;另一种是非辐射复合,这种情况下导带和价带的能量差以声子的形式释放出来,转换为晶格的振动。用 R_{r} 和 R_{nr} 分别表示辐射复合和非辐射复合的速率,内量子效率 η_{i} 可以表示为

$$\eta_{\text{i}} = \frac{R_{\text{r}}}{R_{\text{nr}} + R_{\text{r}}} \qquad (2.2.12)$$

制造半导体激光器的材料,必须是直接带隙的半导体材料。在这种材料中,导带和价带的跃迁过程没有声子参加,保持动量守恒,即复合过程是辐射复合,从而使激光器有高的内量子效率。尽管如此,由于原子缺陷(空位、错位)的存在以及深能级杂质的引入,

也不可避免地会形成一些非辐射复合中心,降低器件的内量子效率。因此,激光器的制作工艺必须严格控制,避免原子缺陷、深能级杂质的存在。

外量子效率 η_{ex} 定义为

$$\eta_{ex} = \frac{\text{激光器每秒钟发射的光子数}}{\text{激光器每秒钟注入的电子-空穴对数}}$$

$$= \frac{p_{ex}/h\nu}{I/e_0} \tag{2.2.13}$$

外量子效率不仅取决于内量子效率的高低,而且与载流子对有源区的注入效率、光子在谐振腔里的运输效率以及谐振腔端面上的取光效率有关。由于 $h\nu \approx E_g \approx e_0V$,所以

$$\eta_{ex} \approx \frac{p_{ex}}{IV} \tag{2.2.14}$$

式中,I 为激光器的注入电流;V 为 PN 结上的外加电压。

由于激光器是阈值器件,当 $I < I_{th}$ 时,发射功率几乎为零;而 $I > I_{th}$ 时,p_{ex} 随 I 线性增加,所以 η_{ex} 是电流的函数,使用很不方便。因此,定义外微分量子效率 η_D 为

$$\eta_D = \frac{(p_{ex} - p_{th})/h\nu}{(I - I_{th})/e_0} \tag{2.2.15}$$

由于 $p_{ex} \gg p_{th}$,所以

$$\eta_D \approx \frac{p_{ex}/h\nu}{(I - I_{th})/e_0} \tag{2.2.16}$$

外微分量子效率不随注入电流变化,它对应 p-I 曲线阈值以上线性部分的斜率,在实际中得到广泛的应用。

(3) 半导体激光器的温度特性

半导体激光器是一个对温度很敏感的器件,它的输出功率随温度发生很大的变化,其原因,主要是由于半导体激光器外微分量子效率和阈值电流随温度而变化。

外微分量子效率随温度的升高而下降。一般来说,外微分量子效率随温度的变化不是十分敏感,例如 GaAs 激光器,绝对温度 77 K 时,η_D 约为 50%;当绝对温度上升到 300 K 时,η_D 约为 30%。

阈值电流随温度的升高而加大。在某一段温度变化范围内,阈值电流与温度的关系,可以表示为

$$I_{th} = I_0 \exp(K/K_0) \tag{2.2.17}$$

式中,I_{th} 为结温为 K 时的阈值电流;K 为绝对温度;I_0 为常数;K_0 为激光器的特征温度,它在一定的温度变化范围内是常数。

对于线性度良好的激光器,输出光功率可以表示为

$$p_{ex} = \frac{\eta_D \cdot h\nu}{e_0}(I - I_{th}) \tag{2.2.18}$$

当以恒定电流注入激光器时,由于阈值电流随温度而变化,所以激光器的输出光功率发生很大的变化。尤其是 InGaAsP/InP 长波长半导体激光器,阈值电流对温度的变化非常敏感。图 2.2.12 显示了 GaAlAs/GaAs 和 InGaAsP/InP 激光器在摄氏温度下的变温 p-I 曲线。

若激光器在 K_1 温度下的阈值电流为 I_{th1},在 K_2 温度下的阈值电流为 I_{th2},由 (2.2.11)式可以得到 I_{th1} 和 I_{th2} 的关系为

$$I_{th2} = I_{th1} \exp\left[(K_2 - K_1)/K_0\right] \qquad (2.2.19)$$

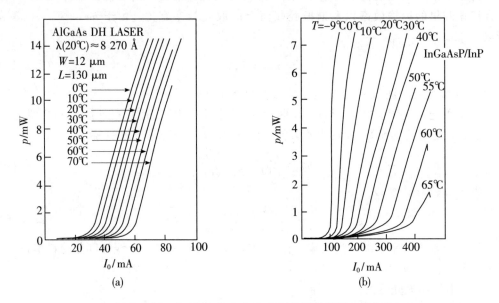

图 2.2.12 GaAlAs 和 InGaAsP 激光器的变温 p-I 曲线

2.2.5 发光二极管

除半导体激光器外,发光二极管(LED)也是光纤通信中常用的光源。发光二极管基本上是用直接带隙的半导体材料制作的 PN 结二极管。相对激光器而言,其原理和构造都比较简单。在比较详细地分析了半导体激光器的原理、结构后,发光二极管的有关问题也就不难理解了。

1. 工作原理

发光二极管是非相干光源,它的发射过程主要对应光的自发发射过程。在发光二极管的结构中,不存在谐振腔,发光过程中 PN 结也不一定需要实现粒子数反转。当注入正向电流时,注入的非平衡载流子在扩散过程中复合发光,这就是发光二极管的基本原理。因此,发光二极管不是阈值器件,它的输出功率基本上与注入电流成正比,图 2.2.13 给

出了一个具体的发光二极管的 p-I 曲线。

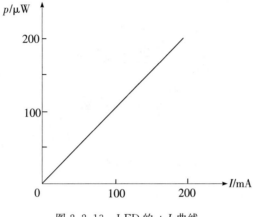

图 2.2.13　LED 的 p-I 曲线

2. 结构和分类

为了获得高辐射度,发光二极管常采用双异质结构。按光输出的位置不同,发光二极管可分为边发射型和面发射型,它们的结构如图 2.2.14 所示。

3. 基本性质

(1) 发射谱线和发散角

由于发光二极管没有谐振腔,所以它的发射光谱就是半导体材料导带和价带的自发发射谱线。由于导带和价带都包含有许多能级,复合发光的光子能量有一个较宽的能量范围,造成自发发射谱线较宽。同时,又由于自发发射的光的方向是杂乱无章的,所以LED 输出光束的发散角也大,在平行于 PN 结的方向,发光二极管发散角约为 120°;而在垂直于 PN 结的方向,边发射型 LED 的发散角约为 30°,面发射型 LED 的发散角约为120°。对于用 GaAlAs 材料制作的 LED,发射谱线宽度为 300～500 Å,而对长波长 In-GaAsP 材料制作的 LED,发射谱线在 600～1 200 Å 之间。

由于 LED 的发射谱线宽,因此,光信号在光纤中传输时材料色散和波导色散较严重;而发散角大使 LED 和光纤的耦合效率低,这些因素对光纤通信是不利的。

(2) 响应速度

发光二极管的响应速度受载流子自发复合寿命时间所限制。为减小载流子的寿命时间,复合区往往采用高掺杂或使 LED 工作在高注入电流密度下,即便这样,LED 的响应速度还是比激光器低得多。半导体激光器的调制速度可达到吉赫兹的数量级,而国产LED 的调制速率目前仅为 200～300 MHz。

(3) 热特性

发光二极管的输出功率,也随温度的升高而减小。但由于它不是阈值器件,所以输

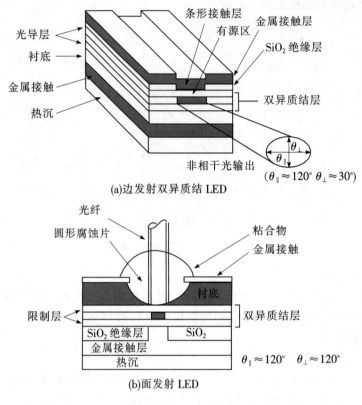

图 2.2.14　LED 结构

出功率不会像激光器那样随温度发生很大的变化,在实际使用中也可以不进行温度控制。以短波长 GaAlAs 发光二极管为例,其输出功率随温度的变化率约为 $-0.01/1\ K$。

（4）优点

发光二极管的突出优点是寿命长、可靠性高、调制电路简单、成本低。所以它在一些速率不太高、传输距离不太长的系统中得到广泛的应用。

2.3　半导体激光器的模式性质

从半导体激光器的结构可以知道,它相当于一个多层介质波导谐振腔,当注入电流大于阈值电流时,激光器呈一定的模式振荡。与一般的介质波导不同的是,激光器不是无限长波导,而是波导谐振腔,在纵向,光场不是以行波的形式传输,而是以驻波的形式振荡。因此,在分析激光器的模式时,往往用横模表示谐振腔横截面上场分量的分布形式,而以纵模表示在谐振腔方向上光波的振荡特性,即激光器发射的光谱的性质。本节讨论 F-P 腔激光器的模式性质。

半导体激光器的结构不同,它所形成的介质波导谐振腔的物理模型也不同。例如,宽面激光器可以作为介质平板光波导来处理,而条形激光器应作为矩形介质波导来求解;同质结平面条形激光器的有源区在垂直于结和平行于结的方向上折射率是连续变化的,异质结平面条形激光器仅在平行于结的方向上折射率才是连续变化的,而隐埋条形激光器的有源区却可以被认为是均匀的,折射率在有源区的边界上发生突变。因此,在分析激光器的模式时,应根据具体激光器的结构和边界条件,采用不同的物理模型来求解波动方程。

对于介质平板波导(宽面激光器的物理模型),存在着 TE 和 TM 模,这在第 1 章中已讨论过。它们在谐振腔里振荡,形成激光器的纵模输出。

用来准确描述条形激光器的模式的物理模型是"介质箱"和厄密-高斯模式。介质箱适合于折射率波导,它是由折射率突变不连续性推导出来的。厄密-高斯模式是由折射率连续变化(在 x 方向和 y 方向折射率呈抛物型变化)推导出来的。介质箱和厄密-高斯模式的解都是混合模,但是它们的 E_z 和 H_z 分量都很小,可以近似为 TEM 模。根据它们横向场分量的情况,可以把这种混合模大体分为两种:一种主要的场分量是 E_x 和 H_y;另一种主要的场分量是 E_y 和 H_x。前一种模式的横向场分布和介质板波导中的 TM 波相类似,而后一种模式的横向场分布和 TE 波相类似。

矩形波导的求解过程是复杂的,本节着重介绍理论和实验上都比较成熟、物理意义比较明确的厄密-高斯模式。

2.3.1 厄密-高斯模式的解

对平面条形激光器,当电流注入时,载流子向条形以外的区域扩散而使增益在条中心为最大,向两边逐渐下降,从而使有源区里的介电常数沿 y 方向连续变化。对同质结构,在 x 方向也有类似的情况。假设介电常数在水平(y)方向和垂直(x)方向上都对峰值呈空间对称分布,取谐振腔一个镜面的中点为坐标原点,那么,它就能展开成只有偶次项的幂级数。忽略高次项,仅保留零次项和二次项,则得到

$$\varepsilon(x,y) = \varepsilon_0 \varepsilon_p [1 - (x/x_\varepsilon)^2 - (y/y_\varepsilon)^2] \tag{2.3.1}$$

式中,ε_0 为真空中的介电常数;ε_p 为峰值位置($x=0,y=0$)的相对介电常数;x_ε 和 y_ε 为介电常数在 x 方向和 y 方向的变化的参量,反映介质在 x 方向和 y 方向的聚焦性质。

由于介电系数随位置而变化,因此,有源区构成非均匀光波导,波动方程为

$$\nabla^2 \boldsymbol{E} + \nabla \left(\boldsymbol{E} \cdot \frac{\nabla \varepsilon}{\varepsilon} \right) = \mu \varepsilon \frac{\partial^2 \boldsymbol{E}}{\partial t^2} \tag{2.3.2}$$

在有源区里,折射率随位置的变化与场分量随位置的变化相比,表现得比较缓慢,在

一个光波长的距离上 ε 变化非常小,$\dfrac{\nabla \varepsilon}{\varepsilon} \to 0$,因此,可以忽略介电系数的梯度,采用标量波动方程来简化计算。

对于波导谐振腔,可以先按照波导问题来处理,然后再求各模式在谐振腔里的谐振性质。我们先考虑主要场分量是 E_y 和 H_x(类似 TE 波)的模式,假设光场以 $\exp(\mathrm{i}\omega t - \mathrm{i}\beta z)$ 的形式振荡,可以先从标量波动方程求解出 E_y,然后从麦氏方程的两个旋度方程推导出其他的场分量。设 $E_x \approx 0$,则其他场分量为

$$E_z = \frac{1}{\mathrm{i}\beta} \cdot \frac{\partial E_y}{\partial y} \tag{2.3.3a}$$

$$H_x = \frac{1}{\omega\mu\beta}\left(\frac{\partial^2}{\partial y^2} + \beta^2\right)E_y \tag{2.3.3b}$$

$$H_y = \frac{-1}{\omega\mu\beta} \cdot \frac{\partial^2 E_y}{\partial x \partial y} \tag{2.3.3c}$$

$$H_z = \frac{\mathrm{i}}{\omega\mu} \cdot \frac{\partial E_y}{\partial x} \tag{2.3.3d}$$

如果主要场分量是 E_x 和 H_y(类似 TM 模),也可以先求出 H_y 分量,然后从另一组与此相似的方程中求出其他的场分量。这些方程可以通过对此组方程简单地进行 $E \to H$ 和 $\mu \to \varepsilon$(或相反)的变换推导出来。

标量波动方程为

$$\nabla_t^2 E_y + [\omega^2\mu\varepsilon(x,y) - \beta^2]E_y = 0 \tag{2.3.4}$$

式中,∇_t^2 为横向拉普拉斯算符。

设

$$E_y(x,y) = X(x)Y(y) \tag{2.3.5}$$

将式(2.3.5)和式(2.3.1)代入式(2.3.4),并进行变量分离,得到

$$\frac{1}{X} \cdot \frac{\mathrm{d}^2 X}{\mathrm{d}x^2} + k_0^2 \varepsilon_\mathrm{p}[1 - (x/x_\varepsilon)^2] - \beta^2 = -\left[\frac{1}{Y}\frac{\mathrm{d}^2 Y}{\mathrm{d}y^2} - k_0^2 \varepsilon_\mathrm{p}(y/y_\varepsilon)^2\right] \tag{2.3.6}$$

式中,$k_0^2 = \omega^2\mu\varepsilon_0$,$k_0$ 为真空中的波数。

令式(2.3.6)两边都等于常数 D^2,得

$$\frac{\mathrm{d}^2 X}{\mathrm{d}x^2} + \{k_0^2\varepsilon_\mathrm{p}[1 - (x/x_\varepsilon)^2] - \beta^2 - D^2\}X = 0 \tag{2.3.7}$$

$$\frac{\mathrm{d}^2 Y}{\mathrm{d}y^2} + [D^2 - k_0^2\varepsilon_\mathrm{p}(y/y_\varepsilon)^2]Y = 0 \tag{2.3.8}$$

为了便于求解上面的两方程,进行如下交换:

令

$$\xi = (k_0^2\varepsilon_\mathrm{p}/x_\varepsilon^2)^{1/4}x \tag{2.3.9}$$

$$\eta = (k_0^2\varepsilon_\mathrm{p}/y_\varepsilon^2)^{1/4}y \tag{2.3.10}$$

$$\rho = x_\varepsilon (k_0^2 \varepsilon_p - \beta^2 - D^2)/k_0 \quad \sqrt{\varepsilon_p} \tag{2.3.11}$$

$$\chi = y_\varepsilon D^2/k_0 \quad \sqrt{\varepsilon_p} \tag{2.3.12}$$

则式(2.3.7)和式(2.3.8)可以化简为

$$\frac{d^2 X}{d\xi^2} + (\rho - \xi^2)X = 0 \tag{2.3.13}$$

$$\frac{d^2 Y}{dy^2} + (\chi - \eta^2)Y = 0 \tag{2.3.14}$$

上面两方程的解,可以从简谐振子的量子力学处理中找到,为得到有限解,须使

$$\rho = 2m - 1, \quad m = 1, 2, 3, \cdots$$

$$\chi = 2s - 1, \quad s = 1, 2, 3, \cdots$$

式(2.3.13)和式(2.3.14)的解为厄密-高斯函数,即

$$X(\xi) = H_{m-1}(\xi)\exp(-\xi^2/2) \tag{2.3.15}$$

$$Y(\eta) = H_{s-1}(\eta)\exp(-\eta^2/2) \tag{2.3.16}$$

$H_{m-1}(\xi)$〔或 $H_{s-1}(\eta)$〕是 $m-1$ 阶(或 $s-1$ 阶)厄密多项式。m 和 s 分别表示 x 方向和 y 方向的模数。

厄密多项式的表达式为

$$H_{m-1}(\xi) = (-1)^{m-1}\exp(\xi^2)\frac{d^{m-1}}{d\xi^{m-1}}\exp(-\xi^2) \tag{2.3.17}$$

将式(2.3.9)和式(2.3.10)代入式(2.3.15)和式(2.3.16),可以得到场分量的表达式为

$$E_{yms}(x, y) = N_{ms}H_{m-1}(\sqrt{2}x/\bar{x})H_{s-1}(\sqrt{2}y/\bar{y}) \cdot \exp[-(x/\bar{x})^2 - (y/\bar{y})^2] \tag{2.3.18}$$

式中

$$\bar{x} = (\lambda x_\varepsilon/\pi n_p)^{1/2} \tag{2.3.19}$$

$$\bar{y} = (\lambda y_\varepsilon/\pi n_p)^{1/2} \tag{2.3.20}$$

$n_p = \sqrt{\varepsilon_p}$,$N_{ms}$ 为常系数。

消去式(2.3.11)和式(2.3.12)中的分离常数 D^2,并代入 $\rho = 2m-1$,$\chi = 2s-1$,可以求出传输常数为

$$\beta_{ms} = k_0 n_p \left(1 - \frac{2m-1}{k_0 n_p x_\varepsilon} - \frac{2s-1}{k_0 n_p y_s}\right)^{1/2} \tag{2.3.21}$$

根据以上的结果,下面分别讨论激光器的纵模和横模。

2.3.2　激光器的纵模

1. 纵模的概念

激光器的纵模反映激光器的光谱性质。对于半导体激光器,当注入电流低于阈值

时,发射光谱是导带和价带的自发发射谱,谱线较宽;只有当激光器的注入电流大于阈值后,谐振腔里的增益才大于损耗,自发发射谱线中满足驻波条件的光频率才能在谐振腔里振荡并建立起强场,这个强场使粒子数反转分布的能级间产生受激辐射,而其他频率的光却受到抑制,使激光器的输出光谱呈现出以一个或几个模式振荡,这种振荡称之为激光器的纵模。图 2.3.1 是 GaAlAs/GaAs DH 激光器的发射谱线随注入电流变化的情况(对 GaAs 同质结激光器也有类似的情况)。

2. 由谐振条件求纵模的波长间隔

在谐振腔里建立起稳定的振荡的相位条件为

$$\beta L = q\pi \tag{2.3.22}$$

式中,L 为谐振腔的长度;q 为纵模模数,$q = 1, 2, 3, \cdots$。

将式(2.3.21)代入式(2.3.22),可以确定出谐振频率为

$$\nu_{msq} = \frac{c}{4\pi n_p}\left(\frac{2m-1}{x_\varepsilon} + \frac{2s-1}{y_\varepsilon}\right) + \frac{cq}{2Ln_p}\left\{1 + \left[\frac{L}{2\pi q}\left(\frac{2m-1}{x_\varepsilon} + \frac{2s-1}{y_\varepsilon}\right)\right]^2\right\}^{1/2} \tag{2.3.23}$$

式中,c 为真空中的光速。

在谐振腔里,沿 z 方向传输的光波和反向传输的光波的叠加给出驻波图样 $E_{ymsq}(x, y, z, t)$,为

$$E_{ymsq}(x, y, z, t) = 2N_{msq}X_m(x)Y_s(y)\cos\left(\frac{q\pi}{L}z\right)\cos(2\pi\nu_{msq}t) \tag{2.3.24}$$

对于低阶横模(m, s 较小)或者当关系式

$$\frac{L}{2\pi q}\left(\frac{2m-1}{x_\varepsilon} + \frac{2s-1}{y_\varepsilon}\right) \ll 1 \tag{2.3.25}$$

满足时,式(2.3.23)可近似为

$$\nu_{msq} \approx \frac{c}{4\pi n_p}\left(\frac{2m-1}{x_\varepsilon} + \frac{2s-1}{y_\varepsilon} + \frac{2\pi q}{L}\right) \tag{2.3.26}$$

为确定各模式之间的波长间隔,对上式求导,得到

$$L\frac{\Delta\lambda}{\lambda^2} = -\frac{1}{2n_p\left(1 - \frac{\lambda}{n_p}\frac{dn_p}{d\lambda}\right)} \cdot \left(\frac{L}{\pi x_\varepsilon}\Delta m + \frac{L}{\pi y_\varepsilon}\Delta s + \Delta q\right) \tag{2.3.27}$$

式中,$\dfrac{dn_p}{d\lambda}$ 称为色散;λ 为光波长,$\lambda = \dfrac{c}{\nu}$。

由于半导体激光器发射的光子能量接近禁带宽度 E_q,折射率随波长的变化较大,考虑色散是必要的。

对于某一给定的横模($\Delta m = 0, \Delta s = 0$)或者对基横模振荡激光器,模式间的波长间隔仅由纵模决定。相邻纵横的波长间隔($\Delta q = 1$)为

$$(\Delta\lambda)_q \approx \frac{-\lambda^2}{2n_p L\left(1 - \frac{\lambda}{n_p}\frac{dn_p}{d\lambda}\right)} \tag{2.3.28}$$

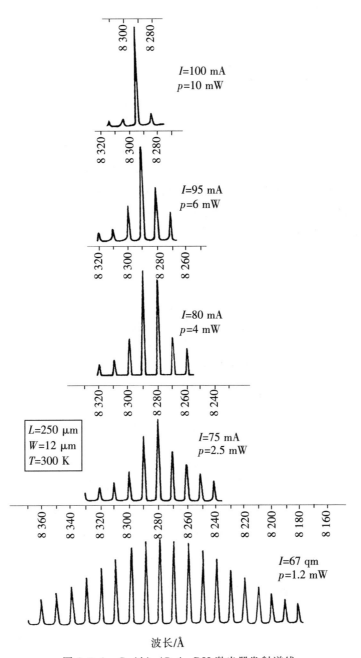

图 2.3.1　GaAlAs/GaAs DH 激光器发射谱线

同样，当 $\Delta s = \Delta q = 0, \Delta m = 1$ 时

$$(\Delta\lambda)_m \approx \frac{-\lambda^2}{2n_p\left(1 - \frac{\lambda}{n_p}\frac{dn_p}{d\lambda}\right)\pi x_\varepsilon} \tag{2.3.29}$$

当 $\Delta m = \Delta q = 0$，$\Delta s = 1$ 时

$$(\Delta\lambda)_s \approx \frac{-\lambda^2}{2n_p\left(1 - \frac{\lambda}{n_p}\frac{dn_p}{d\lambda}\right)\pi y_\varepsilon} \tag{2.3.30}$$

对于 GaAs 同质结条形激光器，$(\Delta\lambda)_q \approx 1.8\ \text{Å}$，$(\Delta\lambda)_m \approx 13\ \text{Å}$，$(\Delta\lambda)_s \approx 0.16\ \text{Å}$。

图 2.3.2 给出了一个氧化物条形、同质结 GaAs 激光器在绝对温度 77 K 下连续工作时的发射光谱。激光器的条宽为 13 μm，谐振腔的长度 $L = 380\ \mu$m。从图中可以看出，在相应于纵模 q（间隔为 1.8 Å）的模群中，还有一簇相隔约为 0.18 Å 的与水平横模 s 相联系的卫星线，这些卫星线是由于不同的水平横模所造成。

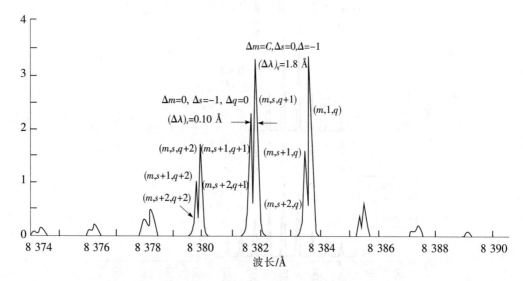

图 2.3.2 GaAs 同质结激光器发射光谱

例题 已知 GaAs 同质结激光器的腔长 $L = 200\ \mu$m，谐振控中心的群折射率 $N_g = n + \omega\frac{dn}{d\omega} = 4.0$，求纵模模间波长间隔。

解: 因为

$$\frac{dn}{d\omega} = \frac{dn}{d\lambda} \cdot \frac{d\lambda}{d\omega}$$

而

$$\lambda = \frac{2\pi c}{\omega}$$

$$\frac{\mathrm{d}\lambda}{\mathrm{d}\omega} = -\frac{2\pi c}{\omega^2} = \frac{-\lambda}{\omega}$$

所以

$$\omega\frac{\mathrm{d}n}{\mathrm{d}\omega} = -\lambda\frac{\mathrm{d}n}{\mathrm{d}\lambda}$$

故

$$(\Delta\lambda)_q = \frac{\lambda^2}{2nL\left(1-\frac{\lambda}{n}\frac{\mathrm{d}n}{\mathrm{d}\lambda}\right)} = \frac{\lambda^2}{2L\left(n+\omega\frac{\mathrm{d}n}{\mathrm{d}\omega}\right)} = \frac{\lambda^2}{2N_gL} = 0.625\lambda^2\ \mathrm{mm}^{-1}$$

3. 纵模的性质

在实用中,激光器的纵模还具有以下几个性质。

（1）纵模数随注入电流而变

当激光器仅注入直流电流时,随注入电流的增加纵模数减少,关于这一点,可以从图 2.3.1 中清楚地看出来。一般来说,当注入电流刚达到阈值时,激光器呈多纵模振荡,随注入电流的增加,主模的增益增加,而边模的增益减小,振荡模数减少。有些激光器在高注入电流时呈现出单纵模振荡。

（2）峰值波长随温度变化

半导体激光器的发射波长随结区温度而变化。当结温升高时,半导体材料的禁带宽度变窄,因而使激光器发射光谱的峰值波长移向长波长。图 2.3.3 给出了一个 InGaAsP/InP 激光器的发射波长随注入电流漂移的情况,此激光器没加温度控制,由于电流的热效应,使结温升高,从而使发射波长发生漂移。

（3）动态谱线展宽

对激光器进行直接强度调制会使发射谱线增宽,振荡模数增加。这是因为对激光器进行脉冲调制时,注入电流不断地变化,结果使有源区里载流子浓度随之变化,进而导致折射率随之变化,激光器的谐振频率发生漂移,动态谱线展宽。调制速率越高,调制电流越大,谱线展宽的也越多。图 2.3.4 给出了一个 GaAlAs/GaAs 激光器的发射光谱随调制电流变化的情况,此激光器在注入电流为直流时基本上是单纵模振荡,但用 300 Mbit/s 的 1000110001111100 数据进行调制时,变成多纵模振荡,且随调制电流 I_m 的增加模数增多,谱线明显增宽。

半导体激光器动态谱线的增宽对高速率单模光纤通信是非常不利的。在速度为几个吉比特每秒量级的单模光纤传输系统中,光纤的材料色散会影响系统的中继距离。因此,各种动态单模激光器已得到迅速的发展,其中最引人注目的是分布反馈（DFB）激光器、分布布喇格反射（DBR）激光器、解理耦合腔（C³）和外腔激光器等,它们的结构简图如图 2.3.5 所示。

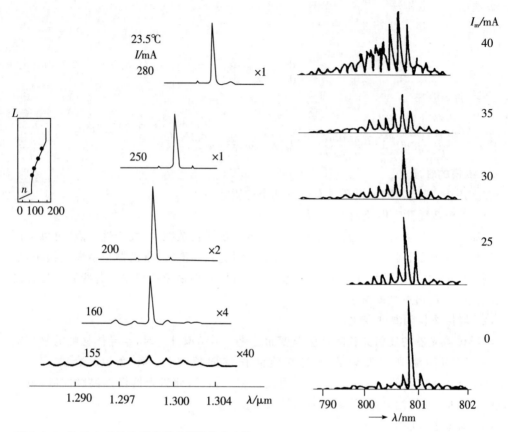

图 2.3.3 InGaAsP/InP 激光器光谱随注入电流
的漂移(由北京半导体所提供)

图 2.3.4 GaAlAs 激光器光谱随调制电流的变化

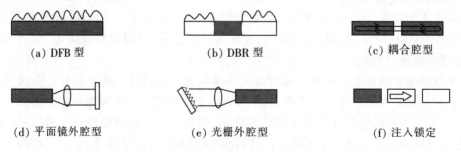

(a) DFB 型   (b) DBR 型   (c) 耦合腔型

(d) 平面镜外腔型   (e) 光栅外腔型   (f) 注入锁定

图 2.3.5 激光器的结构(阴影部分表示激光器的有源区)

解理耦合腔型和外腔型激光器是利用解理腔之间的光耦合或解理腔和外腔之间的光耦合进一步选模,从而保持动态单模性质。

2.3.3　激光器的横模

1. 横向场分布

对半导体激光器,横模表示垂直于谐振腔方向上的光场的分布。在式(2.3.18)中,用两个横模模数 m,s 分别描述垂直于 PN 结和平行于 PN 结方向的场分量的分布,这两个方向分别称为垂直横模和水平横模。

激光器的横模决定了激光光束的空间分布,它直接影响到器件和光纤的耦合效率。为了提高光源和光纤的耦合效率以及保持单纵模特性,希望激光器仅工作于基横模振荡的情况,此时 $m=1,s=1,H_0(x)=1$,则式(2.3.18)可写成

$$E_{y11}(x,y) = N_{11}\exp[-(x/\bar{x})^2 - (y/\bar{y})^2] \qquad (2.3.31)$$

这是高斯分布函数。在谐振腔中心($x=y=0$),电场分量 E_y 达到最大值;当 $|x|$ 或 $|y|$ 增加时,场分量以高斯函数的方式逐渐衰减;当 $x=\bar{x}(y=0)$ 或 $y=\bar{y}(x=0)$ 时,场分量下降到峰值的 $1/\text{e}$,因此,称 $\bar{x}$ 和 $\bar{y}$ 为谐振腔镜面上($z=0$)x 方向和 y 方向的光束宽度。

对高阶横模,例 $m=2,s=1$,有

$$H_1(\sqrt{2}x/\bar{x}) = 2\ \sqrt{2}(x/\bar{x}) \qquad (2.3.32)$$

场分量可以表示为

$$E_{y21} = N_{21}2\ \sqrt{2}(x/\bar{x})\exp[-(x/\bar{x})^2 - (y/\bar{y})^2] \qquad (2.3.33)$$

即沿 x 方向,场分量按 $x\exp[-(x/\bar{x})^2]$ 的形式变化。

2. 近场图样和远场图样

通常用近场图样和远场图样表示横向光场的分布。激光器输出镜面上光强的分布图样称为它的近场图样,近场图由激光器的横模所决定。激光器的远场图样不仅与激光器的横模有关,而且与光束的发散角有关。

对于异质结平面条形和隐埋条形激光器,尽管场分量的形式可能不同,但纵模和横模的基本性质和同质结构是相似的。在异质结构中,有源区的厚度很薄(小于 $1\ \mu\text{m}$),通常仅有基垂直横模被激发,而水平模模数往往受条宽的影响。图 2.3.6 显示了一个 GaAlAs/GaAs DH 平面条形激光器近场(水平方向)和远场图样随条宽变化的情况。

2.4　半导体激光器的瞬态性质

半导体激光器具有电光转换效率高、响应速度快、可以进行直接调制等优点,被视为

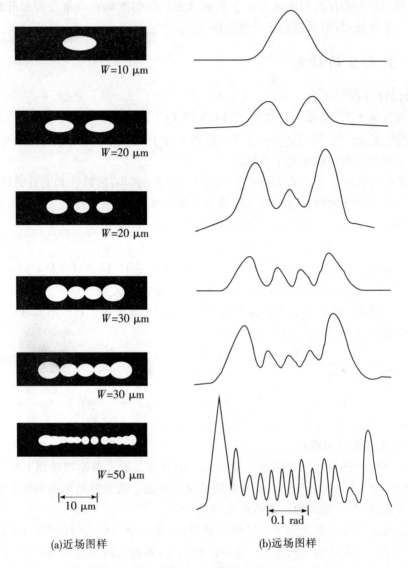

图 2.3.6　GaAlAs/GaAs DH 条形激光器的近场和远场图样

光纤通信中理想的光源。但是,对半导体激光器进行脉冲调制时,激光器往往呈现出复杂的动态性质。图 2.4.1 是几种典型的光电瞬间响应波形。

从图中可以归纳出以下几点。

① 在图中的两种情况下,激光输出与注入电脉冲之间都存在一个时间延迟,称为电光延迟时间,一般为纳秒的量级。

② 图 2.4.1(a)是一种常见的激光器的响应波形。当电流脉冲注入激光器以后,输出光脉冲表现出衰减式的振荡,称之为张弛振荡。张弛振荡的频率一般在几百兆赫兹到 2 GHz 的量级。张弛振荡是激光器内部光电相互作用所表现出来的固有特性。

③ 图 2.4.1(b)表示某些激光器在某些注入电流下发生的一种持续振荡,称之为自脉动现象。在一些功率-电流曲线(p-I 曲线)有明显扭折的激光器中,常出现自脉动现象。

本节先讨论激光器的瞬态过程,并通过求解耦合速率方程组来讨论电光延迟和张弛振荡的有关性质;同时,也简单介绍激光器的自脉动现象。

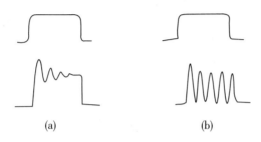

$$(a) \qquad\qquad (b)$$

图 2.4.1　光电瞬态响应波形

2.4.1　瞬态过程

现讨论阶跃电流 $I(I > I_{th})$ 注入激光器时所发生的瞬态过程。当阶跃电流注入时,有源区里自由电子密度 n 增加,即开始了有源区里导带底电子的填充。由于有源区电子密度 n 的增加与时间呈指数关系,而当 n 小于阈值电子密度 n_{th} 时,激光器并不激射,从而使输出光功率存在一段初始的延迟时间,在图 2.4.2 中,电光延迟时间用 t_d 表示。

有源区里的电子密度达到阈值以后,激光器开始激射。但是,光子密度的增加也有一个时间过程,只要光子密度还没有达到它的稳定值,电子密度将继续增加,造成导带中电子的超量填充,当 $t = t_1$ 时,光子密度达到稳态值 $\bar{s}$,电子密度达到最大值。

在 $t = t_1$ 以后,由于导带中有超量存储的电子,有源区里的光场也已经建立起来,结果使受激辐射过程迅速增加,光子密度迅速上升,同时电子密度开始下降。当 $t = t_2$ 时,光子密度达到峰值,而电子密度下降到阈值时的浓度。

光子逸出腔外需要一定的时间(光子寿命时间 τ_{ph}),在 $t > t_2$ 以后,有源区里的过量复合过程仍然持续一段时间,使电子密度继续下降到 n_{th} 之下,从而光子密度也开始迅速下降。当 $t = t_3$ 时,电子密度下降到 n_{min},激射可能停止或减弱,于是重新开始了导带底电子的填充过程。只是由于电子的存储效应,这一次电子填充时间比上次短,电子密度和光子密度的过冲也比上次小。这种衰减的振荡过程重复进行直到输出光功率达到稳态值。

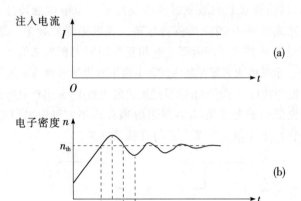

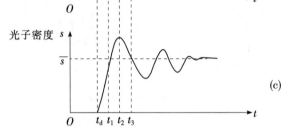

图 2.4.2　激光器的瞬态过程

2.4.2　速率方程组及其解

1. 速率方程组

上述的激光器瞬态输出特性是腔内有源区中光场和电子互相作用的结果。分析瞬态过程的出发点是耦合速率方程组。完整的速率方程组即使是建立在经典的粒子基础上,也还是比较复杂的,为突出谐振腔内电子(指导带的自由电子)和光子的相互作用,便于数学上简单求解,在此仅研究简化的速率方程组。简化的速率方程组是在下列条件下提出的。

① 注入电流均匀恒定,即电流密度 j 为常数,电子和光子密度在腔内处处均匀,因而可以不考虑梯度场和漂移场的作用;

② 光子完全被介质波导限制在有源区中,不需要计及侧向光场的漏出;

③ 忽略非辐射复合的影响;

④ 激光器在阈值之上单纵模振荡。

在上述条件下,速率方程组可以简化为

$$\frac{\mathrm{d}n(t)}{\mathrm{d}t} = \frac{j}{e_0 d} - R_{\mathrm{sp}}(n) - g(n)s(t) \tag{2.4.1}$$

$$\frac{\mathrm{d}s(t)}{\mathrm{d}t} = g(n)s(t) - \frac{s(t)}{\tau_{sp}} + \alpha R_{sp}(n) \tag{2.4.2}$$

式中，$n(t)$ 为有源区中自由电子密度；$s(t)$ 为有源区中光子密度；j 为注入电流密度；e_0 为电子电荷；d 为有源区的厚度；R_{sp} 为自发发射速率；$g(n)$ 为增益函数，它与电子密度 n 的依赖关系由有源区的材料及掺杂所决定；τ_{ph} 为光子寿命时间，指光子从谐振腔端面逸出或在腔内被吸引之前存在的平均时间；α 为自发发射进入激光模式的系数。

从速率方程组可以看出，引起有源区里电子密度和光子密度变化的主要因素有 3 个：第一是电流的注入，注入电流增加了有源区里的电子密度；第二是自发发射和受激复合过程，这两个过程使电子密度减少而光子密度增加；第三是光子有一定的寿命时间，光子可能从谐振腔端面逸出或在腔内被吸收，从而减少光子密度。耦合速率方程组就反映了这些因素的影响。

2. 速率方程组的稳态解

对于一个没有自脉动现象的激光器，注入恒定电流，经过一段瞬态过程（若干纳秒）后，电子密度和光子密度达到稳定状态，这时 $\dfrac{\mathrm{d}n}{\mathrm{d}t}=0$，$\dfrac{\mathrm{d}s}{\mathrm{d}t}=0$。求解稳态速率方程组，可以确定出若干物理量的稳态关系。

对于一般双异质结激光器，有

$$R_{sp} = \frac{n}{\tau_{sp}} \tag{2.4.3}$$

式中，τ_{sp} 为自发复合的寿命时间。稳态速率方程组为

$$\frac{j}{e_0 d} - \frac{\bar{n}}{\tau_{sp}} - g\bar{s} = 0 \tag{2.4.4}$$

$$g\bar{s} - \frac{\bar{s}}{\tau_{ph}} + \alpha \frac{\bar{n}}{\tau_{sp}} = 0 \tag{2.4.5}$$

式中，$\bar{n}$ 和 $\bar{s}$ 分别为电子密度和光子密度的稳态值。

考虑阈值以下和刚达到阈值的情况。这时，受激复合项与自发复合项相比较小，光场很弱，$\bar{s} \approx 0$，从式（2.4.4）可以得到

$$j = \frac{e_0 d\bar{n}}{\tau_{sp}} \qquad (j < j_{th}) \tag{2.4.6}$$

在阈值时，有

$$j_{th} = \frac{e_0 dn_{th}}{\tau_{sp}} \tag{2.4.7}$$

由式（2.4.6）可以看出，在阈值以下时，有源区里的电子密度随注入电流密度的增加而升高，从而使增益函数随注入电流的增加而加大。

当激光器激射以后，受激辐射占主导地位，α 通常很小，为 $10^{-3} \sim 10^{-5}$ 量级，因而可以忽略式（2.4.5）中的自发复合项，得到

$$g = \frac{1}{\tau_{ph}} = g_{th} \qquad (2.4.8)$$

式中，τ_{ph} 为常数。

上式说明，激光器达到阈值以后，增益函数达到饱和，不再随注入电流而变化。而增益函数的饱和说明腔内电子密度被锁定在饱和值 n_{th}，因而使自发发射速率也达到饱和。

稳态解的另一结果是：阈值以上，光子密度与电流之间呈线性关系。联立式(2.4.4)和式(2.4.5)，可以得出

$$\bar{s} = \frac{\tau_{ph}}{e_0 d}(j - j_{th}) \qquad (2.4.9)$$

根据以上的分析结果，可以画出理想激光器的输出功率-注入电流曲线(p-I 曲线)，如图 2.4.3 所示。

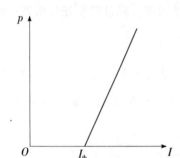

图 2.4.3 理想激光器的 p-I 曲线

3. 速率方程组的瞬态解

在这里用小信号分析的方法求速率方程组的瞬态解。小信号分析假定

$$\left.\begin{array}{ll} n = \bar{n} + \Delta n & \Delta n \ll \bar{n} \\ s = \bar{s} + \Delta s & \Delta s \ll \bar{s} \\ g = g_{th} + \Delta g & \Delta g \ll g_{th} \end{array}\right\} \qquad (2.4.10)$$

这种假定，实际上只适用于瞬态过程的末尾，这时光子密度和电子密度的起伏已经很小，振荡的频率也趋于稳定值。在瞬态过程的开始阶段，电子密度和光子密度(尤其是光子密度)的过冲是很大的，并不满足小信号分析条件。虽然小信号分析不能精确地描述张弛振荡的主要行为，但它可以得出解析表达式，对研究张弛振荡的性质是很有帮助的。

增益函数的微扰项可以表示为

$$\Delta g \approx \left(\frac{\partial g}{\partial n}\right)_{\bar{n}} \cdot \Delta n \qquad (2.4.11)$$

因此

$$g \approx g_{th} + \left(\frac{\partial g}{\partial n}\right)_{\bar{n}} \cdot \Delta n = \frac{1}{\tau_{ph}} + \left(\frac{\partial g}{\partial n}\right)_{\bar{n}} \cdot \Delta n \qquad (2.4.12)$$

对于双异质结激光器，g 是 n 的线性函数，即

$$g = a(n - n') \qquad (2.4.13)$$

式中，n' 为零增益时有源区里的电子密度；$a = \frac{\partial g}{\partial n}$，是常数，因此

$$\frac{\partial^2 g}{\partial n^2} = 0 \qquad (2.4.14)$$

将式(2.4.10)和式(2.4.11)代入速率方程组，略去 Δn 和 Δs 的二次项，并利用稳态

方程式(2.4.4)和式(2.4.5),得到

$$\frac{\mathrm{d}\Delta n}{\mathrm{d}t} = -\left[\left(\frac{\partial g}{\partial n}\right)_{\bar{n}} \cdot \bar{s} + \frac{1}{\tau_{\mathrm{sp}}}\right]\Delta n - \frac{1}{\tau_{\mathrm{ph}}} \cdot \Delta s \qquad (2.4.15)$$

$$\frac{\mathrm{d}\Delta s}{\mathrm{d}t} = \left[\left(\frac{\partial g}{\partial n}\right)_{\bar{n}} \cdot \bar{s} + \frac{1}{\tau_{\mathrm{sp}}}\right] \cdot \Delta n \qquad (2.4.16)$$

联立式(2.4.15)和式(2.4.16),并对这两式再次求导,可以得到 Δn 和 Δs 的完全一样的二次微分方程:

$$\frac{\mathrm{d}^2\Delta n}{\mathrm{d}t^2} + \left[\left(\frac{\partial g}{\partial n}\right)_{\bar{n}} \cdot \bar{s} + \frac{1}{\tau_{\mathrm{sp}}}\right]\frac{\mathrm{d}\Delta n}{\mathrm{d}t} + \frac{1}{\tau_{\mathrm{ph}}}\left[\left(\frac{\partial g}{\partial n}\right)_{\bar{n}} \cdot \bar{s} + \frac{\alpha}{\tau_{\mathrm{sp}}}\right] \cdot \Delta n = 0 \qquad (2.4.17)$$

$$\frac{\mathrm{d}^2\Delta s}{\mathrm{d}t^2} + \left[\left(\frac{\partial g}{\partial n}\right)_{\bar{n}} \cdot \bar{s} + \frac{1}{\tau_{\mathrm{sp}}}\right]\frac{\mathrm{d}\Delta s}{\mathrm{d}t} + \frac{1}{\tau_{\mathrm{ph}}}\left[\left(\frac{\partial g}{\partial n}\right)_{\bar{n}} \cdot \bar{s} + \frac{\alpha}{\tau_{\mathrm{sp}}}\right] \cdot \Delta s = 0 \qquad (2.4.18)$$

以上两式的解为

$$\Delta n = (\Delta n)_0 \exp[(-\sigma + \mathrm{i}\omega)t] \qquad (2.4.19)$$

$$\Delta s = (\Delta s)_0 \exp[(-\sigma + \mathrm{i}\omega)t] \qquad (2.4.20)$$

式中

$$\sigma = \frac{1}{2}\left[\left(\frac{\partial g}{\partial n}\right)_{\bar{n}} \cdot \bar{s} + \frac{1}{\tau_{\mathrm{sp}}}\right] \qquad (2.4.21)$$

$$\omega^2 = -\sigma^2 + \left[\left(\frac{\partial g}{\partial n}\right)_{\bar{n}} \cdot \bar{s} + \frac{\alpha}{\tau_{\mathrm{sp}}}\right] \cdot \frac{1}{\tau_{\mathrm{ph}}} \qquad (2.4.22)$$

对双异质结激光器,在阈值时

$$g_{\mathrm{th}} = a(n_{\mathrm{th}} - n') \qquad (2.4.23)$$

$$a = \frac{g_{\mathrm{th}}}{n_{\mathrm{th}} - n'} = \frac{e_0 d}{\tau_{\mathrm{sp}}\tau_{\mathrm{ph}}} \cdot \frac{1}{j_{\mathrm{th}} - j'} = \frac{\partial g}{\partial n} \qquad (2.4.24)$$

将式(2.4.24)代入式(2.4.21)和式(2.4.22),得到

$$\sigma = \frac{1}{2\tau_{\mathrm{sp}}}\left(\frac{j - j'}{j_{\mathrm{th}} - j'}\right) \qquad (2.4.25)$$

$$\omega^2 = -\sigma^2 + \frac{1}{\tau_{\mathrm{sp}}\tau_{\mathrm{ph}}}\left(\frac{j - j_{\mathrm{th}}}{j_{\mathrm{th}} - j'} + \alpha\right) \qquad (2.4.26)$$

由于 $\tau_{\mathrm{ph}} \ll \tau_{\mathrm{sp}}, \alpha \approx 0$,且当有源区掺杂浓度较高时,$j' \ll j_{\mathrm{th}}$,得到

$$\sigma \approx \frac{1}{2\tau_{\mathrm{sp}}} \cdot \frac{j}{j_{\mathrm{th}}} \qquad (2.4.27)$$

$$\omega \approx \left[\frac{1}{\tau_{\mathrm{sp}}\tau_{\mathrm{ph}}}\left(\frac{j}{j_{\mathrm{th}}} - 1\right)\right]^{1/2} \qquad (2.4.28)$$

$\tau_0 = \frac{1}{\sigma}$ 表示张弛振荡的幅度衰减为初始值的 $1/\mathrm{e}$ 的时间,称之为张弛振荡的衰减时间。由式(2.4.27)可知,张弛振荡的衰减时间与自发复合的寿命时间同一数量级,并随

注入电流的增加而减小。

张弛振荡的角频率与 τ_{ph} 和 τ_{sp} 有关，并随注入电流的增加而升高。

实际上张弛振荡的主要部分是大信号情况，式(2.4.10)的假设条件并不成立。在大信号情况下，不能忽略 Δn 和 Δs 的二次项，因而速率方程组不是线性的，也得不到电子密度和光子密度的解析表达式。严格的处理方法应用数值计算法，即对瞬变过程进行计算机数值求解。

4. 电光延迟时间

电光延迟过程发生在阈值以下，受激复合过程可以忽略，速率方程组可以写为

$$\frac{\mathrm{d}n}{\mathrm{d}t} = \frac{j}{e_0 d} - \frac{n}{\tau_{sp}} \tag{2.4.29}$$

则有

$$\int_0^{t_d} \frac{\mathrm{d}t}{\tau_{sp}} = -\int_0^{n_{th}} \frac{\dfrac{\mathrm{d}n}{\tau_{sp}}}{\dfrac{n}{\tau_{sp}} - \dfrac{j}{e_0 d}}$$

得到

$$t_d = -\tau_{sp} \ln\left(\frac{n}{\tau_{sp}} - \frac{j}{e_0 d}\right)\Big|_0^{n_{th}} \tag{2.4.30}$$

利用速率方程组的稳态关系，式(2.4.30)可化简为

$$t_d = \tau_{sp} \ln \frac{j}{j - j_{th}} \tag{2.4.31}$$

式(2.4.31)说明，电光延迟时间与自发复合的寿命时间是同一数量级，并随注入电流的加大而减小。

对激光器进行脉冲调制时，减小电光延迟时间的行之有效的方法是加直流预偏置电流。直流预偏置电流在脉冲到来之前已将有源区里的电子密度提高到一定的程度，从而使脉冲到来时，电光延迟时间大大减小，而且张弛振荡现象也得到一定程度的抑制。

设直流预偏置电流密度为 j_0，由于直流偏置电流预先注入，当脉冲电流到来时，有源区里的电子密度已达到

$$n_0 = \frac{j_0 \tau_{sp}}{e_0 d} \tag{2.4.32}$$

这时电光延时时间为

$$t_d = -\tau_{sp} \int_{n_0}^{n_{th}} \frac{\dfrac{\mathrm{d}n}{\tau_{sp}}}{\dfrac{n}{\tau_{sp}} - \dfrac{j}{e_0 d}} = -\tau_{sp} \ln\left(\frac{n}{\tau_{sp}} - \frac{j}{e_0 d}\right)\Big|_{n_0}^{n_{th}} \tag{2.4.33}$$

式中，$j = j_0 + j_m$，j_m 为调制脉冲电流密度。

利用稳态关系式,电光延迟时间可表示为

$$t_{\mathrm{d}} = \tau_{\mathrm{sp}} \ln \frac{j - j_0}{j - j_{\mathrm{th}}} = \tau_{\mathrm{sp}} \ln \frac{j_{\mathrm{m}}}{j_{\mathrm{m}} + j_0 - j_{\mathrm{th}}} \qquad (2.4.34)$$

可见,对激光器施加直流预偏值电流是缩短电光延迟时间、提高调制速率的重要途径。若 $j_0 \to j_{\mathrm{th}}$,则 $t_{\mathrm{d}} \to 0$。图 2.4.4 表示在不同的 j_{m} 时,$t_{\mathrm{d}}\text{-}j_0$ 的关系曲线。

适当地加大直流预偏置电流也有利于抑制张弛振荡。图 2.4.5 是实验室中观察到的国产 InGaAsP/InP 激光器在不同偏置电流时的脉冲响应。激光器的阈值电流 $I_{\mathrm{th}} = 65$ mA,从图中可以看出,随着偏置电流 I_0 的增加,电光延迟时间明显减小,张弛振荡也得到一定的抑制。

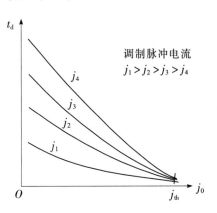

图 2.4.4　t_{d} 与 j_0 和 j_{m} 的关系

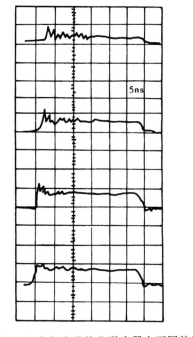

(a) $I_0 = 53$ mA
$I_{\mathrm{m}} = 15$ mA

(b) $I_0 = 57$ mA
$I_{\mathrm{m}} = 15$ mA

(c) $I_0 = 62$ mA
$I_{\mathrm{m}} = 15$ mA

(d) $I_0 = 66$ mA
$I_{\mathrm{m}} = 15$ mA

图 2.4.5　InGaAsP/InP 激光器在不同偏置电流下的脉冲响应

5. 码型效应

在实际的数字光纤通信系统中,传输的是有一定宽度的随机脉冲序列。当用这样的脉冲序列对半导体激光器进行强度调制时,由于瞬态性质,输出光脉冲会出现码型效应。考虑两个接连发生的"1"脉冲调制激光器时发生的现象。当第一个电流脉冲过后,存储在有源区里的电子以指数形式($e^{-t/\tau_{sp}}$)衰减,从而使电子密度回到初始状态有一个与自发复合寿命时间 τ_{sp} 相应的时间过程。如果调制速率很高,脉冲间隔小于 τ_{sp},会使第二个电流脉冲到来时,前一个电流脉冲注入的电子并没有完全复合消失,这些存储的电子起到直流预偏置的作用,使有源区里的电子密度高于第一个脉冲到来前的值,于是第二个光脉冲延迟时间减小,输出光脉冲的幅度和宽度增加,这种现象称为码型效应。码型效应的特点是:脉冲序列中较长的连"0"以后出现的"1"码光脉冲的幅度明显下降,连"0"数越长,这种现象越突出;调制速率越高,码型效应越明显,如图 2.4.6(a)和图 2.4.6(b)所示。

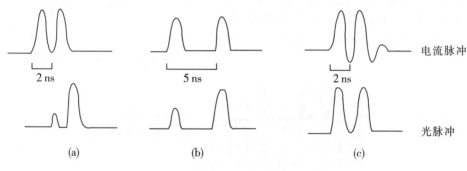

图 2.4.6 码型效应

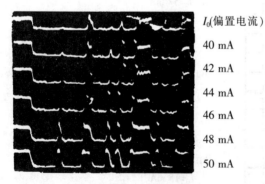

图 2.4.7 400 Mbit/s 光发射机的码型效应

消除码型效应的方法很多,最简单易行的方法是增加直流偏置电流。当激光器偏置在阈值附近时,脉冲持续时和脉冲过后有源区里电子密度变化不大,从而使电子的存储时间大大减小。图 2.4.7 显示出实验室中观察到的用 400 Mbit/s 伪随机码调制 GaAlAs/GaAs 双异质结激光器时的码型效应,激光器的阈值电流 I_{th}=48 mA,图中的调制码字为 1111000001 0000110001010011110100 0111。从图片中可以明显地看出码型效应对直流偏置电流的依赖关系,当偏置电流 I_0=40 mA 时,5 个连"0"后的单个"1"光脉冲几乎显示不出来,3 个连"0"后的单个"1"光脉冲刚能看出有一点,但随着偏流的增加,码型效应逐渐被抑制,当激光器偏置在阈值或阈值之上时,几乎看不出码型效应。

国外资料也介绍了另外一些消除码型效应的方法。例如：①用双脉冲信号进行调制，即每一个正脉冲后面跟随一个负脉冲〔如图 2.4.6(c)所示〕，正脉冲产生光脉冲，负脉冲消除有源区里的存储电荷，但负脉冲的幅度不能过大，以免激光器的 PN 结被反向击穿；②对每一个前面是逻辑"0"的"1"脉冲，用一个附加的补偿脉冲来代替它前面的逻辑"0"，补偿脉冲的幅度不足以产生光脉冲，但可以把有源区里的电子密度提高到"1"脉冲过后的水平，从而消除码型效应。

2.4.3　自脉动现象

在研究激光器的瞬态性质时，人们还发现某些激光器在某些注入电流下（即使在直流电流下也如此），输出光出现持续脉动现象，脉动频率大约在几百兆赫兹到 2 GHz 的范围，这种现象称为自脉动现象。自脉动现象作为一种高频干扰严重地威胁着激光器的高速脉冲调制的性能，因此，这种现象也成为高速调制中值得注意和研究的问题之一。

图 2.4.8 给出在实验室观察国产 GaAlAs/GaAs 双异质结半导体激光器的自脉动的情况。通过对图中几种情况的分析比较，可以得出以下几点。

① 注入直流电流与注入脉冲电流都可能出现自脉动现象，自脉动现象出现与否与调制状态无关，仅与注入的总电流有关。图 2.4.8(a)和图 2.4.8(b)就是注入直流电流时观察到的激光器的自脉动现象，图 2.4.8(d)～2.4.8(f)是对激光器进行脉冲调制时观察到的自脉动现象。比较图 2.4.8(d)和图 2.4.8(e)所示的注入条件：偏流相同、调制电流相同，但调制速率不同，观察到的自脉动振荡的频率是相同的，约为 350 MHz。即自脉动振荡的出现与否以及振荡频率与外加调制速率无关，是激光器的一种"自"脉动现象。

② 自脉动是某些激光器在某些注入电流下发生的现象，且振荡频率随注入电流的增加而升高。在图 2.4.8(c)中，注入总电流为 155 mA，这时并没发生自脉动现象，仅出现张弛振荡现象。当注入总电流大于 158 mA 以后，才出现自脉动现象。由图 2.4.8(a)、图 2.4.8(b)、图 2.4.8(d)和图 2.4.8(f)可以看出，注入总电流分别为 158 mA，162 mA，168 mA 和 175 mA 时，自脉动振荡的频率分别为 250 MHz，330 MHz，350 MHz 和 600 MHz〔在图 2.4.8(f)中，由于示波器的频率响应达不到 600 MHz，所以照片上振荡的幅度已明显下降〕，即自脉动频率随注入电流的增加而升高。

③ 通过大量的实验观察发现，自脉动现象往往和 p-I 特性曲线的扭折有一定关系。自脉动的发生往往对应着 p-I 曲线的扭折区域，图 2.4.9 中的阴影部分所示。

自脉动现象产生的物理机理是复杂的。但总体来说，这种现象的产生，是因为激光器内部存在着非线性增益，导致出现双稳态现象，从而使输出光出现一种类似重复 Q 开关的行为。

忽略自发辐射对激光输出的影响，从简化的光子速率方程来讨论：

$$\frac{\mathrm{d}s}{\mathrm{d}t} = gs - \frac{s}{\tau_{\mathrm{ph}}} \tag{2.4.35}$$

激光器的增益就是受激复合速率 R_{st} 在阈值以上的稳态情况，增益函数 g 达到饱和，为 g_{th}，因而得到

$$R_{\mathrm{st}} = g_{\mathrm{st}}s = \frac{s}{\tau_{\mathrm{ph}}} \tag{2.4.36}$$

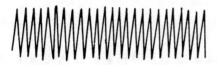

(a)注入直流 $I_0 = 158\,\mathrm{mA}$

10 ns/格

(b)注入直流 $I_0 = 162\,\mathrm{mA}$

10 ns/格

(c)脉冲调制速率 75 Mbit/s(NRZ 码)

$I_0 = 125\mathrm{mA}$ $I_\mathrm{m} = 370\,\mathrm{mA}$

10 ns/格

(d)脉冲调制(同(c))

$I_0 = 138\,\mathrm{mA}$ $I_\mathrm{m} = 30\,\mathrm{mA}$

10 ns/格

(e)脉冲调制,速率 21 Mbit/s

$I_0 = 138\mathrm{mA}$ $I_\mathrm{m} = 30\,\mathrm{mA}$

10 ns/格

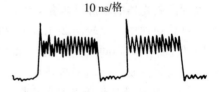

(f)脉冲调制(同(c))

$I_0 = 145\mathrm{mA}$ $I_\mathrm{m} = 30\,\mathrm{mA}$

10 ns/格

图 2.4.8 GaAlAs/GaAs 激光器的自脉动现象

可见在稳态情况下,增益总是光子密度的线性函数。图 2.4.10 中 $R_{\mathrm{st}} = \frac{s}{\tau_{\mathrm{ph}}}$ 的直线表示激光器在稳态工作下,增益等于损耗的情况。在 R_{st} 直线的上方,表示增益大于损耗,属于不稳定区;在 R_{st} 直线的下方,表示增益小于损耗,为不激射区。如果增益曲线如图 2.4.10 中①所示,则增益永远达不到损耗值,激光器不能激射。

如果增益曲线如图 2.4.10 中②所示,则在一段范围内出现超线性增益,这时增益曲线与稳态线有两个交点 s_a 和 s_b,即有两个亚稳态,如果在 s_a 和 s_b 中某点满足阈值条件,那么就可能产生类似重 Q 开关的行为。

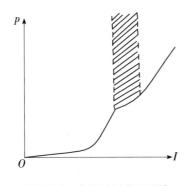

图 2.4.9　自脉动振荡的区域

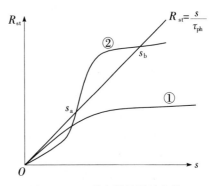

图 2.4.10　激光器的增益曲线

如果激光器处于 s_a 和 s_b 之间的某点,激光器的增益大于损耗,受激辐射将使光子密度迅速增强,很快达到亚稳态 s_b。然而,电流的注入是恒定的,过量的受激复合必然导致腔内电子密度的下降,而布居反转的降低又会使增益函数下降,结果很快又回到 s_a 态。这个过程进行得非常迅速,结果在 s-j 曲线的阈值点上看到了光输出的跳动,如图 2.4.11所示。由此可见超线性增益是产生双稳态的必要条件。

对于这种超线性增益产生的自脉动现象,很多专家提出过很多可能的机制,例如以下几点。

① 不均匀电注入(增益不均匀,包括双区结构、不均匀串联电阻、不均匀阈值等)本征可饱和吸收区;

② 高密度体内可饱和吸收中心(带尾或杂质缺陷);

③ 不均匀吸收(暗线、暗区、表面耗尽层组分不均匀等);

④ 光丝耦合;

⑤ 增益不稳定空间烧洞等。

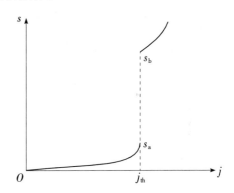

图 2.4.11　超线性增益导致双稳态

由于自脉动现象与激光器内部的不均匀特性有关,不是激光器的固有现象,随着激光器制作工艺的改进,自脉动现象的发生已不常见,本节将不再详细分析其物理机制。

2.5　半导体激光器的直接调制和光发射机

要实现光纤通信,首先要解决如何将光信号加载到光源的发射光束上,即需要进行光调制。调制后的光波经过光纤信道送至接收端,由光接收机鉴别出它的变化,再现出原来的信息,这个过程称为光解调。调制和解调是光纤通信系统的重要内容。

2.5.1　光源的调制方式

　　根据调制与光源的关系,光调制可分为直接调制和间接调制两大类。直接调制方法仅适用于半导体光源(LD 和 LED),这种方法是把要传送的信息转变为电流信号注入 LD 或 LED,从而获得相应的光信号,所以是采用电源调制方法。直接调制后的光波电场振幅的平方比例于调制信号,是一种光强度调制(IM)的方法。

　　间接调制是利用晶体的电光效应、磁光效应、声光效应等性质来实现对激光辐射的调制,这种调制方式既适应于半导体激光器,也适应于其他类型的激光器。间接调制最常用的是外调制的方法,即在激光形成以后加载调制信号。其具体方法是在激光器谐振腔外的光路上放置调制器,在调制器上加调制电压,使调制器的某些物理特性发生相应的变化,当激光通过它时,得到调制。对某些类型的激光器,间接调制也可以采用内调制的方法,即用集成光学的方法把激光器和调制器集成在一起,用调制信号控制调制元件的物理性质,从而改变激光输出特性以实现其调制。

　　光源的调制方法及所利用的物理效应如表 2.5.1 所示。

表 2.5.1　光源的各种调制方法

调制方式	调制法	所利用的物理效应
间接调制	电光调制	电光效应(普科尔效应,克尔效应)
	磁光调制	磁光效应(法拉第电磁偏转效应)
	声光调制	声光效应(喇曼·布喇格衍射效应)
	其　他	电吸收效应,共振吸收效应等
直接调制	电源调制	

　　光源的间接调制问题在(第 2.6 小节)中讨论,本节着重讨论半导体激光器的直接调制原理及光发射机的一些问题。

2.5.2　光源的直接调制原理

　　直接调制技术具有简单、经济、容易实现等优点,是光纤通信中最常采用的调制方式,但只适用于半导体激光器和发光二极管,这是因为发光二极管和半导体激光器的输出光功率(对激光器来说,是指阈值以上线性部分)基本上与注入电流成正比,而且电流的变化转换为光频调制也呈线性,所以可以通过改变注入电流来实现光强度调制。

　　从调制信号的形式来说,光调制又可分为模拟信号调制和数字信号调制。模拟信号调制是直接用连续的模拟信号(如话音、电视等信号)对光源进行调制,如图 2.5.1(a)所示就是对发光二极管进行模拟调制原理图。如图所示,连续的模拟信号电流叠加在直流偏置电流上,适当地选择直流偏置电流的大小,可以减小光信号的非线性失真。模拟调制电路,应是电流放大电路,图 2.5.1(b)为一个最简单的模拟调制电路图。

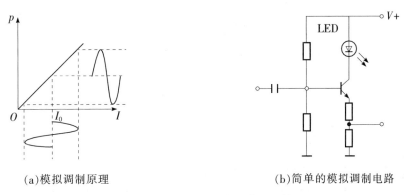

(a)模拟调制原理　　　　　　　　　　(b)简单的模拟调制电路

图 2.5.1　发光二极管的模拟调制

在光纤通信中,数字调制主要是指 PCM 编码调制。脉码调制是先将连续的模拟信号通过取样、量化和编码,转换成一组二进制脉冲代码,用矩形脉冲的有、无("1"码和"0"码)来表示信号,图 2.5.2 给出了 LED 和 LD 数字调制原理。

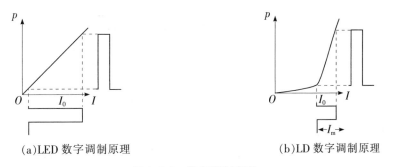

(a)LED 数字调制原理　　　　　　　　(b)LD 数字调制原理

图 2.5.2　数字调制原理

数字调制电路应是电流开关电路。最常用的是差分电流开光,其基本电路形式如图 2.5.3 所示。

由于光源,尤其是激光器的非线性比较严重,所以目前模拟光纤通信系统必须选择线性度好的 DFB 激光器,并且常常还采用预失真电路。对一些容量较大、通信距离较长的系统,多采用对半导体激光器进行数字调制的方式。本节着重介绍激光器数字调制和光发射机。

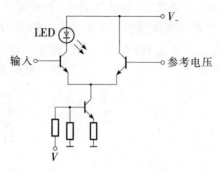

图 2.5.3 数字调制电路

2.5.3 激光发射机

数字激光发射机的主要组成部分如图 2.5.4 所示。

线路编码的作用是将数字信号转换成适合在光纤中传输的形式,其具体内容将在本章第 4.1 小节中介绍。

与 LED 相比,LD 的调制问题要复杂得多。尤其在高速率调制系统中,驱动条件的选择、调制电路的形式和工艺、激光器的控制等,都对调制性能至关重要。下面就数字激光发射机讨论以下几个方面的问题。

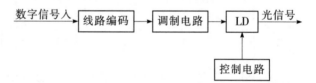

图 2.5.4 激光发射机框图

1. 偏置电流和调制电流大小的选择

偏置电流的选择直接影响激光器的高速调制性质。选择直流预偏置电流应考虑以下几个方面。

① 加大直流偏置电流使其逼近阈值,可以大大减小电光延迟时间,同时使张驰振荡得到一定程度的抑制。

② 当激光器偏置在阈值附近时,较小的调制脉冲电流就能得到足够的输出光脉冲,I_0 和 $I_0 + I_m$ 的值相差不大,从而可以大大减小码型效应的影响。

③ 另外,加大直流偏置电流会使激光器的消光比恶化。所谓消光比,是指激光器在全"0"码时发射的功率与全"1"码时发射的功率之比,即

$$\mathrm{EXT} = \frac{p_{全0}}{p_{全1}} \ 或 \ \mathrm{EX} = 10\lg \frac{p_{全1}}{p_{全0}}$$

112

光源的消光比将直接影响接收机的灵敏度,为不使接收机灵敏度明显下降,消光比一般应小于 10%。如果激光器偏置电流 I_0 过大,势必会使消光比恶化,降低接收机的灵敏度。

④ 实验观察发现异质结激光器的散粒噪声效应表现出复杂的情况。实验中发现 GaAlAs/GaAs 激光器的散粒噪声在阈值处出现最大值(很陡的峰值),若激光器正好偏置在阈值上,散粒噪声的影响较严重。

因此,偏置电流的选择,要兼顾到电光延迟、张弛振荡、码型效应以及激光器的消光比、散粒噪声等各方面情况,根据器件的性能、具体系统的要求,适当地选取 I_0 的大小。例如:美国亚特兰大的 44.7 Mbit/s 光发射机,激光器偏置在 90 mA 左右($I_{th} \approx 100$ mA);北京邮电大学的 140 Mbit/s 光发射机,激光器的直流偏置逼近阈值;而 Johann Gruber 报道的高速数字光纤通信系统中,激光器偏置在阈值之上,$I_0 = 118$ mA,$I_{th} = 108$ mA。

激光器的串联电阻很小,因而激光器的偏置电路应是高阻恒流源。

调制电流 I_m 幅度的选择,应根据激光器的 p-I 曲线,既要有足够的输出光脉冲的幅度,又要考虑到光源的负担。如果激光器在某些区域有自脉动现象发生,那么 I_m 的选择应避开自脉动发生的区域。

2. 激光器的调制电路

对激光器进行高速脉冲调制时,调制电路既要有快的开关速度,又要保持有良好的电流脉冲波形。因为不仅电流脉冲上升沿和下降沿的快慢会影响到光脉冲的响应速度,而且电流脉冲上升沿的过冲还会加剧光脉冲的张弛振荡。要做到这两点,不仅电路的设计是重要的,而且电路的工艺也同样重要,因为杂散电感和杂散电容会给高速脉冲电路带来不良影响。图 2.5.5 和图 2.5.6 给出了两个实际的调制电路,它们分别用于 44.7 Mbit/s 和 140 Mbit/s 的光发射机中。在图 2.5.6 的电路中,为保证差分管特性的一致性,采用集成差分管对作调制电路;电路中采用两级差分电流开关整形,以获得好的电流波形;为了提供快的开关速度,电流开关采用双边驱动,并且所有的晶体管都不进入饱和区,从而使晶体管在由导通变为截止时,不会因为有过多的存储电荷而影响开关速度。

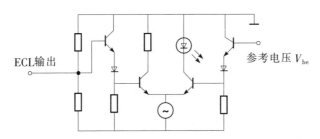

图 2.5.5　44.7 Mbit/s 光发射机调制电路

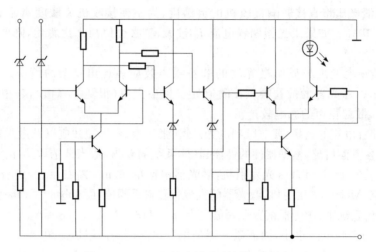

图 2.5.6 140 Mbit/s 光发射机调制电路

3. 激光器控制电路

半导体激光器是高速调制的理想光源,但是,半导体激光器对温度的变化是很敏感的,稳定激光器的输出光信号是必须研究的问题。温度的变化和器件的老化给激光器带来的不稳定性主要表现如下。

① 激光器的阈值电流随温度呈指数规律变化,并随器件的老化而增加,从而使输出光功率发生很大的变化,如图 2.5.7 所示。尤其是长波长激光器,不设法稳定其输出光功率,难以实用化。

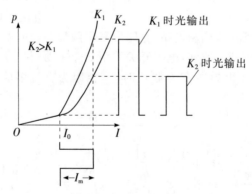

图 2.5.7 阈值变化引起的光输出的变化

② 随着温度的升高和器件的老化,激光器的外微分量子效率降低,从而使输出光信号变化,如图 2.5.8 所示。

③ 随着温度的升高,半导体激光器的发射波长的峰值位置移向长波长。例如,GaAs

114

材料的温度系数为 2.5 Å/K。

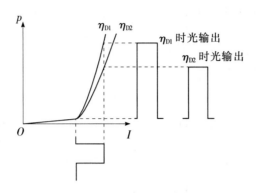

图 2.5.8　外微分量子效率变化引起的光输出的变化

　　控制电路的作用,就是消除温度变化和器件老化的影响,稳定输出光信号。目前国内外主要采用的稳定方法有:①温度控制;②自动功率控制(APC)。

　　(1) 温度控制

　　温度控制采用微型致冷器、热敏元件以及控制电路组成,方框图如图 2.5.9 所示。热敏元件监测激光器的结温,与设定的基准温度比较、放大后,驱动致冷器的控制电路,改变致冷量,从而保持激光器在恒定的温度下工作。

图 2.5.9　温度控制电路

　　目前微型致冷器多采用半导体致冷器,它是利用半导体材料的珀尔贴效应制成的。所谓珀尔贴效应,是指当直流电流通过两种半导体(P 型和 N 型)组成的电偶时,可以使一端吸热而另一端放热,这种现象称为珀尔贴效应。一对电偶的致冷量是很小的,根据用途的不同,可将若干对电偶串联或并联,组成温差电功能器件。其中微型半导体致冷器的控制温差可以达到 30～40 ℃。

　　为提高致冷效率和控制精度,激光器的温度控制常采用内致冷的方式。即将致冷器和热敏电阻封装在激光器管壳内部,热敏电阻直接探测结区温度,致冷器直接和激光器的热沉接触。据报道,这种方式可以控制激光器的结温在±0.5 ℃的范围之内,从而使激光器有较恒定的输出光功率和发射波长。但是,温度控制方式不能控制由于激光器老化而产生的输出功率的变化。

图 2.5.10 是常用的温控(致冷)电路。热敏电阻 R_T 接在电桥的一个臂上,在设定的温度下,电桥的状态应刚好处在使致冷器没有电流通过,而当温度升高时,致冷器开始工作。热敏电阻具有负温度系数,电桥状态的变化自动控制致冷量的大小,从而维持激光器的结温不高于设定的温度。

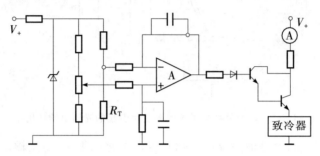

图 2.5.10　温控(致冷)电路

温控电路的控制精度,不仅取决于外围电路的设计,而且受激光器封装技术的影响。激光器封装应使热敏电阻能准确地反映结区温度,同时致冷器和 PN 结应有良好的热传导。

(2) 自动功率控制电路

由于激光器的阈值电流和外微分量子效率都会随温度和器件的老化而变化。因此,要精确控制激光器的输出功率,应从两个方面着手:第一,控制激光器的偏置电流,使其自动跟踪阈值的变化,从而使激光器总是偏置在最佳的工作状态;第二,控制激光器调制脉冲电流的幅度,使其自动跟踪外微分量子效率而变化,从而保持输出光脉冲信号的幅度恒定,图 2.5.11 给出了一个这样的 APC 电路的框图。

在图中所示的控制系统中,利用激光器谐振腔的后镜面发射的光作为反馈光信号,用光电二极管(PD)将光功率转换成光生电流,其输出的电信号馈送到一个低漂移的直流放大器 A_1 和一个宽带交流放大器 A_2。A_1 的输出信号比例于激光器发射的平均光功率 p_{av},A_2 的输出信号送入峰值检波器,SD_1 和 C_3 组成正峰值检波器,A_3 的输出信号比例于 $p_{max}-p_{av}$;SD_2 和 C_4 组成负峰值检波器,A_4 的输出信号比例于 $p_{av}-p_{min}$。因此,放大器 A_5 的输出信号比例于 $p_{max}-p_{min}$,即比例于光脉冲的幅度。A_6 作为电流源输出,控制调制电流的幅度,从而维持激光器输出光脉冲的幅度恒定。

放大器 A_1 和 A_4 输出信号之差在 A_7 形成。A_7 的输出信号比例于 p_{min},A_8 作为电流源输出控制直流偏置电流 I_0,使 I_0 跟随阈值的变化,从而使激光器总是偏置在最佳位置。

一般来说,激光器的外微分量子效率对温度变化不是很敏感。为降低成本、简化控制电路,也可以直接探测激光器发射的平均光功率,控制偏置电流,从而维持输出光功率恒定。这种平均功率控制法在国内外被广泛采用。

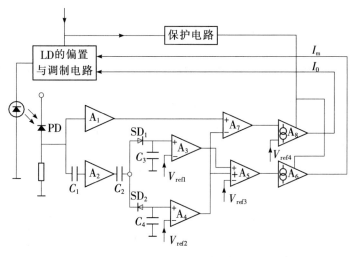

图 2.5.11　APC 电路方框图

图 2.5.12 是美国亚特兰大 44.7 Mbit/s 光纤通信系统中采用的平均光功率控制电路。光电二极管 PD 探测激光器的后向光和参考电平比较、放大后控制激光器的偏置电流,维持输出光功率恒定。

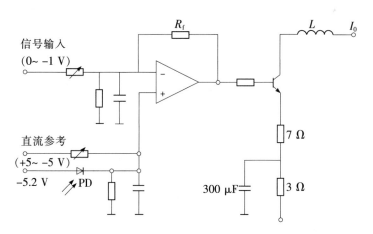

图 2.5.12　平均光功率控制电路

但是随机脉冲序列的平均光功率往往会随码元组合情况而变化。在某一个时间间隔内,可能会有较长的连"0"序列(或较长的连"1"序列)出现,这时探测的平均光功率就会低于(或高于)正常的值,结果使控制电路产生误动作。为了避免这种情况发生,将传输的信号序列再送入运算放大器的异名端,这样就使检测到的光信号要与电信号进行比较,从而保证不论传输怎样的随机序列,控制电路都能正常工作。

APC 系统的控制精度,不仅取决于电路的设计与调整,而且依赖于反馈光对主输出光的跟踪精度。可以用不同的方法取得反馈光信号,最常用的是用激光器后镜面上的光作反馈光,也可直接探测耦合到光纤中的光(如图 2.5.13 所示),或用 Y 型光分路器(如图 2.5.14 所示)取得反馈光等。但不论用哪种方法,都应该严格挑选器件,使其具备以下几点。

① 对主输出光功率不产生明显的影响;

② 在温度变化、激光器或光纤中模式变化等各种不同的情况下,反馈光和主输出光都能保持恒定的比例。

只有这样,才能使 APC 电路有较高的控制精度。

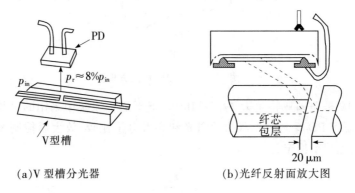

(a)V 型槽分光器　　　　　　　(b)光纤反射面放大图

图 2.5.13　利用 V 型槽直接从光纤中取反馈光

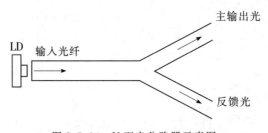

图 2.5.14　Y 型光分路器示意图

2.6　光源的间接调制

直接调制技术具有简单、经济、容易实现等优点,但对普通的半导体激光器进行直接调制时,激光器的动态谱线增宽,导致其发射的光信号在单模光纤中传输时色散增加,从而限制了光纤的传输容量或传输距离。为了减小激光器动态谱线增宽对高速光纤通信系统的影响,一方面可以采用动态单模半导体激光器,另一方面也可以采用间接调制技术。间接调制技术不仅适用于半导体激光器,也适用于其他类型的激光器。

间接调制与直接调制的本质区别在于光源的发光和调制功能是分离进行的,即在激光形成以后才加载调制信号,因此,调制不会影响到激光器谐振腔中的工作,激光器在直流偏置电流的驱动下稳态工作,产生连续的激光输出。

间接调制器是利用晶体的电光效应、磁光效应、声光效应和电吸收效应等性质来实现对激光辐射的调制。

① 电光调制利用电光效应实现光调制。当把电压加到某些晶体上的时候,晶体的折射率和折射率主轴会发生变化,结果引起通过该晶体的光波特性发生变化,这种性质被称为电光效应。

② 磁光调制利用磁光效应实现光调制。磁光效应又称为法拉第电磁偏转效应,指某些晶体材料(如 YIG 或掺镓的 YIG)在外加磁场的作用下,可使通过它的线偏振光的偏振面产生旋转,其旋转角度与介质长度、外磁场强度成正比。因此,只要将调制信号转换为磁场信号加载到磁光晶体上,在输出端检测经过该晶体的光的偏振态,就能实现光强度调制。

③ 声光调制利用声光效应实现光调制。声光效应是声波与光波相互作用引起的效应,表现为光波被介质中的超声波衍射或散射,即发生声致光衍射作用。

④ 电吸收调制利用半导体材料的电吸收效应实现光调制。电吸收效应是指在电场作用下半导体材料的吸收边带向长波长移动(红移)的效应。

本节主要介绍光通信中广泛应用的电光调制和电吸收调制技术。

2.6.1　电光调制

1. 电光效应

当把电压加到晶体上的时候,可能使晶体的折射率发生变化,结果引起通过该晶体的光波特性发生变化,晶体的这种性质称为电光效应。当晶体的折射率与外加电场幅度成线性变化时,称为线性电光效应,即普科尔(Pocket)效应;当晶体的折射率与外加电场幅度的平方成比例变化时,称为克尔(Kerr)效应。电光调制器主要利用普科尔效应。

在各向异性的晶体中,电场感应的极化不一定与感应场本身平行,因而电位移矢量 **D** 和电场强度 **E** 是通过介电张量相联系。如果选择晶体的主轴方向作为笛卡儿坐标系的坐标轴方向,则介电张量是对角的,因而有

$$\begin{pmatrix} D_x \\ D_y \\ D_z \end{pmatrix} = \begin{pmatrix} \varepsilon_0 \varepsilon_x & 0 & 0 \\ 0 & \varepsilon_0 \varepsilon_y & 0 \\ 0 & 0 & \varepsilon_0 \varepsilon_z \end{pmatrix} \begin{pmatrix} E_x \\ E_y \\ E_z \end{pmatrix} \tag{2.6.1}$$

式中，ε_0 为真空中的介电常数；ε_x、ε_y、ε_z 为晶体的相对主介电常数。

在晶体中储存的能量密度为

$$w_e = \frac{1}{2} \boldsymbol{E} \cdot \boldsymbol{D} = \frac{\varepsilon_0}{2} (\varepsilon_x E_x^2 + \varepsilon_y E_y^2 + \varepsilon_z E_z^2) \tag{2.6.2}$$

或写作

$$\frac{D_x^2}{\varepsilon_x} + \frac{D_y^2}{\varepsilon_y} + \frac{D_z^2}{\varepsilon_z} = 2w_e \varepsilon_0 \tag{2.6.3}$$

式(2.6.3)说明，在 $\boldsymbol{D}$ 空间里，等能量密度面是椭球面。若用 $\boldsymbol{r}$ 代替矢量 $\boldsymbol{D}/\sqrt{2w_e\varepsilon_0}$，并用公式 $n_k^2 = \varepsilon_k (k = x, y, z)$ 来定义主折射率 $n_x, n_y,$ 和 n_z，则可得到折射率椭球方程为

$$\frac{x^2}{n_x^2} + \frac{y^2}{n_y^2} + \frac{z^2}{n_z^2} = 1 \tag{2.6.4}$$

分析电光效应时，折射率椭球是一种很有用的方法，通过折射率椭球，可以找出晶体中沿任意方向 $\boldsymbol{S}$ 传输的光的两个偏振方向所对应的折射率，从而也就求出这两个偏振方向的光的传输速度。这可以按下述方法进行：通过原点作与光的传输方向 $\boldsymbol{S}$ 垂直的平面，该平面与折射率椭球相交成椭圆，此椭圆的两个轴的长度就是两个偏振方向的折射率，如图 2.6.1 所示。由于不同的方向具有不同的折射率，所以入射光在各向异性的晶体中发生双折射现象。

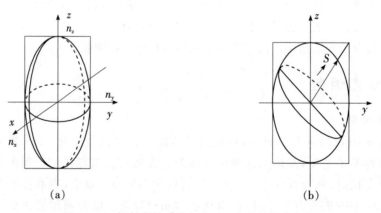

图 2.6.1　折射率椭球及相应于 $\boldsymbol{S}$ 方向的椭球曲线

外加电场可能引起晶体的折射率发生变化。当晶体上加有电场时，折射率椭球的形式从式(2.6.4)变为

$$\left(\frac{1}{n^2}\right)_1 x^2 + \left(\frac{1}{n^2}\right)_2 y^2 + \left(\frac{1}{n^2}\right)_3 z^2 + 2\left(\frac{1}{n^2}\right)_4 yz + 2\left(\frac{1}{n^2}\right)_5 xz + 2\left(\frac{1}{n^2}\right)_6 xy = 1$$

$$(2.6.5)$$

当外电场为零时,有

$$\left(\frac{1}{n^2}\right)_1\Bigg|_{E=0} = \frac{1}{n_x^2}; \quad \left(\frac{1}{n^2}\right)_2\Bigg|_{E=0} = \frac{1}{n_y^2}; \quad \left(\frac{1}{n^2}\right)_3\Bigg|_{E=0} = \frac{1}{n_z^2}$$

$$\left(\frac{1}{n^2}\right)_4\Bigg|_{E=0} = \left(\frac{1}{n^2}\right)_5\Bigg|_{E=0} = \left(\frac{1}{n^2}\right)_6\Bigg|_{E=0} = 0$$

线性电光效应仅出现在具有反演对称的晶体[①]中。对这样的晶体,电场 E 所引起的 $\left(\frac{1}{n^2}\right)_i$ 的线性变化为

$$\Delta\left(\frac{1}{n^2}\right)_i = \sum_{j=1}^{3} r_{ij} E_j, \quad i = 1, 2, \cdots, 6 \tag{2.6.6}$$

或用矩阵的形式表示为

$$\begin{pmatrix} \Delta\left(\frac{1}{n^2}\right)_1 \\ \Delta\left(\frac{1}{n^2}\right)_2 \\ \Delta\left(\frac{1}{n^2}\right)_3 \\ \Delta\left(\frac{1}{n^2}\right)_4 \\ \Delta\left(\frac{1}{n^2}\right)_5 \\ \Delta\left(\frac{1}{n^2}\right)_6 \end{pmatrix} = \begin{pmatrix} r_{11} & r_{12} & r_{13} \\ r_{21} & r_{22} & r_{23} \\ r_{31} & r_{32} & r_{33} \\ r_{41} & r_{42} & r_{43} \\ r_{51} & r_{52} & r_{53} \\ r_{61} & r_{62} & r_{63} \end{pmatrix} \begin{pmatrix} E_1 \\ E_2 \\ E_3 \end{pmatrix} \tag{2.6.7}$$

式(2.6.7)中的 6×3 矩阵称为电光张量。

在一般的情况中,外加电场引起折射率椭球发生变化,新椭球的主轴并不与 x、y、z 轴重合,通过二次型的主轴变换,可以确定出新主轴的方向。

考虑 KDP(磷酸二氢钾 KH_2PO_4)晶体的电光效应。

KDP 晶体是电光调制中常用的晶体,这是一个单轴晶体,光轴的方向取作 z,$n_z = n_e$,$n_x = n_y = n_0$,此晶体的电光张量为

---

① 若某晶体具有规则的点阵排列,以至对阵中的任何一点作反演(即以 $-r$ 处的一个原子来代替 r 处的原子,这里 r 为此点的位置矢量)之后晶体的结构仍保持不变,这样的晶体具有反演对称的性质。

$$r_{ij} = \begin{pmatrix} 0 & 0 & 0 \\ 0 & 0 & 0 \\ 0 & 0 & 0 \\ r_{41} & 0 & 0 \\ 0 & r_{52} & 0 \\ 0 & 0 & r_{63} \end{pmatrix} \tag{2.6.8}$$

式(2.6.8)中不为零的矩阵元只有 r_{41}、r_{52} 和 r_{63}，且 $r_{41} = r_{52}$。若外加电场平行于 z 轴，为 E_z，则折射率椭球方程为

$$\frac{x^2}{n_0^2} + \frac{y^2}{n_0^2} + \frac{z^2}{n_e^2} + 2r_{63}E_z xy = 1 \tag{2.6.9}$$

外电场的作用使折射率椭球方程出现 x、y 的混合项，即主轴的方向发生了变化。因此，选择新坐标系 x'、y'、z'，它与原坐标系的关系为

$$\left. \begin{array}{l} x = x'\cos 45° - y'\sin 45° \\ y = x'\sin 45° + y'\cos 45° \\ z = z' \end{array} \right\} \tag{2.6.10}$$

将式(2.6.10)代入式(2.6.9)，可得

$$\left(\frac{1}{n_0^2} + r_{63}E_z\right)x'^2 + \left(\frac{1}{n_0^2} - r_{63}E_z\right)y'^2 + \frac{z'^2}{n_e^2} = 1 \tag{2.6.11}$$

可见在新坐标系中，x'、y' 和 z' 就是椭球的主轴。设椭球 x' 轴的长度为 $2n_{x'}$，它满足

$$\frac{1}{n_{x'}^2} = \frac{1}{n_0^2} + r_{63}E_z \tag{2.6.12}$$

由式(2.6.12)可以得到

$$n_{x'} = n_0(1 + n_0^2 r_{63}E_z)^{-\frac{1}{2}}$$

所以

$$n_{x'} \approx n_0 - \frac{n_0^3}{2}r_{63}E_z \tag{2.6.13}$$

同样可以得到

$$n_{y'} \approx n_0 + \frac{n_0^3}{2}r_{63}E_z \tag{2.6.14}$$

$$n_{z'} = n_e \tag{2.6.15}$$

对 KDP 晶体，外电场的作用不仅使晶体主轴的方向发生变化，而且折射率椭球的轴的长度也发生变化，新椭球的 $n_{x'} \neq n_{y'}$，当光波在晶体中沿 z 方向传输时，电致双折射现象将发生。

2. 电光调幅

利用电致双折射现象中的相位延迟，可对光束进行调幅、调相等。图 2.6.2 给出了

一个典型的电光振幅调制器的装置。电光晶体(KDP 晶体)置于两正交的偏振器之间,偏振器与电致双折射 x' 和 y' 成 45°角。光路里还放置一块天然双折射晶体,它引进一个固定的相位延迟,光路总的相位延迟应是此晶体的相位延迟及电致相位延迟之和。由于起偏振器的作用,在晶体的入射表面上,光波电场平行于 x 轴,而 x 轴与 x'、y' 轴成 45°角,所以光波在 x' 和 y' 方向存在同相位的相等的电场分量为

$$E_{x'} = A\cos \omega t \tag{2.6.16}$$

$$E_{y'} = A\cos \omega t \tag{2.6.17}$$

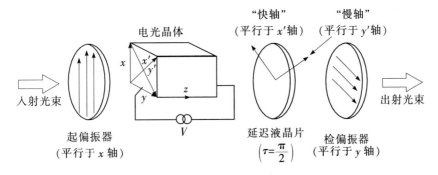

图 2.6.2　电光振幅调制器

或用复数表示为

$$E_{x'}(0) = \dot{A} \tag{2.6.18}$$

$$E_{y'}(0) = \dot{A} \tag{2.6.19}$$

入射光的强度为

$$I_{\mathrm{i}} \propto \boldsymbol{E} \cdot \boldsymbol{E}^* = 2 \mid \dot{A} \mid^2 = 2A^2 \tag{2.6.20}$$

入射光波在长度为 L 的晶体中传输时,由于 $n_{x'} \neq n_{y'}$,在出射端 $E_{x'}(L)$ 和 $E_{y'}(L)$ 的相位将不相同,为

$$E_{x'}(L) = \dot{A}\exp\left[-\mathrm{i}\left(\frac{\omega}{c}\right)n_{x'}L\right] = \dot{A}\exp\left[-\mathrm{i}\left(\frac{\omega}{c}\right)\left(n_0 - \frac{n_0^3}{2}r_{63}E_z\right)L\right] = \dot{A}'$$

$$E_{y'}(L) = \dot{A}\exp\left[-\mathrm{i}\left(\frac{\omega}{c}\right)n_{y'}L\right] = \dot{A}\exp\left[-\mathrm{i}\left(\frac{\omega}{c}\right)\left(n_0 + \frac{n_0^2}{2}r_{63}E_z\right)L\right] = \dot{A}'\mathrm{e}^{-\mathrm{i}\tau}$$

$$\tag{2.6.21}$$

式中,E_z 为晶体上 z 方向的外加电场,而 $E_{x'}$ 和 $E_{y'}$ 是光波电场的分量;τ 为晶体输出端光波分量 $E_{x'}$ 和 $E_{y'}$ 之间的相位差,称之为相位延迟。

$$\tau = \frac{\omega n_0^3 r_{63}E_z L}{c} = \frac{\omega n_0^3 r_{63}V}{c} \tag{2.6.22}$$

式中,V 为晶体上的外加电压,$V = E_z L$。

设 V_π 为相位延迟为 π 时所需要的电压称为半波电压,则

$$V_\pi = \frac{c\,\pi}{\omega n_0^3 r_{63}} = \frac{\lambda}{2 n_0^3 r_{63}} \qquad (2.6.23)$$

相位延迟 τ 可以表示为

$$\tau = \pi \cdot \frac{V}{V_\pi} \qquad (2.6.24)$$

由于检偏器是平行于 y 轴方向的，因此，调制器的出射光束为（暂不考虑波晶片的相位延迟）

$$(E_y)_{out} = \frac{\dot{A}}{\sqrt{2}}(e^{-i\tau} - 1) \qquad (2.6.25)$$

光射光束的强度为

$$I_o \propto \left[(E_y)_{out} \cdot (E_y^*)_{out} \right] = \frac{A^2}{2}(e^{-i\tau} - 1)(e^{i\tau} - 1)^* = 2A^2 \sin^2 \frac{\tau}{2} \qquad (2.6.26)$$

整个系统光的透射率为

$$\frac{I_o}{I_i} = \sin^2 \frac{\tau}{2} = \sin^2 \left(\frac{\pi}{2} \cdot \frac{V}{V_\pi} \right) \qquad (2.6.27)$$

透射率与外加电压的关系如图 2.6.3 所示。此图也给出了光波的调制原理。调制器一般采用波晶片产生固定的相位延迟 $\tau_B = \frac{\pi}{2}$，使透射率为 50%，这相当于调制器预偏置在 $V = \frac{V_\pi}{2}$ 点，当调制电压 $v = V_m \sin \omega_m t$ 加在电光晶体上时，总的相位延迟为

$$\tau = \frac{\pi}{2} + \frac{\pi V_m}{V_\pi} \sin \omega_m t \qquad (2.6.28)$$

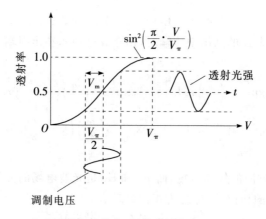

图 2.6.3　电光调制的透射率（谢制器被偏置在 $V = V_\pi/2$ 点上）

系统的透射率为

$$\frac{I_o}{I} = \sin^2\left(\frac{\pi}{4} + \frac{\pi}{2} \cdot \frac{V_m}{V_\pi}\sin \omega_m t\right)$$

$$= \frac{1}{2}\left[1 + \sin\left(\frac{\pi V_m}{V_\pi}\sin \omega_m t\right)\right] \tag{2.6.29}$$

当 $V_m \ll V_\pi$ 时,式(2.6.29)可近似为

$$\frac{I_o}{I_i} \approx \frac{1}{2}\left(1 + \frac{\pi V_m}{V_\pi}\sin \omega_m t\right) \tag{2.6.30}$$

即输出光强是调制电压 $V_m\sin \omega_m t$ 的线性复制。若 $V_m \ll V_\pi$ 的条件不满足,从图 2.6.3 可以看出,输出光强度将出现非线性畸变。

以上分析的电光调幅是借助于晶体的电光效应,使光束的偏振态从线偏振变为椭圆偏振,再通过偏振器转变为光的强度调制。

3. 电光调相

图 2.6.4 为一电光相位调制器的原理图。图中起偏器的偏振轴平行于晶体的电感应主轴 x',外电场沿 z 轴方向加到晶体上,外加电场不改变输出光的偏振态,只改变其相位。当光波通过电光晶体后,相位的变化为

$$\Delta\varphi_{x'} = \frac{\omega n_0^3 r_{63} V}{2c} \tag{2.6.31}$$

若外加电压 $V = A_m\sin \omega_m t$,在晶体的入射面($z=0$)上入射光波电场为 $E_{in} = A\cos \omega t$,那么经过晶体后($z=L$),出射光场

$$E_{out} = A\cos\left[\omega t - \frac{\omega}{c}\left(n_0 - \frac{n_0^3}{2}r_{63}A_m\sin \omega_m t\right)\right] \tag{2.6.32}$$

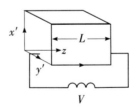

入射光束　　　　起偏振器　　　　　V　　　　　出射光束

图 2.6.4　电光相位调制器

恒定的相位因子 $\frac{\omega n_0}{c}$ 在问题的分析中并不重要,为方便可略去它,式(2.6.32)重写为

$$E_{out} = A\cos(\omega t + \delta\sin \omega_m t) \tag{2.6.33}$$

式中,δ 为相位调制系数。

$$\delta = \frac{\omega n_0^3 r_{63}A_m}{2c} \tag{2.6.34}$$

可见光场受到调制系数 δ 的相位调制。利用贝塞尔函数的恒等式

$$\cos(\delta\sin \omega_m t) = J_0(\delta) + 2J_2(\delta)\cos 2\omega_m t + 2J_4(\delta)\cos 4\omega_m t + \cdots \tag{2.6.35}$$

和

$$\sin(\delta \sin \omega_m t) = 2J_1(\delta)\sin \omega_m t + 2J_3(\delta)\sin 3\omega_m t + \cdots \tag{2.6.36}$$

可将式(2.6.33)写为

$$
\begin{aligned}
E_{out} = A[& J_0(\delta)\cos \omega t + J_1(\delta)\cos(\omega + \omega_m)t - J_1(\delta)\cos(\omega - \omega_m)t + \\
& J_2(\delta)\cos(\omega + 2\omega_m)t - J_2(\delta)\cos(\omega - 2\omega_m)t + \\
& J_3(\delta)\cos(\omega + 3\omega_m)t - J_3(\delta)\cos(\omega - 3\omega_m)t + \\
& J_4(\delta)\cos(\omega + 4\omega_m)t - J_4(\delta)\cos(\omega - 4\omega_m)t + \cdots]
\end{aligned}
\tag{2.6.37}
$$

式(2.6.37)给出相位调制的各边带的能量分布,它是调制系数的函数。当 $\delta = 0$(即 $V = 0$)时,$J_0(\delta) = 1$ 而 $J_\nu(\delta) = 0 (\nu \neq 0)$,出射光场仅有恒定相位因子 $\frac{\omega n_0}{c}$,但有外电场作用时,出射光的相位被调制。

在以上的分析中,都假设调制电压是正弦信号(即模拟信号),实际上,电光调幅和电光调相同样适合于数字调制,其基本原理与以上的分析是相同的。

4. 电光调制的频率特性

电光调制器如何达到高的调制频率及足够宽的调制带宽是很重要的。影响调制频率和调制带宽的主要因素如下。

(1)光在晶体中的传输时间的影响

光在电光晶体中的传输时间约为

$$\tau_d = \frac{n_0 L}{c} \tag{2.6.38}$$

当调制频率很高时,在 τ_d 的时间内,外电场可能发生可观的变化,则光通过晶体的不同部位时,因调制电压不同,其相位延迟也就不同。以电光调幅为例,式(2.6.22)所给的相位延迟应改写为

$$\tau(t) = a \int_0^L E_z(t')dz = \frac{ac}{n_0} \int_{t-\tau_d}^t E_z(t')dt' \tag{2.6.39}$$

式中

$$a = \frac{\omega n_0^3 r_{63} L}{c} \tag{2.6.40}$$

设外加电场 $E(t')$ 为简谐振荡,即

$$E(t') = E_m e^{i\omega_m t'} \tag{2.6.41}$$

则

$$\tau(t) = \frac{ac E_m}{n_0} \int_{t-\tau_d}^t e^{i\omega_m t'}dt' = aE_m \cdot \left(\frac{1 - e^{-i\omega_m \tau_d}}{i\omega_m \tau_d}\right)e^{i\omega_m t} \tag{2.6.42}$$

令

$$\gamma = \frac{1 - e^{-i\omega_m \tau_d}}{i\omega_m \tau_d} \tag{2.6.43}$$

为渡越时间的衰减因子,其绝对值的变化如图 2.6.5 所示。由于光经过晶体时有一定的渡越时间,在高频调制时,将使相位延迟减小,因而限制了调制频率。只有当 $\omega_m \tau_d \ll 1$ 时,$\gamma \rightarrow 1$,相位延迟才不随调制频率而变化。若取 $\omega_m \tau_d = \dfrac{\pi}{2}$ 作为最高可用的调制频率的限制,可得到最高的调制频率为

$$f_{\max} = \frac{c}{4 n_0 L} \tag{2.6.44}$$

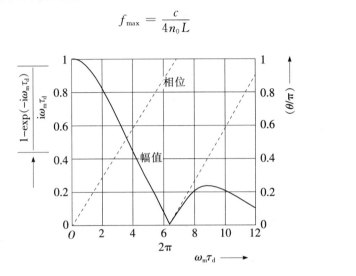

图 2.6.5　γ 的相位和幅值

（2）晶体谐振电路的带宽的影响

如图 2.6.6 所示,电光晶体置于两电极之间,以便在晶体中形成调制电场。这种集总调制器对调制信号来说,可以等效为一个电容 C。为了使绝大部分调制电压能加到电光晶体上,往往在晶体电容上并联一个电感 L,构成并联谐振回路,谐振频率 $\omega_0^2 = (LC)^{-1}$,调制信号的频率只有在 ω_0 附近的有限的频带内,谐振回路才能表现出高阻抗,否则,很大一部分调制电压将会降落到信号源内阻 R_s 上,降低了调制效率,这极大地限制了调制信号的带宽。

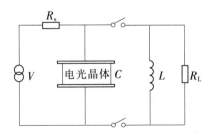

图 2.6.6　平行平板结构的电光调制晶体等效电路

为了解决上述的两个问题,适应高频率宽频带调制信号的要求,可以采用行波调制器,

如图 2.6.7 所示。在行波调制器中,电极和晶体不是作为电容,而是作为终端阻抗匹配的传输线,光场和调制场的相速度彼此相等,从而消除了光的传输时间对高频调制的限制。

近几年来,利用电光效应研制光波导调制器的技术受到国内外普遍的注意。与体调制器相比,波导调制器不仅可以满足高频调制信号的要求,而且可以把光场限制在很小的区域里,从而大大降低所需要的调制电压和调制功率。薄膜波导调制器和带状波导方向耦合调制器都是常用的电光外调制器。

例题 采用 KDP 晶体进行电光调幅,当 $\lambda = 1.06~\mu m$ 时,$n_0 = 1.49$。晶体的 $r_{63} = 10.5 \times 10^{-10}~cm/V$,求:

(1) 半波电压 V_π;

(2) 若 $L = 1~cm$,求最高可用的调制频率。

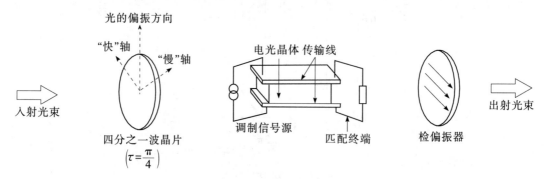

图 2.6.7 行波调制器

解:(1)

$$V_\pi = \frac{\lambda}{2n_0^3 r_{63}} = 15~300~V$$

可见 KDP 类晶体纵向电光调幅的半波电压较高,这在实用中很不方便,为了克服这一缺点,常采用 n 级晶体串联的运行方式,这样可使其半波电压降为单块晶体的 $1/n$。人们也利用电光晶体研制成光波导调制器,由于光波导能把光能限制在很小的区域,因而调制电压和调制功率都可以大大减小。

(2) 取 $\omega_m \tau_d = \frac{\pi}{2}$($|\gamma| = 0.9$)对应最高可用调制频率,则

$$f_{max} = \frac{c}{4n_0 L} = 5 \times 10^9~Hz$$

2.6.2 铌酸锂 M-Z 电光调制器

铌酸锂(LiNbO$_3$)M-Z 调制器是目前应用广泛、高速调制性能优越的一种外调制器,在超高速光纤通信系统、相干光通信、光载无线通信等领域都有广泛应用。

1. 铌酸锂晶体的电光效应

LiNbO$_3$ 晶体的电光张量可以表示为

$$\boldsymbol{r}_{ij} = \begin{pmatrix} 0 & -r_{22} & r_{13} \\ 0 & r_{22} & r_{13} \\ 0 & 0 & r_{33} \\ 0 & r_{51} & 0 \\ r_{51} & 0 & 0 \\ -r_{22} & 0 & 0 \end{pmatrix} \tag{2.6.45}$$

若外加电场为 $\boldsymbol{E} = \boldsymbol{e}_z E_z$，则折射率椭球方程变为

$$\left(\frac{1}{n_0^2} + r_{13}E_z\right)(x^2 + y^2) + \left(\frac{1}{n_e^2} + r_{33}E_z\right)z^2 = 1 \tag{2.6.46}$$

式(2.6.46)无交叉项，即外加电压后折射率椭球的主轴不变，主折射率变化为

$$n_1 = n_0 - \frac{1}{2}n_0^3 r_{13} E_z$$

$$n_2 = n_0 - \frac{1}{2}n_0^3 r_{13} E_z \tag{2.6.47}$$

$$n_3 = n_e - \frac{1}{2}n_e^3 r_{33} E_z$$

假设 z 方向的偏振光沿 x 轴(或 y 轴)方向传输长度为 L，引入的附加相位为

$$\Delta\varphi = \frac{\omega}{2c}n_e^3 r_{33} E_z L = \frac{\omega}{2c}n_e^3 r_{33} V \tag{2.6.48}$$

2. M-Z 调制器结构与原理

典型的 M-Z 调制器的结构如图 2.6.8 所示。在输入端口的 Y 型耦合器处，输入光波被分为两束，分别进入两路电光晶体波导中进行传输。波导晶体的折射率随外加电压的大小而变化，使得这两束光信号到达出口 Y 分支处产生相位差。如果两束光的光程差是波长的整数倍，则两束光相干加强；如果两束光的光程差是波长的半整数倍，则它们相干抵消。因此可以通过控制外加电压来对光信号进行调制。

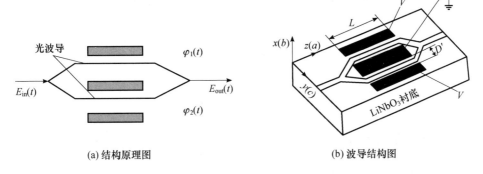

(a) 结构原理图　　　　　　　　　　(b) 波导结构图

图 2.6.8　M-Z 调制器的结构

M-Z 调制器(MZM)可以分为单电极和双电极两种类型,如图 2.6.9 所示。只有一个射频信号输入电极的 MZM 称为单电极 M-Z 调制器,而具有两个射频信号输入电极的调制器则称之为双电极 M-Z 调制器。由于单电极 MZM 可以看作是双电极 MZM 的特殊情形,而且应用更为广泛的是双电极 M-Z 调制器。

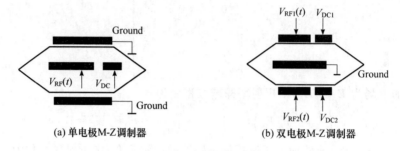

(a) 单电极 M-Z 调制器　　　　　　(b) 双电极 M-Z 调制器

图 2.6.9　M-Z 调制器的两种基本类型

对于双电极 M-Z 调制器,若两个电极上外加电压分别为 V_1(包括射频交流电压和直流偏置电压)和 V_2,在外加电压引起的电光效应的作用下,M-Z 调制器两臂的输出光的附加相位分别为

$$\phi_1 = -\frac{\omega_0}{c}n_e L + \frac{\omega_0}{2c}n_e^3\gamma_{33}\frac{V_1}{D}\Gamma L = -\frac{2\pi n_e L}{\lambda} + \pi\frac{V_1}{V_\pi} \tag{2.6.49}$$

$$\phi_2 = -\frac{\omega_0}{c}n_e L + \frac{\omega_0}{2c}n_e^3\gamma_{33}\frac{V_2}{D}\Gamma L = -\frac{2\pi n_e L}{\lambda} + \pi\frac{V_2}{V_\pi} \tag{2.6.50}$$

其中,D 为电极间的间隔,L 为电极长度,Γ 为电场与光场之间的重叠因子,ω_0 为光载波频率,c 为真空光速,λ 为真空中的光波长,V_π 是半波电压,$V_\pi = \dfrac{\lambda D}{n_e^3\gamma_{33}\Gamma L}$。此外,式(2.6.50)中还利用了如下关系:

$$\frac{\omega_0}{c} = \frac{2\pi\nu}{c} = \frac{2\pi}{\frac{c}{\nu}} = \frac{2\pi}{\lambda} \tag{2.6.51}$$

对于理想的 3 dB Y 型分路器来讲,M-Z 调制器的输出光场为

$$E_{out}(t) = j\frac{1}{2}E_{in}(t)\left[\exp(j\phi_1) + \exp(j\phi_2)\right] \tag{2.6.52}$$

把式(2.6.49)和式(2.6.50)代入式(2.6.52),并令

$$\beta = \frac{2\pi n_{eff}}{\lambda}$$

可得

$$E_{out}(t) = jE_{in}(t)\exp(-j\beta L)\exp\left[j\frac{\pi}{2}\frac{(V_1+V_2)}{V_\pi}\right]\cos\left[\frac{\pi}{2}\frac{(V_1-V_2)}{V_\pi}\right] \tag{2.6.53}$$

这样,调制器的输出光强为

$$I_{\text{out}} = E_{\text{out}} E_{\text{out}}^* = I_{\text{in}} \cos^2 \left(\frac{\phi_1 - \phi_2}{2} \right) = I_{\text{in}} \cos^2 \left[\frac{\pi}{2} \frac{(V_1 - V_2)}{V_\pi} \right] \qquad (2.6.54)$$

由式(2.6.54)可知,MZM 输出光功率是外加电压 $V_1(t) - V_2(t)$ 的周期函数,当$(V_1 - V_2) = 0$ 时,输出光强最大,$I_{\text{out}} = I_{\text{in}}$,称为最大传输点(maximum transmission point/full point);当$(V_1 - V_2) = \dfrac{V_\pi}{2}$时,输出光强为输入光强的一半,$I_{\text{out}} = \dfrac{1}{2} I_{\text{in}}$,称为正交点(quadrature point);而当$(V_1 - V_2) = V_\pi$ 时,输出光强最小,等于零,称为最小传输点(minimum transmission point/null point)。

图 2.6.10 为调制器的输出光强与两电极的驱动电压的差值关系曲线。

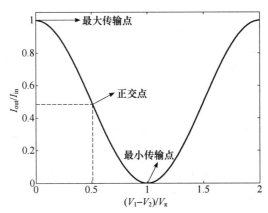

图 2.6.10　调制器的输出/输入性质

2.6.3　电吸收调制器

电吸收(EA)调制器是一种损耗调制器,它利用 Franz-Keldysh 效应和量子约束 Stark 效应,工作在调制器材料吸收边界波长处。Franz-Keldysh 效应是 Franz-Keldysh 在 1958 年提出的,是指在电场作用下半导体材料的吸收边红移的理论,该理论在 1960 年被实验证实。20 世纪 90 年代以后,随着高速率长距离通信系统的发展,对电吸收调制器的研究受到重视,迅速发展起来。

EA 调制器的基本原理是:改变调制器上的偏压,使多量子阱(MQW)的吸收边界波长发生变化,进而改变光束的通断,实现调制。当调制器无偏压时,光束处于通状态,输出功率最大;随着调制器上的偏压增加,MQW 的吸收边移向长波长,原光束波长处吸收系数变大,调制器成为断状态,输出功率最小。

EA 调制器容易与激光器集成在一起,形成体积小、结构紧凑的单片集成组件,而且需要的驱动电压也较低。但它的频率啁啾比 M-Z 调制器要大,不适合传输距离特别长的高速率海缆系统,当利用 G.652 光纤时,对 2.5 Gbit/s 系统,EA 调制器的传输距离可达到 600 km。

小 结

半导体激光器和发光二极管是光纤通信中最常用的光源。发光二极管在实际使用中具有线路简单、可靠、寿命长等优点,它的主要工作原理对应光的自发发射过程,因而是一种非相干光源。由于它发射的光的谱线较宽、方向性较差,本身的响应速度又较慢,所以只适用于速率较低的数字通信系统或小的模拟通信系统中,在高速率、大容量的光纤通信系统中主要采用半导体激光器作光源。与发光二极管相比,激光器的原理、性质都要复杂得多,因此,本章着重介绍了半导体激光器的原理、性质及其调制的有关问题。

半导体激光器是阈值器件,只有当注入电流达到阈值电流后,激光器才开始激射。激光器激射必须满足以下两个条件。

① 有源区里产生足够的粒子数反转分布;

② 在谐振腔里建立起稳定的振荡。

由于谐振腔的存在,激发器的输出光束方向性较好,并呈一定的模式振荡。对于双异质结条形激光器,其有源区构成矩形介质波导谐振腔,激光器的横模是由有源区的波导性质所决定,可以通过波动方程和边界条件来求解,其处理方法同一般的光波导的求解方法。但激光器的有源区又不同于一般的光波导,它是波导谐振腔,光束在有源区里不是以行波传输,而是以驻波振荡,这就形成了输出光谱的纵模性质。多横模振荡不仅影响激光器和光纤的耦合效率,而且对于多横模的激光器,是得不到单纵模输出的,而多纵模振荡及激光器动态谱线的增宽会增加光纤的材料色散和波导色散,从而限制了高速单模光纤通信系统的传输距离。

半导体激光器的瞬态性质直接影响到调制光信号的质量,研究激光器瞬态性质的出发点是耦合速率方程组。本章利用速率方程组研究了激光器的瞬态过程和自脉动现象,总起来说,激光器在调制时的主要的瞬态现象和效应有如下几点。

① 对激光器进行直接调制时,激光输出与注入电脉冲之间存在电光延迟时间,为

$$t_d = \tau_{sp} \ln \frac{j_m}{j_m + j_0 - j_{th}}$$

② 激光器在瞬态过程中存在张弛振荡,张弛振荡频率与注入电流有关,为

$$\omega \approx \left[\frac{1}{\tau_{sp} \tau_{ph}} \left(\frac{j}{j_{th}} - 1 \right) \right]^{1/2}$$

③ 由于在瞬态过程中激光器有电光延迟现象,而在电脉冲过后,载流子有一定的存储时间,导致高速数字调制时激光输出出现码型效应。

④ 某些激光器在某些注入电流下还会出现自脉动现象。

　　激光器的这些性质,是进行直接调制时选择激光器的驱动条件和设计激光发射机的理论依据。尤其是激光器的直流偏置电流,对瞬态性质(和效应)影响甚大,根据系统的具体要求和器件的具体情况适当地选择直流预偏置电流,是获得高质量的输出光信号的重要途径。

　　半导体光源的直接强度调制是目前光纤通信中最主要的调制方式,但在高速率(吉比特每秒量级)光纤通信系统中或相干光通信中,也常采用光源的间接调制技术。利用电光效应、电吸收效应等进行外调制是光纤通信中主要采用的间接调制方法,这种方法是在激光形成之后施加调制,不影响激光器的发射谱线,其瞬态性质也完全由调制器所决定。

习　　题

　　2.1　已知热平衡下黑体辐射的能量密度为

$$\rho(\nu) = \frac{8\pi n^3 h\nu^3}{c^3} \cdot \frac{1}{e^{h\nu/kK} - 1}$$

在热平衡下,能级 E_1 和 $E_2(E_2 > E_1)$ 上的电子密度之比为

$$N_2/N_1 = e^{-h\nu/kK}$$

试从热平衡下黑体辐射场来推导 B 的表达式为

$$B = \frac{c^3}{8\pi n^3 h\nu^3 \tau_{\text{sp}}}$$

　　2.2　半导体激光器发射光子的能量近似等于材料的禁带宽度,已知 GaAs 材料的 $E_g = 1.43$ eV,某一 InGaAsP 材料的 $E_g = 0.96$ eV,求它们的发射波长。

　　2.3　对 2.2 节例题所述的激光器,若后镜面镀高反膜,$R_2 = 1$,求阈值时的增益系数。当 R_2 由 0.33 增加到 1 时,激光器的阈值电流如何变化?

　　2.4　已知同质结条形激光器的纵模波长间隔 $(\Delta\lambda)_q = 0.625\lambda^2$ mm^{-1},谐振腔长度 $L = 200\ \mu$m,$x_\varepsilon = 15\ \mu$m,$y_\varepsilon = 1\ 500\ \mu$m,求:

　　(1)垂直横模和水平横模所造成的发射谱线的波长间隔;

　　(2)若此激光器在某发射功率下,$q = 3$,中心发射波长为 $0.85\ \mu$m,$m = 1$,$s = 2$,作图示意出激光器在此状态下的发射谱线。

　　2.5　一个半导体激光器发射波长为 $1.3\ \mu$m,谐振腔具有“箱式”结构,腔长 $l = 150\ \mu$m,宽 $w = 20\ \mu$m,厚 $d = 1.0\ \mu$m,介质的折射率 $n = 4$。假设谐振腔周围的壁能完善地反射光,则谐振腔模式满足

$$\left(\frac{2n}{\lambda_{msq}}\right)^2 = \left(\frac{m}{d}\right)^2 + \left(\frac{s}{w}\right)^2 + \left(\frac{q}{l}\right)^2$$

m、s 和 q 是整数,为 $1,2,3,\cdots$,它们分别表示各个方向上的模数,求:

(1) 谐振腔里允许的纵模模数;

(2) 设 $m=1,s=1$,计算纵模的波长间隔。

2.6 将宽面激光器作为 3 层对称介质板波导(如题图 2.1 所示),试分析它的模式性质。

2.7 若 GaAs 同质结条形激光器纵模波长间隔为 $0.625\lambda^2$ mm^{-1},材料自发发射谱线宽度为 40 nm,中心波长为 0.85 μm,估算谐振腔内能满足振荡的相位条件的纵模数有多少? 这些模式是否都一定能建立起稳定的振荡? 为什么?

2.8 一半导体激光器,阈值电流 $I_{th}=60$ mA,$\tau_{sp}=4\times10^{-9}$ s,$\tau_{ph}=2\times10^{-12}$ s,注入幅度为 90 mA 的阶跃电流脉冲,求:

(1) 瞬态过程中张弛振荡的频率和衰减时间;

(2) 电光延迟时间。

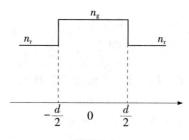

题图 2.1

2.9 若激光器张弛振荡的频率为 600 MHz,对 8.448 Mbit/s 速率的二次群系统和速率为 560 Mbit/s 的五次群系统,瞬态过程是否一样? 瞬态过程对系统的影响是否相同?

2.10 设一半导体激光器,$\tau_{sp}=10$ ns,介质折射率 $n=4.0$。一阶跃电流脉冲加到激光器上,电流脉冲幅度为 $1.5I_{th}$,谐振腔镜面的反射为 $R_1R_2=0.66\times0.66$,$\tau_{ph}=3\times10^{-12}$s,腔长 $l=200$ μm,求张弛振荡的频率。若 R_1R_2 改为 0.66×1.0,求张弛振荡的角频率。

2.11 某驱动电路,形成如题图 2.2 所示的电流脉冲,若光源采用

(1) 发光二极管;

(2) 半导体激光器;

试分析电流脉冲上升沿和下降沿的过冲在不同比特速率时对系统性质有什么影响?

2.12 一个半导体激光器,p-I 曲线如题图 2.3 所示,阴影部分为自脉动发生的区

域,脉动频率为 $500\sim700$ MHz,试分析激光器的驱动条件应如何选择,当

(1) 调制速率为 8.448 Mbit/s 时;

(2) 调制速率为 560 Mbit/s 时。

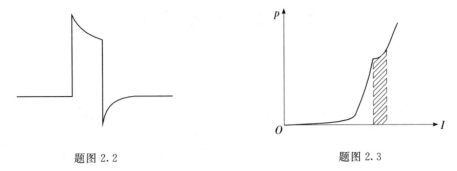

题图 2.2　　　　　　　　　　　　　　　　题图 2.3

2.13　试画出带有温控和光控电路的激光发射机的方框图。

2.14　题图 2.4 为一激光器的 APC 电路,试分析各部分的作用。为获得高控制精度,此电路应具备哪些条件?

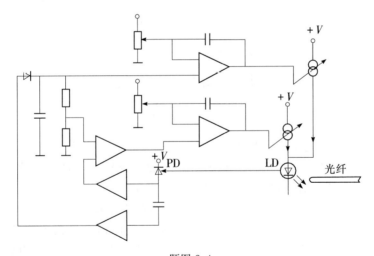

题图 2.4

2.15　采用 KDP 晶体进行电光调制,晶体的 $r_{63}=8.5\times10^{-12}$ m/V,$n_0=1.52$,若取 $\lambda=0.5$ μm,求:

(1) 进行幅度调制时的半波电压;

(2) 若调制信号为 PCM 编码的数字信号,电光晶体调制器的工作状态应怎样设置?

第3章　光接收机

发射机发射的光信号,在光纤中传输时,不仅幅度被衰减,而且脉冲的波形被展宽。光接收机的作用,是探测经过传输的微弱光信号,并放大,再生成原传输的信号。

对强度调制的数字光信号,在接收端采用直接检测(DD)方式时,光接收机的主要组成如图3.0所示。

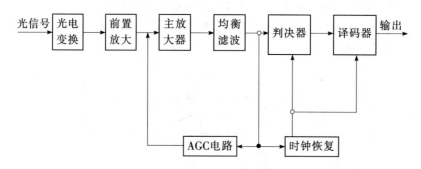

图 3.0　DD 数字光接收机框图

在光接收机中,首先需要将光信号转换成电信号,即对光进行解调,这个过程是由光电检测器(光电二极管或雪崩光电二极管)来完成的。光电检测器把光信号转换成电流信号送入前置放大器。前置放大器的噪声对整个放大器的输出噪声影响甚大,因此,它应该是精心设计和制作的低噪声放大器。主放大器的作用除提供足够的增益外,它的增益还受 AGC 电路控制,使输出信号的幅度在一定的范围内不受输入信号幅度的影响。均衡滤波器的作用是保证判决时不存在码间干扰。判决器和时钟恢复电路对信号进行再生。如果在发射端进行了线路编码(或扰乱),那么,在接收端需要有相应的译码(或解扰)电路。

光接收机最主要的性能指标是接收机灵敏度。在接收机的理论中,中心的问题也是如何降低输入端的噪声、提高接收灵敏度。灵敏度主要取决于光电检测器的响应度以及检测器和放大器引入的噪声。因此,噪声的分析和灵敏度的计算也是本章重点讨论的问题。

本章首先介绍光电检测器的原理和性质,然后从分析放大器和检测器的噪声及统计性质出发,介绍接收灵敏度的计算方法,其中最主要的是高斯近似计算方法。最后简单介绍接收机中的其他几个问题。

3.1　光电检测器

光电检测器的作用是把接收到的光信号转换成电流信号。光纤通信中最常用的光电检测器是光电二极管和雪崩光电二极管。

3.1.1　光电二极管

1. 工作原理

光电二极管(PD)是一个工作在反向偏压下的 PN 结二极管,它的工作原理,可以用光电效应来解释。

当 PN 结上加有反向偏压时,外加电场的方向和空间电荷区里电场的方向相同,外电场使势垒加强,PN 结的能带如图 3.1.1 所示。由于光电二极管加有反向电压,因此在空间电荷区里载流子基本上耗尽了,这个区域称为耗尽区。

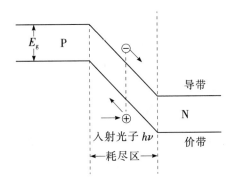

图 3.1.1　光电二级管能带图

当光束入射到 PN 结上,且光子能量 $h\nu$ 大于半导体材料的禁带宽度 E_g 时,价带上的电子可以吸收光子而跃迁到导带,结果产生一个电子-空穴对。如果光生的电子-空穴对在耗尽区里产生,那么在电场的作用下,电子将向 N 区漂移,而空穴将向 P 区漂移,从而形成光生电流。当入射光功率变化时,光生电流也随之线性变化,从而把光信号转换成电流信号。

然而,当入射光子的能量小于 E_g 时,不论入射光多么强,光电效应也不会发生。也就是说,光电效应必须满足条件

$$h\nu > E_{\mathrm{g}} \text{ 或 } \lambda < \frac{hc}{E_{\mathrm{g}}} \tag{3.1.1}$$

式中,c 为真空中的光速;λ 为入射光的波长;h 为普朗克常量;E_{g} 为材料的禁带宽度。

2. 光电二极管的波长响应

由光电效应的条件可知,对任何一种材料制作的光电二极管,都有上截止波长,定义为

$$\lambda_{\mathrm{c}} = \frac{hc}{E_{\mathrm{g}}} = \frac{1.24}{E_{\mathrm{g}}} \tag{3.1.2}$$

式中,E_{g} 的单位为电子伏特(eV)。

对 Si 材料制作的光电二极管,$\lambda_{\mathrm{c}} = 1.06\ \mu\mathrm{m}$,对 Ge 材料制作的光电二极管,$\lambda_{\mathrm{c}} \approx 1.6\ \mu\mathrm{m}$。

光电二极管除了有上截止波长以外,当入射光波长太短时,光变电的转换效率也会大大下降,下面简单分析这个问题。

在光电二极管中,入射光子被吸收,产生电子-空穴对。若 $x = 0$ 时,光功率为 $p(0)$,经过 x 距离后吸收的光功率为

$$p(x) = p(0)[1 - \mathrm{e}^{-\alpha(\lambda)x}] \tag{3.1.3}$$

式中,$\alpha(\lambda)$ 为材料的吸收系数,它是波长的函数。图 3.1.2 给出了 3 种材料的 $\alpha(\lambda)$-λ 曲线。

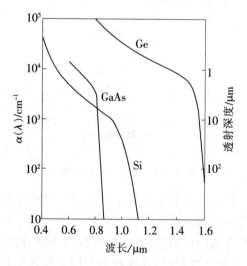

图 3.1.2　3 种材料的吸收系数曲线

从图 3.1.2 中可以看出,当入射光波长很短时,材料的吸收系数变得很大,结果使大量的入射光子在光电二极管的表面层里就被吸收。光电二极管的表面层往往存在着一

个零电场的区域,当电子-空穴对在零电场区(如图 3.1.1 中的 P 区)里产生时,少数载流子首先要扩散到耗尽区,然后才能被外电路收集。但在这个区域中,少数载流子的寿命时间很短,扩散速度又慢,电子-空穴对往往在被检测器电路收集以前就已被复合掉,从而使检测器的光电转换效率降低。因此,某种材料制作的光电二极管对波长的响应有一定的范围,Si 光电二极管的波长响应范围为 $0.5 \sim 1.0 \ \mu m$,Ge 和 InGaAs 光电二极管的波长响应范围为 $1.1 \sim 1.6 \ \mu m$。

3. 光电转换效率

工程上常用量子效率和响应度来衡量光电转换效率。

入射光束在光电二极管的表面有一定的反射,设入射表面的反射率是 R,同时,在零电场的表面层里产生的电子-空穴对不能有效地转换成光电流,因此,当入射功率为 p_0 时,光生电流可以表示为

$$I_p = \frac{e_0}{h\nu}(1-R)p_0 \exp(-\alpha w_1)[1-\exp(-\alpha w)] \tag{3.1.4}$$

式中,w_1 为零电场的表面层的厚度,w 为耗尽区的厚度。

光电二极管的量子效率表示入射光子能够转换成光电流的概率。当入射功率中含有大量光子时,量子效率可用转换成光电流的光子数与入射的总光子数的比来表示。即

$$\eta = \frac{I_p/e_0}{p_0/h\nu} = (1-R)\exp(-\alpha w_1)[1-\exp(-\alpha w)] \tag{3.1.5}$$

式中,e_0 为电子电荷。

入射功率和光生电流的转换关系也可直接用响应度来表示,单位为 $\mu A/\mu W$,即

$$\mathscr{R} = \frac{I_p}{p_0} = \frac{\eta e_0}{h\nu} \tag{3.1.6}$$

根据前面的分析可以知道,要得到高量子效率,必须采取如下措施。

① 减小入射表面的反射率;

② 尽量减小光子在表面层被吸收的可能性,增加耗尽区的宽度,使光子在耗尽区被充分地吸收。

为得到高量子效率,光电二极管往往采用 PIN 结构。

如图 3.1.3 所示,I 层是一个接近本征的、掺杂很低的 N 区。在这种结构中,零电场的 P$^+$ 和 N$^+$ 区非常薄,而低掺杂的 I 区很厚,耗尽区几乎占据了整个 PN 结,从而使光子在零电场区被吸收的可能性很小,而在耗尽区里被充分吸收。对 InGaAs 材料制作的光电二极管,还往往采用异质结构,耗尽区(InGaAs)夹在宽带隙的 InP 材料之间,而 InP 材料对入射光几乎是透明的,从而进一步提高了量子效率。

图 3.1.4 给出了几种材料制作的光电二极管的响应度与量子效率。

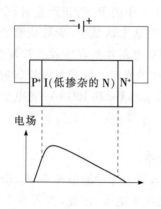

图 3.1.3　PIN 光电二极管

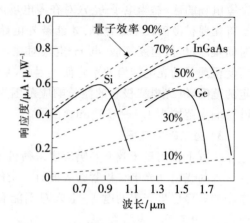

图 3.1.4　几种材料的光电二极管的响应度

4. 响应速度

光电二极管的另一重要参数是它的响应速度。响应速度常用响应时间(上升时间和下降时间)来表示。影响响应速度的主要因素有如下几点。

(1) 光电二极管和它的负载电阻的 RC 时间常数

光电二极管是一个电流源,它的等效电路如图 3.1.5 所示。C_d 是它的结电容,R_s 是它的串联电阻。一般情况下,R_s 很小,是可以忽略的。结电容与耗尽区的厚度 w 及结区面积 A 有关,为

$$C_d = \frac{\varepsilon A}{w} \tag{3.1.7}$$

式中,ε 为介电常数。C_d 和光电二极管的负载电阻的 RC 时间常数限制了器件的响应速度。

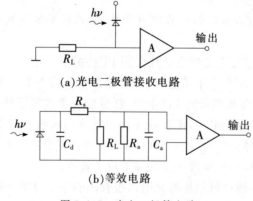

(a)光电二极管接收电路

(b)等效电路

图 3.1.5　光电二极管电路

（2）载流子在耗尽区里的渡越时间

在耗尽区里产生的电子–空穴对在电场的作用下进行漂移运动。漂移运动的速度与电场强度有关，如图 3.1.6 所示：当电场较低时，漂浮运动的速度 v_d 正比于电场强度 E，当电场强度达到某一值 E_s（大约为 10^6 V/m）后，载流子的漂移运动的速度不再变化，即达到极限漂移速度。若想使载流子能以极限漂移速度渡越耗尽区，反向偏压须满足

$$V > E_s w \tag{3.1.8}$$

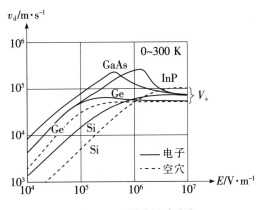

图 3.1.6　漂移运动速度

（3）耗尽区外产生的载流子由于扩散而产生的时间延迟

扩散运动的速度比漂移运动的速度慢得多。若在零电场的表面层里产生较多的电子–空穴对，那么其中的一部分将被复合掉，还有一部分先扩散到耗尽区，然后被电路吸收。这部分载流子作扩散运动的附加时延会使检测器输出的电脉冲的下降沿的拖尾加长，从而明显地响应光电二极管的响应速度。

结电容、耗尽区的宽度以及零电场区对输出脉冲的影响如图 3.1.7 所示。

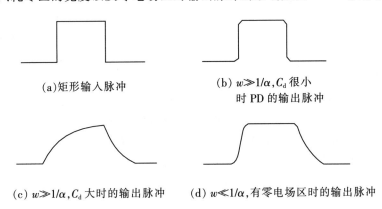

（a）矩形输入脉冲　　　　（b）$w \gg 1/\alpha$，C_d 很小
　　　　　　　　　　　　　时 PD 的输出脉冲

（c）$w \gg 1/\alpha$，C_d 大时的输出脉冲　　（d）$w \ll 1/\alpha$，有零电场区时的输出脉冲

图 3.1.7　光电二极管的响应波形

PIN 光电二极管是全耗尽型的,不仅量子效率高,而且响应速度快。

在光电二极管上加反向偏压不仅可以提高漂移运动的速度,而且可以使耗尽区展宽、结电容减小、零电场区的宽度也减小,这样既提高了量子效率也加快了响应速度。

光电二极管的另一重要参数是它的暗电流。暗电流是指无光照时光电二极管的反向电流。Si 材料制作的 PIN 光电二极管的暗电流可小于 1 nA(10^{-9} A),但 Ge 的光电二极管的暗电流经常达到几百纳安,因此,在长波长波段,暗电流较小的 InGaAs 光电二极管得到迅速发展。

例题 一个 PIN 光电二极管,它的 P^+ 接触层为 1 μm 厚。假设仅仅在耗尽区里(I区)吸收的光子才能有效地转换成光电流。当波长为 0.9 μm 时,$\alpha=5\times10^4$ m^{-1},忽略反射损耗,求:

(1) 此光电二极管可以得到的最大量子效率;

(2) 为使量子效率达到 80%,耗尽区厚度量小应为多少?

解:在忽略反射损耗、耗尽区又足够厚的情况下,此光电二极管达到最大的量子效率。若耗尽区不够厚,量子效率会下降,所以

(1)
$$\eta_{max} = e^{-\alpha(\lambda)w_1} = e^{-5\times10^4\times10^{-6}} = 95\%$$

(2) 欲使 $\eta \geqslant 80\%$,耗尽区厚度 w 至少应为

$$e^{-\alpha(\lambda)w_1}\left[1 - e^{-\alpha(\lambda w)}\right] = 0.8$$

解得 $w = 37$ μm。

3.1.2 雪崩光电二极管

1. 工作原理

与光电二极管不同,雪崩光电二极管(APD)在结构设计上已考虑到使它能承受高反向偏压,从而在 PN 结内部形成一个高电场区。光生的电子或空穴经过高场区时被加速,从而获得足够的能量,它们在高速运动中与晶格碰撞,使晶体中的原子电离,从而激发出新的电子-空穴对,这个过程称为碰撞电离。通过碰撞电离产生的电子-空穴对称为二次电子-空穴对。新产生的电子和空穴在高场区中运动时又被加速,又可能碰撞别的原子,这样多次碰撞电离的结果,使载流子迅速增加,反向电流迅速加大,形成雪崩倍增效应,APD 就是利用雪崩倍增效应使光电流得到倍增的高灵敏度的检测器。

为进一步说明雪崩倍增效应,定义电子和空穴的电离系数分别为 β_e 和 β_h,它们分别表示电子和空穴在单位距离上激发一个电子-空穴对的概率。电离系数随电场强度的增加而迅速加大,随温度的升高而减小。图 3.1.8 表示在室温下几种重要半导体材料的电离系数。

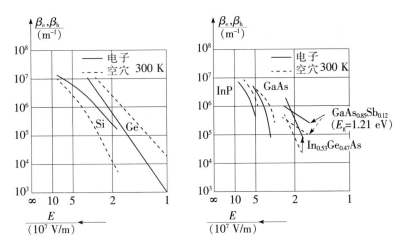

图 3.1.8　材料的电离系数

电离系数的倒数 $1/\beta_e$（或 $1/\beta_h$）意味着电子（或空穴）发生两次碰撞电离之间的平均距离。高场区中碰撞电离的过程可用图 3.1.9 形象地表示出来。某种材料的电子电离系数和空穴电离系数并不相同,定义材料的电离系数比为

$$k = \beta_h/\beta_e \tag{3.1.9}$$

对于不同的半导体材料,k 值在 $0.01 \sim 100$ 之间。

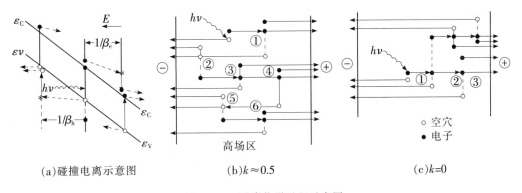

| (a)碰撞电离示意图 | (b)$k \approx 0.5$ | (c)$k=0$ |

图 3.1.9　雪崩倍增过程示意图

2. APD 的平均雪崩增益

雪崩倍增过程是一个复杂的随机过程,每一个初始的光生的电子-空穴对在什么位置产生,它们在什么位置发生碰撞电离,总共激发出多少二次电子-空穴对,这些都是随机的。往往用平均雪崩增益 G 来表示 APD 的倍增的大小。

让我们考查一半导体材料的雪崩倍增过程。在此材料中,高场区的宽度为 w,高场

区里的电场强度足以产生碰撞电离。在 $x=0$ 处注入纯电子电流 $i_e(0)$,同时假设除了碰撞电离外,在这个区域中其他形式的热和光的载流子发生的可能性为零,那么,在 $0 < x < w$ 的任何一点,有

$$\frac{\mathrm{d}i_e(x)}{\mathrm{d}x} = \beta_e i_e(x) + \beta_h i_h(x) \tag{3.1.10}$$

式中,$i_e(x)$ 和 $i_h(x)$ 分别为 x 点的电子电流和空穴电流。对任一点,都满足下式,即

$$i_e(x) + i_h(x) = I = 常数 \tag{3.1.11}$$

如果在 $x=w$ 处没有空穴注入,则 $i_h(w)=0$,$i_e(w)=I$。将式(3.1.11)代入式(3.1.10),得到

$$\frac{\mathrm{d}i_e(x)}{\mathrm{d}x} - (\beta_e - \beta_h)i_e(x) = \beta_h I \tag{3.1.12}$$

式(3.1.12)为线性一阶微分方程,其解为

$$i_e(x) = \frac{i_e(0) + \int_0^x \beta_h I \exp\left[-\int_0^x (\beta_e - \beta_h)\mathrm{d}x'\right]\mathrm{d}x}{\exp\left[-\int_0^x (\beta_e - \beta_h)\mathrm{d}x'\right]} \tag{3.1.13}$$

当电子注入高场区时,平均雪崩增益为

$$G_e = \frac{i_e(w)}{i_e(0)} = \frac{I}{i_e(0)}$$

$$= \frac{1}{\exp\left[-\int_0^w (\beta_e - \beta_h)\mathrm{d}x\right]} + G_e \frac{\int_0^w \beta_h \exp\left[-\int_0^x (\beta_e - \beta_h)\mathrm{d}x'\right]\mathrm{d}x}{\exp\left[-\int_0^w (\beta_e - \beta_h)\mathrm{d}x\right]}$$

$$G_e = \frac{1}{\exp\left[-\int_0^w (\beta_e - \beta_h)\mathrm{d}x\right] - \int_0^w \beta_h \exp\left[-\int_0^x (\beta_e - \beta_h)\mathrm{d}x'\right]\mathrm{d}x} \tag{3.1.14}$$

关系式

$$\exp\left[-\int_0^w (\beta_e - \beta_h)\mathrm{d}x\right] = 1 - \int_0^w (\beta_e - \beta_h)\exp\left[-\int_0^x (\beta_e - \beta_h)\mathrm{d}x'\right]\mathrm{d}x \tag{3.1.15}$$

成立(证明略)。

利用式(3.1.15)可得到

$$G_e = \frac{1}{1 - \int_0^w \beta_e \exp\left[-\int_0^x (\beta_e - \beta_h)\mathrm{d}x'\right]\mathrm{d}x} \tag{3.1.16}$$

或

$$G_e = \frac{1}{1 - \int_0^w \beta_e \exp\left[-\int_0^x \beta_e (1-k)\mathrm{d}x'\right]\mathrm{d}x} \tag{3.1.17}$$

在理论上,定义 $G_e \to \infty$ 时为 APD 的雪崩击穿。对电子注入的情况,击穿条件可以表示为

$$\int_0^w \beta_e \exp\left[-\int_0^x (\beta_e - \beta_h) \mathrm{d}x'\right] \mathrm{d}x = 1 \tag{3.1.18}$$

如果是空穴注入高场区,即在 $x=0$ 处不注入电子电流而是注入空穴电流 $i_h(w)$,可以用相似的方法推导出 G_h 的表达式。其击穿条件与电子注入时推导的(3.1.18)式是相同的。

在实用中,雪崩光电二极管的击穿电压 V_B 往往用暗电流增加到某一值来表示,而平均雪崩增益也用一较简单的式子表示为

$$G = \frac{1}{\left[1 - (V - IR_s)/V_B\right]^m} \tag{3.1.19}$$

式中,V 为 APD 的反向偏压;R_s 为 APD 的串联电阻;指数 m 是由 APD 的材料和结构决定的参量。

3. APD 的结构

光纤通信在 $0.85~\mu m$ 波段常用的 APD 有保护环型(GAPD)和拉通型(RAPD)两种。保护环型 APD 的结构如图 3.1.10(a)所示,为防止扩散区边缘的雪崩击穿,制作时先淀积一层环形 N 型材料,然后高温推进,形成一个深的圆形保护环,保护环和 P 区之间形成浓度缓慢变化的缓变结,从而防止了高反向偏压下 PN 结边缘的雪崩击穿。

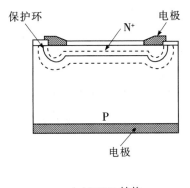

(a)GAPD 结构

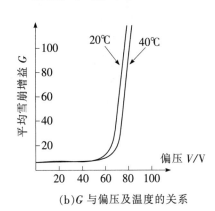

(b)G 与偏压及温度的关系

图 3.1.10　GAPD 结构及 G-V 曲线

GAPD 具有高灵敏度,但它的雪崩增益随偏压变化的非线性十分突出。如图3.1.10(b)所示,要想获得足够的增益,必须在接近击穿电压下使用,而击穿电压对温度是很敏感的,当温度变化时,雪崩增益也随之发生较大变化。RAPD 在一定程度上克服了这一缺点。RAPD 具有 $N^+ P \pi P^+$ 层结构,当偏压加大到某一值后,耗尽层拉通到 π 区,一直抵达 P^+ 接触层。在这以后若电压继续增加,电场增量就在 P 区和 π 区分布,使高场区电场随偏压的变化相对缓慢,RAPD 的倍增因子随偏压的变化也相对缓慢,G-V 曲线的非线性

有所改善,如图 3.1.11 所示。同时,由于耗尽区占据了整个 π 区,RAPD 也具有高效、快速、低噪声的优点。

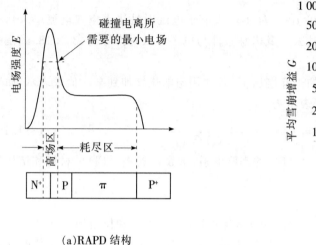

(a)RAPD 结构

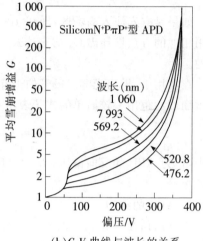

(b)G-V 曲线与波长的关系

图 3.1.11　RAPD 结构及 G-V 曲线

另一种在长波长波段使用的 APD 的结构称为 SAM(Separated Absorption and Multiplexing)结构,如图 3.1.12 所示。这是一种异质结构,高场区是由 InP 材料构成,InP 材料是一种宽带隙材料,截止波长为 $0.96\ \mu m$,它对 $1.3\sim1.6\ \mu m$ 波段的光信号根本不吸收。吸收区是用 InGaAs 材料构成的,若光信号从 P 区入射,将透明地经过高场区,在 InGaAs 材料构成的耗尽区里被充分吸收,从而形成吸收区和倍增区分开的结构。在耗尽区里形成的电子向 N 区运动,空穴向 P 区运动,从而形成纯空穴电流注入高场区的情况。InP 材料的电离系数比大于 1,纯空穴电流注入高场区不仅使 APD 获得较高的增益,而且可以减少过剩噪声。

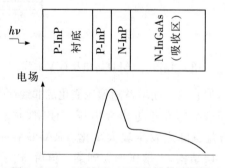

图 3.1.12　SAM 型 APD 的结构示意图

SAM 结构有一个缺点,那就是 InP 和 InGaAs 材料的带隙相差太大,容易造成光生空穴的陷落,影响器件的性能。为了解决这个问题,可以在 InP 和 InGaAs 材料之间加上两层掺杂不同的 InGaAsP 材料,构成带隙渐变的 SAM 结构,称为 SAGM 型 APD,如图 3.1.13 所示。这种 APD 具有较高的增益、较低的噪声,在长波长波段被广泛采用。

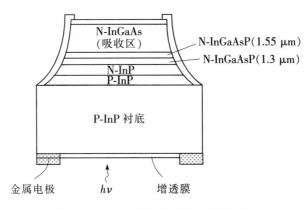

图 3.1.13　SAGM 型 APD 结构示意图

4. APD 的过剩噪声

雪崩倍增过程是一个复杂的随机过程,必将引入随机噪声。定义 APD 的过剩噪声系数为

$$F(G) = \frac{\langle g^2 \rangle}{\langle g \rangle^2} = \frac{\langle g^2 \rangle}{G^2} \tag{3.1.20}$$

式中,符号⟨ ⟩表示平均值,随机变量 g 是每个初始的电子-空穴对生成的二次电子-空穴对的随机数(包括初始电子-空穴对本身),G 是平均雪崩增益,$G = \langle g \rangle$。当电子注入高场区时,过剩噪声系数为

$$F_e(G) = G_e[1 - (1-k)(G_e - 1)^2/G_e^2] \tag{3.1.21}$$

当空穴注入高场区时

$$F_h(G) = G_h[1 + \frac{1-k}{k} \cdot \frac{(G_h^2 - 1)^2}{G_h^2}] \tag{3.1.22}$$

在工程上,为简化计算,常用过剩噪声指数 x 来表示过剩噪声系数,即

$$F(G) \approx G^x \tag{3.1.23}$$

用式(3.1.21)和式(3.1.23)表示的过剩噪声系数如图 3.1.14 所示,可见当 G 不是很大时,式(3.1.23)是式(3.1.21)的近似。

从式(3.1.21)和式(3.1.22)可以知道,为减小过剩噪声系数,对 $k \ll 1$ 的光电二极管,应在结构设计上尽量使电子电流注入高场区,这样不仅可以得到高的雪崩增益(因为电子电离系数很大),而且可以降低过剩倍增噪声。反之,若某种材料制作的光电二极管的 $k \gg 1$ 时,应尽量使空穴电流注入高场区。在实际的二极管中,应尽量避免 $k = 1$ 的情

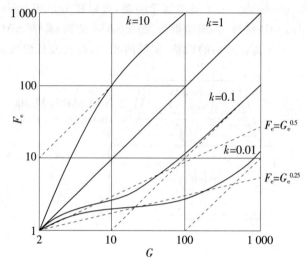

图 3.1.14　过剩噪声系数 $F_e(G)$ 曲线

况,这样可以使倍增噪声较小,增益也比较稳定。例如对硅(Si)半导体材料,k 值在 0.02～0.1 之间,图 3.1.15 所示的拉通型结构对噪声性能是比较有利的。入射光子从 P^+ 区注

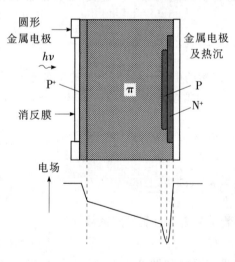

图 3.1.15　拉通型 Si APD 结构

入,在耗尽的 π 区里被充分吸收,光生的空穴向电源负极运动,被电路吸收;而光生的电子注入高场区,从而形成基本上是纯电子电流注入高场区的情况,具有高增益、低噪声的优点。

对 Ge 半导体材料,载流子的热产生速率较高,无晶格缺陷的衬底材料也不容易得到,加上表面泄漏效应的影响,Ge APD 的暗电流和过剩噪声都较大,它的可用的雪崩增益只有 10 倍左右。因此,在长波长波段,经常用Ⅲ-Ⅴ族化合物(例如 InGaAs 材料)制作光电二极管、APD 以及 PIN-FET 混合集成组件。

3.2　放大器及其电路的噪声

接收机不是对任何微弱的信号都能正确接收的,这是因为信号在传输、检测及放大

的过程中总会受到一些无用的干扰,并不可避免地引进一些噪声。电磁干扰来自自然环境、空间的无线电波及周围的电气设备。电磁干扰对接收机的危害,可以通过屏蔽等方法减弱或防止。但随机噪声是接收系统内部产生的,是信号在检测、放大的过程中引进的,人们只能通过电路的设计和工艺尽量减小它,却不能完全消除它。由于噪声的存在,限制了接收机接收弱信号的能力。尽管放大器的增益可以做得足够大,但在弱信号被放大的同时,噪声也被放大了,当接收信号太弱时,必定会被噪声所淹没。

　　光接收机的灵敏度表征接收机接收微弱信号的能力,它主要由检测器和放大器的噪声所决定。本节先分析放大器的噪声,并通过噪声的分析介绍前置放大器的设计方法。

3.2.1　噪声分析的一般方法

1. 噪声的统计性质

　　噪声是一种随机过程,它的值并不能预先确知,在不同的时刻测量噪声时,所得的结果也常常不一样,因此,对噪声的分析应采用随机过程的分析方法。

　　以电阻的热噪声为例。若对某个电阻的热噪声电压进行长时间的测量,并把测量结果自动记录下来,就会发现:在各段时间里噪声电压对时间 t 的变化函数 $n_1(t), n_2(t)$, $n_3(t), \cdots$,都是不能预知的,只有通过测量才能得到;而且在相同的条件下独立地进行测量所得到的波形也都不相同(如图 3.2.1 所示),也就是说,电阻内部微观粒子的热骚动是一个随机过程。

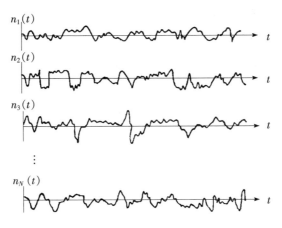

图 3.2.1　热噪声电压的随机过程

　　随机过程的统计特性可用概率密度函数和概率分布函数来表示。对于随机噪声 X_N 来说,落在 x_1 和 $x_1 + \mathrm{d}x_1$ 之间的概率是

$$P(x_1 < X_N < x_1 + \mathrm{d}x_1) = \int_{x_1}^{x_1+\mathrm{d}x_1} f(x_1, t_1)\mathrm{d}x_1 \qquad (3.2.1)$$

式中, $f(x_1,t_1)$ 为随机过程的概率密度函数。它的积分就是概率分布函数,为

$$F(x_1,t_1) = P(X_N \leqslant x_1) = \int_{-\infty}^{x_1} f(x_1,t_1)\mathrm{d}x_1 \qquad (3.2.2)$$

$P(X_N \leqslant x_1)$ 表示 X_N 落在 $(-\infty, x_1)$ 中的概率。

上面所说的电阻的热噪声,就是概率密度为高斯函数的随机过程。热噪声的概率密度函数不依赖于时间,因而是平稳随机过程, $f(x_1,t_1)$ 可简记为 $f(x_1)$。实际上,在放大器中的各个噪声源基本上都可以认为是高斯分布的平稳随机过程。

在本章以后的讨论中,经常用到求两个随机变量之和的概率密度函数。若随机变量 X 和 Y 的概率密度函数分别为 $f_X(x)$ 和 $f_Y(y)$,则随机变量

$$Z = X + Y$$

的概率密度函数为

$$f_Z(Z) = f_X(x) * f_Y(y) \qquad (3.2.3)$$

式中, $*$ 表示卷积。

2. 随机过程的数字特征

在以后的分析中,主要用随机过程的均值和标准差这两个数字特征。

(1) 均值

设 $X(x,t)$ 是一个随机过程,它的均值(数学期望) $E[X(x,t)]$ 为

$$E[X(x,t)] = \int_{-\infty}^{\infty} xf(x,t)\mathrm{d}x \qquad (3.2.4)$$

平稳随机过程的均值为常数。放大器的噪声的均值为零,而且具有各态历经性,因此均值也可以用时平均(用符号 $\langle \ \rangle$ 表示)来代替,即

$$E[X(t)] = \langle X(t) \rangle = \lim_{T \to +\infty} \frac{1}{2T} \int_{-T}^{T} X(t)\mathrm{d}t \qquad (3.2.5)$$

(2) 标准差(均方差)

随机变量的方差 $D(X)$ 和标准差(均方差) $\sigma(X)$ 分别为

$$D(X) = E[(X - E[X])^2] = E[X^2] - (E[X])^2 \qquad (3.2.6a)$$

$$\sigma(X) = \sqrt{D(X)} \qquad (3.2.6b)$$

随机噪声偏离均值的程度常用均方差来表示。

3. 平稳随机过程的功率谱密度

设有时间函数 $x(t)$, $-\infty < t < +\infty$,假设 $x(t)$ 满足狄氏条件,且绝对可积,那么 $x(t)$ 的傅里叶变换为

$$F_x(\omega) = \int_{-\infty}^{+\infty} x(t)\mathrm{e}^{-\mathrm{i}\omega t}\mathrm{d}t \qquad (3.2.7)$$

$x(t)$ 和 $F_x(\omega)$ 之间有以下的巴塞伐(Parseval)等式成立

$$\int_{-\infty}^{+\infty} x^2(t)\mathrm{d}t = \frac{1}{2\pi} \int_{-\infty}^{+\infty} |F_x(\omega)|^2 \mathrm{d}\omega \qquad (3.2.8)$$

式(3.2.8)左边的积分表示 $x(t)$ 在 $(-\infty, +\infty)$ 上的总能量。但在工程技术上,许多重要的时间函数的总能量是无限的,因此,我们通常更关心的是平均功率。把函数 $x(t)$ 限制在 $(-T, T)$ 的时间间隔里,可以得到

$$\lim_{T \to +\infty} \frac{1}{2T} \int_{-T}^{T} x^2(t)\,dt = \frac{1}{2\pi} \int_{-\infty}^{+\infty} \lim_{T \to +\infty} \frac{1}{2T} \mid F_x(\omega, T) \mid^2 d\omega \qquad (3.2.9)$$

式(3.2.9)的左边表示平均功率,而

$$S_x(\omega) = \lim_{T \to +\infty} \frac{1}{2T} \mid F_x(\omega, T) \mid^2 \qquad (3.2.10)$$

就是此函数的双边平均功率谱密度,简称功率谱密度,它表示 1 Hz 频带上平均功率的大小。所谓"双边",是指对 ω 的正负频域都有意义。

4. 线性系数对随机输入的响应

线性系统在这里是指时不变线性系统,当系统的输入为单位脉冲 $\delta(t)$ 时,相应的系统的输出称为系统的脉冲响应函数,记作 $h_T(t)$。$h_T(t)$ 的傅里叶变换 $H_T(\omega)$ 称为系统的频率响应函数或传递函数,如图 3.2.2 所示。若对此线性系统输入信号 $x(t)$,则输出信号的波形和频谱为

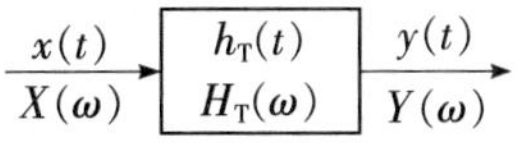

$$y(t) = x(t) * h_T(t) \qquad (3.2.11)$$

$$Y(\omega) = X(\omega) \cdot H_T(\omega) \qquad (3.2.12)$$

图 3.2.2　线性系统的响应

线性系统在平稳输入的条件下,其输出也是平稳的。系统的输出谱密度等于输入谱密度乘以系统的功率增益因子 $\mid H_T(\omega) \mid^2$,即

$$S_Y(\omega) = \mid H_T(\omega) \mid^2 S_X(\omega) \qquad (3.2.13)$$

以上内容在《概率论与数理统计》中已学过,为后面分析的方便,这里简单复习一下。

3.2.2　放大器输入端的噪声源

放大器的噪声包括电阻的热噪声及有源器件(双极晶体管和场效应管)的散粒噪声。从机理上来说,无论是热噪声还是散粒噪声,都是由无限多个统计独立的不规则电子的运动所产生,它们的总和服从概率论中的"中心极限定理"的条件,因而统计特性是服从正态分布的。放大器噪声的概率密度函数可以表示为高斯函数

$$f(x) = \frac{1}{\sqrt{2\pi}\sigma} \exp\left[-\frac{(x-m)^2}{2\sigma^2}\right] \qquad (3.2.14)$$

此概率密度函数由统计平均值 m 和均方差 σ 唯一确定。对随机噪声,当 $m=0$ 时,上式可写成

$$f(x) = \frac{1}{\sqrt{2\pi}\sigma} \exp\left(-\frac{x^2}{2\sigma^2}\right) \qquad (3.2.15)$$

均值为零的高斯噪声的方差 σ^2 实际就代表噪声电压(或噪声电流)的平方的平均值,也是 1 Ω 电阻上的噪声功率。利用"卷积定理"可以证明(作为习题请读者自己证明),对于概率密度为高斯函数的各个随机噪声源,它们之和的概率密度函数仍是高斯函数,而且总噪声的方差等于各个噪声源的方差之和。这就允许我们在计算放大器的噪声时,先分别分析各个噪声源的方差,然后求和得到总噪声的方差。

放大器的输出噪声主要由前置级所决定,这是因为对于一个多级放大器,在输入信号被各级放大的同时,放大器输入端的噪声也以同样的倍数被放大。尽管放大器各级中任何电阻或晶体管都会引入附加噪声,但只要放大器第一级的增益很大,以后各级引入的噪声就可以忽略。因此,我们只分析前置放大器的噪声,在分析中把所有的噪声源都等效到输入端,并且认为这些噪声源都是具有均匀、连续功率谱密度的白噪声,通过各个噪声源的功率谱密度求出放大器输出的总噪声。

1. 输入端的等效电路及噪声源

光接收机的简单原理如图 3.2.3(a)所示,图 3.2.3(b)是输入端的等效电路。图中检测器等效为电流源 $i_s(t)$,i_n 是它的散粒噪声,C_d 是它的结电容。R_b 和 C_s 分别是偏置电阻和偏置电路的杂散电容,R_a 和 C_a 分别是放大器的输入电阻和输入电容。

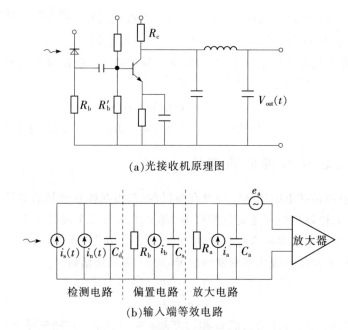

(a)光接收机原理图

(b)输入端等效电路

图 3.2.3　光接收机的等效电路

偏置电阻具有热噪声,只要温度大于绝对零度,电阻中大量的电子就会在热激励下作不规则的运动,结果在电阻上形成不规则变化的微弱电流,形成电阻的热噪声。带有热噪声的电阻可以有两种等效方式。一种是等效为一个无噪声的电阻和一个噪声电流源并联〔如图 3.2.3(b)所示就是这样等效的〕,在这种等效下,并联电流噪声源的功率谱密度为

$$S_{IR} = \frac{d\langle i_b^2 \rangle}{df} = \frac{2kK}{R_b} \tag{3.2.16}$$

式中,k 为玻耳兹曼常数,$k=1.38\times10^{-23}$ J/K;K 为绝对温度。上式表示,电阻的热噪声随温度的升高而加大。

另一种是把带有噪声的电阻等效为一个理想的电阻和一个噪声电压源串联(如图 3.2.4 所示),电压噪声源的双边功率谱密度为

$$S_{ER} = \frac{d\langle e_b^2 \rangle}{df} = 2kKR_b \tag{3.2.17}$$

放大器的有源器件——双极晶体管或场效应管——也会引进噪声。将第一级有源器件的各种噪声源都等效到输入端(具体内容下面分析),大体可分为两种情况:一种等效为输入端并联的电流噪声源,图 3.2.3(b)中用 i_a 表示,设它的功率谱密度为 S_I;另一种为输入端串联的电压噪声源 e_a,设它的功率谱密度为 S_E。

2. 放大器的输出噪声电压的计算

根据第一大部分的分析可知,放大器输出噪声电压的方差(均方值)可以通过下面的步骤来计算:①用输入端各噪声源的功率谱密度乘以放大器的功率增益因子,可得到输出端的功率谱密度;②输出端功率谱密度对 ω 积分,得到输出端的噪声电压的方差(或称为噪声功率);③由于放大器的各噪声源的概率分布函数均为高斯函数,所以输出端总噪声电压的方差等于各噪声源的方差之和。根据上述的步骤,可以算出放大器输出噪声电压的均方值为

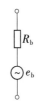

图 3.2.4 电阻热噪声的等效电路

$$\langle v_{na}^2 \rangle = \left(\frac{2kK}{R_b} + S_I\right)\int_{-\infty}^{+\infty} |Z_T(\omega)|^2 \frac{d\omega}{2\pi} + S_E\int_{-\infty}^{+\infty} |Z_T(\omega)|^2 \left(\frac{1}{R_t^2} + \omega^2 C_t^2\right)\frac{d\omega}{2\pi} \tag{3.2.18}$$

式中,$R_t = R_b // R_a$;$C_t = C_d + C_s + C_a$;$Z_T(\omega)$ 为放大器、均衡滤波器的传递函数,它表示输入电流与输出电压之间的传递关系,实为转移阻抗。因此,在式(3.2.18)的计算中,输入端的串联电压噪声源首先要乘以输入导纳 $\left(\frac{1}{R_t} + i\omega C_t\right)$ 的绝对值的平方,转换成电流源,然后再乘以功率增益因子 $|Z_T(\omega)|^2$。

从式(3.2.18)可以看出:①偏置电阻 R_b 越大,电阻的热噪声越小;②输入电阻 R_t 越大,输入电容 C_t 越小,串联电压噪声源对总噪声的影响越小。

3.2.3 场效应管和双极晶体管的噪声源

1. 场效应管(FET)的噪声源

场效应管是电压控制器件,它的最大特点是输入阻抗很高,栅漏电流很小,噪声也较小,适合作高阻前置放大器。图3.2.5给出了场效应管的共源电路及其等效电路。场效应管的主要噪声源有两个——栅漏电流的散粒噪声和沟道的热噪声。

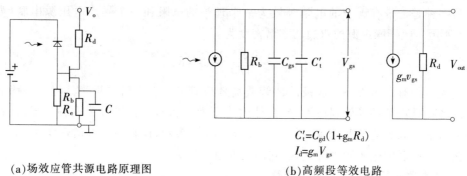

$$C'_t = C_{gd}(1+g_m R_d)$$
$$I_d = g_m V_{gs}$$

(a)场效应管共源电路原理图　　　　　(b)高频段等效电路

图3.2.5　场效应管共源电路

(1)散粒噪声

散粒噪声是由于栅极电流的随机起伏所形成,在输入端等效为并联电流噪声源,其功率谱密度为

$$S_I = e_0 I_{gate} \tag{3.2.19}$$

式中,e_0为电子电荷,$e_0 = 1.6 \times 10^{-19}$ C;I_{gate}为场效应管的栅漏电流。

(2)沟道热噪声

场效应管的沟道电导在输出回路(漏极回路)里产生一个噪声电流,其功率谱密度为

$$\frac{d\langle i_{out}^2 \rangle}{df} = 2 kK\tau g_m \tag{3.2.20}$$

式中,g_m为场效应管的跨导;τ为器件的数值系数,对 Si FET,$\tau \approx 0.7$;对 GaAs FET,$\tau \approx 1.1$。

将漏极回路里的这个噪声电流折算到输入端,得到一个等效串联电压噪声源,谱密度为

$$S_E = \frac{2kK\tau}{g_m} \tag{3.2.21}$$

(3)输出端的总噪声功率

用场效应管作前置放大器,输出端的总噪声功率为

$$\langle v_{na}^2 \rangle = \left(\frac{2kK}{R_b} + e_0 I_{gate} + \frac{2kK\tau}{g_m} \cdot \frac{1}{R_b^2} \right) \int_{-\infty}^{+\infty} |Z_T(\omega)|^2 \frac{d\omega}{2\pi} + \frac{2kK\tau}{g_m} \cdot \frac{C_t'^2}{2\pi} \int_{-\infty}^{+\infty} |Z_T(\omega)|^2 \omega^2 d\omega \tag{3.2.22}$$

154

一般情况下,场效应管的散粒噪声远小于沟道噪声,当 R_b 足够大时,式(3.2.22)中的第一项可以忽略,因此得到

$$\langle v_{na} \rangle \propto \frac{C_t^2}{g_m} \tag{3.2.23}$$

选用跨导大、结电容小的场效应管,可以减小场效应管前置放大器的噪声。$\frac{g_m}{C_t^2}$ 常被称为场效应管前置放大器的优值。

例题　一个用 Si 场效应管制作的前置放大器,$R_b = 50$ kΩ,I_{gate} 很小,散粒噪声可忽略,场效应管的 $g_m = 5$ mA/V,工作温度 $K = 300$ K,输入端总电容 $C_t = 10$ pF,设放大器具有理想的矩形带通,即

$$Z_T(\omega) = \begin{cases} R_T & \text{当 } |\omega| \leqslant 2\pi B_W \text{ 时} \\ 0 & \text{当 } |\omega| > 2\pi B_W \text{ 时} \end{cases}$$

求:(1) 放大器输出端的总噪声功率;

(2) 当 B_W 大于多少赫兹后,总噪声将由式(3.2.22)中的第二项支配?

解:(1) 场效应管前置放大器输出端的总噪声为

$$\langle v_{na}^2 \rangle = \left(\frac{2kK}{R_b} + \frac{2kK\tau}{g_m} \cdot \frac{1}{R_b^2} \right) \int_{-\infty}^{+\infty} |Z_T(\omega)|^2 \frac{d\omega}{2\pi} +$$

$$\frac{2kK\tau}{g_m} \cdot \frac{C_t^2}{2\pi} \int_{-\infty}^{+\infty} |Z_T(\omega)|^2 \omega^2 d\omega$$

$$= \left(\frac{2kK}{R_b} + \frac{2kK\tau}{g_m} \cdot \frac{1}{R_b^2} \right) 2B_W R_T^2 + \frac{2kK\tau}{g_m} \cdot \frac{C_t^2}{2\pi} \cdot \frac{16\pi^3}{3} B_W^3 R_T^2$$

已知 $k = 1.38 \times 10^{-23}$,代入计算得

$$\langle v_{na}^2 \rangle = 3.32 \times 10^{-25} B_W R_T^2 + 3.05 \times 10^{-39} B_W^3 R_T^2$$

(2) 已求出来的放大器的输出噪声功率包括两项,第一项正比于宽带 B_W,第二项正比于 B_W^3,可见随着 B_W 的加大,第二项的影响越来越大。下面求第二项等于第一项时相应的带宽 B_{W1}。B_{W1} 满足

$$3.32 \times 10^{-25} = 3.05 \times 10^{-39} B_{W1}^2$$

$$B_{W1} = 1.04 \times 10^7 \text{ Hz}$$

即当带宽大于 10 MHz 以后,式(3.2.22)中的第二项开始起支配作用,而且随着 B_W 的加大,第一项的影响越来越小,当 $B_W \gg 10$ MHz 以后,第一项的影响可忽略。

2. 双极晶体管的噪声源

晶体管共发射极电路以及它的高频段等效电路如图 3.2.6 所示。双极晶体管主要的噪声源有

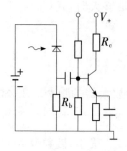
(a)晶体管共发射极电路原理图

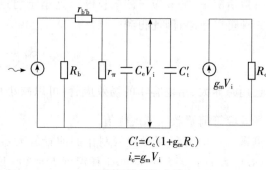

$C_t'=C_c(1+g_mR_c)$

$i_c=g_mV_i$

(b)高频段等效电路

图 3.2.6　晶体管共发射极电路

（1）散粒噪声

散粒噪声是由于注入到基区里的载流子的随机涨落所引起，从而使基极电流存在着随机起伏。在输入端，它作为并联电流噪声源，功率谱密度为

$$\frac{d\langle i_a^2 \rangle}{df} = e_0 I_b \tag{3.2.24}$$

式中，I_b 为晶体管的基极工作电流。

（2）基区电阻的热噪声

晶体管的基区一般较薄，掺杂也低，因此基区的体电阻 $r_{b'b}$ 不能忽略。基区电阻的热噪声在输入端作为串联电压噪声源，谱密度为

$$\frac{d\langle e_{a1}^2 \rangle}{df} = 2\,kKr_{b'b} \tag{3.2.25}$$

（3）分配噪声

分配噪声是由于基区中载流子的复合速率的起伏所引起。发射极电流注入基区以后，一部分载流子越过基区被集电极吸收后形成集电极电流，还有一部分载流子在基区复合成为基极电流。复合是存在随机涨落的，结果造成 I_b 和 I_c 的分配比例发生变化。分配噪声存在于集电极电流回路里，其功率谱密度为

$$\frac{d\langle i_c^2 \rangle}{df} = e_0 I_c \tag{3.2.26}$$

将集电极回路里的噪声源等效到输入端，由图 3.2.6(b)的等效电路可知，可等效为一个串联电压噪声源，功率谱密度为

$$\frac{d\langle e_{a2}^2 \rangle}{df} = \frac{e_0 I_c}{g_m^2} = \frac{k^2 K^2}{e_0 I_c} \tag{3.2.27}$$

式中，g_m 为晶体管的跨导，对双极晶体管，有下列关系式存在

$$g_m = \frac{e_0 I_c}{kK} \tag{3.2.28}$$

（4）$1/f$ 噪声

$1/f$ 噪声只在低频段（500～2 000 Hz）比较显著，随着频率 f 的升高而减小，在光纤通信系统中可以忽略。

由各个噪声源的功率谱密度可以求出双极晶体管放大器输出端的总噪声功率为

$$
\begin{aligned}
(v_{\mathrm{na}}^2) = &\left(\frac{2kK}{R_{\mathrm{b}}} + e_0 I_{\mathrm{b}}\right)\int_{-\infty}^{+\infty} |Z_{\mathrm{T}}(\omega)|^2 \frac{\mathrm{d}\omega}{2\pi} + \\
&2kKr_{\mathrm{b'b}}\int_{-\infty}^{+\infty} |Z_{\mathrm{T}}(\omega)|^2 \left[\frac{1}{R_{\mathrm{b}}^2} + \omega^2(C_{\mathrm{d}} + C_{\mathrm{s}})^2\right]\frac{\mathrm{d}\omega}{2\pi} + \\
&\frac{k^2 K^2}{e_0 I_{\mathrm{c}}}\int_{-\infty}^{\infty} |Z_{\mathrm{T}}(\omega)|^2 \left(\frac{1}{R_{\mathrm{t}}^2} + \omega^2 C_{\mathrm{t}}^2\right)\frac{\mathrm{d}\omega}{2\pi}
\end{aligned} \tag{3.2.29}
$$

式中，$R_{\mathrm{t}} = R_{\mathrm{b}} /\!/ R_{\mathrm{a}}$，$R_{\mathrm{a}}$ 为晶体管放大器的输入电阻；$C_{\mathrm{t}} = C_{\mathrm{d}} + C_{\mathrm{s}} + C_{\mathrm{a}}$，$C_{\mathrm{a}}$ 为放大器的输入电容。

由式（3.2.29）可以看出，散粒噪声正比于 I_{b}，而分配噪声反比于 I_{c}，由微分学的极值定理可以知道，必存在一个最佳的集电极电流 I_{copt}，当晶体管工作在 I_{copt} 时，散粒噪声和分配噪声的和达到最小值。

例题　若放大器具有理想的矩形带通，即

$$
Z_{\mathrm{T}}(\omega) = \begin{cases} R_{\mathrm{T}} & \text{当 } |\omega| \leqslant 2\pi B_{\mathrm{W}} \text{ 时} \\ 0 & \text{当 } |\omega| > 2\pi B_{\mathrm{W}} \text{ 时} \end{cases}
$$

求 I_{copt}。

解：晶体管散粒噪声和分配噪声之和为

$$
\begin{aligned}
(v_{\mathrm{ns}}^2) &= e_0 I_{\mathrm{b}}\int_{-\infty}^{\infty} |Z_{\mathrm{T}}(\omega)|^2 \frac{\mathrm{d}\omega}{2\pi} + \frac{k^2 K^2}{e_0 I_{\mathrm{c}}}\int_{-\infty}^{+\infty} |Z_{\mathrm{T}}(\omega)|^2 \cdot \left(\frac{1}{R_{\mathrm{t}}^2} + \omega^2 C_{\mathrm{t}}^2\right)\frac{\mathrm{d}\omega}{2\pi} \\
&= e_0 I_{\mathrm{b}} 2B_{\mathrm{W}} R_{\mathrm{T}}^2 + \frac{k^2 K^2}{e_0 I_{\mathrm{c}}} \cdot \frac{1}{R_{\mathrm{t}}^2} \cdot 2B_{\mathrm{W}} R_{\mathrm{T}}^2 + \frac{k^2 K^2 C_{\mathrm{t}}^2}{e_0 I_{\mathrm{c}}} \cdot \frac{8\pi^2 B_{\mathrm{W}}^3}{3} R_{\mathrm{T}}^2
\end{aligned}
$$

根据微分学的极值定理，由 $\dfrac{\partial(v_{\mathrm{ns}}^2)}{\partial I_{\mathrm{c}}} = 0$ 可求出 I_{copt}，即可从下式求出：

$$
\frac{e_0}{\beta_0} - \frac{k^2 K^2}{e_0 I_{\mathrm{copt}}^2} \cdot \frac{1}{R_{\mathrm{t}}^2} - \frac{k^2 K^2 C_{\mathrm{t}}^2}{e_0 I_{\mathrm{copt}}^2} \cdot \frac{4\pi^2 B_{\mathrm{W}}^2}{3} = 0
$$

$$
I_{\mathrm{copt}} = \frac{kK}{e_0}\beta_0^{1/2}\left(\frac{1}{R_{\mathrm{t}}^2} + \frac{4\pi^2 B_{\mathrm{W}}^2 C_{\mathrm{t}}^2}{3}\right)^{1/2}
$$

式中，β_0 为晶体管的电流放大倍数，即

$$
\beta_0 = I_{\mathrm{c}}/I_{\mathrm{b}}
$$

3.2.4　前置放大器的设计

由以上的噪声分析可以知道，输入端偏置电阻越大，放大器的输入电阻越高，输出端

噪声就越小。然而,输入电阻的加大,势必使输入端 RC 时间常数加大,使放大器的高频特性变差。因此,根据系统的要求适当地选择前置放大器的形式,使之能兼顾噪声和频带两个方面的要求是很重要的。前置放大器主要有以下 3 种类型。

1. 低阻型前置放大器

这种前置放大器从频带的要求出发选择偏置电阻,使之满足

$$R_\mathrm{t} \leqslant \frac{1}{2\pi B_\mathrm{w} C_\mathrm{t}} \tag{3.2.30}$$

的要求。式中,B_w 为码速率所要求的放大器的带宽。低阻型前置放大器的特点是线路简单,接收机不需要或只需要很少的均衡,前置级的动态范围也较大。但是,这种电路的噪声也较大。

2. 高阻型前置放大器

高阻器前置放大器的设计方法是尽量加大偏置电阻,把噪声减小到尽可能小的值。高阻型前置放大器不仅动态范围小,而且当比特速率较高时,在输入端信号的高频分量损失太多,因而对均衡电路提出了很高的要求,这在实际中有时是很难做到的。高阻型前置放大器一般只在码速率较低的系统中使用。

3. 跨(互)阻型前置放大器

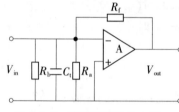

图 3.2.7 跨阻型前置放大器

跨阻型(也称为互阻型)前置放大器实际上是电压并联负反馈放大器,如图 3.2.7 所示。这是一个性能优良的电流-电压转换器,具有宽频带、低噪声的优点。对跨阻型前置放大器,当考虑其频率特性时,上截止频率为

$$f_\mathrm{H} = \frac{1}{2\pi R_\mathrm{i} C_\mathrm{t}} \tag{3.2.31}$$

R_i 为跨阻型放大器的等效输入电阻,为

$$R_\mathrm{i} = \frac{R_\mathrm{f}}{1+A} \parallel R_\mathrm{b} \parallel R_\mathrm{a} \approx \frac{R_\mathrm{f}}{1+A} \tag{3.2.32}$$

A 为放大器的增益。就是说,跨阻型放大器的输入电阻很小,它是通过牺牲一部分增益,使放大器的频带得到明显的扩展。

再考虑跨阻型放大器的噪声性质。对这种放大器,偏置电阻 R_b(有时也可以省略,直接用反馈电阻作偏置)和反馈电阻 R_f 的值可以取得很大,从而使电阻的热噪声大为减小。同时由于负反馈的作用,在考虑串联电压噪声源时,有

$$R_\mathrm{t} = R_\mathrm{f} \parallel R_\mathrm{b} \parallel R_\mathrm{a} \gg R_\mathrm{i} \tag{3.2.33}$$

因此,跨阻型前放的噪声也是较低的。

跨阻型前置放大器不仅具有宽频带、低噪声的优点,而且它的动态范围也比高阻型前放有很大改善,在光纤通信中得到广泛的应用。图 3.2.8～图 3.2.10 分别是

45 Mbit/s、400 Mbit/s和 2 Gbit/s 的光接收机的互阻型前置放大电路。在如图 3.2.9 所示的电路中,放大器的第一级采用电压负反馈电路,第二级采用射极补偿电路,以提升高频分量。图 3.2.10 是用微波晶体管采用薄膜混合集成技术制成,混合集成技术可以减小电路的分布参数,从而获得良好的性能。尤其在长波长波段,用 InGaAs 光电二极管和 GaAs FET 混合集成制作的前置放大器的性能是可能超过 Ge APD 的。

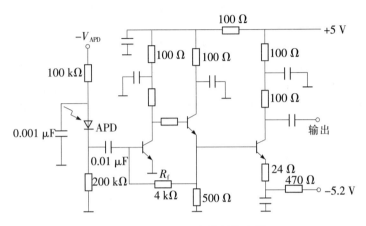

图 3.2.8　45 Mbit/s 前置放大器

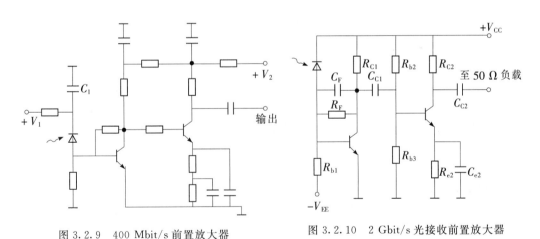

图 3.2.9　400 Mbit/s 前置放大器　　　　图 3.2.10　2 Gbit/s 光接收前置放大器

根据目前已报道的吉比特每秒速率的光接收机的情况来看,前置放大器既有采用跨阻型的,也有采用低阻型的。

3.3 光电检测过程的统计性质及灵敏度的精确计算

灵敏度是光接收机的最重要的性能指标。影响灵敏度的主要因素是检测器和放大器引入的噪声。因此,如何降低输入端的噪声,提高接收机的灵敏度,一直是接收机理论的中心问题。

灵敏度的概念是和误码率联系在一起的。在数字光纤通信系统中,接收端的光信号经检测、放大、均衡后,进行判决、再生。判决是通过时钟信号的上升沿在最佳的时刻对接收的数字信号进行取样(如图 3.3.1 所示),然后将取样值与判决阈值进行比较,若取样幅度大于判决阈值,则判为"1";若取样幅度小于判决阈值,则判为"0",从而使信号得到再生。

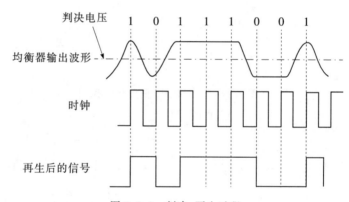

图 3.3.1 判决、再生过程

由于噪声的存在,接收信号就有被误判的可能性。接收码元被错误判决的概率,称为误码率(比特误差概率)。灵敏度是指保证达到给定的误码率的条件下,光接收机需要输入的最低光功率。灵敏度可以用每一光脉冲所需要的最低平均能量来表示,但更经常的是用最低平均光功率(W 或 dBm)来表示。

当光接收机调整在最佳工作状态时,灵敏度受噪声的限制,灵敏度的计算问题,也必须从噪声的统计性质来分析。

3.3.1 灵敏度计算的一般方法

由于噪声的存在,放大器的输出信号成为一个随机变量。例如,当接收一个"1"码时,若不存在噪声,放大器的输出应该为一确定的电压 v_1,但实际上,在 v_1 上总是叠加着噪声,实际的输出电压

$$v = v_1 + n(t) \tag{3.3.1}$$

160

为一随机变量。$n(t)$ 是随机噪声，v_1 成为这个随机过程的均值。在取样进行判决时，这个随机变量可能取各种不同的值，取各个值的概率则由它的概率密度所决定，如图 3.3.2 所示。对"0"码也有相似的情况。若判决电平为 D，则"0"码误判为"1"的概率为

$$E_{01} = \int_D^\infty f_0(x)\mathrm{d}x \qquad (3.3.2)$$

同样的情况，"1"码误判为"0"码的概率为

$$E_{10} = \int_{-\infty}^D f_1(x)\mathrm{d}x \qquad (3.3.3)$$

式中 $f_0(x)$ 和 $f_1(x)$ 分别表示"0"码和"1"码的概率密度函数。

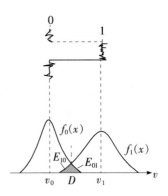

图 3.3.2　输出信号的概率密度及灵敏度计算的示意图

总误码率(Bit Error Rate，BER)为

$$\mathrm{BER} = P(0)E_{01} + P(1)E_{10} \qquad (3.3.4)$$

$P(0)$ 和 $P(1)$ 分别表示码流中"0"码和"1"码出现的概率。利用上述的方法，依据 v_1，v_0 与入射光功率的关系，可以从所需要达到的误码率求灵敏度，也可以从输入光功率的大小求得误码率。

根据上面的分析，要计算灵敏度，必须先求出总噪声的概率密度函数。上节已经分析过放大器引入的噪声，其概率密度函数为高斯函数。光电检测过程尤其是雪崩光电检测过程是一个非常复杂的随机过程，它的概率密度是非高斯型的。灵敏度的精确计算方法，是用比较精确地分析光电检测过程的统计性质，求出放大器输出端的总噪声的概率密度函数来进行计算的。

3.3.2　雪崩光电检测过程的统计分布

对雪崩光电检测过程，大体可分为两个阶段。

1. "光子计数"阶段

在这个阶段中，入射光子转换成初始的电子-空穴对。设入射光功率为 $p(t)$，在时间间隔 L 内产生的平均的电子-空穴对数 Λ 可以用量子效率 η 来表示，为

$$\Lambda = \int_{t_0}^{t_0+L}\left[\frac{\eta p(t)}{h\nu} + \Lambda_0\right]\mathrm{d}t \qquad (3.3.5)$$

式中，Λ_0 为每秒钟内暗电流产生的电子数。

"光子计数"过程是一个随机过程，即使入射光功率是恒定的，光生电流也是无规则涨落的，这种涨落反映微观世界的量子起伏。根据量子统计规律，在时间间隔 L 内产生 m 个电子-空穴对的概率是均值为 Λ 的泊松分布，即

$$P[m,(t_0,t_0+L)] = \frac{\mathrm{e}^{-\Lambda}\Lambda^m}{m!} \qquad (3.3.6)$$

式(3.3.6)也就是光电二极管光生电子-空穴对的概率密度函数。

2. 雪崩倍增过程的统计性质

初始的光生载流子进入高场区,通过碰撞电离,每一初始的电子-空穴对倍增为随机数为 g 的二次电子-空穴对(包括初始电子-空穴对本身)。这个过程的统计性质是很复杂的。设整个雪崩过程进行的相当快,g_l 个二次电子-空穴对组成的电流脉冲相当窄,可以得出 $g_l = n$ 的概率为

$$P_{prob}(g_l = n) = \frac{(1-k)^{n-1}\Gamma\left(\dfrac{n}{1-k}\right)\left[\dfrac{1+k(G-1)}{G}\right]^{\frac{1+k(n-1)}{1-k}}}{[1+k(n-1)](n-1)!\,\Gamma\left[\dfrac{1+k(n-1)}{(1-k)}\right]} \cdot \left(\frac{G-1}{G}\right)^{n-1} \quad (3.3.7)$$

式中,符号 Γ 为伽马函数;下标 l 为对第 l 个电子-空穴对;k 为有效电离系数比,它依赖于 APD 的材料及掺杂情况。

对于在时间间隔 $(t_0, t_0 + l)$ 内入射的光功率,APD 产生的初始的电子-空穴对是概率密度为泊松分布的随机变量,而每一个初始的电子-空穴对又雪崩倍增成随机数为 g 的二次电子-空穴对,因此,在时间间隔 L 内产生总数为 γ 个电子-空穴对的概率为

$$P_L(\gamma) = \sum_{N=0}^{\infty} \frac{e^{-\Lambda}\Lambda^N}{N!} P_{ng}\left(\sum_{l=1}^{N} g_l = \gamma\right) \quad (3.3.8)$$

$P_{ng}\left(\sum_{l=1}^{N} g_l = \gamma\right)$ 是 N 个随机变量 g_l 的和的概率密度,g_l 是独立无关的,因此有

$$P_{ng}\left(\sum_{l=1}^{N} g_l = \gamma\right) = \underbrace{P_{prob}(\gamma) * P_{prob}(\gamma)\cdots}_{N\text{个}P_{prob}(\gamma)\text{的卷积}} \quad (3.3.9)$$

式中,$P_{prob}(\gamma)$ 为式(3.3.7)给定的函数。

卷积的计算是很复杂的,式(3.3.9)计算的结果也可以用下面经过验证的近似式代替

$$P_{ng}\left(\sum_{l=1}^{N} g_l = \gamma\right) = \frac{n(1-k)^{(\gamma-n)}\Gamma\left(\dfrac{\gamma}{1-k}\right)\left[\dfrac{1+k(G-1)}{G}\right]^{\frac{n+k(\gamma-n)}{1-k}}}{[n+k(\gamma-n)](\gamma-n)!\left[\dfrac{n+k(\gamma-n)}{1-k}\right]} \cdot \left(\frac{G-1}{G}\right)^{\gamma-n}$$

$$(3.3.10)$$

可见,雪崩光电检测过程是一个非常复杂的随机过程。

3.3.3　接收机灵敏度的精确计算方法

1. 灵敏度的精确计算

设当光脉冲信号输入到 APD 光敏面上时,APD 每秒钟产生的初始电子-空穴对数为 N_s,每秒钟暗电流所产生的初始电子-空穴对数为 N_d。初始的电子-空穴对经过雪崩倍

增后送入放大器,在放大的过程中又引入高斯噪声。假设接收机为线性系统,而且在判决时没有码间干扰存在,那么在取样判决时刻 t_s,接收机的输出电压可以表示为

$$Z_0 e_0 \Big[\sum_{l=1}^{N_s+N_d} g_l + q_n \Big] = V(t_s) = Z_0 e_0 X \tag{3.3.11}$$

式中,e_0 为电子电荷;q_n 为均值为零的放大器的高斯型噪声,它归一化为以二次电子-空穴对数为单位;X 为归一化的输出信号,是无量纲的随机变量;Z_0 为放大器的增益系数。

(3.3.11)式中左边方括号内的两项都是随机变量,第一项的概率密度函数为

$$P_l(\gamma) = \sum_{N=0}^{\infty} \frac{\mathrm{e}^{-[\langle N_s \rangle + \langle N_d \rangle]} \cdot [\langle N_s \rangle + \langle N_d \rangle]^N}{N!} \cdot P_{ng} \Big(\sum_{l=1}^{N} g_l = \gamma \Big) \tag{3.3.12}$$

第二项的概率密度为高斯函数,即

$$f(x) = \frac{1}{\sqrt{2\pi}\sigma_{an}} \mathrm{e}^{-x^2/(2\sigma_{an}^2)} \tag{3.3.13}$$

式中,σ_{an} 为归一化为以二次电子-空穴对数为单位的放大器噪声的标准差。

随机变量 X 的概率密度函数应是式(3.3.12)和式(3.3.13)的卷积。这样可以分别求出"1"码($\langle N_s \rangle$ 用 $\langle N_s \rangle_1$ 代入)和"0"码($\langle N_s \rangle$ 用 $\langle N_s \rangle_0$ 代入)的概率密度函数,在已知判决电平的条件下,可求出 E_{01} 和 E_{10} 以及 BER。

从以上的过程可以看出,精确计算方法是很复杂的,必须借助计算机才能完成。为减少计算量,计算中也常进行一些近似,重要性取样法及切诺夫界限法就是常用的近似方法。

例题 假设有一种理想的光纤数字通信系统,系统的频带无限宽;放大器无噪声;光源的消光比为零;光电二极管暗电流为零;量子效率为1。求光接收机的量子极限(即求误码率不大于 10^{-9} 时,光子计数过程的量子噪声所对应的光接收机灵敏度)。

解:根据题目给定的条件,可以进行如下的分析:①由于光源的 EXT=0,所以"0"码时,接收的光能量为零;②由于光电二极管暗电流为零、"0"码时光能量为零、放大器又无噪声,所以接收码元为"0"时,光电二极管不输出电子-空穴对,放大器也无信号输出,"0"码不会误判为"1"码;③由于放大器无噪声,所以只要光电二极管输出一个电子-空穴对,判决器就能判决出来,接收"1"码而光电二极管输出的电子-空穴对数为零的概率则是误码率。

设"1"码所含有的光的能量为 E_1,则在"1"码持续期间产生的平均光子数为

$$\Lambda = \frac{E_1}{h\nu}$$

式中,$h\nu$ 为光子能量。光子计数过程的概率密度为泊松分布,设码序列中"0"码和"1"码出现的概率相等,即有

$$P(N=0) = \frac{\mathrm{e}^{-\Lambda}\Lambda^0}{0!} = \mathrm{e}^{-\frac{E_1}{h\nu}} = \mathrm{BER} = 10^{-9}$$

解得

$$E_1 = 21h\nu$$

即当误码率要求为 10^{-9} 时,每个入射"1"码脉冲至少应有 21 个光子的能量,或者说每个"1"码脉冲含有的平均光子数至少为 21 个。这就是光接收的量子极限。

2. 重要性取样法

这种方法也称为"Monto-carlo"技术,为减少上机计算量,这种技术加强了概率密度函数中对灵敏度计算起重要作用的部分,例如加强了拖尾部分的取样,减少了对其他部分的取样,从而大大减小了计算量,计算结果与精确计算非常一致。

3. 切诺夫界限法(Chernoff Bounds)

这种方法利用随机变量的矩母函数和半不变矩母函数来计算误码率的上限。利用随机变量的矩母函数和半不变矩母函数的性质,可以将随机变量之和的统计特性的卷积计算化为乘积或求和的计算,从而大大减化计算过程。因此不仅在切诺夫界限法,在其他的精确计算方法中也经常使用。

(1)随机变量的矩母函数和半不变矩母函数

连续随机变量 ζ 的矩母函数定义为

$$M_\zeta(s) = \int_{-\infty}^{+\infty} e^{sx} f_\zeta(x) \mathrm{d}x \tag{3.3.14}$$

式中,s 为实数;$f_\zeta(x)$ 为随机变量 ζ 的概率密度函数。随机变量的半不变矩母函数定义为

$$\psi_\zeta(s) = \ln M_\zeta(x) \tag{3.3.15}$$

若随机变量 $\zeta = \zeta_1 + \zeta_2$,且 ζ_1 和 ζ_2 独立无关,那么它们的分布函数有如下重要性质:

$$f_\zeta(x) = f_{\zeta 1}(x) * f_{\zeta 2}(x) \tag{3.3.16}$$

$$M_\zeta(s) = M_{\zeta 1}(s) \cdot M_{\zeta 2}(s) \tag{3.3.17}$$

$$\psi_\zeta(s) = \psi_{\zeta 1}(s) + \psi_{\zeta 2}(s) \tag{3.3.18}$$

可见随机变量之和的矩母函数为它们的矩母函数之积,随机变量之和的半不变矩母函数为它们的半不变矩母函数之和,比卷积的计算简单得多。

对高斯分布函数:

$$f_\zeta(x) = \frac{1}{\sqrt{2\pi}\sigma} e^{-\frac{x^2}{2\sigma^2}} \tag{3.3.19}$$

$$M_\zeta(s) = e^{\frac{1}{2}\sigma^2 s^2} \tag{3.3.20}$$

$$\psi_\zeta(s) = \frac{1}{2}\sigma^2 s^2 \tag{3.3.21}$$

对泊松分布函数:

$$f_\eta(n) = \frac{\Lambda^n e^{-\Lambda}}{n!} \tag{3.3.22}$$

$$M_\eta(s) = e^{\Lambda(e^s - 1)} \tag{3.3.23}$$

$$\psi_\eta(s) = \Lambda(\mathrm{e}^s - 1) \tag{3.3.24}$$

（2）随机变量 X 的矩母函数

根据矩母函数的定义和性质，(3.3.11)式中随机变量 X 的矩母函数为

$$M_X(s) = \exp\{s^2\langle q_n^2\rangle/2 + [\langle N_s + N_d\rangle] \cdot [M_g(s) - 1]\} \tag{3.3.25}$$

式中，$M_g(s)$ 是式(3.3.7)表示的雪崩增益的随机变量 g 的矩母函数，$M_g(s)$ 可以从下面的公式中求出

$$\ln[M_g(s)] = s + \frac{1}{1-k}\ln\{M_g(s) - \mathrm{e}^{(k-1)\delta}[M_g(s) - 1]\} \tag{3.3.26}$$

δ 与雪崩增益 G 有关，可从下式求出

$$G = \left(\frac{k-1}{k}\right)\left[1 - \frac{1}{k}\mathrm{e}^{\delta(k-1)}\right] \tag{3.3.27}$$

下面介绍怎样用切诺夫界限法近似求"0"码误判为"1"码的概率（同样的方法也可求"1"码误判为"0"码的概率）。设归一化的判决电平为 d，可以找到一个大于或等于零的实数 s，对 $x > d$，有

$$\frac{\mathrm{e}^{sx}}{\mathrm{e}^{sd}} \geqslant 1 \tag{3.3.28}$$

那么"0"码误判为"1"码的概率为

$$E_{01} = \int_d^\infty f_X(x)\mathrm{d}x \leqslant \int_d^\infty \frac{\mathrm{e}^{sx}}{\mathrm{e}^{sd}} \cdot f_X(x)\mathrm{d}x \leqslant \int_{-\infty}^\infty \frac{\mathrm{e}^{sx}}{\mathrm{e}^{sd}} f_X(x)\mathrm{d}x \tag{3.3.29}$$

由半不变矩母函数的定义，可得

$$E_{01} \leqslant \exp[\psi_X(s) - sd] \tag{3.3.30}$$

如果选择一个适当的 s，使式(3.3.30)右边的函数为最小值，这个最小值逼近 E_{01}，是 E_{01} 的上限。同样的方法，也可以求出 E_{10} 的上限。通过随机变量的半不变矩母函数求出误码率的上限，就是切诺夫界限法的基本出发点。适当的 s 值可以从下式求出

$$\frac{\partial}{\partial s}\exp[\psi_X(s) - sd] = 0 \tag{3.3.31}$$

其解为

$$\psi_X{}'(s) = \frac{\partial \psi_X(s)}{\partial s} = d \tag{3.3.32}$$

因此，式(3.3.30)可以表示为

$$E_{01} \leqslant \exp[\psi_X(s) - s\psi_X{}'(s)] \tag{3.3.33}$$

只要求出随机变量 X 的半不变矩母函数和它的导数，就可以求出误码率的上限，其计算结果与精确计算法也很一致。

3.4　灵敏度计算的高斯近似法

高斯近似计算方法的基本出发点,是假设雪崩光电检测过程的概率密度函数也是高斯函数,从而使灵敏度与误码率的计算大为简化。采用高斯近似的计算方法,不仅可以推导出灵敏度计算的解析表达式,而且计算结果与精确计算结果接近,因而在工程上得到广泛应用。本节将详细地介绍 S. D. Personick 推导的灵敏度的计算公式,并从所得的结果分析影响灵敏度的主要因素。

3.4.1　光电检测器散粒噪声的计算

1. 输出电压的均值

考虑在时隙 $(t_0, t_0 + L)$ 内,在 $t = t_1, t_2, \cdots, t_N$ 各时刻激发并在极短的时间内雪崩倍增出 $g_1, g_2, \cdots, g_N$ 个电子-空穴对(连同初始电子-空穴对在内),设放大器、均衡器的总响应函数为 $z_T(t)$,则接收机的输出电压为

$$v_{\text{out}}^L(t) = \sum_{l=1}^{N} e_0 g_l z_T(t - t_l) \tag{3.4.1}$$

令 $z_T(t) = R_T h_T(t)$,R_T 是响应函数中与时间无关的常数,在以后的公式推导中暂时省略,上式可以写成

$$v_{\text{out}}^L(t) = \sum_{l=1}^{N} e_0 g_l h_T(t - t_l) \tag{3.4.2}$$

式中,e_0 为电子电荷、g_l、N、t_l 为随机变量,且 g_l 变量满足

$$\langle g_1 \rangle = \langle g_2 \rangle = \cdots = \langle g \rangle \tag{3.4.3}$$

如果在时隙 L 内产生大量的初始电子-空穴对,那么输出电压的均值为

$$\langle v_{\text{out}}^L(t) \rangle = e_0 \langle g \rangle \langle \sum_{l=1}^{N} h_T(t - t_l) \rangle$$

$$= e_0 \langle g \rangle \sum_{N=0}^{\infty} \left[\int_{t_0}^{t_0+L} \sum_{l=1}^{N} h_T(t - t_l) P(t_l) \mathrm{d}t_l \right] \cdot P[N, (t_0, t_0 + L)] \tag{3.4.4}$$

$P[N, (t_0, t_0 + L)]$ 是由式(3.3.6)决定的函数,$P(t_l)$ 是在时刻 t_l 产生一个初始电子-空穴对的概率,即

$$P(t_l) = \frac{1}{\Lambda} \left[\frac{\eta p(t_l)}{h\nu} + \Lambda_0 \right] \tag{3.4.5}$$

式中，$p(t_l)$ 为 t_l 时刻的入射光功率；Λ 为由式(3.3.5)给出的时隙 L 内产生的平均初始电子-空穴对数。

将式(3.3.6)和式(3.4.5)代入式(3.4.4)，得到

$$\langle v_{\text{out}}^L(t)\rangle = e_0\langle g\rangle\sum_{N=0}^{\infty}\left\{\int_L\sum_{l=1}^{N}h_T(t-t_l)\cdot\frac{1}{\Lambda}\left[\frac{\eta p(t_l)}{h\nu}+\Lambda_0\right]\mathrm{d}t_l\right\}\cdot\frac{\mathrm{e}^{-\Lambda}\Lambda^N}{N!}$$

$$= e_0\langle g\rangle\sum_{N=0}^{\infty}\frac{N}{\Lambda}\cdot\frac{\mathrm{e}^{-\Lambda}\Lambda^N}{N!}\int_L h_T(t-t_l)\left[\frac{\eta p(t_l)}{h\nu}+\Lambda_0\right]\mathrm{d}t_l \qquad (3.4.6)$$

由于

$$\sum_{N=0}^{\infty}\frac{N}{\Lambda}\cdot\frac{\mathrm{e}^{-\Lambda}\Lambda^N}{N!}=\sum_{N=0}^{\infty}\frac{\mathrm{e}^{-\Lambda}\Lambda^{N-1}}{(N-1)!}=\mathrm{e}^{-\Lambda}\cdot\mathrm{e}^{\Lambda}=1 \qquad (3.4.7)$$

故

$$\langle v_{\text{out}}^L(t)\rangle = \langle g\rangle\int_L\left[\frac{e_0\eta}{h\nu}p(t_l)+I_d\right]h_T(t-t_l)\mathrm{d}t_l \qquad (3.4.8)$$

式中，$I_d=e_0\lambda_0$，为检测器的暗电流。

2. 输出电压的方差

输出电压的方差就是检测器的输出散粒噪声功率，即

$$\langle v_{\text{nd}}^2(t)\rangle = \langle[v_{\text{out}}^L(t)]^2\rangle - \langle v_{\text{out}}^L(t)\rangle^2 \qquad (3.4.9)$$

便是输出端光电检测器的散粒噪声电压的均方值，或称为散粒噪声功率。为得到 $\langle v_{\text{nd}}^2(t)\rangle$ 的值，先计算 $[v_{\text{out}}^L(t)]^2$ 的值及它的均值。

$$[v_{\text{out}}^L(t)]^2 = \sum_{l=1}^{N}e_0g_lh_T(t-t_l)\cdot\sum_{s=1}^{N}e_0g_sh_T(t-t_s)$$

$$= e_0^2\sum_{l=1}^{N}g_l^2h_T^2(t-t_l)+e_0^2\underbrace{\sum_{l=1}^{N}\sum_{\substack{s=1\\s\neq l}}^{N}g_lg_sh_T(t-t_l)h_T(t-t_s)}_{\text{II}} \qquad (3.4.10)$$

$$\underbrace{\qquad\qquad}_{\text{I}}$$

$$\langle[v_{\text{out}}^L(t)]^2\rangle = \langle\text{I}\rangle+\langle\text{II}\rangle \qquad (3.4.11)$$

用推导式(3.4.8)类似的方法，可以求出

$$\langle\text{I}\rangle = e_0\langle g^2\rangle\int_L\left[\frac{e_0\eta}{h\nu}p(t_l)+I_d\right]h_T^2(t-t_l)\mathrm{d}t_l \qquad (3.4.12)$$

$$\langle\text{II}\rangle = \langle v_{\text{out}}^L(t)\rangle^2$$

从而得到

$$\langle v_{\text{nd}}^2(t)\rangle = e_0\langle g^2\rangle\int_L\left[\frac{e_0\eta}{h\nu}p(t_l)+I_d\right]h_T^2(t-t_l)\mathrm{d}t_l \qquad (3.4.13)$$

在数字光纤通信系统中，检测器接收的是随机的脉冲信号流，其光功率可以表示为

$$p(t_l) = \sum_{k=-\infty}^{\infty} b_k h_p(t_l - kT) \tag{3.4.14}$$

式中,b_k 为第 k 个光脉冲的能量,即

$$b_k = \begin{cases} b_{max} & \text{当光脉冲为 "1" 码时} \\ b_{min} & \text{当光脉冲为 "0" 码时} \end{cases}$$

式中,T 为码元间隔,$T = \dfrac{1}{B}$,B 为比特速率,h_p 为归一化的光脉冲波形,即

$$\int_{-\infty}^{+\infty} h_p(t_l)\,\mathrm{d}t_l = 1 \tag{3.4.15}$$

将式(3.4.14)代入式(3.4.13),去掉时隙 L 的限制,得到

$$\langle v_{nd}^2(t) \rangle = e_0 \langle g^2 \rangle \int_{-\infty}^{+\infty} \left[\left(\frac{e_0 \eta}{h\nu} \right) \sum_{k=-\infty}^{+\infty} b_k h_p(t_l - kT) + I_d \right] h_T^2(t - t_l)\,\mathrm{d}t_l \tag{3.4.16}$$

3. 暗电流噪声的功率谱密度

去掉时隙 L 的限制,将式(3.4.13)变换到频域,得到

$$\langle v_{nd}^2(t) \rangle = \frac{e_0 \langle g^2 \rangle}{(2\pi)^2} \int_{-\infty}^{+\infty} \left[\frac{e_0 \eta}{h\nu} p(\omega) + I_d(\omega) \right] \cdot \left[H_T(\omega) * H_T(\omega) \right] \cdot e^{i\omega t}\,\mathrm{d}\omega \tag{3.4.17}$$

单独考查暗电流噪声。输出端暗电流噪声功率为

$$\langle v_{dd}^2 \rangle = \frac{e_0 \langle g^2 \rangle}{(2\pi)^2} \int_{-\infty}^{+\infty} I_d(\omega) \left[H_T(\omega) * H_T(\omega) \right] e^{i\omega t}\,\mathrm{d}\omega \tag{3.4.18}$$

设暗电流为常数,则

$$I_d(\omega) = I_d \cdot 2\pi\delta(\omega) \tag{3.4.19}$$

将式(3.4.19)代入式(3.4.18),有

$$\langle v_{dd}^2 \rangle = e_0 I_d \langle g^2 \rangle \int_{-\infty}^{+\infty} |H_T(\omega)|^2 \cdot \frac{\mathrm{d}\omega}{2\pi} \tag{3.4.20}$$

可见 $e_0 I_d \langle g^2 \rangle$ 就是暗电流噪声的双边功率谱密度,即

$$\frac{\mathrm{d}\langle i_d^2 \rangle}{\mathrm{d}f} = e_0 I_d \langle g^2 \rangle \tag{3.4.21}$$

3.4.2 高斯近似计算公式及其推导过程

假设检测器的概率密度函数为高斯函数,是高斯近似计算的基本出发点。在这一假设下,放大器输出端的总噪声功率可以用检测器的噪声功率和放大器的噪声功率之和来表示。为了使读者能明了高斯近似计算公式的计算条件和公式中各物理量的意义,这里以 S. D. Personick 在公式推导过程中使用的近似条件为线索,介绍计算公式的推导过程。

1. 假设判决时有最坏的码元组合

从式(3.4.16)可以看出,在判决某个码元的时候,检测器的输出噪声不仅取决于此

码元,而且与此码元之前输入的所有码元有关。噪声最坏的情况是在判决时刻,其余邻近码元都是"1"码的情况,若设判决码元为第 0 个码元($k=0$,$t=0$),则噪声最坏的情况是指当 $k \neq 0$ 时,$b_k = b_{max}$ 的情况。在这个情况下,邻近码元对第 0 个码元造成的噪声干扰最严重。

检测器的输出噪声功率可写为

$$\langle v_{nd}^2(0) \rangle = e_0 \langle g^2 \rangle \int_{-\infty}^{+\infty} \left\{ \left(\frac{e_0 \eta}{h\nu} \right) \left[\sum_{k=-\infty}^{+\infty} b_{max} h_p(t_l - kT) - b_{max} h_p(t_l) + b_0 h_p(t_l) \right] + I_d \right\} h_T^2(-t_l) dt_l$$

(3.4.22)

式中,b_0 为第 0 个码元的能量,此码元可以是"1"码,也可以是"0"码。

令

$$\Sigma_1 = \int_{-\infty}^{+\infty} \sum_{k=-\infty}^{\infty} h_p(t_l - kT) h_T^2(-t_l) dt_l \tag{3.4.23}$$

$$I_1 = \int_{-\infty}^{+\infty} h_p(t_l) h_T^2(-t_l) dt_l \tag{3.4.24}$$

$$I_2 = \int_{-\infty}^{+\infty} \frac{1}{T} h_T^2(-t_l) dt_l \tag{3.4.25}$$

利用参量 Σ_1、I_1 和 I_2,可将式(3.4.22)化简为

$$\langle v_{nd}^2(0) \rangle = e_0 \langle g^2 \rangle \left\{ \left(\frac{e_0 \eta}{h\nu} \right) \underbrace{[b_0 I_1}_{\substack{\text{判决码} \\ \text{元的散} \\ \text{粒噪声}}} + \underbrace{b_{max}(\Sigma_1 - I_1)]}_{\substack{\text{邻码的} \\ \text{散粒噪声}}} + \underbrace{I_d T I_2}_{\substack{\text{暗电流} \\ \text{噪声}}} \right\}$$

(3.4.26)

检测器的噪声包括判决码元的散粒噪声、邻码对判决时刻的噪声影响以及暗电流噪声 3 部分。

2. 假设判决时无码间干扰

对于一个实际应用的传输系统(包括信道、放大器、滤波器等),其频带总是受限的,结果使输出波形有很长的拖尾,使前后码元在波形上互相重叠而产生码间干扰。适当的均衡滤波器可以消除码间干扰的影响。尽管波形的拖尾总是存在的,但只要在判决某个码元时,其他码元的拖尾正好是过零点,就可以做到无码间干扰判决。S. D. Personick 假设接收机电路具有良好的均衡能力,能将输出波形均衡为无码间干扰的、具有升余弦频谱的波形。升余弦频谱的波形为

$$h_{out}(t) = \frac{\sin \frac{\pi t}{T} \cos \frac{\pi \beta t}{T}}{\frac{\pi t}{T} \left[1 - \left(\frac{2\beta t}{T} \right)^2 \right]} \tag{3.4.27}$$

式中,β 为升余弦频谱的滚降因子,$0 \leqslant \beta \leqslant 1$。

对升余弦频谱的波形

$$h_{out}(t) = \begin{cases} 1 & t = 0 \\ 0 & t = kT \quad k \neq 0 \end{cases} \tag{3.4.28}$$

可见升余弦频谱的波形是无码间干扰的。

在灵敏度的计算中,认为均衡滤波器的输出波形总是无码间干扰的升余弦波形(仅滚降因子 β 可能不同),放大器和均衡滤波器的传递函数随输入波形而变,并可以用输入波形和输出波形的频谱来表示,即

$$H_T(\omega) = \frac{H_{\text{out}}(\omega)}{H_{\text{in}}(\omega)} \tag{3.4.29}$$

定义归一化频率 φ 为

$$\varphi = \frac{f}{B} \tag{3.4.30}$$

则

$$\omega = 2\pi B\varphi = \omega_0 \varphi \tag{3.4.31}$$

式中,B 为比特速率,$\omega_0 = 2\pi B$。

令

$$H_{\text{in}}(\omega) = H_{\text{in}}(\omega_0 \varphi) = H_{\text{in}}'(\varphi) \tag{3.4.32}$$

$$H_{\text{out}}(\omega) = H_{\text{out}}(\omega_0 \varphi) = TH_{\text{out}}'(\varphi) \tag{3.4.33}$$

在这些变换的基础上,可以将式(3.4.23)～式(3.4.25)变换到频域,用归一化频率 φ 来表示,为

$$\Sigma_1 = \sum_{k=-\infty}^{\infty} H_{\text{in}}'(k) \left[\frac{H_{\text{out}}'(k)}{H_{\text{in}}'(k)} * \frac{H_{\text{out}}'(k)}{H_{\text{in}}'(k)} \right] \tag{3.4.34}$$

$$I_1 = \int_{-\infty}^{+\infty} H_{\text{in}}'(\varphi) \left[\frac{H_{\text{out}}'(\varphi)}{H_{\text{in}}'(\varphi)} * \frac{H_{\text{out}}'(\varphi)}{H_{\text{in}}'(\varphi)} \right] d\varphi \tag{3.4.35}$$

$$I_2 = \int_{-\infty}^{+\infty} \left| \frac{H_{\text{out}}'(\varphi)}{H_{\text{in}}'(\varphi)} \right|^2 d\varphi = \frac{1}{2\pi T} \int_{-\infty}^{+\infty} |H_T(\omega)|^2 d\omega \tag{3.4.36}$$

再定义参量 I_3 为

$$I_3 = \frac{T}{(2\pi)^3} \int_{-\infty}^{+\infty} |H_T(\omega)|^2 \omega^2 d\omega = \int_{-\infty}^{+\infty} \left| \frac{H_{\text{out}}'(\varphi)}{H_{\text{in}}'(\varphi)} \right|^2 \varphi^2 d\varphi \tag{3.4.37}$$

S. D. Personick 对输入脉冲是矩形脉冲、高斯脉冲和指数脉冲(它们可以有不同的占空比 α),输出脉冲为升余弦频谱的波形(可以有不同的 β)的情况,分别计算了 Σ_1、I_1、I_2 和 I_3 的值(已收集在本节后面的附图中,这些波形的形状及表达式也在附图中给出)。人们可以根据系统输入脉冲和输出脉冲的实际情况查表,从而省略了冗长的积分计算。

利用参量 I_2 和 I_3 可以使放大器的输出噪声简化为

$$\langle v_{\text{na}}^2 \rangle = \left(\frac{2kK}{R_b} + S_I + \frac{S_E}{R_t^2} \right) TI_2 + \frac{(2\pi C_t)^2}{T} S_E I_3 \tag{3.4.38}$$

定义放大器的噪声参量 z 为

$$z = \frac{T}{e_0^2} \left(\frac{2kK}{R_b} + S_I + \frac{S_E}{R_t^2} \right) I_2 + \frac{(2\pi C_t)^2}{e_0^2 T} S_E I_3 = \frac{\langle v_{\text{na}}^2 \rangle}{e_0^2} \tag{3.4.39}$$

3. 假设探测器的暗电流为零

在最坏码元组合的情况下,在判决时刻,检测器和放大器的总输出噪声功率为

$$\langle n_t^2(0) \rangle = e_0^2 \langle g^2 \rangle \left(\frac{\eta}{h\nu}\right) [b_0 I_1 + b_{\max}(\Sigma_1 - I_1)] + e_0^2 z \qquad (3.4.40)$$

式(3.4.40)中忽略了暗电流噪声。式中第一项为检测器的散粒噪声,第二项为放大器噪声。

误码率的大小取决于信号与噪声的比(信噪比),如果将信号与噪声同除以同一个常数,并不影响误码率的计算,也就是说,可以把输出端灵敏度的计算等效到输入端来进行。将所有的输出噪声功率同除以 $\left(\frac{R_T \eta \langle g \rangle e_0}{h\nu}\right)^2$,等效到输入端,从而使噪声的标准差具有 b_0 的量纲。判决码元的噪声能量进而可表示为

$$\mathrm{NW}(b_0) = \left(\frac{h\nu}{\eta}\right)^2 \left\{ \frac{\langle g^2 \rangle}{\langle g \rangle^2} \cdot \left(\frac{\eta}{h\nu}\right) [b_0 I_1 + b_{\max}(\Sigma_1 - I_1)] + \frac{z}{\langle g \rangle^2} \right\} \qquad (3.4.41)$$

式中,$\sqrt{\mathrm{NW}(b_0)}$ 的量纲与 b_0 的量纲相同。

若判决码元是"0"码,那么判决码元的噪声能量(等效到输入端)为

$$\sigma_0^2 = \mathrm{NW}(b_{\min}) = \left(\frac{h\nu}{\eta}\right)^2 \left\{ \frac{\langle g^2 \rangle}{\langle g \rangle^2} \cdot \left(\frac{\eta}{h\nu}\right) [b_{\min} I_1 + b_{\max}(\Sigma_1 - I_1)] + \frac{z}{\langle g \rangle^2} \right\}$$
$$(3.4.42)$$

若判决码元是"1"码,则判决码元等效到输入端的噪声能量为

$$\sigma_1^2 = \mathrm{NW}(b_{\max}) = \left(\frac{h\nu}{\eta}\right)^2 \left[\frac{\langle g^2 \rangle}{\langle g \rangle^2} \cdot \left(\frac{\eta}{h\nu}\right) b_{\max} \Sigma_1 + \frac{z}{\langle g \rangle^2} \right] \qquad (3.4.43)$$

这样就把输出端噪声和灵敏度的计算等效到输入端。由于噪声的存在,等效到输入端后,"1"码(或"0"码)的信号也成为概率密度为高斯函数的随机过程,$b_{\max}$(或 $b_{\min}$)是这高斯函数的均值,σ_1(或 σ_0)就是此高斯函数的标准差,如图 3.4.1 所示。

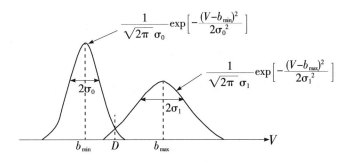

图 3.4.1 概率密度函数

由于检测器的散粒噪声与入射光功率有关系，"1"码时入射的光能量 b_{max} 远远大于"0"码时的光能量 b_{min}，所以 σ_1^2 大于 σ_0^2。这一点也是光接收机和一般的数字通信接收机的重要区别。在一般的数字通信接收机中，噪声主要由放大器引入，与入射信号的幅度没有关系，无论接收信号是"0"还是"1"，噪声都相等，因此，判决电平应选择在"0"和"1"信号电平的中点。而在光接收机中，由于 $\sigma_1^2 > \sigma_0^2$，所以最佳的判决电平应低于"0"和"1"电平的中点。

当判决电平为 D 时，"0"码误判为"1"码的概率为

$$E_{01} = \int_{D}^{+\infty} \frac{1}{\sqrt{2\pi}\sigma_0} \exp\left[-\frac{(V-b_{min})^2}{2\sigma_0^2}\right] dV \tag{3.4.44}$$

对式(3.4.44)进行变量交换，令 $x = \dfrac{V-b_{min}}{\sigma_0}$，得到

$$E_{01} = \frac{1}{\sqrt{2\pi}} \int_{\frac{D-b_{min}}{\sigma_0}}^{\infty} e^{-\frac{x^2}{2}} dx \tag{3.4.45}$$

同样的情况，"1"码误判为"0"码的概率为

$$E_{10} = \int_{-\infty}^{D} \frac{1}{\sqrt{2\pi}\sigma_1} \exp\left[-\frac{(V-b_{max})^2}{2\sigma_1^2}\right] dV \tag{3.4.46}$$

令 $x = \dfrac{b_{max}-V}{\sigma_1}$，式(3.4.46)变换成

$$E_{10} = \frac{1}{\sqrt{2\pi}} \int_{\frac{b_{max}-D}{\sigma_1}}^{\infty} e^{-\frac{x^2}{2}} dx \tag{3.4.47}$$

如果接收的随机脉冲序列中"1"码出现的概率等于"0"码出现的概率，总误码率为

$$\text{BER} = \frac{1}{2}E_{01} + \frac{1}{2}E_{10} \tag{3.4.48}$$

为使总误码率达到最小，一般令

$$E_{01} = E_{10}$$

由式(3.4.45)和式(3.4.47)可知，要使 $E_{01} = E_{10}$，只需使

$$\frac{D-b_{min}}{\sigma_0} = \frac{b_{max}-D}{\sigma_1} = Q \tag{3.4.49}$$

Q 值含有信噪比的信息，它可以由所要求的误码率来确定，它和误码率的关系可以通过下式来确定

$$\text{BER} = \frac{1}{\sqrt{2\pi}} \int_{Q}^{\infty} e^{-\frac{x^2}{2}} dx \tag{3.4.50}$$

由式(3.4.50)所确定的误码率与 Q 的关系如图3.4.2所示。当要求 $\text{BER} = 10^{-9}$ 时，$Q \approx 6$；当要求 $\text{BER} = 10^{-15}$ 时，$Q \approx 7.9$。因此，可以从系统要求的误码率通过图3.4.2来确定 Q 值。

4. 假设光源的消光比 EXT＝0

假设光源的消光比 EXT＝0,同时将过剩噪声系数 $F(G)$ 近似为

$$F(G) = \frac{\langle g^2 \rangle}{\langle g \rangle^2} \approx \langle g \rangle^x \quad (3.4.51)$$

由于 EXT＝0,则 $b_{min}=0$,由式(3.4.49)可以得到

$$b_{max} = Q(\sigma_0 + \sigma_1)$$

$$= \left(\frac{h\nu}{\eta}\right)Q \left[\begin{array}{l} \sqrt{\langle g \rangle^x \left(\frac{\eta}{h\nu}\right) b_{max}(\Sigma_1 - I_1) + \frac{z}{\langle g \rangle^2}} \\ + \sqrt{\langle g \rangle^x \left(\frac{\eta}{h\nu}\right) b_{max}\Sigma_1 + \frac{z}{\langle g \rangle^2}} \end{array} \right]$$

$$(3.4.52)$$

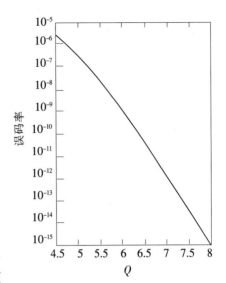

图 3.4.2 误码率-Q 的关系

由式(3.4.52)可以看出,两根号内的前一项都随 $\langle g \rangle$ 的增大而增大,而后一项都随着 $\langle g \rangle$ 的增大而减小,故可求得一个最佳的 $\langle g \rangle_{opt}$ 值,当 $\langle g \rangle = \langle g \rangle_{opt}$ 时,b_{max} 为最小值。由式

$$\frac{\partial b_{max}}{\partial \langle g \rangle} = 0 \quad (3.4.53)$$

和式(3.4.52)联立求解,可以得出计算接收机灵敏度和最佳雪崩增益 $\langle g \rangle_{opt}$ 的一组公式:

$$\langle g \rangle_{opt} = Q^{-\frac{1}{1+x}} z^{\frac{1}{2+2x}} \gamma_1^{\frac{1}{2+2x}} \gamma_2^{-\frac{1}{1+x}} \quad (3.4.54)$$

$$b_{max} = \left(\frac{h\nu}{\eta}\right) Q^{\frac{2+x}{1+x}} z^{\frac{x}{2+2x}} \gamma_1^{\frac{x}{2+2x}} \gamma_2^{\frac{2+x}{1+x}} \quad (3.4.55)$$

式中

$$\gamma_1 = \frac{-(\Sigma_1 + I_5) + \sqrt{(\Sigma_1 + I_5)^2 + \frac{16(1+x)}{x^2}\Sigma_1 I_5}}{2\Sigma_1 I_5} \quad (3.4.56)$$

$$\gamma_2 = \sqrt{\frac{1}{\gamma_1} + I_5} + \sqrt{\frac{1}{\gamma_1} + \Sigma_1} \quad (3.4.57)$$

$$I_5 = \Sigma_1 - I_1 \quad (3.4.58)$$

式中的 x 取决于雪崩光电二极管的噪声性质,x 也称为雪崩光电二极管的过剩噪声指数。

若用平均光功率表示接收机的灵敏度,则灵敏度为

$$p_{min} = \frac{b_{max}}{2T} \quad (3.4.59)$$

173

若用 PIN 光电二极管作检测器,$\langle g \rangle = 1$。在这种情况下,式(3.4.52)根号内的第二项总是大于第一项,即放大器的噪声占主导地位,接收机的灵敏度可以表示为

$$b_{\max} = \frac{2Qh\nu}{\eta} z^{1/2} \tag{3.4.60}$$

$$p_{\min} = \frac{Qh\nu}{\eta T} z^{1/2} \tag{3.4.61}$$

5. 判决电平

通过高斯近似计算的方法,也可以计算出最佳的判决电平。根据式(3.4.49)可以得到

$$\sigma_0 = \frac{1}{Q}(D - b_{\min}) \tag{3.4.62}$$

$$\sigma_1 = \frac{1}{Q}(b_{\max} - D) \tag{3.4.63}$$

当消光比为零时,$b_{\min} = 0$,由以上两式可得到

$$\frac{D}{b_{\max}} = \frac{\sigma_0}{\sigma_0 + \sigma_1} \tag{3.4.64}$$

将 σ_0 和 σ_1 的值代入式(3.4.64)并利用 $\langle g \rangle_{\text{opt}}$ 的条件,得到

$$\frac{D}{b_{\max}} = \frac{1}{\gamma_2}\sqrt{\frac{1}{\gamma_1} + I_5} \tag{3.4.65}$$

但高斯近似法计算的最佳判决电平的误差较大。上式计算的结果与实际值相比,有些偏低,工程上多用实验的方法来选取最佳判决电平。

例题 140 Mbit/s 光接收机,前置放大器用双极晶体管制成,$R_b = 150\ \Omega$,$R_t = R_b \parallel R_a \approx 130\ \Omega$,$r_{b'b} = 100\ \Omega$,$I_c = 1\ \text{mA}$,$I_b = 26\ \mu\text{A}$,$C_t = C_d + C_s + C_a \approx 16\ \text{pF}$,$C_d + C_s = 6\ \text{pF}$,环境温度 $K = 300\ \text{K}$。光接收机接收的波形为矩形脉冲($\alpha = 1$),均衡滤波器输出升余弦脉冲($\beta = 1$),传输的光波长 $\lambda = 0.85\ \mu\text{m}$,采用 Si APD 作检测器,$x = 0.5$,$\eta = 0.7$,Si APD 可以提供足够的增益,从而工作在最佳雪崩增益状态,求光接收机的灵敏度(误码要求为 10^{-9})。

解:分以下 4 个步骤求光接收机的灵敏度。

(1) 确定参数值

对 $\alpha = 1$ 的矩形输入脉冲和 $\beta = 1$ 的升余弦输出脉冲,查本节后面的附图可得到

$$\Sigma_1 = 1.13, I_1 = 1.10, I_2 = 1.13, I_3 = 0.174$$

根据已知的 Σ_1、I_1、I_2、I_3 的值可求出

$$I_5 = \Sigma_1 - I_1 = 0.028\ 6$$

$$\gamma_1 = \frac{-(\Sigma_1 + I_5) + \sqrt{(\Sigma_1 + I_5)^2 + \frac{16(1+x)}{x^2}\Sigma_1 I_5}}{2\Sigma_1 I_5} = 14.5$$

$$\gamma_2 = \sqrt{\frac{1}{\gamma_1} + I_5} + \sqrt{\frac{1}{\gamma_1} + \Sigma_1} = 1.41$$

（2）求放大器的参量 z

$$z = \frac{T}{e_0}\left[\frac{2kK}{R_b} + e_0 I_b + \frac{2kKr_{b'b}}{R_b^2} + \frac{1}{R_t^2} \cdot \frac{k^2 K^2}{e_0 I_c}\right]I_2 +$$

$$\frac{(2\pi)^2(C_d + C_s)^2}{Te_0^2} \cdot 2kKr_{b'b}I_3 + \frac{(2\pi C_t)^2}{Te_0^2} \cdot \frac{k^2 K^2}{e_0 I_c}I_3$$

式中，$e_0 = 1.6 \times 10^{-19}$ C，$k = 1.38 \times 10^{-23}$ J/K；$T = \frac{1}{B}$。

将所有的已知值代入上式计算，得到

$$z = 3.44 \times 10^7$$

（3）确定 Q 值

从图 3.4.2 可查到 Q 值，当要求 BER $= 10^{-9}$ 时，$Q \approx 6$。

（4）计算灵敏度

$$b_{max} = \left(\frac{h\nu}{\eta}\right)Q^{\frac{2+x}{1+x}}z^{\frac{x}{2+2x}}\gamma_1^{\frac{x}{2+2x}}\gamma_2^{\frac{2+x}{1+x}}$$

已知 $h = 6.62 \times 10^{-34}$ J·s，代入计算得

$$b_{max} = 3.31 \times 10^{-16} \text{ J}$$

$$p_{min} = 2.32 \times 10^{-8} \text{ W} = -46.4 \text{ dBm}$$

这里 dBm 是以 1 mW 的功率为 0 dBm。

例题 已知放大器的噪声参量 $z = 1.05 \times 10^6$，传输光波长为 0.85 μm，用 Si 光电二极管作检测器，其量子效率 $\eta = 0.7$，计算 8.448 Mbit/s 的二次群光接收机的灵敏度（误码率要求为 10^{-9}）。

解：将 $\eta = 0.7$，$Q = 6$，$T = \frac{1}{B} = 1.18 \times 10^{-7}$ s，$h = 6.626 \times 10^{-34}$ J·s，$\nu = \frac{c}{\lambda} = 3.53 \times 10^{14}$ 代入式（3.4.61），得到

$$p_{min} = \frac{Qh\nu}{\eta T}z^{1/2} = 1.73 \times 10^{-8} \text{ W} = -47.6 \text{ dBm}$$

3.4.3 接收机灵敏度与 z、B、a、EXT 等因素的关系

1. 灵敏度与放大器噪声的关系

z 是反映放大器热噪声量值的参量。由式（3.4.55）和式（3.4.60）可以看出灵敏度与 z 的关系为

$$b_{max} \propto z^{1/2} \qquad \text{（PIN 光电二极管作检测器）}$$

$$b_{max} \propto z^{\frac{x}{2+2x}} \qquad \text{（APD 作检测器，工作在最佳雪崩增益）}$$

对 Si APD 来说，$x \approx 0.5, b_{\max} \propto z^{1/6}$。

用光电二极管作检测器时，放大器的噪声是决定接收机灵敏度的主要因素，极力降低放大器的噪声是提高灵敏度的关键。但用 Si APD 作探测器时，$b_{\max}$ 仅比例于 $z^{1/6}$，也就是说，采用 APD 作检测器时，z 对灵敏度的影响相对减小，APD 的性能(它的增益以及过剩噪声指数)对灵敏度的影响相对增加。

2. 接收机灵敏度与比特速率的关系

z 的定义为

$$z = \frac{T}{e_0^2}\left(S_I + \frac{2kK}{R_b} + \frac{S_E}{R_t^2}\right)I_2 + \frac{(2\pi C_t)^2}{Te_0^2}S_E I_3$$

当系统的比特速率较高，前置放大器的输入电阻又较大时，z 的量值往往由上式中的后一项所决定，这时 $z \propto T^{-1}$(若比特速率很低时，这关系式不一定成立)，因此，接收机灵敏度与比特速率的关系如下：

当用 PIN 光电二极管作检测器时

$$p_{\min} \propto T^{-\frac{3}{2}} \qquad (4.5 \text{ dB}/ \text{比特率倍程})$$

当用 Si APD 作检测器，且工作在最佳雪崩增益时($x \approx 0.5$)

$$p_{\min} \propto T^{-\frac{7}{6}} \qquad (3.5 \text{ dB}/ \text{比特率倍程})$$

3. 灵敏度与输入波形的关系

可以证明，最佳的输入脉冲波形是单位脉冲 $\delta(t_l)$，下面证明：输入 $\delta(t_l)$ 脉冲时，I_1、I_2、I_3 及 $(\Sigma_1 - I_1)$ 都达到最小值。

(1) 输入 $\delta(t_l)$ 脉冲时具有最小的 I_2、I_3 值

在高斯近似计算的分析过程中，有一个基本的出发点，那就是接收机有良好的均衡能力，有与输入脉冲相对应的均衡电路，当不同宽度、不同形状的光脉冲输入时，经过均衡滤波电路后输出的都是具有升余弦频谱的波形。因此，在一定的比特速率下，接收机(包括放大器和均衡滤波器)所需要的带宽是由输入波形所决定的。输入脉冲波形越窄，它的频谱越宽，接收机的频带就可以窄一些，这样有利于限制高频噪声，提高接收灵敏度。$\delta(t_l)$ 脉冲有无限宽的频谱，所以输入 $\delta(t_l)$ 脉冲时，放大器的噪声最小，灵敏度最高。

也可以从数学上证明 $\delta(t_l)$ 脉冲输入时，I_2 和 I_3 的值最小。前边已经设 $h_p(t_l)$ 是归一化的正脉冲，$h_p(t_l) \geqslant 0$，根据式(3.4.15)

$$\int_{-\infty}^{+\infty} h_p(t_l)\mathrm{d}t_l = 1$$

则有

$$|H_p'(\varphi)| = \left|\int_{-\infty}^{+\infty} h_p(t_l)\mathrm{e}^{-\mathrm{i}\frac{2\pi\varphi}{T}t_l}\mathrm{d}t_l\right|$$

$$\leqslant \int_{-\infty}^{+\infty} |h_p(t_l)| \cdot |-\mathrm{e}^{-\mathrm{i}\frac{2\pi\varphi}{T}t_l}|\mathrm{d}t_l$$

$$= \int_{-\infty}^{+\infty} \mid h_p(t_l) \mid \mathrm{d}t_l = 1 \qquad (3.4.66)$$

即

$$\mid H'_p(\varphi) \mid \leqslant 1$$

当输入 $\delta(t_1)$ 脉冲时

$$\mid H'_p(\varphi) \mid = \left| \int_{-\infty}^{+\infty} \delta(t_l) \mathrm{e}^{-\mathrm{i}\frac{2\pi\varphi}{2}t_l} \mathrm{d}t_l \right| = 1 \qquad (3.4.67)$$

$\mid H'_p(\varphi) \mid$ 达到最大值。由式(3.4.36)和式(3.4.37)I_2 和 I_3 的表达式可知,这时 I_2 和 I_3 为最小值。

(2) 输入 $\delta(t_l)$ 脉冲时,$(\Sigma_1 - I_1)$ 的值也达到最小

$(\Sigma_1 - I_1)$ 的值决定邻码对判决码元的噪声影响,总满足 $(\Sigma_1 - I_1) \geqslant 0$。当输入 $\delta(t_l)$ 脉冲时

$$\Sigma_1 - I_1 = \int_{-\infty}^{+\infty} \sum_{\substack{k=-\infty \\ k \neq 0}}^{\infty} \delta(t_l - kT) h_T^2(-t_l) \mathrm{d}t_l$$

$$= \sum_{k \neq 0} h_T^2(-kT) = \sum_{k \neq 0} h_{\mathrm{out}}^2(-kT) \qquad (3.4.68)$$

由无码间干扰的假设条件可知,此时

$$\Sigma_1 - I_1 = 0 \qquad (3.4.69)$$

也就是说,输入 $\delta(t_l)$ 脉冲时,邻码的散粒噪声为零。

(3) 输入 $\delta(t_l)$ 脉冲时有最小的 I_1 值

先证明 I_1 的值总是大于或等于1。

由 Shwarz 不等式得

$$[h_{\mathrm{out}}(0)]^2 = 1 = \left[\int_{-\infty}^{+\infty} h_p^{1/2}(t_l) h_p^{1/2}(t_l) h_T(-t_l) \mathrm{d}t_l \right]^2$$

$$\leqslant \int_{-\infty}^{+\infty} h_p(t_l) \mathrm{d}t_l \int_{-\infty}^{+\infty} h_p(t_l) h_T^2(-t_l) \mathrm{d}t_l$$

$$= \int_{-\infty}^{+\infty} h_p(t_l) h_T^2(-t_l) \mathrm{d}t_l = I_1$$

即

$$I_1 \geqslant 1 \qquad (3.4.70)$$

当输入 $\delta(t_l)$ 脉冲时

$$h_p(t_l) = \delta(t_l)$$

$$I_1 = \int_{-\infty}^{+\infty} \delta(t_l) h_T^2(-t_l) \mathrm{d}t_l = h_T^2(0) = 1 \qquad (3.4.71)$$

也就是说,这时判决码元的散粒噪声也达到最小值。

以上3点结论证明,当输入 $\delta(t_l)$ 脉冲时,放大器的热噪声和检测器的散粒噪声都达

到最小值,接收机的灵敏度最高。随着输入脉冲宽度的增加,接收机灵敏度将下降。定义输入波形的均方根宽度为

$$\sigma = \left\{ \int_{-\infty}^{+\infty} t_l^2 h_p(t_l) \, \mathrm{d}t_l - \left[\int_{-\infty}^{+\infty} t_l h_p(t_l) \, \mathrm{d}t_l \right]^2 \right\}^{1/2} \tag{3.4.72}$$

输入脉冲的归一化宽度 σ/T(T 是码元间隔时间)与接收机灵敏度的恶化量之间的关系如图 3.4.3 所示。

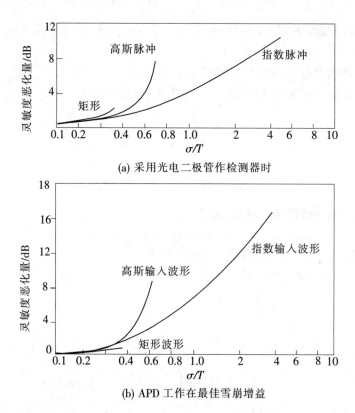

(a) 采用光电二极管作检测器时

(b) APD 工作在最佳雪崩增益

图 3.4.3　输入脉冲宽度对灵敏度的影响

4. 消光比和暗电流对灵敏度的影响

(1) 光源的不完善调制

消光比(EXT)是发射机的性能指标,是由于光源的不完善调制所引起。当 EXT≠0 时,不仅使有效的信号光功率减小,而且使检测器的散粒噪声加大,从而影响接收机的灵敏度。光源的不完善调制分为以下两种情况。

① "0"码时有矮脉冲

在这种情况下,"0"码和"1"码有相同的脉冲波形,它们的幅度分别为 a 和 b,如图 3.4.4(a)所示。这时消光比为

$$\text{EXT} = \frac{b_{\min}}{b_{\max}} = \frac{a}{b}$$

② 残余光存在

如图 3.4.4(b)所示,当不加调制脉冲时,光源没有完全熄灭,所以调制脉冲相当于加在残余光源上。

(2) EXT$\neq$0,$I_d\neq$0 时灵敏度的计算

实际的光纤通信系统多是如图 3.4.4(b)所示的情况,因此,讨论这种情况下消光比对接收机灵敏度的影响。这时检测到的光功率为

$$p(t_l) = \sum_{k=-\infty}^{+\infty} b_k h_p(t_l - kT) + p_{全0} \tag{3.4.73}$$

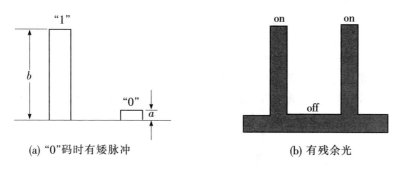

(a) "0"码时有矮脉冲   (b) 有残余光

图 3.4.4　光源的不完善调制

式中 $p_{全0}$ 表示所有码字都是"0"码时接收的光功率。用式(3.4.73)代替式(3.4.14)重新推导接收机灵敏度的计算公式,并在推导过程中保留暗电流 I_d(或 λ_0),那么可以得到判决码元的总噪声为

$$\text{NW}(b_0) = \left(\frac{h\nu}{\eta}\right)^2 \left\{ \frac{\langle g^2 \rangle}{\langle g \rangle^2} \cdot \left(\frac{\eta}{h\nu}\right) \left[b_0 I_1 + b_{\max}\left(\Sigma_1 + \frac{Tp_{全0}}{b_{\max}} I_2 + \frac{T}{b_{\max}} \cdot \frac{h\nu}{\eta} \Lambda_0 I_2 - I_1 \right) \right] + \frac{z}{\langle g \rangle^2} \right\} \tag{3.4.74}$$

式(3.4.74)与式(3.4.41)相对应。如果令

$$\Sigma_1{}' = \Sigma_1 + \frac{Tp_{全0}}{b_{\max}} I_2 + \frac{T}{b_{\max}} \cdot \frac{h\nu}{\eta} \cdot \Lambda_0 I_2 \tag{3.4.75}$$

那么式(3.4.74)就与式(3.4.41)形式上完全一样,因此,只要用 Σ'_1 代替 Σ_1,已经推导出的那组计算灵敏度的公式仍可以使用。

由于

$$\text{EXT} = \frac{p_{全0}}{p_{全1}} \tag{3.4.76}$$

在残余光存在的情况下,有

$$p_{全1} = p_{全0} + \frac{b_{max}}{T} \tag{3.4.77}$$

联立求解式(3.4.76)和式(3.4.77),可得

$$\frac{T p_{全0}}{b_{max}} = \frac{\text{EXT}}{1 - \text{EXT}} \tag{3.4.78}$$

将上式代入式(3.4.75),并令

$$\delta = \frac{T}{b_{max}} \cdot \frac{h\nu}{\eta} \cdot \Lambda_0 \tag{3.4.79}$$

得到

$$\Sigma_1{}' = \Sigma_1 + \frac{\text{EXT}}{1 - \text{EXT}} I_2 + \delta I_2 \tag{3.4.80}$$

由于参量 I_5 与 Σ_1 有关,因此计算中 I_5 也应该用 I_5' 代替, I_5' 为

$$I_5{}' = \Sigma_1 - I_1 + \frac{\text{EXT}}{1 - \text{EXT}} I_2 + \delta I_2 \tag{3.4.81}$$

只要将 Σ_1 和 I_5 变换为 Σ_1' 和 $I_5{}'$,就仍然可以用式(3.4.54)～式(3.4.58)表达式来计算有残余光和暗电流情况下的 $\langle g \rangle_{opt}$ 和 b_{max}。若用平均光功率表示灵敏度,则

$$p_{min} = p_{全0} + \frac{b_{max}}{2T} = \frac{1 + \text{EXT}}{1 - \text{EXT}} \cdot \frac{b_{max}}{2T} \tag{3.4.82}$$

对于仅仅是消光比不等于零的情况,可以直接把 EXT 的值代入计算,EXT$\neq$0 引起的灵敏度的恶化量如图 3.4.5 所示。由于 δ 是 b_{max} 的函数,故暗电流对灵敏度的影响无法直接进行计算,需要用数值法借助于计算机来求解。在检测器的暗电流不是很大的情况下,例如对 Si 和 InGaAs 的光电检测器,暗电流对灵敏度的影响一般都是可以忽略的。

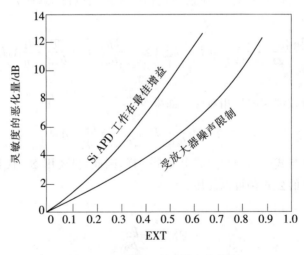

图 3.4.5　消光比对灵敏度的影响

3.4.4 高斯近似计算的误差估计

1. APD 的散粒噪声近似为高斯型所带来的误差

假设 APD 的散粒噪声的概率密度为高斯函数,这是引起计算误差的根源之一。APD 的实际的概率密度函数曲线是略有扭曲、拖尾较长的曲线。图 3.4.6 中虚线所示是 APD 和放大器总噪声的实际的概率密度曲线,它与高斯分布(图中实线所示)是有一定差别的。

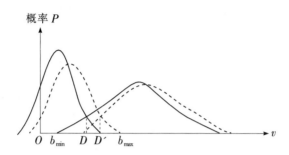

图 3.4.6 噪声电压的概率密度分布比较

高斯近似所带来的误差主要表现为:

(1) 从图 3.4.6 可见,高斯近似过低地估计了 E_{01},稍高地估计了 E_{10},结果低估了误码率,使灵敏度的计算结果偏高。

(2) 使判决电压的计算偏低。判决电压本应选择在图中两条实际的概率密度曲线(虚线)的交叉点 D',而在高斯近似下选在了 D 点,造成较大的计算误差。

2. $F(G) \approx \langle g \rangle^x$ 的近似带来的误差

在如图 3.1.12 所示中,给出了用 $\langle g \rangle^x$(即 G^x,$G = \langle g \rangle$)表示的和从有效电离系数比 k 计算的 $F(G)$ 的曲线。从图中可以看出,$\langle g \rangle^x$ 仅在个别点等于 $F(G)$,在 G 较小时拟合得较好,当 G 较大时,$F(G)$ 比 $\langle g \rangle^x$ 大得多。因此,$F(g) \approx \langle g \rangle^x$ 的假设低估了 $\langle g \rangle$ 较大时的过剩噪声系数,从而使 $\langle g \rangle_{opt}$ 的计算值产生较大的误差。

在实际中,雪崩光电二极管的过剩噪声指数 x 是在某一雪崩增益下测定的,在不同的雪崩增益区域内 x 值也不同,这样才能使 x 较真实地反映 $F(G)$。

3. 最坏码元组合的假设所带来的误差

在实际的传输系统中,"1"码和"0"码总是以一定的概率出现,不可能所有判决码元的邻码都是"1"码。因此,最坏码元组合的假设高估了邻码的散粒噪声的影响。

最坏码元组合的假设和高斯近似对灵敏度计算带来的误差有互相抵消的作用,使灵敏度的高斯近似计算法与精确计算法的计算结果接近,与实际测量的接收机灵敏度的误差在 1 dB 之内。高斯近似的计算误差,主要表现在判决电平和最佳雪崩增益的计算上,但这两个参量在实际的调机过程中是容易根据实际情况调整的。

图 3.4.7 和图 3.4.8 给出了采用几种不同方法计算的接收机灵敏度的结果。对灵敏度的计算,重要性取样法与精确计算非常一致;切诺夫限界法计算的 $\langle N_s \rangle_1$ 的值,

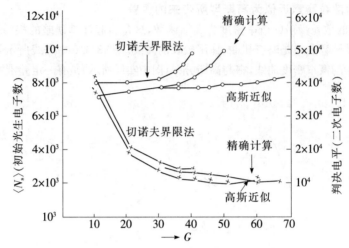

注:当 $k=0.5, \langle q_n^2 \rangle = 3.6 \times 10^7, \langle N_d \rangle = 5, \langle N_s \rangle_1 / \langle N_s \rangle_0 = 100$ 时
× 表示的曲线是灵敏度的计算结果
○ 表示的曲线是判决电平的计算结果

图 3.4.7　灵敏度和判决电平的计算结果

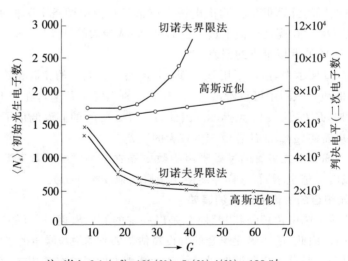

注:当 $k=0.1, \langle q_n^2 \rangle = 10^6, \langle N_d \rangle = 5, \langle N_s \rangle_1 / \langle N_s \rangle_0 = 100$ 时
× 表示的曲线是灵敏度的计算结果
○ 表示的曲线是判决电平的计算结果

图 3.4.8　灵敏度($\langle N_s \rangle_1$)和判决电平的计算结果

总是高于精确计算结果;高斯近似的计算结果与精确计算很接近。但几种方法计算的判决电平相差较大,尤其在 G 较大时,切诺夫界限法和高斯近似法的计算误差都较大,往往需要通过实际的调试来确定其最佳值。

3.4.5 激光器和光纤系统的噪声

在前面接收机灵敏度的分析计算中,仅仅考虑了接收机的噪声。实际上,激光器本身和光纤系统(包括激光器和光纤)也会产生噪声,有时也会影响灵敏度。激光器和光纤系统的噪声主要有以下几种。

1. 激光器的量子噪声

量子噪声是激光器的本征噪声,是不可避免的。量子噪声表现为激光器输出光场的相位和幅度作随机的布朗(Brown)运动的起伏,或者说表现为激光器谐振腔里光量子数的波动。

激光器输出光场的相位起伏对相干光通信(外差或零差检测)系统危害很大,直接检测系统仅受幅度噪声的影响。

2. 模式分配噪声

如果半导体激光器是多纵模的,在调制时它的各个模式一般是不很稳定的。尽管各模式功率的总和(即总功率)不随时间而变,但各模式各自的功率(即分配)却随时间作随机的变化。由于光纤有材料色散,不同的纵模工作在不同的波长上,经过光纤的色散,各纵模将分开,从而使加到光电检测器上的信号产生随机失真,这便是模式分配噪声。模式分配噪声主要对宽带、中继距离长的系统产生不良影响。采用单纵模激光器或工作在材料色散小的波段时,模式分配噪声可忽略不计。

3. 模式噪声

当多模光纤与谱线很窄的激光器配合使用时,光纤中传导的各种导模之间将产生明显的干涉图样,因而在光纤截面上的功率分布是不均匀的。由于光纤的各种效应以及波长的涨落,干涉图样一般极不稳定、不断变化。如果光纤系统有空间滤除或模式滤除,例如光纤中有接头、连接器等,或者光纤受到随机的扰动等,结果仅使一部分光斑通过,而光斑(或称干涉图样)的变化使光功率产生寄生调幅,形成噪声。

光源的相干性越好,光纤的色散越小,模式噪声的影响越严重。如果光源不是单色的,而是在较宽谱线上有好几个模式,则各个波长在光纤截面上干涉图样的时间平均值形成一个稳定的功率分布。这种情况下的模式噪声可忽略不计。

对于单模光纤,HE_{11} 模有两个正交的极化方向,由于光纤的双折射特性,再经过不完善的接头或耦合,也会产生模式噪声,也可将其称为极化噪声。

4. 反射噪声

半导体激光器的输出,经过耦合机构,送到光纤中。在耦合机构的输入端、光纤端面和光纤接头处,都会有反射存在,反射光将反馈回激光器,使激光器的输出功率和功率谱产生浮动,形成反射噪声。

模分配噪声、模式噪声和反射噪声都同时与激光器和光纤(包括耦合机构)有关。如果光纤没有色散,就没有模式分配噪声;如果光纤没有反射,就没有反射噪声;如果光纤没有空间滤除或模式滤除,模式噪声就不会形成。对模式分配噪声和反射噪声来说,可能激光器起的作用更大些;而对模式噪声来说,可能光纤起的作用更大些。

激光器和光纤产生的这些噪声对接收机灵敏度的影响,应视光源和光纤系统的具体情况而定,很难用比较简便的方法纳入计算。只能根据具体的情况进行具体的分析,并在实际系统中尽量减小它们的影响。

附　图

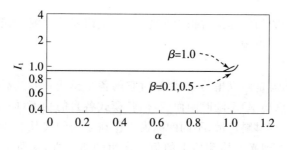

附图 3.4.1　矩形输入脉冲的 I_1 和 α、β 的关系

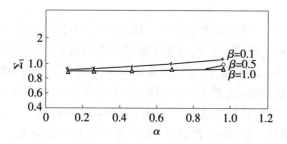

附图 3.4.2　矩形输入脉冲的 Σ_1 和 α、β 的关系

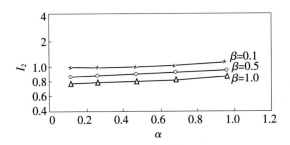

附图 3.4.3　矩形输入脉冲的 I_2 和 α、β 的关系

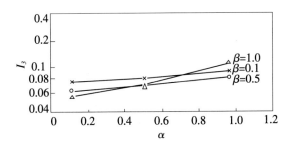

附图 3.4.4　矩形输入脉冲的 I_3 和 α、β 的关系

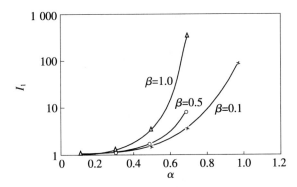

附图 3.4.5　高斯型输入脉冲的 I_1 和 α、β 的关系

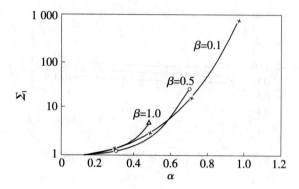

附图 3.4.6　高斯型输入脉冲的 Σ_1 和 α、β 的关系

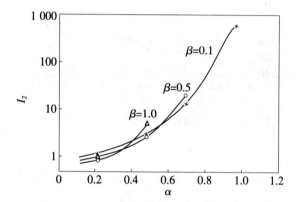

附图 3.4.7　高斯型输入脉冲的 I_2 和 α、β 的关系

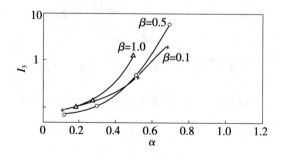

附图 3.4.8　高斯型输入脉冲的 I_3 和 α、β 的关系

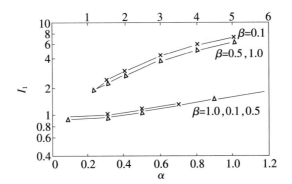

附图 3.4.9　指数型输入脉冲的 I_1 和 α、β 的关系

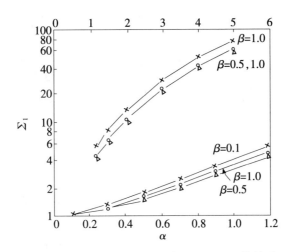

附图 3.4.10　指数型输入脉冲的 Σ_1 和 α、β 的关系

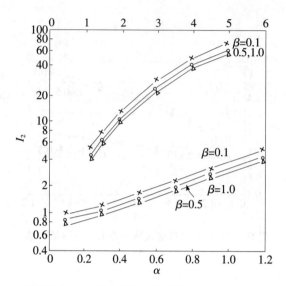

附图 3.4.11　指数型输入脉冲的 I_2 和 α、β 的关系

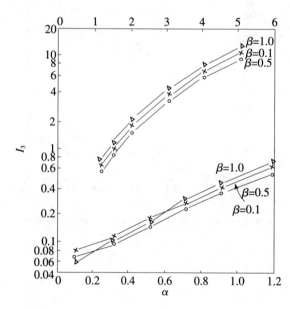

附图 3.4.12　指数型输入脉冲的 I_3 和 α、β 的关系

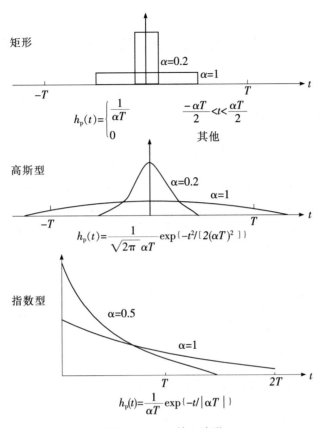

$$h_p(t)=\begin{cases}\dfrac{1}{\alpha T} & \dfrac{-\alpha T}{2}<t<\dfrac{\alpha T}{2}\\[2mm]0 & \text{其他}\end{cases}$$

$$h_p(t)=\frac{1}{\sqrt{2\pi}\,\alpha T}\exp\{-t^2/[2(\alpha T)^2]\}$$

$$h_p(t)=\frac{1}{\alpha T}\exp\{-t/|\alpha T|\}$$

附图 3.4.13　输入波形

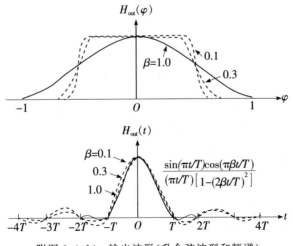

$$\frac{\sin(\pi t/T)\cos(\pi\beta t/T)}{(\pi t/T)[1-(2\beta t/T)^2]}$$

附图 3.4.14　输出波形(升余弦波型和频谱)

3.5 光接收机的均衡网络、自动增益控制电路和再生电路

前几节已经分析了前置放大器输入端的噪声和接收机灵敏度的计算,本节将计论 IM-DD 系统中接收机的其他几个问题。

3.5.1 码间干扰问题与均衡滤波电路

对于一个实际使用的传输系统(包括信道、放大器、均衡滤波器等),其频带总是受限的。对于一个频域受限的系统,它的时域响应将是无限的,也就是说它的输出波形必定有很长的拖尾,使前后码元在波形上互相重叠而产生码间干扰,影响接收机的灵敏度。因此,码间干扰也是数字通信系统中尽力避免的问题。

1. 无码间干扰判决的条件

① 一个具有线性相移和固定时延的传输系统,如果每隔时间 T 发送数码〔数码为单位脉冲 $\delta(t)$〕,当 $|\omega| > \dfrac{2\pi}{T}$ 时,系统的 $|H_T(\omega)| = 0$,那么,这个系统无码间干扰传输的条件是:将 $|\omega| > \dfrac{\pi}{T}$ 的 $|H_T(\omega)|$ 的部分折转回去与 $0 < |\omega| < \dfrac{\pi}{T}$ 的 $|H_T(\omega)|$ 的部分相加,应该是平行于 ω 轴的线,如图 3.5.1 所示(仅画正频域部分)。

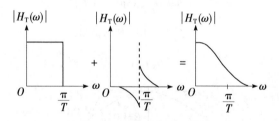

图 3.5.1　无码间干扰的幅频特性

② 若系统的相频特性不是线性的,它的传递函数为 $H(\omega) = H_x(\omega) + iH_y(\omega)$,那么无码间干扰传输的条件是:传递函数的实数部分 $H_x(\omega)$ 应满足图 3.5.1 所示的条件,虚数部分 $H_y(\omega)$ 在正频域(或负频域)应该是对 $\omega = \dfrac{\pi}{T}$ (或对 $\omega = -\dfrac{\pi}{T}$) 呈偶对称的函数。

2. 均衡网络

(1) 对均衡网络的要求

上面所述的无码间干扰传输的条件适用于发送 $\delta(t)$ 脉冲的情况。$\delta(t)$ 脉冲的频谱是无限宽的,传输系统输出波形的频谱就是系统的传输函数。这也意味着只要输出波形的

频谱满足上述条件,就可以做到无码间干扰判决。

频谱满足上述无码间干扰条件的输出波形有多种形式。在光纤通信中,输出波形常常被均衡成升余弦频谱(相频特性为线性的)。升余弦频谱为

$$A(\omega) = \begin{cases} 1 & 0 \leqslant |\omega| < \dfrac{(1-\beta)\pi}{T} \\ \dfrac{1}{2}\Big[1 + \sin\dfrac{T}{2\beta}\Big(\dfrac{\pi}{T} - |\omega|\Big)\Big] & \dfrac{(1-\beta)\pi}{T} \leqslant |\omega| < \dfrac{(1+\beta)\pi}{T} \\ 0 & |\omega| \geqslant \dfrac{(1+\beta)\pi}{T} \end{cases} \quad (3.5.1)$$

设发送脉冲的频谱为 $S(\omega)$,为实现无码间干扰判决,需满足

$$S(\omega) \cdot H_{of}(\omega) \cdot H_{am}(\omega) \cdot H_{eq}(\omega) = A(\omega) \quad (3.5.2)$$

式中,$H_{of}(\omega)$、$H_{am}(\omega)$、$H_{eq}(\omega)$ 分别为光纤、放大器、均衡网络的传递函数。对于任意的输入波形,只要均衡网络的传递函数为

$$H_{eq}(\omega) = \dfrac{A(\omega)}{S(\omega) \cdot H_{of}(\omega) \cdot H_{am}(\omega)} \quad (3.5.3)$$

就可在判决时做到无码间干扰。

(2) 均衡电路

均衡电路的设计,从原则上讲是网络综合问题。若完全按照式(3.5.3)进行设计,必定非常复杂和困难,一般可以找特性近似的网络代替,再通过实验的方法进行调整。在这里介绍两种均衡电路。

如图 3.5.2 所示是 PDH 光纤通信系统中使用的可变均衡电路,此均衡网络的传递函数为

$$H(\omega) = v_B/v_b \quad (3.5.4)$$

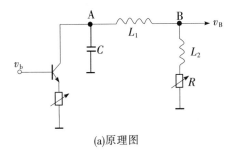

(a)原理图

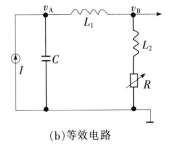

(b)等效电路

图 3.5.2　可变均衡电路

由如图 3.5.2(b)所示的等效电路可知

$$v_B = \dfrac{v_A(i\omega L_2 + R)}{i\omega L_1 + i\omega L_2 + R} \quad (3.5.5)$$

$$v_A = I \cdot \frac{\frac{1}{i\omega C}(i\omega L_1 + i\omega L_2 + R)}{\frac{1}{i\omega C} + i\omega L_1 + i\omega L_2 + R} \tag{3.5.6}$$

将式(3.5.6)代入式(3.5.5),得到

$$v_B = \frac{\frac{I}{i\omega C}(i\omega L_2 + R)}{\frac{1}{i\omega C} + i\omega L_1 + i\omega L_2 + R} \tag{3.5.7}$$

又因为

$$I = \beta I_b = \beta \frac{v_b}{R_{in}}$$

式中,R_{in} 为晶体管的输入电阻,所以有

$$v_b = \frac{IR_{in}}{\beta} \tag{3.5.8}$$

将式(3.5.7)和式(3.5.8)代入式(3.5.4),可得到均衡网络的传递函数为

$$H(\omega) = \frac{\beta}{R_{in}} \cdot \frac{i\omega L_2 + R}{1 - \omega^2(L_1 + L_2)C + i\omega CR} \tag{3.5.9}$$

根据系统的要求,只要改变 R、L_1、L_2 和 C 的值,就能改变均衡网络的传递函数。

对于高比特率光纤传输系统,均衡电路的主要任务是提升高频。如图 3.5.3 所示是光纤传输系统中接收机采用的射极补偿均衡节。此电路在射极电阻上并联小电容和阻容回路($R < R_e$),从而在不同的高频段适当地减小电流串联负反馈,起到提升高频的作用。

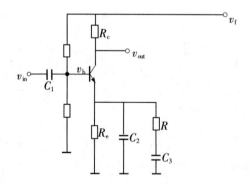

图 3.5.3 射极补偿均衡节

3. 眼图分析法

从实验室里观察码间干扰是否存在的最直观、最简单的方法是眼图分析法。将均衡滤波器输出的随机脉冲序列输入到示波器的 y 轴,用时钟信号作为外触发信号,示波器

上就显示出随机序列的眼图。实际上,眼图就是随机信号在反复扫描的过程中叠加在一起的综合反映。图 3.5.4 是一个实际的光接收机的输出眼图,图 3.5.5 是一个模型化的眼图。眼图的垂直张开度定义为 $E_\perp = \dfrac{V_1}{V_2}$,垂直张开度表示系统抵抗噪声的能力,也称为信噪比边际。眼图的水平张开度定义为 $E_\parallel = \dfrac{t_1}{t_2}$,它反映过门限失真量的大小,水平张开度的减小会导致提取出的时钟信号抖动的增加。

眼图的张开度受噪声和码间干扰的影响。当输出端信噪比很大时,张开度主要受码间干扰的影响,因此,观测眼图的张开度就可以估计出码间干扰的大小,这给均衡电路的调整提供了简单而适用的观测手段。

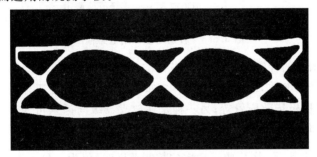

图 3.5.4　光接收机输出眼图

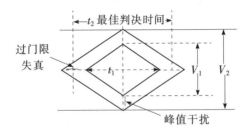

图 3.5.5　模型化眼图

3.5.2　接收机的动态范围和自动增益控制电路

1. 接收机的动态范围

对于一个标准化设计的光接收机,当它应用在不同的系统中时,接收的光信号的强弱是不同的。灵敏度反映接收机接收微弱光信号的能力,而动态范围实际上表示接收机接收强光信号的能力。接收机的动态范围是指在保证接收机正常工作的前提下,所允许的接收光功率的变化范围,它也是接收机的一个重要的性能指标。在 SDH 体系中,也用最小过载点表示光接收机所能接收的最高光功率,最小过载点和灵敏度之差则为动态范围。

当采用雪崩光电二极管作光电检测器时，可以采用两种方法扩大接收机的动态范围：一种是对主放大器进行自动增益控制（AGC）；另一种是对 APD 的雪崩增益进行控制。这两种方法都是以输出信号经峰值检波和 AGC 放大后的信号作为控制信号的，如图 3.5.6 所示。

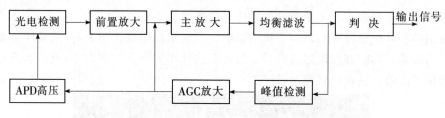

图 3.5.6 自动增益控制电路框图

放大器电压增益的控制方式是多种多样的，这些方式大体可归纳为两种情况：一种是改变放大器本身的参数，使增益发生变化，如改变差分放大器工作电流的方式，分流式控制方式，采用双栅极场效应管等；另一种是在放大器级间插入可变衰减器，控制其衰减量，使增益发生变化。由于入射光功率和光生电流成线性关系，所以放大器电压增益的控制范围 D_a（用 dB 表示）换算成光功率的控制范围时，仅为 $\frac{1}{2}D_a$。

APD 的雪崩增益，受反向偏压的控制。只要用 AGC 信号改变 APD 的偏压，就可以控制它的雪崩增益。在同时采用放大器电压增益自动控制和 APD 雪崩增益自动控制的情况下，接收机可达到的最大接收光功率的动态范围为

$$D_{\max} = 10\lg\frac{\langle g\rangle_{\mathrm{opt}}}{\langle g\rangle_{\min}} + \frac{1}{2}D_a \tag{3.5.10}$$

式中，$\langle g\rangle_{\mathrm{opt}}$ 为 APD 的最佳雪崩增益，$\langle g\rangle_{\min}$ 为 APD 偏压受控时达到的最小雪崩增益。

2. 放大器电压自动增益控制电路

这里介绍 4 种光接收机中常用的 AGC 电路。

（1）改变差分放大器工作电流的 AGC 电路

目前，用集成电路工艺制作的差分放大器或差分管对已相当普遍。若主放大器是采用差分放大器组成，则可以通过改变差分放大器恒流源的电流来控制放大器的增益，如图 3.5.7 所示。恒流源电流的变化相当于差分管的工作电流发生变化，从而使放大器的增益发生变化。

对晶体管，输入电阻可由下式计算

$$h_{\mathrm{ie}} = r_{\mathrm{b'b}} + (1+\beta)\frac{26}{I_\mathrm{e}} \tag{3.5.11}$$

式中，$r_{\mathrm{b'b}}$ 为基极电阻；β 为晶体管电流放大倍数；I_e 为发射极工作电流（以 mA 为单位）。

若不考虑前级的输出电阻,单端输出的差分放大器的电压放大倍数为

$$A \approx \frac{1}{2} \cdot \frac{\beta R_{\mathrm{L}}}{h_{\mathrm{ie}} + \beta R_{\mathrm{e}}} \qquad (3.5.12)$$

式中,R_{e} 为射极串联电阻;R_{L} 为负载电阻。

若晶体管的 $r_{\mathrm{b'b}} = 300\ \Omega$,$R_{\mathrm{L}} = 1\ \mathrm{k}\Omega$,$R_{\mathrm{e}} = 10\ \Omega$,$\beta = 100$,利用(3.5.12)式计算可以得到,当电流从 0.1 mA 变化到 1.2 mA 时(变化了 12 倍),增益变化 8 倍;当电流从 0.05 mA 变化到 1.2 mA 时,增益变化 15 倍;而当电流大于 1.2 mA 时,增益随电

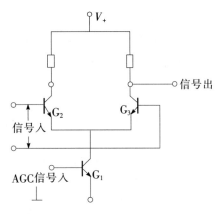

图 3.5.7　改变差分放大器工作电流的控制方式

流的变化将很缓慢。也就是说,这种方法仅在晶体管工作在小电流的状态下控制效果才比较明显,而且每一级的控制范围也不太大。若要获得较大的电压增益的变化范围(如 40 dB),需要同时控制 2～3 级差分放大器才能实现。

但在高速率光接收机中,小电流工作下的晶体管往往不能保证有良好的高频特性,结果限制了这种方法在高速系统中的应用。

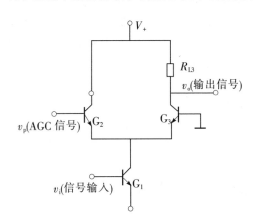

图 3.5.8　分流式控制电路

（2）分流式控制电路

图 3.5.8 给出了一个分流式自动增益控制电路。在这个电路中,信号从 G_1 管的基极输入,晶体管 G_1 和 G_3 构成共射-共基放大电路,而 G_2 和 G_3 又是一对差分管,G_2 管的导通情况受 AGC 信号控制,改变 G_2 管和 G_3 管的信号电流分配比例,就可以改变放大器的电压增益。

当晶体管 G_1 的输入电压为 v_i 时,G_1 管的集电极电流为

$$I_{\mathrm{c1}} = g_{\mathrm{m1}} v_{\mathrm{i}} \qquad (3.5.13)$$

式中,g_{m1} 为 G_1 管的跨导。

放大器的电压增益为

$$A = \frac{v_{\mathrm{o}}}{v_{\mathrm{i}}} = \frac{\alpha I_{\mathrm{e3}} R_{\mathrm{L3}}}{I_{\mathrm{c1}}/g_{\mathrm{m1}}} = R_{\mathrm{L3}} g_{\mathrm{m1}} \frac{I_{\mathrm{c3}}}{I_{\mathrm{c1}}} \qquad (3.5.14)$$

式中,α 为 G_3 管共基极电流放大倍数;R_{L3} 为 G_3 管的负载阻抗。

电流比 $I_{\mathrm{c3}}/I_{\mathrm{c1}}$ 是 AGC 控制电压 v_{p} 的函数,由半导体电路理论可知

$$I_{c3}/I_{c1} = \frac{1}{1 + e^{e_0 v_p/kK}} \tag{3.5.15}$$

式中,e_0 为电子电荷;k 为玻耳兹曼常数;K 是绝对温度。将式(3.5.15)代入式(3.5.14),得到

$$A = R_{L3} g_{m1} \cdot \frac{I_{c3}}{I_{c1}} = R_{L3} g_{m1} \cdot \frac{1}{1 + e^{e_0 v_p/kK}} \tag{3.5.16}$$

当 v_p 为一个较负的电压时,G_2 管截止,$I_{c2} \approx 0$,$I_{c3} \approx I_{c1}$,放大器具有最大的增益,即

$$A_{max} = R_{L3} g_{m1} \tag{3.5.17}$$

随着 v_p 的升高,G_2 管逐渐导通,由于 $I_{c1} \approx I_{c2} + I_{c3}$,放大器的增益逐渐减小。设 v_{pmax} 为 G_2 管所能获得的最大的 AGC 信号,则放大器的最小增益为

$$A_{min} = R_{L3} g_{m1} \cdot \frac{1}{1 + \exp(e_0 v_{pmax}/kK)} \tag{3.5.18}$$

则放大器自动增益控制的范围为

$$D_a = 20 \lg[1 + \exp(e_0 v_{pmax}/kK)] \tag{3.5.19}$$

如果 v_{pmax} 足够高,使 $\exp(e_0 v_{pmax}/kK) \gg 1$,则上式可近似为

$$D_a \approx 20\lg(e^{e_0 v_{pmax}/kK}) \approx 330 v_{pmax} \tag{3.5.20}$$

通过实验实测,当 $v_{pmax} = 0.109$ V 时,$D_a \approx 30$ dB。

分流式自动增益控制电路的优点是:控制范围较大(一级的控制范围可达 30～40 dB),高频特性较好。当放大器增益受控时,仅改变 G_2 管和 G_3 管的电流分配比例,对 G_1 管没有影响,因而输入端的高频特性保持不变。G_3 管是共基电路,具有较好的高频特性。因此,当放大器的增益受控时,其高频特性不会受到大的影响。

(3) 输入端插入电控衰减器的控制方式

如图 3.5.9 所示的是在输入端插入电控衰减器的自动增益控制方式。这种控制方式利用二极管的非线性特性,当加到二极管上的电压在小于饱和压降的范围内变化时,二极管的内阻发生变化,因而在输入端形成一可变衰减器。这种方法的控制范围也较大,可达 30～40 dB,但当系统的速率较高时,信号中的高频分量在电阻 R 上的损失较大,因而不容易得到良好的高频特性,仅在速率较低的接收机中使用。

(4) 控制双栅极场效应管的增益

GaAs 场效应管(FET)是高速率光接收机的放大器常采用的有源器件。若采用双栅极 FET 作成主放大器,可以方便地实现自动增益控制。双栅极场效应管具有两个栅极,它们都能控制漏极电流的变化。其中一个是信号栅,输入信号加在信号栅上,通过信号电压的变化控制漏极电流,使输入信号得到放大;另一个是控制栅,AGC 信号加在控制栅上,通过 AGC 电压的变化控制漏极电流,从而改变放大器的增益。

这种控制方式具有良好的高频特性,且方便可行,在高速率光纤通信系统中得到了广泛的应用。

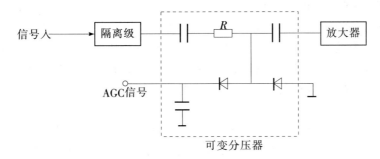

图 3.5.9 输入端电控衰减器的控制方式

3. 实例

图 3.5.10 给出了 140 Mbit/s 短波长光接收机中使用的 AGC 电路,包括放大器的自动增益控制和 APD 的雪崩增益的自动控制。主放大器的输出信号,经过峰值检波和 AGC 放大后,得到一个与主放输出信号的幅度成比例的直流信号,然后用此信号控制主放的增益和 APD 的偏置电压。

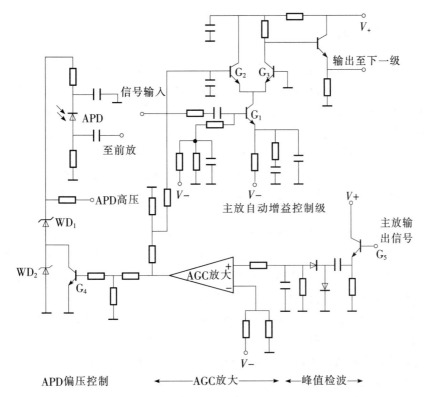

图 3.5.10 140 Mbit/s 光接收机 AGC 电路

为使增益控制级获得较好的高频特性,放大器采用分流式自动增益控制电路,经过适当的电路参数的调整,放大器电压增益的范围可达 30 dB。

APD 的反向偏压由稳压管 WD$_1$ 和 WD$_2$ 提供,在稳压管 WD$_2$ 上并有晶体管 G$_4$,其导通情况受 AGC 信号控制。设稳压管 WD$_1$ 和 WD$_2$ 的稳定电压分别为 V_1 和 V_2,那么在 AGC 信号控制下,APD 的偏压可在 V_1+V_2 和 V_1 之间变化,这两个电压相应的雪崩增益为 $\langle g \rangle_{opt}$ 和 $\langle g \rangle_{min}$。

为了使接收机达到最大的动态范围,在电路的设计上尽量使 APD 的雪崩增益的控制和放大器的电压增益的控制分别先后起作用。另一方面,由于 APD 的击穿电压随温度的升高而增加,若使用固定偏压,当温度变化时,雪崩增益会发生较大的变化,所以 AGC 电路的设计也尽量做到能在一定程度上补偿 AGC 的温度特性。为了达到这两个目的,控制方案可以这样选择,当 APD 工作在最高环境温度和最低接收光功率时,自动增益控制电路不起作用,APD 被偏置在最灵敏的状态(具有最佳雪崩增益);当环境温度降低时,AGC 信号自动减小 APD 的偏置电压,以维持最佳的工作状态;当接收光功率较强时,AGC 信号先降低 APD 的偏压,减小 APD 的雪崩增益,然后再控制放大器的电压增益。

3.5.3　再生电路

再生电路的任务是把放大器输出的升余弦波形恢复成数字信号,它由判决电路和时钟提取电路组成。为了判定每一比特是"0"还是"1",首先要确定判决的时刻,这就需要从升余弦波形中提取准确的时钟信号。时钟信号经过适当的移相后,在最佳的取样时间对升余弦波形进行取样,然后将取样幅度与判决阈值进行比较,确定码元是"0"还是"1",从而把升余弦波形恢复再生成原传输的数字信号。

理想的判决电路应是带有选通输入的比较器,比较电压设定在最佳的判决电平上,时钟信号由选通端输入,从而确定最佳的判决时间。最佳的判决时间应是升余弦波形的正负峰值点,这时取样幅度最大,抵抗噪声的能力最强。

再生电路中的重要部分是时钟提取电路。时钟提取电路不仅应该稳定可靠、抗连"0"或连"1"性能好,而且应尽量减小时钟信号的抖动。时钟的抖动使取样偏离最佳的时间,增加误码率。尤其是在多中继器的长途通信系统中,时钟抖动在中继器中的积累会给系统带来严重的危害。抖动也是光纤数字通信系统的重要性能指标。

从接收信号中提取时钟,一般可采用锁相环路和滤波器(如陶瓷、晶体、声表面波和 LC 滤波槽路等)来完成。接收信号在送入锁相环或滤波器之前,一般还要进行预处理,下面介绍信号的预处理及用锁相环和声表面波滤波器提取时钟的方法。

1. 信号预处理

为了在判决时无码间干扰,接收机输出信号总是被均衡成不归零(NRZ)的具有升余弦频谱的波形,但 NRZ 码中不含有时钟频率的频谱分量。因此,在用滤波器或锁相环路提取时钟时,首先要对信号进行非线性预处理。

　　非线性处理的基本方法是利用微分、整流电路来实现。当系统的速率较低时,可采用阻容微分、二极管全波整流的电路;当系统的速率较高时,可采用逻辑微分整流方式或延迟原理窄化脉冲的方式,图 3.5.11 给出了一种非线性处理电路和它们的波形图。这个电路将输入的不归零码先整形为矩形脉冲,再经过延迟线延迟,然后将延迟后的信号和原信号进行与门运算,便可得到含有时钟频率的窄脉冲输出。

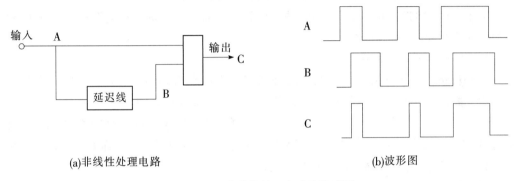

(a)非线性处理电路　　　　　　　　　　　　　(b)波形图

图 3.5.11　非线性处理电路及波形图

2. 锁相环路

（1）锁相环路的方框图

　　图 3.5.12 虚线右边的部分就是锁相环时钟提取电路,此电路包括鉴相器、环路滤波器和压控振荡器 3 部分。

　　鉴相器是一个对相位误差敏感的元件,它对预处理后的信码信号 $v_i(t)$ 和压控振荡器输出的振荡信号 $v_o(t)$ 进行鉴相,输出一个反映这两个信号的相位差的电压信号。鉴相器的输出电压为

$$v_d(t) = K_d(\theta_i - \theta_o) \qquad (3.5.21)$$

式中,K_d 为鉴相器的灵敏度。v_d 的极性反映信号 v_i 是超前还是滞后 v_o。

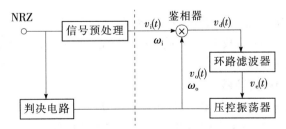

图 3.5.12　锁相环路方框图

环路滤波器是一个比例积分器,它通常分为无源和有源两种形式。锁相环使用环路滤波器的目的是为了得到所需要的环路传递函数,即可以通过环路滤波器的参数来得到预定的带宽、阻尼等。

压控振荡器(VCO)的振荡频率与来自环路滤波器的误差电压成正比,故输出相位与控制电压的积分成正比,即

$$\theta_o(t) = \int_0^t \omega_0(t)\,\mathrm{d}t = \int_0^t K_0 v_e(t)\,\mathrm{d}t \qquad (3.5.22)$$

式中,K_0 为 VCO 的控制灵敏度;$v_e(t)$ 为环路滤波器的输出信号。

由于 VCO 的振荡频率受误差电压控制,所以它输出信号的相位是随输入信码的相位的变化而变化,从而保持相位跟踪。

(2) 环路的捕捉和跟踪

锁相环的工作分为捕捉和跟踪两种状态。当没有信码输入时,VCO 以静态频率 ω_o 振荡;如果有 v_i 输入,开始时 ω_i 并不等于 ω_o。如果 ω_i 与 ω_o 相差不大,在适当的范围内,鉴相器输出一个误差电压,经环路滤波器变换后控制 VCO 的振荡频率,使 ω_o 接近 ω_i,这个过程称为频率牵引。经过一段时间的牵引,ω_o 和 ω_i 相等,这时称为环路锁定。从信号加入到环路锁定,叫做环路的捕捉过程。

环路锁定以后,若 θ_i 发生变化,则鉴相器检出 θ_i 和 θ_o 之差,输出一个正比于 $\theta_i - \theta_o$ 的电压信号,经环路滤波器后控制 VCO 的频率,改变 θ_o,从而使 θ_o 总是跟踪 θ_i 变化。

(3) 环路对噪声的过滤性能

锁相环的特点之一是具有良好的窄带滤波性能,有利于抑制时钟信号的抖动。

环路的输入信码总是夹杂着随机噪声。由于噪声的存在,输入信号的相位发生抖动,形成输入相位噪声。相位噪声分布在很宽的频带内,而锁相环对输入相位是一低通滤波器,环路带宽外的相位噪声被滤掉,落入带宽内的相位噪声仍出现在输出端,使输出相位发生抖动。

显然,环路带宽越窄,对相位噪声的限制作用越好,输出的相位抖动就越小。但在这种情况下,跟踪的相位误差会加大。因此,设计锁相环时,应兼顾两者选取最佳的环路带宽。

用锁相环提取时钟信号具有抑制抖动性能好、抗连"0"或连"1"能力强等优点,但在码速率高于 100 Mbit/s 时技术上不易实现。因此,在高速率系统中,经常采用声表面波或腔式滤波器来提取时钟。

3. 声表面波(SAW)滤波器

声表面波滤波器不仅工作频率高(可达 2~3 GHz),抗连"0"或连"1"性能好,而且可靠性高、体积小,所以在高速率传输系统的时钟提取电路中经常采用。

用声表面波提取时钟信号时,也需对信号预先进行非线性处理,使信号含有时钟频

率的线谱。经 SAW 滤波器滤出的信号，一般还要进行限幅放大和适当的相位延时，使波形的前后沿陡峭，并获得最佳的判决时间。这里只介绍声表面波滤波器的工作原理和基本性能。

（1）SAW 滤波器的工作原理

在具有压电效应的基片（例如石英晶片）上沉积一层金属箔，然后用光刻法制成形状像两只手的手指交叉状的金属电极（如图 3.5.13 所示），就得到声表面波滤波器，也称为叉指换能器。叉指换能器包括发射换能器和接收换能器两部分，当电压加到发射换能器的梳状金属母线上时，由于压电效应，在指条间的压电体上产生相应变化的声表面波信号；声表面波信号沿横向（垂直于指条方向）传送到接收换能器，在接收换能器中声表面波又转换成电极母线上的电压信号。

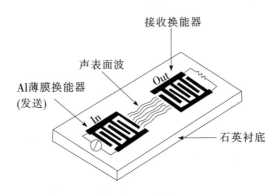

图 3.5.13　SAW 滤波器示意图

在发送母线上，电压信号同时加到各对指条间，但各对指条产生的声表面波信号在传输过程中的相位延迟却不同。设同一电极上两条指的距离为 L（一对指间的距离为 $\dfrac{L}{2}$），则相邻对指激发的声表面波的相位差为

$$\Delta\theta = \omega\tau = \omega \cdot \frac{L/2}{v} \tag{3.5.23}$$

式中，τ 为相邻指条间的传输延时；v 为 SAW 的传输速度。

当 SAW 的波长 $\lambda = L$ 时，各对指产生的声表面波处于同步状态，发送换能器产生的声波幅度最大，在接收换能器上转换的电压信号也有最大值。但当 $\lambda \neq L$ 时，同步条件被破坏，输出声波幅度减小，从而使换能器呈现出具有一定频率选择的带通滤波器特性，可以从接收信号中选择出时钟频率。这一特性可以通过下面的数学分析进一步说明。

用 n 表示总指条数，用 N 表示对指数 $\left(N \approx \dfrac{n}{2}\right)$，并设加到换能器上的电压信号为正弦信号，若每指对产生的声表面波的幅度为 A_0，则在输出端发送换能器激励的总声表

面波可表示为

$$A_t = A_0 e^{i\omega t} \left[1 - e^{i\Delta\theta} + e^{i2\Delta\theta} - e^{i3\Delta\theta} + \cdots + (-1)^{n-1} e^{i(n-1)\Delta\theta} \right] \quad (3.5.24)$$

式中,方括号内交替的正负号是由于加在换能器相邻的指条上的电压极性相反的缘故。

用 ω_0 表示声同步角频率,并令

$$\omega = \omega_0 + \Delta\omega \quad (3.5.25)$$

则式(3.5.23)表示的相位差为

$$\Delta\theta = (\omega_0 + \Delta\omega) \frac{L/2}{v} = \pi + \frac{\Delta\omega}{\omega_0}\pi \quad (3.5.26)$$

将式(3.5.26)代入式(3.5.24),得到

$$A_t = 2NA_0 \cdot \frac{\sin\left(N\pi \frac{\Delta\omega}{\omega_0} \right)}{N\pi \frac{\Delta\omega}{\omega_0}} \cdot e^{i\left(\omega t + N\pi \frac{\Delta\omega}{\omega_0} \right)} \quad (3.5.27)$$

式中,

$$\frac{\sin\left(N\pi \frac{\Delta\omega}{\omega_0} \right)}{N\pi \frac{\Delta\omega}{\omega_0}} = \mathrm{Sa}\left(N\pi \frac{\Delta\omega}{\omega_0} \right) \quad (3.5.28)$$

是抽样函数。当 $\Delta\omega = 0$ 时(即处在 $\lambda = L$ 的声同步状态时),此函数达到最大值(为 1);当 $\Delta\omega \neq 0$ 时,此函数值小于 1;在 $N\pi \frac{\Delta\omega}{\omega_0} = \pm\pi, \pm2\pi, \pm3\pi$ 处具有零点,即在这些频率上接收换能器的输出为零。也就是说,抽样函数决定了 SAW 换能器的通带特性。

(2) 声表面波滤波器的主要性质

① 振铃效应和等效带宽。

SAW 滤波器不含储能元件,但却有较好的抗连"0"和连"1"性能,这主要是因为各指对所激励的声表面波有不同的传输延时的缘故。即使接收信号中的时钟信息在某一瞬间中断,但前一时刻的信号在发送换能器前几对指上激励的声波需要延迟一段时间后才到达输出端,所以声表面并不立即中断,仅是幅度减小。SAW 滤波器的指条数越多,抗连"0"和连"1"性能就越好。SAW 滤波器的这种功能称为振铃效应。为了产生足够长的振铃时间,实际中 SAW 滤波器的 N 常达到几百对之多。

从抽样函数的表达式也可以看出,N 的数目也决定了滤波器的等效带宽。N 越大,滤波器的品质因数越高,通带越窄。通带过窄对捕捉信号也是不利的。N 与滤波器的等效品质因数 Q 及 3 dB 等效带宽 $\Delta f_{3\,dB}$ 的关系为

$$N = \frac{2Q}{\pi}$$

$$Q = \frac{f}{\Delta f_{3\,dB}}$$

② 通带纹波。

声表面波在传输过程中总存在着一定的反射,多次反射的结果产生通带纹波,从而加剧了时钟的抖动。因此,如何减小声波反射、抑制通带纹波也是声表面波滤波器设计的重要问题之一。

总之,声表面波滤波器广泛应用在 $0.1\sim2$ Gbit/s 传输系统的时钟提取电路中。

小　结

本章主要围绕下面两大问题讲述 IM-DD 数字系统中的光接收机。

一、光接收机的组成和性能指标

光接收机主要包括光电变换、放大、均衡、再生等部分。

1. 光电变换

在光纤通信中,通常采用光电二极管和雪崩光电二极管将光信号转换成电信号。光电二极管利用半导体材料的光电效应将入射光子转换成电子-空穴对,形成光生电流。量子效率(或响应度)、响应速度和暗电流是光电二极管的主要性能指标。

雪崩光电二极管(APD)利用载流子在高场区的碰撞电离形成雪崩倍增效应,使检测灵敏度大大提高。APD 的雪崩增益随偏压的提高而加大,但在雪崩增益加大的同时,它引入的噪声和它的暗电流也加大。

光电二极管和 APD 的检测的光波长的范围由材料本身的性质所决定,Si 材料的光电二极管和 APD 只适用于短波长($0.5\sim1.0$ mm)波段,Ge 和 InGaAs 材料的光电二极管和 APD 适用于长波长波段($1.1\sim1.6$ μm)。

2. 放大电路

放大电路分为前置放大器和主放大器两大部分。前置放大器的噪声是影响接收机灵敏度的重要因素,而主放大器的电压增益控制范围是决定光接收机动态范围的主要因素。

3. 均衡网络

使用均衡网络的目的是把放大后的信号均衡成具有升余弦频谱的波形,以便判决时无码间干扰。从理论上说,均衡网络的传递函数应为

$$H_{eq}(\omega) = \frac{A(\omega)}{S(\omega) \cdot H_{of}(\omega) \cdot H_{am}(\omega)}$$

在实际中,通常用近似网络代替,并根据接收机的输出眼图进行实验调整。

4. 再生电路

再生电路包括时钟提取电路和判决电路。为尽量减小误码率,判决时应选择最

佳的判决阈值,并在最佳的判决时间进行取样,最佳的判决时间由时钟的上升沿确定。时钟提取可采用滤波器或锁相环的方法。

时钟的抖动将使判决偏离最佳的判决时间,增加误码,尤其在多中继器长距离的通信系统中抖动的影响更为严重。

接收机灵敏度、动态范围、时钟抖动是光接收机的 3 个主要的性能指标。

二、噪声分析和光接收机灵敏度的计算

灵敏度是光接收机的最重要的性能指标,它主要由放大器和检测器引入的噪声所决定。噪声的分析和灵敏度的计算是本章的重点。

1. 放大器和检测器的噪声

(1) 放大器的噪声主要由前置级引入,前置级电阻的热噪声和有源器件的噪声都可以认为是概率密度为高斯函数、具有均匀、连续频谱的白噪声。因此,可以在输入端分析放大器的各个噪声源的功率谱密度,把放大电路作为线性系统,求出放大器输出端的总噪声电压的均方值(或称为输出端噪声功率),为

$$\langle v_{\mathrm{an}}^2 \rangle = \left(\frac{2kK}{R_0} + S_I \right) \int_{-\infty}^{+\infty} \mid Z_{\mathrm{T}}(\omega) \mid^2 \frac{\mathrm{d}\omega}{2\pi} + S_E \int_{-\infty}^{+\infty} \left(\frac{1}{R_{\mathrm{t}}^2} + \omega^2 C_{\mathrm{t}}^2 \right) \mid Z_{\mathrm{T}}(\omega) \mid^2 \frac{\mathrm{d}\omega}{2\pi}$$

式中,$\langle v_{\mathrm{an}}^2 \rangle$ 为高斯概率密度的方差。

放大器噪声的分析给前置放大器的设计提供了依据。

(2) 光电检测过程的量子起伏形成散粒噪声。"光子计数"过程(也就是光电二极管的检测过程)的概率密度为泊松函数,即

$$P[m,(t_0,t_0+l)] = \frac{\mathrm{e}^{-\Lambda} \Lambda^m}{m!}$$

雪崩倍增过程是一个相当复杂的随机过程。APD 的统计性质的计算应考虑到以下几个因素:①生成的初始电子-空穴对数是概率密度为泊松函数的随机变量;②每个初始的电子-空穴对雪崩倍增成随机数为 g 的二次电子-空穴对;③在某段时隙内产生的电子-空穴对的总数是相当复杂的随机变量。

2. 灵敏度的精确计算法

灵敏度的精确计算方法是以雪崩光电检测过程的真实的统计分布为基础,从接收机输出总噪声的实际的概率密度函数出发,计算灵敏度和误码率。尽管重要性取样法及切诺夫界限法等计算方法也进行了一些近似,但基本上都是通过求输出信号的实际的概率密度函数来进行计算。由于雪崩光电检测过程是一个相当复杂的随机过程,因此,精确计算法相当复杂,需要借助于计算机才能完成。

3. 高斯近似计算方法

高斯近似法是工程上最常使用的计算方法,这种方法可以得到灵敏度计算的解析表达式,使计算简便易行,而且计算结果和精确计算接近。高斯近似法的基本出发点是:假设雪崩光电检测过程的概率密度函数也是高斯函数。在这种假设下,接收机输出总噪声的概率密度函数仍是高斯函数,而且它的方差就是放大器和检测器输出噪声功率之和。

本章较详细地介绍了 S. D. Personick 推导的高斯近似计算公式。当采用 APD 作为检测器并且工作在最佳雪崩增益状态时,计算公式为

$$\langle g \rangle_{\mathrm{opt}} = Q^{-\frac{1}{1+x}} z^{\frac{1}{2+2x}} \gamma_1^{\frac{1}{2+2x}} \gamma_2^{-\frac{1}{1+x}}$$

$$b_{\max} = \left(\frac{h\nu}{\eta} \right) Q^{\frac{2+x}{1+x}} z^{\frac{x}{2+2x}} \gamma_1^{\frac{x}{2+2x}} \gamma_2^{\frac{2+x}{1+x}}$$

$$\gamma_1 = \frac{-(\Sigma_1 + I_5) + \sqrt{(\Sigma_1 + I_5)^2 + \dfrac{16(1+x)}{x^2}\Sigma_1 I_5}}{2\Sigma_1 I_5}$$

$$\gamma_2 = \sqrt{\frac{1}{\gamma_1} + I_5} + \sqrt{\frac{1}{\gamma_1} + \Sigma_1}$$

$$I_5 = \Sigma_1 - I_1$$

$$p_{\min} = \frac{b_{\max}}{2T}$$

若用 P/N 光电二极管作检测器,则计算公式为

$$b_{\max} = \frac{2Qh\nu}{\eta} z^{1/2}$$

$$p_{\min} = \frac{Qh\nu}{\eta T} z^{1/2}$$

这组公式虽然是在 EXT＝0, I_d＝0 等理想条件下推导出,但只要对某些参数进行改动,同样适用于 EXT≠0, I_d≠0 等一些非理想情况下灵敏度的计算。计算的误差和实测值的误差在 1 dB 之内。

习　　题

3.1　已知(1) Si PIN 光电二极管,量子效率 η＝0.7,波长 λ＝0.85 μm;(2) Ge 光电二极管, η＝0.4, λ＝1.6 μm,计算它们的响应度。

3.2　一光电二极管,当 λ＝1.3 μm 时,响应度为 0.6 A/W,计算它的量子效率。

3.3 一个 Ge 光电二极管,入射光波长 $\lambda = 1.3$ μm,在这个波长下吸收系数 $\alpha = 10^4$ cm^{-1},入射表面的反射率 $R = 0.05$,P$^+$ 接触层的厚度为 1 μm,它所能得到的最大的量子效率为多少?

3.4 若光电二极管的结电容为 1 pF,为使输入电路的上截止频率为:(1) 1 MHz;(2) 1 GHz,最大的负载电阻能取多大?

3.5 若电子和空穴的电离系数不依赖于位置,且 $\beta_h/\beta_e \to 1$,证明

$$G_e \to \frac{1}{1-\beta_e w}$$

3.6 有两个 Si APD,当 $G = 100$ 时,过剩噪声系数分别为 $F = 6$ 和 $F = 10$,设两管都是以电子注入高场区开始雪崩电离的,求它们的 k 值。

3.7 一拉通型 APD,光在入射面上的反射率 $R = 0.03$,零电场区厚度很小可忽略,高场区和 π 区的厚度之和为 35 μm。当光波长 $\lambda = 0.85$ μm 时,材料的吸收系数 $\alpha = 5.4 \times 10^4$ m^{-1},求:

(1) 量子效率;

(2) 在某偏压下,APD 的平均雪崩增益 $G = 100$,那么此偏压下每微瓦入射光功率转换成多少微安电流?

3.8 设环境温度为 300 K,计算下面两种场效应管的沟道热噪声的功率谱密度。

(1) Si-FET,$g_m = 5$ mA/V,$\tau = 0.7$;

(2) GaAs-FET,$g_m = 50$ mA/V,$\tau = 1.1$。

3.9 设随机噪声 f_1 和 f_2 的概率密度均为高斯函数,即

$$f_1 = \frac{1}{\sqrt{2\pi}\sigma_1} e^{-x^2/(2\sigma_1^2)}$$

$$f_2 = \frac{1}{\sqrt{2\pi}\sigma_2} e^{-x^2/(2\sigma_2^2)}$$

试利用卷积定理证明:它们之和 $f = f_1 + f_2$ 的概率密度仍为高斯函数,且有

$$\sigma^2 = \sigma_1^2 + \sigma_2^2$$

3.10 一双极晶体管前置放大器,$R_b = 2$ kΩ,$R_t = 1$ kΩ,$C_d + C_s = 2$ pF,$C_a = 2$ pF,$I_b = 10$ μA,$\beta_c = 100$,环境温度 $K = 300$ K,$r_{b'b} = 50$ Ω,放大器的等效带宽 $\Delta f = 100$ MHz,

(1) 求输入端的等效总噪声功率;

(2) 比较各噪声源的影响,起支配作用的噪声源是什么?

3.11 已知前置放大器有源器件在输入端的等效噪声源的功率谱密度分别为 $S_I = 4 \times 10^{-24}$ A^2/Hz,$S_E = 4 \times 10^{-18}$ V^2/Hz,$R_t \approx R_b = 1$ kΩ,$C_t = 2$ pF,输入为全占空的矩形脉冲,输出为升余弦脉冲($\beta = 1$),码速率 100 Mbit/s,求:

(1) 放大器的噪声参量 z;

（2）如果将 R_b 变为 $100\ \text{k}\Omega$，并设这时 R_t 仍近似等于 R_b，求 z 的变化；

（3）若 C_t 增加为 $5\ \text{pF}$，求 z 的变化。

3.12　工作在 $34\ \text{Mbit/s}$ 速率的场效应管前置放大器，输入总电容 $C_t=10\ \text{pF}$，场效应管的 $g_m=5\ \text{mA/V}$，栅漏电流可忽略。接收机接收矩形光脉冲（$\alpha=1$），输出升余弦脉冲（$\beta=1$），可查表得出 $I_2=1.13$，$I_3=0.174$。环境温度 $k=300\ \text{K}$。如果系统设计者不想使偏置电阻的热噪声起支配作用，那么偏置电阻起码应选择多大？

3.13　对 3.12 题的系统，若 $R_b=20\ \text{k}\Omega$，系统的误码率要求达到 10^{-9}，在下面的 4 种情况下求接收机的灵敏度（用高斯近似法）：

（1）$\lambda=0.85\ \mu\text{m}$，用光电二极管作检测器，$\eta=0.75$，$I_d\approx0$，光源的消光比为零；

（2）用 Si-APD 作检测器，$\lambda=0.85\ \mu\text{m}$，$\eta=0.75$，$x=0.5$，APD 工作在最佳雪崩状态，$I_d\approx0$，光源的 $\text{EXT}=0$，查表可得 $\Sigma_1=1.13$，$I_1=1.10$；

（3）用和（2）中同样的 Si-APD 作检测器，但光源的消光比不为零，$\text{EXT}=0.1$；

（4）用 InGaAs-APD 作检测器，$\lambda=1.3\ \mu\text{m}$，$\eta=0.75$，$x=0.8$，$I_d\approx0$，$\text{EXT}=0$。

3.14　一高阻放大器，R_t 和 R_b 都很大，输入总电容 $C_t=10\ \text{pF}$，$\sqrt{S_I}=1\ \text{pA}/\sqrt{\text{Hz}}$，$\sqrt{S_E}=3\ \text{nV}/\sqrt{\text{Hz}}$。设输入脉冲为全占空的矩形脉冲，输出脉冲为升余弦脉冲（$\beta=1$）。求：

（1）比特速率 B_0，当速率高于 B_0 时，放大器的总噪声由电压噪声源支配，而当速率低于 B_0 时，放大器的噪声由电流噪声源支配；

（2）分别求电压噪声源起支配作用时和电流噪声源起支配作用时接收机灵敏度 $p_{\min}$ 随比特速率的变化。

第 4 章　光纤通信系统

本章着重介绍数字光纤通信系统的组成、基本原理和总体设计,SDH 传送网、波分复用(WDM)技术和光纤接入网的概况,同时也介绍模拟光纤通信系统的发展情况。

4.1　数字光纤通信系统

20 世纪 70 年代末,光纤通信开始进入实用化阶段,各种各样的光纤通信系统如雨后春笋般在世界各地先后建立起来,逐渐成为电信传送网的主要传输手段。近几年来,光纤通信中的各种新技术、新系统也日新月异地迅速发展着,在全球信息高速公路的建设热潮中扮演着重要角色。但就目前而言,强度调制-直接检测(IM-DD)光纤通信系统是最常用、最主要的方式,本节主要介绍数字 IM-DD 光纤通信系统的组成和基本原理。

4.1.1　数字光纤通信系统的组成

数字光纤通信系统的基本框图如图 4.1.1 所示。下面简单叙述框图中的各个部分。

1. 电发射端机

通信中传送的许多信号(如话章、图像信号等)都是模拟信号。电发射端机的任务,就是把模拟信号转换为数字信号(A/D 变换),完成 PCM 编码,并且按照时分复用的方式把多路信号复接、合群,从而输出高比特率的数字信号。

PCM 编码包括取样、量化、编码 3 个步骤,这个过程可以通过图 4.1.2 来说明。要把模拟信号转换为数字信号,第一步必须以固定的时间间隔对模拟信号进行取样,把原信号的瞬时值变成一系列等距离的不连续脉冲。模拟信号总是占据一定的频带,含有各种不同的频率成分,若模拟信号的带宽为 Δf,那么根据奈奎斯特(Nyquist)提出的取样定理,取样频率($f_a = 1/T$)应大于 $2\Delta f$。只要这一条件满足,取样后的波形只需通过低通滤波器就能恢复为原始波形。

PCM 编码的第二步是量化,即用一种标准幅度量出每一取样脉冲的幅度大小,并用四舍五入的方法把它分配到有限个不同的幅度电平上去。解调后的信号必然会和原传

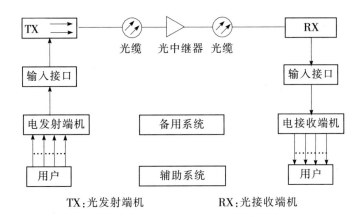

TX:光发射端机　　　　　RX:光接收端机

图 4.1.1　光纤通信系统

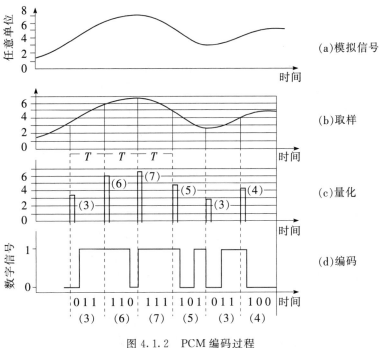

图 4.1.2　PCM 编码过程

递的信号存在一定的差异,即存在一定的量化噪声。量化噪声的大小与划分的幅度电平的数量有关,幅度电平划分得越细,量化噪声就越小。为使量化噪声不大于原波形的噪声,幅度电平的数量 m 应满足

$$m > \left[1 + \left(\frac{A_s}{A_N} \right)^2 \right]^{1/2} \tag{4.1.1}$$

式中,A_s 为最大的信号幅度,A_N 为 r. m. s 噪声幅度,A_s/A_N 为波形的信噪比。

PCM 编码的第三步是编码,即用一组组合方式不同的二进制脉冲代替量化信号。当取样信号划分为 m 个不同的幅度电平时,每一个取样值需要

$$N = \log_2 m \tag{4.1.2}$$

个二进制脉冲表示之。在如图 4.1.2 所示的情况中,m 为 8(0~7),则每一个取样值需用 3 个比特表示。

综合上述的分析可以知道,对于频带为 Δf 的模拟信号进行 PCM 编码,需要的最小的比特速率为

$$B = 2\Delta f \log_2 [1 + (A_s/A_N)^2]^{1/2} \approx 2\Delta f \log_2 (A_s/A_N) \tag{4.1.3}$$

例题 计算一路 PCM 编码的数字电话所需要的最小比特速率,设话音信噪比要求为 30 dB。

解:已知 $20 \lg(A_s/A_N) = 30$,话音信号的带宽约为 3.4 kHz,则

$$B \approx 2\Delta f \log_2 (A_s/A_N) = 6.64 \Delta f \lg(A_s/A_N) = 34 \text{ kbit/s}$$

在实际的数字通信系统中,一路 PCM 编码电话的工作速率是 64 kbit/s,取样频率为 8 kHz($T = 125 \text{ } \mu s$),每一量化信号用 8 个比特二进制脉冲代替。

在数字光纤通信系统中,多路复接采用时分复用的形式。我国准同步数字体系(PDH)以 30 路数字电话为基群(2.048 Mbit/s),4 个基群时分复接为二次群(8.448 Mbit/s),4 个二次群再时分复接为三次群(34.368 Mbit/s)……如此复接下去,可以得到高比特率的多路复接数字信号。这种制式和欧洲数字通信制式相同,也是 CCITT 所建议的制式。

2. 光发射端机

电发射端机的输出信号,通过光发射端机的输入接口进入光发射机。输入接口的作用,不仅保证电、光端机间信号的幅度、阻抗适配,而且要进行适当的码型变换,以适合光发射端机的要求。例如,PDH 的一、二、三次群 PCM 复接设备的输出码型是 HDB3 码,4 次群复接设备的输出码型是 CMI 码,在光发射机中,需要先变换成 NRZ 码。这些变换,由输入接口来完成。

光发射端机的组成如图 4.1.3 所示。关于光源的调制电路和控制电路,在第 2 章中已作了较详细的分析,在这里只着重分析线路编码的问题。

线路编码的作用,是将传送码流转换成便于在光纤中传输、接收及监测的线路码型。由于光源不可能有负光能,所以往往采用"0"、"1"二电平码。但简单的二电平码具有随信息随机起伏的直流和低频分量,在接收端对判决不利,因此需要进行线路编码以适应光纤线路传输的要求。

常用的光线路码型大体可以归纳为 3 类,即扰码二进制、字变换码和插入型码。

图 4.1.3　光发射机框图

（1）扰码二进制

扰码意味着将输入码序列扰乱，较简单的方法是采用带有反馈线的 m 级移位寄存器产生最长序列，也称为 M 序列，序列的周期为 2^m-1。这种移位寄存器可以用特征多项式 $f(x)$ 表示为

$$f(x) = 1 + a_1 x + a_2 x^2 + \cdots + a_i x^i + \cdots + a_m x^m \qquad (4.1.4)$$

式中，$a_i x^i$ 为第 i 级寄存器，$a_i=1$ 表示这一级有反馈线，$a_i=0$ 表示这一级无反馈线。其产生的 M 序列可由下式得出：

$$M(x) = \frac{1}{f(x)} = \frac{1}{1 + a_1 x + a_2 x^2 + \cdots + a_i x^i + \cdots + a_m x^m}$$

$$= 1 + b_1 x + b_2 x^2 + \cdots + b_i x^i + \cdots + b_{2^m-1} x^{2^m-1} \qquad (4.1.5)$$

式中，$b_i x^i$ 为 M 序列中第 i 比特，若 $b_i=1$，则该比特为"1"码，否则为"0"码。

M 序列有如下基本性质。

① 由 m 级移位寄存器产生的 M 序列，其周期为 2^m-1。

② 除全 0 状态外，m 级移位寄存器可能出现的各种不同状态都在 M 序列的一个周期内出现，而且只出现一次。因此，M 序列中"0"和"1"码出现的概率大体相同，在一个周期内，"1"码只比"0"码多一个。

③ 通常将 M 序列中连续出现的相同码称为一个游程。M 序列一个周期中，长度为 1 的游程占 1/2，长度为 2 的占 1/4，长度为 3 的占 1/8，等等，还有一个长度为 m 的连"1"码游程和一个长度为 $m-1$ 的连"0"码游程。

扰码二进制将输入的二进制 NRZ 码进行扰码后输出仍为二进制码，没有冗余度。有些书中不把这种码作为线路码，但从它改变了原来的码序列并改善了码流的一些特性（如限制了连"1"和连"0"数）而言，也可以看成是一种码型变换。由于它没有引入冗余度，因此很难实现不中断业务的误码检测，辅助信号的传送也很困难，不太适合作为准同步数字序列（PDH）的线路码，但在同步数字系列（SDH）中，监测信息和辅助信号的传送通过帧结构中的开销字节来实现，扰码二进制被作为光线路码。例如在 STM-4 和 STM-16 中，都用七级扰码作为光线路码，七级扰码的特征多项式和扰码器原理图分别如式（4.1.6）和如图 4.1.4 所示。

$$f(x) = x^7 + x^3 + 1 \tag{4.1.6}$$

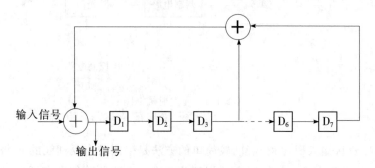

图 4.1.4 七级扰码电路

（2）字变换码

字变换码是将输入二进制码分成一个个的"码字"，而输出用另一种对应的码字来代替。最典型，在我国也最常用的是 mBnB 码。

mBnB 码的特点是把原始码流按 m 比特分成一组，再按照一定的规则把这 m 比特码组变换成 n 比特的码组。这里 m、n 均为正整数，且 $n > m$。每种 mBnB 码都有自己的码表，较简单的 2B3B 码的码表如表 4.1.1 所示。对 2B3B 码，当输入码组为 11 时，输出码组以 110 和 000 相互交替。此外，还有 3B4B 码、5B6B 码、5B7B 码等，其中 5B6B 码是我国 PDH 三次群、四次群系统的国标码型。

表 4.1.1 2B3B 码的码表

输入码组	2B3B 码	
	模式 1	模式 2
00	001	001
01	010	010
10	100	100
11	110	000

5B6B 码的优点如下。

① 冗余度较小；

② 对于三次和四次群，可以利用计算机的 IC-PROM 器件直接编、译码，电路设计得到简化；

③ 连"0"和连"1"数小，定时方便；

④ 可以实现运行误码监测。

5B6B 码的缺点如下。

① 速率受 PROM 的限制,而本身的电子电路较复杂;

② 耗电较多,中继远供电源困难;

③ 辅助信息的传递较困难,用调顶的方式。

伪双极性码(CMI 和 DMI)也是一种字变换型码,也可以认为它们是 1B2B 码,这种码保留了电缆数字传输中常用的双极性码(常称 AMI 码)的优点,如表 4.1.2 和表 4.1.3 所示。用两个比特数字脉冲表示 AMI 码中的一个码字,"1"码时以 00 和 11 相互交替(对应于 AMI 码中"1"码以"+"和"−"电平相互交替),从而使码流中"0"和"1"均等,消除直流基线的起伏,连"0"数和连"1"数被限制在 2 或 3,同时也可以自检误码。这种码型的缺点是冗余度大,仅在基群和二次群系统中使用。

表 4.1.2　AMI 码和伪双极性码的变换规则

AMI	CMI	DMI
+	11	11
0	01	01 在"+"之后,10 在"−"之后
−	00	00

表 4.1.3　二电平码变为 CMI 和 DMI 码的规则

二电平码	CMI		DMI	
	模式 1	模式 2	模式 1	模式 2
0	01	01	01	10(连"0"模式不变)
1	00	11	00	11

（3）插入型码

插入型码的种类也不少,有插入奇偶校验码的(mB1P 码),有插入补码的(mB1C 码),或者插入其他各种各样的码字。在我国 PDH 光纤通信系统中,mB1H/1C 码是常用的光线路码。

mB1H/1C 码是由 mB1C 码衍变而来。mB1C 码的编码原则是:将原始码流每 m 比特分为一组,然后在分组码的第 $m+1$ 位上插入一位 C 码,使 C 码为分组码中某一位的补码。例如,分组码中第 j 位 $A_j = S_j$,S_j 可能是"1",也可能是"0",则第 $m+1$ 位码 $A_{m+1} = \overline{S_j}$,$\overline{S_j}$ 的极性与 S_j 的相反。

mB1C 码的线路码传输速率为原标称速率的 $m+1/m$ 倍,最长连"0"或连"1"数目为

$$B_{\max} = (2m - j) + 1 \qquad 1 \leqslant j \leqslant m \tag{4.1.7}$$

可见,当 $j = m$ 时,相同码数目最少,即 C 码取分组码最末一位的补码时,可使相同码数目最少。

当要求在线路码流中插入监控、公务等辅助信息时,可以在 mB1C 码中扣除部分 C 码,在相应的码位插入监控、公务、数据通信等信息比特,并称之为 H 码,从而构成 mB1H/1C 码。mB1H/1C 码的帧结构示意如图 4.1.5 所示。

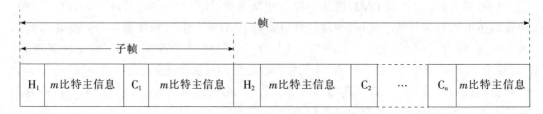

图 4.1.5 mB1H/1C 码结构示意图

mB1H/1C 码的最长相同码数目为

$$B_{\max} = [2(2m+1)-j]+1 \qquad (4.1.8)$$

式中,

$$m+1 \leqslant j \leqslant 2m+1$$

例如,4B1H/1C 码,取 $j=2m+1$,则最长码数为 10 bit。

mB1H/1C 码有时也称 mB1H 码,8B1H、4B1H、1B1H 码在我国都得到较普遍的应用。mBnB 码和 mB1H 码都是我国 PDH 系统常用的光线路码,从性能看,它们各有千秋,都能满足系统的要求,但从辅助信息的传输和沿途上下话路的方便来看,mB1H 码有较强的优势。

3. 光中继器

在长途光纤通信线路中,由于光纤本身存在损耗和色散,造成信号幅度衰减和波形失真,因此,每隔一定距离(50~70 km)就要设置一个光中继器。

传统的光中继器采用光—电—光的转换方式,即先将接收到的弱光信号经过光电(O/E)变换、放大和再生后恢复出原来的数字信号,再对光源进行调制(E/O),发射光信号送入光纤继续传输。自 20 世纪 80 年代末掺铒光纤放大器(EDFA)问世并很快实用化,光放大器已经开始代替 O/E/O 式中继器。但目前的光放大器尚没有整形和再生的功能,在采用多级光放大器级联的长途光通信系统中,需要考虑色散补偿和放大的自发辐射噪声积累的问题。有关光放大器的原理和应用,将在本章第 4.4 小节中讲述。

4. 接收端机

在接收端,光接收机将光信号变换为电信号,再进行放大、再生,恢复出原来传输的信号,送给电接收端机。电接收端机的任务是将高速数字信号时分解复用,然后再还原成模拟信号,送给用户。光电接收端机之间,经过输出接口实现码型、电平和阻抗的匹配。

5. 备用系统与辅助系统

（1）备用系统

由于光器件的可靠性比电子器件差，为了保证通信系统的畅通，光路（包括光端机、光纤和光中继器）应设置备用系统。当主用系统出现故障时，可人工或自动倒换到备用系统上工作。可以几个主用系统共用一个备用系统，当只有一个主用系统时，可采用1+1的备用方式。

（2）辅助系统

辅助系统包括监控管理系统、公务通信系统、自动倒换系统、告警处理系统、电源供给系统等。

① 监控管理系统。

光纤通信的监测、控制、管理系统是保证系统正常运行，实现通信网络的智能化所不可缺少的重要组成部分，它以计算机技术为主体，与光纤通信技术本身密切结合起来，实现了智能化、多功能的监测、遥控和网络管理，提高了操作、维护、管理人员的工作效率，保证了通信系统的正常运行。

光纤通信系统的监控管理系统应是整个电信管理网（TMN）的一部分，将来应能纳入 TMN 中去。根据 TMN 的管理功能要求，应能对光纤通信设备（网元）进行故障管理、性能管理、配置管理和安全管理。

故障管理的主要内容如下。

• 故障管理层次的规定。包括哪些网元被配置成管理者，哪些被置配成被管理者；对事件进行分类（分成硬件和软件，硬件事件又分为可告警的、属性改变等不同类型）；告警级别的划分（分为紧急告警、主要告警、次要告警和提示告警）。

• 告警监视。包括对发生在网络中的有关事件和条件的检测和报告，对现行告警显示、列表和处理，对历史告警进行记录等。

• 故障定位。应能提供线路环回和误码插入功能以便于故障的定位。

性能管理的主要内容如下。

• 完成系统各项性能数据的收集、传送、报告和存储，不同时标的历史记载。

• 门限值的设置和越限报告、显示、分析等，以便预测故障和对终端用户服务质量劣化程度进行测定。

配置管理的主要功能如下。

• 运行系统的配置。对网络进行物理配置，例如对网络拓扑的配置，实施网络单元的控制、识别和数据交换。

• 业务的配置。对终端机（TM）、分插复用（ADM）设备的接入业务进行必要的配置。例如输入、输出端口的配置，交叉连接方式的配置等。

• 保护配置。例如当实现倒换时，有关节点及其状态指配、倒换机制配置等。

安全管理涉及注册、日志管理、口令和安全等级等几个方面,防止未经许可而接入到特定内容,保障网络的安全运行。

监控管理系统是光纤通信系统重要的、不可缺少的组成部分,随着人类向信息社会的迈进和计算机的介入,整个监控管理系统日趋网络化、智能化,大大提高了整个通信系统的可靠性、控制的灵活性、数据处理的科学性和维护的方便性。

对监控管理系统的要求如下。

- 监测数据准确;
- 分析、分类、统计、存档功能齐全;
- 监控容量足够大;
- 操作方便,维护人员能在监控中心就犹如"身临其境";
- 有良好的横向与竖向的兼容性,横向兼容是指各种数字传输手段的监控系统、不同厂家的产品之间应能互相兼容,竖向兼容性是指随着我国电信管理网(TMN)的建设与发展,监控系统应能为与它的兼容和结合打下基础。

目前监控管理系统的工作方式主要是"集中监控"。例如,在一个数字段内,将一个终端站设为主控站,另一终端站设为副控站,利用各站之间的管理信息通道,借助于装在各中继站内的监控设备(SV)和系统的监控信号,可以在主控站对沿途各个中继站进行集中监控。此外,还可进行多方向(多系统)的集中监控以及跨越数字段的监控系统。

② 公务通信系统。

公务通信在这里指公务电话,是专为值班维护人员联络使用的。公务通信可分别按两路来设置传输信道:一路是数字段间的公务通信,供段间终端站、转换站之间的公务联络;另一路是数字段内的公务通信,供段内的端站、转换站和中继站之间的公务联络。随着通信网建设速度的加快,公务电话的功能也越来越强。很多公务电话可以实现点对点的选址呼叫、会议电话方式的同线呼叫、在一个维护段内的分组呼叫以及插入呼叫,即在业务需要时,第三方可以强行加入甲、乙两方正在进行的通话。

③ 自动倒换系统。

自动倒换系统负责在主用系统发生故障时,自动倒换到备用系统上工作,倒换命令发出的条件如下。

- 主用系统收无光,或收失步,或超过 10^{-3} 误码,而备用系统正常;
- 主用系统收 AIS,而备用系统收非 AIS,这时倒换系统发出倒换控制指令,启用备用系统替代主用系统。

④ 告警处理系统。

当监测系统发现某些设备有故障时,除发出控制指令外,还应有告警指示,以便使维护人员有效地识别有故障的设备,组织力量进行检修,恢复业务。告警信号除了在计算机上显示与存储外,还通过可见的(如指示灯)、可闻的(如铃声、蜂鸣器、嗽叭声等)的方式显示。告警内容一般分为两大类:一类为即时维护告警,即紧急告警,当发出即时维护告警时,维护人员必须立即开始维护工作;另一类是延时维护告警指示,这是非紧急告警,并不要求维护人员立即动作,但提醒维护人员,设备的性能已有劣化,需考虑采取相应措施,以防性能进一步劣化以至严重影响业务。对于不同性质的告警。可用不显示方法。对于光端机和光中继器,主要的监测内容和告警指示如表 4.1.4 所示。

表 4.1.4　监测内容与告警指示

类　别	监测内容	告警指示
故障监视	1. 机内电源异常 2. 发无光 3. 收无光 4. PCM 输入信号中断 5. 帧失步 6. 公务通信故障 7. 上游发 AIS 信号	1～5 为即时告警 6～7 为延时告警
性能监测	1. 误码性能,长期平均误码率(BER),误码秒(ES),严重误码秒(SES) 2. LD 偏置电流 I_o 3. 接收机 AGC 电压 4. 供电电源电压	1. 当 BER$\geqslant 10^{-3}$,即时告警 2. 当 BER$\geqslant 10^{-6}$ 或 I_o 高于初始值的 1.5 倍时,延时告警
环境监测与系统控制	1. 环路倒换控制 2. 风扇及空调机控制 3. 机门、温度、湿度监测与告警	

⑤ 电源供给系统。

光端机各部分电路都需要相应的直流电源,但通信机房的供电电源一般为 -24 V、-48 V 或 -60 V。电源供给系统一般是指机房中的直流—直流电源变换器及它们的自动保护电路。对供电系统的主要要求如下。

· 允许输入电源电压的变化范围宽,允许输入电压在标称值的 ±10%～±15% 的范围内变化;

· 输出电压稳定,主要电源稳定度不劣于 ±1%;

· 变换效率高,纹波干扰小;

· 具有自动保护功能,如输入欠压、过压保护,输出短路、过流保护等。

电源供给系统的内容还包括无人值守的中继站的远供电系统,或者这些站利用太阳能、风力发电等本地能源的供电系统。

4.1.2　系统性能及其测试

目前,ITU-T 已经对光纤通信系统的各个速率、各个光接口和电接口的各种性能给出具体的建议,系统的性能参数也有很多,这里介绍系统最主要的两大性能参数:误码性能和抖动性能。

1. 误码性能

系统的误码性能是衡量系统优劣的一个非常重要的指标,它反映数字信息在传输过程中受到损伤的程度,通常用长期平均误码率、误码的时间百分数和误码秒百分数来表示。

长期平均误码率简称误码率,它表示传送的码元被错误判决的概率。在实际测量中,常以长时间测量中误码数目与传送的总码元数之比来表示 BER。对于一路 64 kbit/s 的数字电话,若 BER$\leqslant 10^{-6}$,则话音十分清晰,感觉不到噪声和干扰;若 BER 达到 10^{-5},则在低声讲话时就会感觉到干扰存在,个别的喀喀声存在,若 BER 高达 10^{-3},则不仅感到严重的干扰,而且可懂度也会受到影响。

BER 表示系统长期统计平均的结果,它不能反映系统是否有突发性、成群的误码存在,为了有效地反映系统实际的误码特性,还需引入误码的时间百分数和误码秒百分数。

在较长时间内观察误码,设 T(1 min 或 1 s)为一个抽样观察时间,设定 BER 的某一门限值为 M,记录下每一个 T 内的 BER,其中 BER 超过门限 M 的 T 次数与总观察时间内的可用时间的比,秒为误码的时间百分数,常用的有劣化分百分数(DM)和严重误码秒百分数(SES)。

通信中有时传输一些重要的信息包,希望一个误码也没有。因此,人们往往关心在传输成组的数字信号时间内有没有误秒,从而引入误码秒百分数的概念。在 1 s 内,只要有误码发生,就称为 1 个误码秒。在长时间观测中误码秒数与总的可用秒数之比,称为误码秒百分数(ES)。DM、SES、ES 的定义及 64 kbit/s 业务在全程全网上需满足的指标如表 4.1.5 所示。

表 4.1.5　64 kbit/s 业务误码性能指标

类　　别	定　　义	门　限　值	抽样时间	全程全网指标
劣化分(DM)	误码率劣于门限的分	1×10^{-6}	1 分钟	时间百分数<10%
严重误码秒(SES)	误码秒劣于门限的秒	1×10^{-3}	1 秒钟	时间百分数<0.2%
误码秒(ES)	出现误码的秒	0	1 秒钟	时间百分数<8%

BER 和 DM、SES、ES 的换算关系,可以用概率论的知识来进行计算,假设数字序列中各个比特是相互独立的,对于每一比特,要么被错误接收,要么没有发生错误,而且在

单位时间里大量比特被传送,这种只有两种选择的稠密性过程,通常用泊松分布来描述误码随机发生的统计性质,即在 n 比特序列中发生 m 个误码的概率为

$$P_{m/n} = (n \cdot \mathrm{BER})^m \mathrm{e}^{-n \cdot \mathrm{BER}}/m! \qquad (4.1.9)$$

式中,$n \cdot \mathrm{BER}$ 为 n 比特序列中产生误码的平均数。在 n 比特序列中出现不多于 k 比特误码的概率为

$$P_{0 \sim k/n} = P(m \leqslant k) = \sum_{m=0}^{K} (n \cdot \mathrm{BER})^m \mathrm{e}^{-n \cdot \mathrm{BER}}/m! \qquad (4.1.10)$$

根据以上两式,可以对 BER 和误码时间百分数之间的关系进行换算,例如求 ES 和 BER 的关系,我们可以先求出一秒钟内无误码($m=0$)概率为

$$\mathrm{EFS} = P_{0/n} = \mathrm{e}^{-B \cdot \mathrm{BER}} \times 100\% \qquad (4.1.11)$$

式中,EFS 为无误码秒(Error Free Second),B 为比特速率(系统的线路码速率),则

$$\mathrm{ES} = 1 - \mathrm{EFS} \qquad (4.1.12)$$

例如,对于 64 kbit/s 的传输速率,若要求 ES$\leqslant$8%,则 BER$\leqslant$1.3$\times$10^{-6}。类似的方法,可以得出 SES,DM 与 BER 的关系。如当 SES$=$0.2%时,BER$=$3$\times$10^{-5};DM$=$10%时,BER$=$6.2$\times$10^{-7}。为了在全程全网上保证 ES,SES,DM 的指标要求,BER 应取要求最高的。

2. 抖动性能

数字信号(包括时钟信号)的各个有效瞬间对于标准时间位置的偏差,称为抖动(或漂动)。这种信号边缘相位的向前向后变化给时钟恢复电路和先进先出(FIFO)缓存器的工作带来一系列的问题,是使信号判决偏离最佳判决时间、影响系统性能的重要因素。在光纤通信系统中,将 10 Hz 以下的长期相位变化称为漂动,而 10 Hz 以上的则称为抖动。

抖动在本质上相当于低频振荡的相位调制加载到传输的数字信号上,产生抖动的主要原因是随机噪声、时钟提取回路中调谐电路的谐振频率偏移、接收机的码间干扰和振幅相位换算等。在多中继长途光纤通信中,抖动具有积累性。抖动在数字传输系统中最终表现为数字端机解调后的噪声,使信噪比劣化、灵敏度降低。

抖动的单位是 UI,它表示单位时隙。当传输信号为 NRZ 码时,1 UI 就是 1 比特信息所占用的时间,它在数值上等于传输速率的倒数。

由于抖动难以完全消除,为保证整个系统正常工作,根据 ITU-T 建议和我国国标,抖动的性能参数主要有:①输入抖动容限;②输出抖动;③抖动转移特性。下面分别介绍这 3 个抖动的性能参数。

(1) 输入抖动容限

光纤通信系统的各次群的输入接口必须容许输入信号含有一定的抖动,系统容许的输入信号的最大抖动范围称为输入抖动容限。按照 ITU-T 建议和国标规定,STM-N 光接口输入抖动和漂移容限要求如表 4.1.6 和图 4.1.6 所示。

表 4.1.6　STM-N 光接口输入抖动和漂移容限（参照 G.825）

STM 等级	峰-峰幅度/UI					频率/Hz									
	A_0 (18 μs)	A_1 (2 μs)	A_2 (0.25 μs)	A_3	A_4	F_0	F_{12}	F_{11}	F_{10}	F_9	F_8	F_1	F_2	F_3	F_4
STM-1 电	2 800	311	39	1.5	0.075	12 μ	178 μ	1.6 m	1.56 m	0.125	19.3	500	3.25 k	65 k	1.3 M
STM-1 光	2 800	311	39	1.5	0.15	12 μ	178 μ	1.6 m	1.56 m	0.125	19.3	500	6.5 k	65 k	1.3 M
STM-4	11 200	1 244	156	1.5	0.15	12 μ	178 μ	1.6 m	1.56 m	0.125	9.65	1 000	25 k	250 k	5 M
STM-16	44 790	4 977	622	1.5	0.15	12 μ	178 μ	1.6 m	1.56 m	0.125	12.1	5 000	100 k	1 000 k	20 M

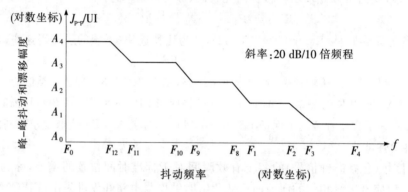

图 4.1.6　STM-N 的输入抖动和漂移的下限（参照 G.825）

（2）输出抖动

当系统无输入抖动时，系统输出口的信号抖动特性，称为输出抖动。根据 ITU-T 建议和我国国标，SDH 复用设备的各 STM-N 口的固有抖动应不超过表 4.1.7 所给的限值。

表 4.1.7　复用设备 STM-N 接口抖动产生（参照 G.813）

接口	测量滤波器	峰-峰幅度
STM-1	500 Hz～1.3 MHz	0.50 UI
	65 kHz～1.3 MHz	0.10 UI
STM-4	1 000 Hz～5 MHz	0.50 UI
	250 kHz～5 MHz	0.10 UI
STM-16	5 000 Hz～20 MHz	0.50 UI
	1～20 MHz	0.10 UI

对 STM-1,1 UI=6.43 ns；

对 STM-4,1 UI=1.61 ns;

对 STM-16,1 UI=0.40 ns。

（3）抖动转移

抖动转移也称为抖动传递,定义为系统输出信号的抖动与输入信号中具有对应频率的抖动之比。图 4.1.7 和表 4.1.8 所示给出 SDH 再生器抖动传递特性的要求。

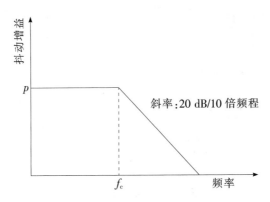

图 4.1.7　抖动的传递(ITU-T G.958)

表 4.1.8　抖动转移参数(参照 G.958)

STM 等级	f_c/kHz	p/dB	备注
STM-16(B)	30	0.1	

对于 SDH 光纤通信系统,抖动性能参数还有输出口的映射抖动和组合抖动。这两个性能参数分别限制映射复用过程中由于比特塞入调整引起的或者是指针调整过程中引起的数字信号的抖动。

3. 系统性能指标的测试

本节只介绍光纤通信系统最主要的性能指标——误码率和抖动性能——的测试仪表和测试方法。

（1）主要的测试仪表

系统性能的测试除了要用光功率计,可变光衰减器等常用仪表外,专用仪表有误码测试仪、误码分析仪、数字传输分析仪、SDH 分析仪等。

误码测试仪由三大部分组成:发码发生器、误码检测器和指示器,其框图如图 4.1.8 所示。发码发生器可以产生测试所需要的各种速率和各种的码型,根据国标规定,误码率等性能的测试应采用 $2^{23}-1$ 伪随机序列(对三次群和三次群以上系统)来进行测试,误码检测器包括本地码发生器、同步电路及误码检测器。本地码发生器的构成与发码发生器相同,可以产生与发码完全相同的码序列,并通过同步设备与接收到的码序列同步。

误码检测电路将本地码与接收码进行比较,检出误码信息,送给指示器,从而显示误码的测量结果。

误码分析仪的基本结构同误码测试仪,不同之点是误码分析仪内都有 CPU,对测试结果能进行误码分析,不仅给出 BER,而且给出 ES、SES 和 DM 等参数。

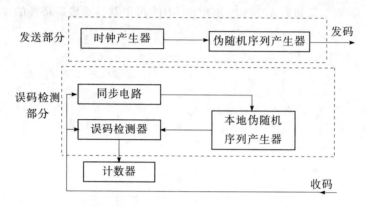

图 4.1.8 误码分析仪框图

数字传输分析仪除了具有误码分析仪的全部功能外,还包括抖动发生器,能产生测试所需要的各种幅度可调的低频信号,并将其调制到发码上,产生带有抖动的数字序列;数字传输分析仪的接收部分,除具有误码检测设备外,还能测试抖动量,因此,该设备能测试全部误码性能和抖动性能。

SDH 分析仪不仅能测试 SDH 设备的误码性能和抖动性能,而且能分析和检测 SDH 设备的帧结构和映射复用结构,不少 SDH 设备也能对 PDH 支路口的性能进行测试。

(2) 误码率和灵敏度的测试

光接收机灵敏度的定义是在保证一定的误码率下所需要接收的最低平均光功率,因此,误码率和灵敏度是联系在一起的,它们的测试方法也是相同的。灵敏度的测试原理如图 4.1.9 所示。

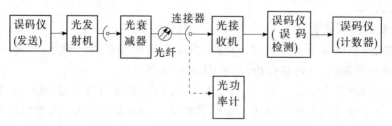

图 4.1.9 光接收机灵敏度的测试原理图

测试方法如下。

① 按图示接好测试系统,误码仪的发送部分按规定送出 $2^{23}-1$ 或 $2^{15}-1$ 伪随机码,用来调制光发射机;

② 增大光衰减器的衰减量,同时监测误码,直到误码仪指示的误码率为某一要求值(如 10^{-10});

③ 断开光纤连接器,用光功率计测量此时的接收光功率,即为要求误码率下的接收灵敏度(如 BER＝10^{-10} 时的灵敏度值)。

灵敏度的表示方法一般采用 dBm 表示,即

$$p_r = 10\lg(p_{min}/1\text{ mW}) \tag{4.1.13}$$

在如图 4.1.9 所示的测试装置中,将光衰减器以长光纤代替,便可测量出传输一定距离后光接收机的误码率。

如图 4.1.9 所示的测试系统还可以用来测试光接收机的动态范围,步骤如下:

• 先测量光接收机的灵敏度,即测 p_{min};

• 逐渐减小光衰减器的衰减量,直至误码仪指示的误码率为某一要求值,此时接收的光功率为最大输入功率 p_{max},动态范围可表示为

$$D = 10\lg(p_{max}/p_{min}) \tag{4.1.14}$$

(3) 抖动性能的测试

图 4.1.10 为输入抖动容限的测试系统,测试步骤如下。

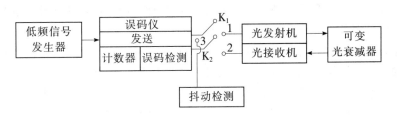

图 4.1.10　抖动测试框图

① 如图 4.1.10 所示接好测试系统,但先不将低频信号发生器连接到发送器上,开关 K_1 置 1,K_2 置 2,由误码仪发送 $2^{23}-1$ 或 $2^{15}-1$ 伪随机码。监视光端机的误码率,调整可变光衰减器的衰减量,使光接收机接收的光功率恰好在无误码的基础上增加 1 dB。

② 将低频信号发生器发生的测试低频信号加于误码仪的发送端,调制伪随机码,造成光端机输入信号的抖动,逐渐加大低频信号幅度,直至发生误码为止。

③ 将开头 K_1 置 3,测出此时的抖动值,即为此频率下的输入抖动容限。

④ 改变低频测试信号的频率,重复上述过程,逐频点测量,最后画出输入抖动与频率的对应关系。

目前,很多数字传输分析仪和 SDH 分析仪将 ITU-T 建议的输入抖动容限的有关曲线输入机内 CPU,只要启动自动测量功能,便能方便地测出系统的输入抖动容限值。

用如图 4.1.10 所示测试系统也可以测试光端机的输出抖动和抖动转移特性。将图中低频信号发生器的输出幅度设为零,使光端机输入端无抖动输入,断开 K_2,将 2 端和 3 端相连,抖动检测仪选择适当的滤波器带宽,此时抖动检测仪读出的数值即为输出抖动。

当要测量抖动转移特性时,可在某频率下将输入抖动调整在适当的数值,接收端测出输出抖动数值,输出抖动与输入抖动之比,即为抖动转移特性。

4.2　光同步数字传输网

自 20 世纪 80 年代中期以来,光纤通信在电信网中获得了大规模应用,其应用场合已遍及长途通信、市话局间通信,并逐步转向用户网。光纤通信优良的传输特性和低廉的价格正使之成为电信网的主要传输手段。在 1990 年以前,光纤通信一直沿用准同步数字体系(PDH),随着电信网的发展和用户要求不断提高,PDH 系统在运用过程中暴露出了一些明显的弱点。

① 数字信号速率、帧结构和光接口没有全球统一的标准,造成国际上互通的困难。图 4.2.1 给出了国际上两大不同的 PDH 系列各等级复接示意图,上半部分是日本和北美的复接标准,在 6 312 kbit/s 以上速率,日本和北美又采用了不同的复接方式。图 4.2.1 的下半部分是中国和欧洲的复接标准。这两种复用方式在速率等级和帧结构上互不兼容,光接口由各个厂家自行开发,难以互相直接联通。

② PDH 的复用结构除了几个低速等级的信号采用同步复接外,其他多数等级采用异步复接的方式,即靠塞入一些额外比特使各支路信号与复用设备同步并复用成高速信号,这种方式难以从高速信号中识别和提取低速支路信号,这不仅造成复用结构缺乏灵活性、上下话路费用高、需逐次群复用和解复用,同时也造成复用结构复杂、硬件数量大、在高次群上电路实现困难等。

③ PDH 系统中预留用作网络运行、管理和维护(OAM)的比特少,这成为改进网络 OAM 能力的严重障碍,无法适应不断演变的电信网的要求,难以支持新一代网络。

④ PDH 系统建立在点对点传输的基础上,这种体制无法提供最佳的路由选择,数字通道的利用率很低,也难以经济地提供不断出现的各种新业务。

由上可见,PDH 已不能满足电信网演变及向智能化网管系统发展的需要,一种结合了高速大容量光纤传输技术和智能化网络技术的新体制——光同步传输网应运而生,光同步传送网的概念最早是由美国贝尔通信研究所提出来的,称之为 SONET(Synchronous Optical Network)。SONET 的概念被当时的国际电报电话咨询委员会(CCITT)接受,并更名为同步数字体系(Synchronous Digital Hierarchy,SDH),并批准了一系列有关 SDH 的标准,使之成为不仅适用于光纤,也适用于微波和卫星传输的全世界统一的技术体制。

SDH 克服了 PDH 的弱点,具有通信容量大、传输性能好、接口标准、组网灵活方便、管理功能强大等优点。其国际标准一出现,就受到各国的高度重视,一些通信大公司投以巨额资金进行设备和系统的开发,使之很快进入实用化阶段,在国内外已得到广泛应用,成为信息高速公路的重要支柱之一。下面简要介绍 SDH 的帧结构、复用映射结构和网络结构等情况。

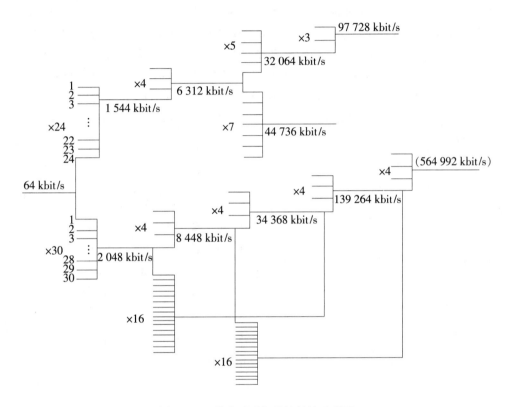

图 4.2.1　数字系列各等级复接示意图

4.2.1　SDH 的帧结构

1. 速率等级

同步传输模块 STM-N(Synchronous Transport Module Level N)的标准速率为:

STM-1	155.520 Mbit/s
STM-4	622.080 Mbit/s
STM-16	2 488.32 Mbit/s
⋮	⋮

2. SDH 的块状帧结构

SDH 采用以字节结构为基础的矩形块状帧结构，一帧由 $270 \times N$ 列和 9 行的字节（每字节 8 bit）组成，N 表示 SDH 的等级，每帧的时间为 125 μs，帧的重复速率是 8 000 帧/秒，与话音的取样频率相同。

STM-N 的帧结构如图 4.2.2(a)所示，图中净负荷是结构中存放各种信息容量的地方，其中含有少量用于通道监测、管理和控制的通道开销字节（Path Overhead，POH）。

段开销（Sectien Overhead，SOH）是为了保证信息净负荷正常、灵活地传送所必须的附加字节，主要供网络运行、管理和维护使用。SOH 分为两部分，第 1 至第 3 行为再生段开销（RSOH），第 5 至第 9 行为复用段开销（MSOH），帧结构中前 $9 \times N$ 列的第 4 行是管理单元指针（Administrative Unit Pointer，AU PTR），这是一种指示符，主要用来指示信息净负荷的第一个字节的 STM-N 帧内的准确位置，以便在接收端正确的分解。

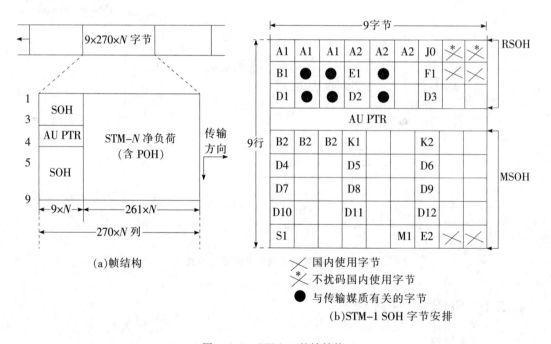

图 4.2.2　STM-N 的帧结构

3. 段开销字节安排

段开销中各个字节的安排、它们的功能和用途如表 4.2.1 所示。

表 4.2.1　SDH 各字节的功能

类别	缩写字符	功能
帧定位字节	A1,A1,A1,A2,A2,A2	识别帧的起始位置 A1=11110110　A2=00101000
再生段踪迹字节	J0	重复发送"段接入点识别符"
比特间插奇偶校验码(BIP-8)	B1	再生段误码监测
公务字节	E1,E2	E1 和 E2 分别用于 RSOH 和 MSOH 的公务通信通路
使用者通路	F1	为使用者(通常指网络提供者)特定维护目的而提供的临时通路连接
数据通信通路(DCC)	D1～D12	SOH 中用来构成 SDH 管理网(SMN)的传送链路
误码监测(BIP-24)	B2	复用段误码监测
自动保护倒换(APS)通路	K1,K2	用作 APS 信令
同步状态节字	S1(b5～b8)	S1 的后 4 个比特表示同步质量等级
复用段远端误块指示	M1	传送 B2 所检出的误块个数

4.2.2　SDH 的复用映射结构

同步复用和映射方法是 SDH 有特色的内容之一,它使数字信号的复用由 PDH 僵硬的大量硬件配置转变为灵活的软件配置。SDH 对于 155.520 Mbit/s 以上的信号,采用同步复接的方法,而对于低速支路信号,采用固定位置映射法,不仅不同制式的 PDH 低速信号,而且异步转移模式(ATM)的信号都能映射进 SDH 的帧结构中去。

1. SDH 的复用映射结构

由 ITU-T G.709 建议的 SDH 的基本复用映射结构如图 4.2.3 所示,图中各部分的名称和作用如下。

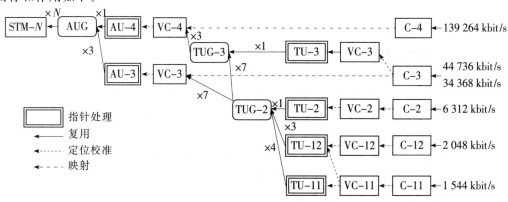

图 4.2.3　G.709 复用映射结构

227

① C-*n* 为容器,用以装载各种速率等级的数字信号,并完成码速调整等适配功能,使支路信号与 STM-1 适配。

② VC-*n* 为虚容器,由标准容器出来的数字流加上通道开销构成,通道开销用来跟踪通道的踪迹,监测通道性能,完成通道的 OMA 功能。

③ TU-*n* 为支路单元,为低阶通道层和高阶通道层提供适配,由低阶 VC 和 TU-PTR 构成。

④ AU-*n* 为管理单元,为高阶通道层和复用段层提供适配,由高阶 VC 和 AV PTR 构成。

⑤ TUG(AUG)为支路单元群(管理单元群),由一个或多个 TU(AU)构成,在 AUC 中加入段开销后便可进入 STM-*N*。

2. ATM 信元的映射

可以将 ATM 信元映射进 VC-3 或 VC-4,如图 4.2.4 所示,映射时只需将 ATM 信元字节的边界与 C-3/C-4 字节边界定位对准,然后再将 C-3/C-4 与 VC-3/VC-4 POH 一起映射进 VC-3/VC-4,这样,ATM 信元边界就与 VC-3/VC-4 字节的边界对准了。由于 C-3/C-4 容量(756/2 340 个字节)不是 ATM 信元长度(53 个字节)的整数倍,因而允许 ATM 信元跨越 C-3/C-4 边界到另一个 C-3/C-4 中去。

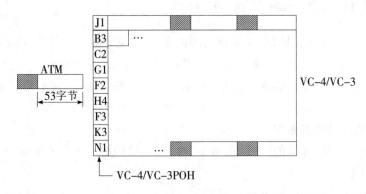

图 4.2.4　ATM 信元的映射

3. 指针和通道开销

SDH 中的指针在复用映射过程中不可缺少,其作用可归结为 3 条:① 当网络处于同步工作状态时,指针用来进行同步信号间的相位校准;② 当网络失去同步时,指针用作频率和相位校准,当网络处于异步工作时,指针用作频率跟踪校准;③ 指针还可以用来容纳网络中的频率抖动和漂移。

AU 指针可以为 VC 在 AU 帧内的定位提供一种灵活和动态和方法,它不仅能容纳 VC 和 SOH 在相位上的差别,而且能够容纳帧速率上的差异。TU 指针可以为 VC 在 TU 帧内的灵活和动态的定位提供一种手段。

通道开销由 9 个字节组成,这些字节为 J1、B3、C2、G1、F2、H4、F3、K3 和 N1,它们的功能如表 4.2.2 所示。

表 4.2.2　POH 的功能

类　　别	符　　号	功　　能
通道踪迹字节	J1	VC 的第 1 个字节,重复发送高阶通道接入点识别符,用以跟踪通道连接状态
通道误码监测	B3	使用偶校验的 BIP-8 码,对未扰码的前一个 VC 的所有比特进行计算,监视误码
信号标记字节	C2	用此字节 8 比特的不同组合情况表示 VC-3 或 VC-4 的装载情况
通道状态字节	G1	G1 的第 1~4 比特传送由 BIP-8 检出的远端块误码(REI),第 5 比特表示远端接收失效(RDI),包括 AIS、信号失效条件和通道追踪失配等
通道使用者通路字节	F2 和 F3	供通道单元间进行通信联络
自动保护倒换字节	K3(b1~b4)	高阶通道级保护的 APS 指令
网络运营者字节	N1	用于特定的管理目的,主要是串联的维护连接
位置指示字节	H4	提供净灵荷的位置指示

4. 网同步的概念

SDH 是同步网,采用同步复用方式,网同步的问题不能忽视。网同步的概念是指网络中所有节点的时钟频率和相位都控制在预先确定的容差范围内,以便使网的各交换节点的全部数字流实现正确、有效的交换。由于 SDH 特有的指针调整会在 SDH 和 PDH 的边界上产生很大的相位跃变,因此,网同步的规划和设计更显得重要。

SDH 通常采用主从同步方式,同步分配在局内采用星形拓扑,局间采用树形拓扑,如图 4.2.5 所示。

4.2.3　SDH 传送网的网络结构

SDH 最大的优势体现在组网上,而通信网络的概念几乎包括了提供通信服务的所有实体(设备、装备和设施)及逻辑配置,这是一个复杂的问题。这里重点介绍 SDH 传送网的功能结构、物理拓扑和自愈网的情况。

1. SDH 传送网的功能结构

传送网是一个复杂、庞大的网络,为了便于网络的设计和管理,采用分层(Layering)和分割(Partitioning)的概念,将网络的结构元件按功能分为参考点(接入点)、拓扑元件、

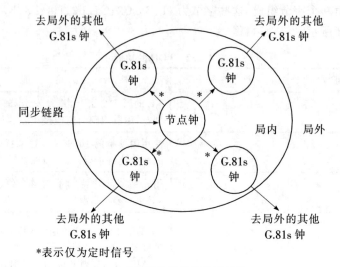

(a)局内分配的同步网结构

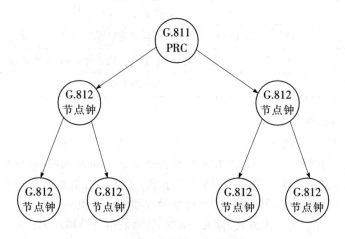

(b)局间分配的同步网结构

图 4.2.5　同步网结构

传送实体和传送处理功能四大类,用层网络、子网和链路作为网络的拓扑元件,从而使网络的结构变得灵活,网络的描述变得容易。

(1)层网络和子网

传送网从垂直方向可以分解为若干独立的层网络,如图 4.2.6 所示,SDH 传送网可分为电路层、通道层和传输媒质层。

电路层网络为用户提供交换业务,包括 64 kbit/s 电路交换网、分组交换网、ATM 交换及租用线电路网。

通道层网络用于支持不同类型的电路层网络,可分为低阶通道层网络和高阶通道层
网络,具有管理控制通道层网络中连接性的潜力是 SDH 网络的关键特征之一。

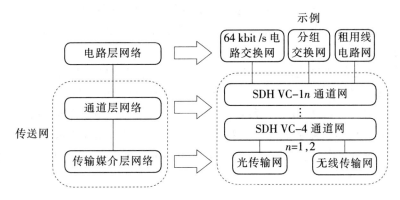

图 4.2.6　传送网的分层结构

传输媒质层网络分为段层网络和物理媒质层网络,段层网络包括复用段层网络和再
生段层网络,传输媒质层网络是指光缆或无线传输媒质。

将传送网分为独立的 3 层,每层能在与其他层无关的情况下单独加以规定,从而较
简便地对每层分别进行设计和管理。每个层网络有自己的操作和维护能力,使其他层的
作用和影响减小到最低程度。从网络体系的观点来看,层可以灵活地增加或改变,而不
会影响到其他层。

SDH 传送网的每一层网络又可以在水平方向按照该层内部的结构分割为若干子网
和更小的子网,如图 4.2.7 所示。

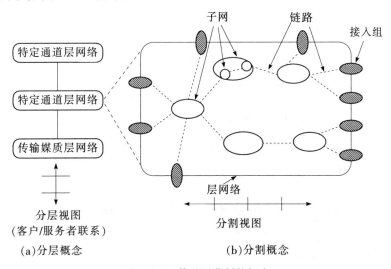

图 4.2.7　传送网分割的概念

借助于分割的概念,可以按所希望的程度将层网络递归分解予以表示,从而为层网络提供灵活的连接能力,便于网络管理,也便于改变网络的组成,使之最佳化。

链路代表一对子网之间的固定拓扑关系,用来描述不同的网络设备连接点间的联系,例如,两个交叉连接设备(DXC)之间的多个平行的光缆线路系统就构成了链路。

(2) 功能结构

层网和子网之间通过连接(网络连接、子网连接、链路连接)和适配(如层间适配包括复用解复用、编码解码、速率变化、定位和调整等)构成整个传送网。如图 4.2.8 所示便是功能模型示例,相邻的层间符合顾主/服务者关系。在这里,提供传送服务的层称为服务者(Server),使用传送服务的层称为顾主(Client)。如图 4.2.8 所示的每一层网络为其相邻的高阶层网络提供的传送服务,同时又使用相邻的低阶层网络所提供的传送服务,因而构成顾主/服务者联系。

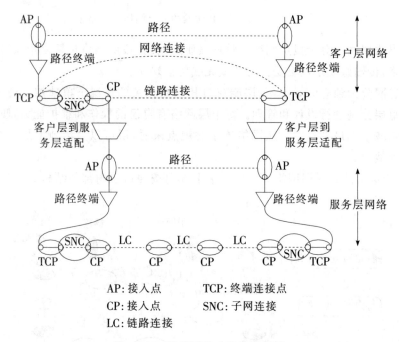

AP: 接入点 TCP: 终端连接点
CP: 接入点 SNC: 子网连接
LC: 链路连接

图 4.2.8　传送网的功能模型示例

2. SDH 网的物理拓扑

(1) 物理拓扑

SDH 网络物理拓扑的选择应综合考虑网络的生存性、网络配置的难易、网络结构是否适合新业务的引入等多种因素,根据具体情况来决定。一般来说,除了最简单的点到点的物理拓扑外,网络物理拓扑有如图 4.2.9 所示的 5 种类型。

① 线形。

将通信网中的所有点串接起来,首末两点开放,便形成了线性拓扑。这是 SDH 早期应用的网络拓扑形式,首末两端使用终端器,中间各点使用分插复用器(ADM),便构成比较经济的线形网。

② 星形和树形。

网中有一个特殊点以辐射的形式与其余所有点直接相连,而其余点之间互相不能直接相连,便构成了星形拓扑;当末端点连接到几个特殊点时就形成了树形拓扑。树形拓扑可以看成是线形和星形拓扑的结合。星形和树形都适合于广播式业务,但在特殊点存在着瓶颈问题、光功率预算限制和失效问题。这两种网络拓扑不适合提供双向通信业务。

③ 环形。

将线性网首末两开放点相连便形成了环形网。在环形网中,为了完成两个非相邻点之间的连接,这两点之间的所有点都应完成连接功能。环形网的最大优点是具有很高的网络生存性,因而在 SDH 网中受到特殊的重视,在中继网和接入网中得到广泛的应用。

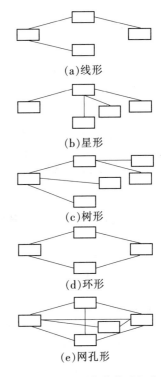

图 4.2.9　SDH 网络的物理拓扑

④ 网孔形。

当涉及通信的许多点直接互连时就形成了网孔形拓扑,网孔形拓扑不受节点瓶径问题的影响,两点间有多种路由可选,网络可靠性高;其缺点是网络结构复杂、成本较高,适合于业务量很大的干线网中应用。

(2) 我国 SDH 网络结构

SDH 网络物理层可分为干线网(Backbone Network)、中继网(Junction Network)和接入网(Access Network)。图 4.2.10 为我国 SDH 网络结构,DXC 表示交叉连接设备,ADM 表示插分复用设备。

DXC 和 ADM 是 SDH 重要的网络单元,DXC 是进行网络有效管理、实现可靠的网络保护及自动化配线和监测的重要手段。在一个有很多条大容量光纤链路进出的长途网的节点处,采用 DXC 设备可以代替传统的配线架;使用 DXC 的交叉连接功能,可以将任何一个 VC-n 和其他 VC-n 进行交叉连接,实现自动化配线;当某处光缆被切断时,利用 DXC 的快速交叉连接特性可以迅速地找到替代路由并恢复业务,起到自愈的作用。另外,DXC 还可以实现故障识别、监视误码、设定优先权和转移业务等功能。

ADM 设备也是最能体现 SDH 优越性的网元之一。利用 ADM,无须解复用和终结

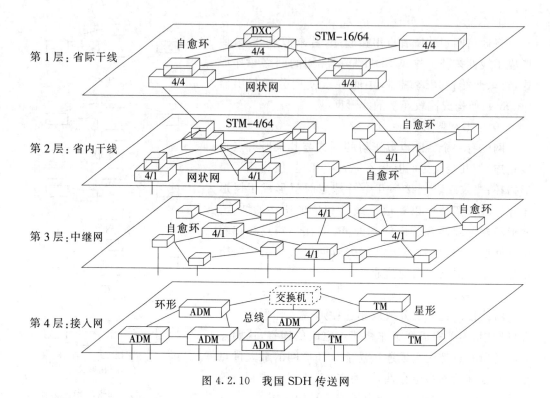

图 4.2.10　我国 SDH 传送网

全部信号即可接入到 STM-N 信号内的任何支路信号,在网中具有灵活的插入/分接(上下话路)功能。

在组织 SDH 网络时,为适应不同的要求,可以选用不同的网元(终端复用设备、中继设备、DXC 和 ADM),构成不同功能的网络。总的来说,在干线网的重要节点上使用 DXC,在中继网中 ADM 和 DXC 结合作用,在接入网中选用 ADM,如图 4.2.10 所示。

3. 自愈环形网

随着人类向信息社会的过渡,人们对通信的依赖性越来越大,对通信网络生存性的要求越来越高,因而自愈环形网(Self-healing Ring)的应用受到重视并迅速发展起来。所谓自愈环就是无需人为干预,网络就能在极短的时间内从失效故障中自动恢复所携带的业务,使用户感觉不到网络已出了故障。其基本原理就是使网络具备发现替代传输路由并重新确立通信的能力。自愈环只是撤出已失效部分,具体的维修工作仍需人工干预才能完成。

自愈环结构可以分为两大类:通道倒换环和复用段倒换环。通道倒换环属于子网连接保护,其业务量的保护是以通道为基础,是否倒换以离开环的每一个通道信号质量的优劣而定,例如利用通道 AIS 信号来决定是否应进行倒换。复用段倒换环属于路径保护,其业务量的保护是以复用段为基础,以每对节点间的复用段信号质量的优劣而决定是否倒换。通道倒换环和复用段倒换环的比较如表 4.2.3 所示。选择自愈环的种类时应考虑初建成本、要求恢复业务的比例、用于恢复业务所需要的额外容量、业务恢复的速度、扩展的灵活性和是否易于操作等因素。

表 4.2.3　自愈环的分类与比较

类　　　别	通道倒换环	复用段倒换环
功能比较	子网连接保护	路径保护
保护类型	专用保护,即正常情况下保护段也在传业务信号,保护时隙为整个环专用	公用保护,即正常情况下保护段是空闲的,保护时隙由每对节点共享
分路节点返回支路信号的方向	单向环和双向环	
一对节点间所用的光纤的最小数	二纤环和四纤环	
目前典型应用	二纤单向通道倒换环	二纤双向复用段倒换环

图 4.2.11 给出了一个二纤单向通道倒换环的例子,单向环通常由二根光纤来实现,S_1 光纤为工作光纤,用于传业务信号;P_1 光纤为保护光纤,用于保护。此环采用首端桥接,末端倒换结构,即在节点接入环时,S_1 和 P_1 桥接,信号同时馈入 S_1 和 P_1 向两个方向传输,而节点的接收处进行倒换,选优接收,实现 1+1 保护。例如,图 4.2.11 中在节点 A 进入环传送给节点 C 的支路信号(AC)同时馈入 S_1 和 P_1 向两个不同的方向传输到达 C 点,正常情况下,S_1 传送的信号为主信号,送给节点 C 的接收机,当 BC 节点间光缆被切断时,两根光纤同时被切断,从 A 经 S_1 到 C 的 AC 信号丢失,节点 C 的倒换开关由 S_1 转向 P_1,节点 C 接收 P_1 传来的信号,从而实现保护作用。故障排除后,开关返回原来位置。图 4.2.12 是一个二纤单向复用段倒换自愈环的结构,这是一种路径保护方式,S_1 光纤还是工作光纤,用于传业务信号,P_1 光纤为保护光纤,当光缆断裂时,断点两边的节点环回,信号经 P_1 光纤到达目的地。

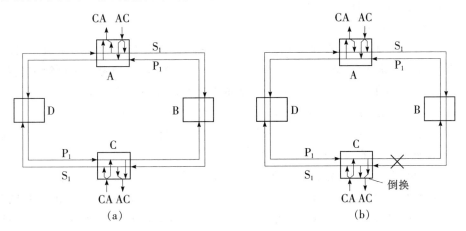

图 4.2.11　二纤单向通道倒换环

235

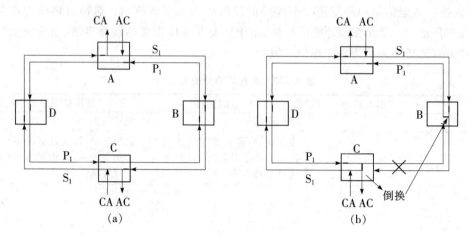

图 4.2.12　二纤单向复用段倒换环

4.3　光纤通信系统的总体设计

4.3.1　系统的总体考虑

当设计一个光纤通信系统(例如一个数字段)时,首先要弄清所设计系统的整体情况,它所处的地理位置,当前和未来 3～5 年内对容量的需求,ITU-T 的各项建议及系统的各项性能指标,以及当前设备和技术的成熟程度等。在弄清楚情况的基础上,对下述问题进行具体的考虑和设计。

1. 选择路由,设置局站

对于所要设计的系统,首先要在源宿两个终端站之间选择最合理的路由、设置中继站(或转接站和分路站)。路由一般以直、近为选择的依据,同时应考虑不同级别线路(例如一级干线和二级干线)的配合,以达到最高的线路利用效率和覆盖面积。

中间站(中继站、转接站和分路站)的设置既要考虑上下话路的需要,又要考虑信号放大、再生的需要。光纤通道的衰减和色散使传输距离受限,需要在适当的距离上设置光再生器以恢复信号的幅度和波形,从而实现长距离传输的目的。

传统的 O/E/O 式再生器具有所谓的 3R 功能,即再整形(Reshaping)、再定时(Retiming)和再生(Regenerating)功能。这种再生器相当于光接收机和光发射机的组合,设备较复杂,成本高,耗电大。目前,在 $1.55\mu m$ 波段运行的系统,已普遍采用掺铒光纤放大器(EDFA)代替传统的 O/E/O 再生器。虽然国际上也在研究具备 3R 功能的

EDFA,但目前实用的 EDFA 只具备光放大的功能。因此,对高速率、长距离光纤通信系统,当使用级联 EDFA 时,需考虑对色散的补偿和对放大的自发辐射(ASE)噪声的抑制。

2. 确定系统的制式、速率

目前,SDH 设备和 WDM 设备已经成熟并在通信网中大量使用,考虑到 SDH 和 WDM 设备良好的兼容性和组网的灵活性,新建设的长途干线和大城市的市话通信一般都应选择 SDH 设备或 WDM 设备,长途干线已采用 STM-16、多路波分复用的2.5 Gbit/s 系统,甚至 10 Gbit/s 系统。

对于农话线路,为节省投资,也可采用速率为 34 Mbit/s,140 Mbit/s 的 PDH 系统。

3. 光纤选型

目前可选择的光纤类型有 G.652 光纤、G.653 光纤、G.654 光纤、G.655 光纤及大有效面积光纤。G.652 光纤是目前已大量敷设、在 1.3 μm 波段性能最佳的单模光纤,该光纤设计简单、工艺成熟、成本低。但这种光纤工作在 1.55 μm 波段时,有＋17 ps/(km·nm)左右的色散,限制了高速率系统的传输距离。G.653 光纤只适合于 1.55 μm 单信道传输系统,对 WDM 系统,四波混频效应严重。适合于 WDM 系统的光纤选型是 G.655 和大有效面积的非零色散光纤。ITU-T 关于光纤的主要规范如表 4.3.1 所示,系统设计者可根据系统的具体情况和需要选择适当的光纤类型和工作波长。

表 4.3.1　ITU-T 有关光纤的主要规范

光纤种类 性能参数	G.652 光纤	G.653 光纤	G.655 光纤	大有效面积光纤
模场直径	8.6～9.5 μm	7～8.3 μm	8～11 μm	9.5 μm
2～20 m 长跳线光缆截止波长 λ_{cj}	≤1 260 nm	≤1 270 nm	≤1 480 nm	—
零色散波长	1 300～1 324 nm	1 500～1 600 nm	—	—
色散斜率	≤0.093 ps/(nm²·km)	≤0.085 ps/(nm²·km)	—	≤0.1 ps/(nm²·km)
最大色散系数 (1.3 μm 波段)	≤3.5 ps/(nm·km) (1 288～1 399 nm)	—	—	—
最大色散系数 (1.5 μm 波段)	≤20 ps/(nm·km) (1 525～1 575 nm)	≤3.5 ps/(nm·km) (1 525～1 575 nm)	≤0.1～6.0 ps/(nm·km) (1 530～1 565 nm)	1.0～6.0 ps/(nm·km) (1 530～1 565 nm)
包层直径	125±2 μm	125±2 μm	125±2 μm	125±2 μm
典型衰减系数 (1 310 nm)	0.3～0.4 dB/m	—	—	—
典型衰减系数 (1 550 nm)	0.17～0.25 dB/km	0.19～0.25 dB/km	0.19～0.25 dB/km	0.19～0.25 dB/km

4. 选择合适的设备，核实设备的性能指标

发送、接收、中继、分插及交叉连接设备是组成光纤传输链路的必要元素，选择性能好、可靠性高、兼容性好的设备是设计成功的重要保障。目前，ITU-T 已对各种速率等级的 PDH 和 SDH 设备（发送机 S 点和接收机 R 点）和 SR 点通道特性进行了规范，表 4.3.2 给出了 STM-1、STM-4 和 STM-16 光接口的部分主要指标。系统设计者应熟悉所设计的系统的各项指标，并以 ITU-T 的建议和我国的国标作为系统设计的依据。

5. 对中继段进行功率和色散预算

功率和色散预算是保证系统工作在良好状态下所需的，具体的预算方法在本节第 3 部分介绍。

表 4.3.2　光接口收发指标

项目单位		STM-N						
		STM-1			STM-4			STM-16
标称比特率/(kbit/s)		155 520			622 080			2 488 320
应用分类代码		S-1.1	L-1.1		S-4.1	L-4.1		L-16.2
工作波长范围/nm		1 261~1 360	1 263~1 360		1 293~1 334	1 300~1 325	1 280~1 335	1 500~1 580
发送机 S 点特性	光源类型	MLM	MLM	SLM	MLM	MLM	SLM	SLM
	最大 rms 谱宽(σ)/nm	7.7	3	—	4	2	—	—
	最大−20 dB 谱宽/nm	—	—	1	—	—	1	<1
	最小边模抑制比/dB	—	—	30	—	—	30	30
	最大平均发送功率/dBm	−8	0		−8	2	2	3
	最小平均发送功率/dBm	−15	−5		−15	−3	−3	−2
	最小消光比/dB	8.2	10		8.2	10	10	8.2
SR 点通道特性	衰减范围/dB	0~12	10~28		0~12	10~24	10~24	10~24
	最大色散/ps·nm^{-1}	96	246	NA	46	92	NA	1 200~1 600
	光缆在 S 点的最小回波损耗（含有任何活接头）/dB	NA	NA		NA	20	20	24
	SR 点间最大离散反射系数/dB	NA	NA		NA	−25	−25	−27

项目单位	STM-N					
	STM-1		STM-4			STM-16
接收机在R点特性 最差灵敏度（BER$\leqslant 10^{-10}$）/dBm	-28	-34	-28	-28	-28	-28
最小过载点（BER$\leqslant 10^{-10}$）/dBm	-8	-10	-8	-8	-8	-9
最大通道代价/dB	1	1	1	1	1	2
接收机在 R 点最大反射系数/dB	NA	NA	NA	-14	-14	-27

4.3.2 设计方法

单信道光纤通信系统功率预算和色散预算的设计方法有两种：最坏值设计法和统计设计法。下面介绍这两种设计方法。

1. 最坏值设计法

最坏值设计法是系统设计中最常用的方法。这种方法在设计再生段距离时，将所有参考值都按最坏值选取，而不管其统计分布如何。其优点如下。

① 可以为网络规划设计者和制造厂家分别提供简单的设计指导和明确的元件指标；

② 在最坏情况下仍能保证 100% 系统指标，不存在先期失效问题，当系统终了时，富余度用完，系统的可靠性高。

最坏值设计法的缺点是系统的总成本高。因为各项参数都为最坏值的概率极小，系统正常工作时有相当大的富余度，所以取最坏值设计法造成总成本的偏高。

2. 统计设计法

在实际的光纤通信系统中，光参数的离散性很大，分布范围很宽，若能充分利用其统计分布特性，则有可能更有效地设计再生段距离，降低总成本。近几年来已有大量文献提出了各种统计设计方法，如映射法、Monte-carlo 法、高斯近似法等。这些方法的基本思路是允许一个预先确定的足够小的系统先期失效概率，从而换取延长再生段距离的益处。例如，用映射法设计，取系统的先期失效概率为 0.1%，最大中继距离可比最坏值设计法延长 30% 以上。

统计法设计的缺点如下。

① 需付出一定的可靠性代价；

② 光通道的衰减和色散可以大于 G.957 所规范的数值，横向兼容性不易实现；

③ 设计时需考虑各项参数的统计分布,较为复杂。

还有一种介于最坏法和统计法之间的设计方法,称为半统计设计方法,这种方法将统计法中得益较小的光参数(如发送光功率、接收灵敏度和活动连接器损耗等)按最坏值处理,而将统计设计中得益较大的参数(如光纤衰减系数、光纤接头损耗等)按统计分布处理,从而节省了计算量。

4.3.3 功率预算和色散预算

再生段距离设计可分两种情况来讨论:第一种是损耗受限系统,即再生距离由发、收之间光通道的损耗决定;第二种是色散受限系统,即再生段距离由 S 和 R 点之间光通道总色散所限定。对于实际的系统,需要进行功率预算和色散预算。

1. 功率预算

当前已广泛应用的 SDH 光纤通信系统光通道损耗的组成如图 4.3.1 所示。

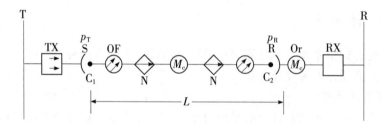

图 4.3.1 SDH 光纤通信系统通道损耗的组成

图中 TX 和 RX 分别表示光发送端机和光接收端机;p_T 和 p_R 分别表示 S 点和 R 点的光功率;C_1 和 C_2 表示活动连接器,用 A_c 表示活动连接器的损耗,单位为 dB;N 为再生段内光纤的固定接头,用 A_s 表示每个接头的损耗;M_c 表示光缆线路富余度(dB/km),M_e 表示设备富余度,包括发送机设备富余度 M_{eT}(通常取 1 dB 左右)和光接收机设备富余度 M_{eR}(通常取 2~4 dB)。

对于损耗受限的系统,可达到的最大再生距离可用下式来估算:

$$L_{max} = \frac{p_T - p_R - 2A_c - p_p}{A_f + A_s/L_f + M_c} \tag{4.3.1}$$

$$A_f = \left(\sum_{i=1}^{n}\alpha_{fi}\right)/n \tag{4.3.2}$$

$$A_s = \left(\sum_{i=1}^{n}\alpha_{si}\right)/(n-1) \tag{4.3.3}$$

上面 3 个式子中,n 为再生段内光缆的盘数;p_p 为通道代价;α_{fi} 为第 i 盘光纤的损耗(dB/km);A_f 为光纤的平均损耗(dB/km);α_{si} 为第 i 个光纤接头的损耗(dB);A_s 为每个光纤接头的平均损耗;L_f 为每盘光缆的长度(km)。

　　光通道代价表示光通道传输中引起的光信号性能的恶化。用经过光通道传输后光接收机灵敏度的恶化量(相对于背对背的灵敏度)来表示。引起光信号损伤的原因有：色散的积累、光放大器 ASE 噪声的积累和光反射特性等。实际系统主要考虑的是色散代价和反射代价。

　　当用最坏值进行设计时，上式中的各参数均应该代入最坏值。对于实际的系统，合适的再生距离的选择除了应小于 L_{max} 外，还要考虑光接收机动态范围的限制。对 SDH 系统，引入最小过载点来表示保证光接收机正常工作所允许的最大接收光功率。由于富余度是预留的，当系统刚开始应用时富余度并没有用上，用最坏值法设计的系统中再生距离较短的段就有可能发生实际接收光功率超过最小过载点的情况，这一点应引起实际的系统设计者的重视。

2. 光通道的色散代价

　　与光纤色散有关的系统性能指标主要有以下 3 个。

　　(1) 码间干扰

　　光纤色散导致所传输的光脉冲被展宽，使光脉冲发生重叠，形成码间干扰。对于使用多纵模激光器的系统，即使光接收机能够对单根谱线形成的波形进行理想均衡，但由于每根谱线产生的波形经历的色散不同而前后错开，光接收机很难对不同模式携带的合成波形进行理想均衡，从而造成光信号的损伤。

　　(2) 频率啁啾

　　单纵模激光器工作于直接调制状态时，由于注入电流的变化引起有源区载流子浓度变化，进而使有源区折射率发生变化。结果导致谐振波长随着时间偏移，产生频率啁啾(Chirping)。即便是采用外调制器，如电光调制器，调制电压的变化也会引起光频率的变化，产生啁啾，只不过是外调制器引起的频率啁啾远小于直接调制。由于光纤的色散作用，频率啁啾造成光脉冲波形展宽，影响到接收机的灵敏度。

　　一般认为，对于多数低色散系统，可以容忍的最大通道代价为 1 dB；对于少数高色散系统，允许 2 dB 的通道代价。系统设计者根据允许的光通道代价的要求，对不同速率的系统提出光通道要求及光源谱线宽度的指标。

3. 反射代价

　　反射是由于光通道折射率的不连续引起的，形成反射的因素很多，光纤本身折射率不均匀、光纤的接头(熔接接头和活动连接器等)都会引起反射，光纤微观上的不均匀还会引起瑞利散射。光反射对系统性能影响主要分为以下两种不同情况。

　　(1) 光反馈

　　光反馈是反射光进入激光器的情况。反馈光不仅使激光器的输出功率发生波动，而且使激光器的谐振状态受到扰乱，工作状态变得不稳定，形成较大的强度噪声和相位噪声。

　　(2) 多径干扰(MPI)

　　光在两个反射点之间产生多次反射，反射光与主信号光相互叠加，产生干涉强度噪声,对高速系统产生较大影响。

为了控制上述两种不同机理所形成的反射影响,规定了两种不同的反射指标,即 S 点的最小回波损耗和 S-R 点之间的最大离散反射系数,见表 4.3.2。前者反映了从整个光缆设施(包括离散反射和分布式散射)反射回来的功率影响,而后者反映单个离散反射点的影响。对于 STM-16 以上的等级,有时需要采用光隔离器来减小反射对激光器的严重影响。

4. 光缆线路富余度 M_c

光缆线路富余度 M_c 包括如下几点。

① 将来光缆线路配置的修改,例如附加的光纤接头、光缆长度的增加等,一般长途通信按 0.05~0.1 dB/km 考虑。

② 由于环境因素造成的光缆性能变化,例如低温引起的光缆衰减的增加。直埋方式可按 0.05 dB/km 考虑,架空方式随具体环境和光缆设计而异。

③ S-R 点之间光缆线路所包含的活动连接器和其他无源光器件的性能恶化。

ITU-T 并没有对光缆富余度进行统一规范,各国电信部门可根据所用的光缆性质、环境情况和经验自行确定。对我国长途传输,M_c 可选用 0.05~0.1 dB/km;对于市内局间中继和接入网则常用 0.1~0.2 dB/km,或以 3~5 dB 范围内的固定值给出。我国光接入网标准规定,传输距离小于 5 km 时富余度不少于 1 dB;传输距离 5~10 km 时,富余度不少于 2 dB;传输距离大于 10km 时,富余度不少于 3 dB。

5. 色散预算

对于色散受限系统,可达到的最大再生距离可用下式估算(最坏值法)

$$L_{maxd} = D_{SR}/D_m \tag{4.3.4}$$

式中,D_{SR} 为 S 点和 R 点之间允许的最大色散值,可以从如表 4.3.2 所示中查找各速率等级的 D_{SR} 值(单位为 ps/nm);D_m 为工作波长范围内的最大的光纤色散,单位为 ps/(nm·km)。

若光设备的参数为非标准值,例如光源谱宽与表 4.3.2 中规定值相差较大,则色散受限的再生段距离需要重新计算。色散受限距离的更基本的实用公式(最坏值法)为

$$L_{maxd} = 10^6 \varepsilon/(BD_m \delta \lambda_m) \tag{4.3.5}$$

当光源为多纵横激光器时,$\varepsilon = \sigma/T$,取 0.115;当光源为发光二极管时,ε 取 0.306(啁啾代价另算)。对于采用单纵横激光器的系统,色散代价主要是啁啾所致,上式的计算意义不大。这种情况下,假设光脉冲为高斯波形,允许的脉冲展宽不超过发送脉冲宽度的 10%,则系统的色散受限距离的工程近似计算公式为

$$L_{maxd} = 71\ 400/(\alpha D_m \lambda^2 B^2) \tag{4.3.6}$$

式中,α 为啁啾系数;λ 的单位为 nm;比特速率 B 的单位为 Tbit/s。

上述的工程近似计算公式与实测结果略偏保守,但简单易行,而且又足够安全。例如,对 2.5 Gbit/s 系统,工作在 1 550 nm 波段,$D_m = 17$ ps/(nm·km),采用普通量子阱激光器(设 $\alpha = 3$)和 EA 调制器(设 $\alpha = 0.5$),则再生距离可分别达 90 km 和 560 km。

4.4　光放大器

在光纤通信系统中,随着传输速率的增加,传统的 O/E/O 中继方式的成本迅速增加。长时间以来,人们一直在寻找光放大的方法来替代传统的 O/E/O 中继方式,并延长传输距离。光放大器能直接放大光信号,通过补偿传输中功率的损失而延长无电中继的传输距离,从而大大简化系统结构,降低系统成本。另外,光放大器能够同时透明地放大多路高速 WDM 信号,使得整个系统更加简单和灵活。它的出现和实用化,引起了光纤通信中的一场革命。

4.4.1　光放大器的发展概况与基本类型

1. 光放大器的发展概况

在过去的十几年中,光放大器的研究和应用得到了长足的发展。20 世纪 80 年代末掺铒光纤放大器(EDFA)问世,并很快大量地应用到光通信系统和网络中,在光纤通信领域引发了一场变革。后来随着超大容量 WDM 系统的发展,L 波段的 EDFA、掺铥光纤放大器(TDFA)、掺镨光纤放大器(PDFA)等稀土掺杂光纤放大器也先后研制成功,光放大器的应用范围已能覆盖从 S 到 L 的整个波段和 $1.3~\mu m$ 波段,如图 4.4.1 所示。

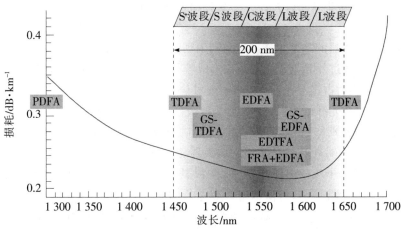

TDFA:Thulium-doped fiber amplifier
GS-TDFA:Gain-shifted TDFA
EDFA:Erbium-doped fiber amplifier
GS-EDFA:Gain-shifted EDFA

EDTFA:Telluride-based EDFA
FRA+EDFA:Fiber Raman amplifier and EDFA

图 4.4.1　各种光放大的应用波段

除 EDFA 外,半导体光放大器(SOA)和光纤喇曼放大器(FRA)也已引起人们的重视。人们对 SOA 的研究与半导体激光器的研究几乎是同时起步进行的,目前,适用于 1.3 μm 和 1.5 μm 波长的半导体光放大器均已商用。SOA 具有集成度高、体积小、增益谱宽等优点,但也存在饱和输出功率较低、非线性效应显著、对偏振敏感等缺点。SOA 不太适合在光纤传输系统中作为光放大器应用,但非常适合用做光信号处理器件,如用做波长变换器、光门型开关、光再生器和逻辑处理等。

人们对光纤喇曼放大器的研究早在 20 世纪 80 年代就进行过,但由于 FRA 的泵浦效率低,需要大功率(几百毫瓦甚至更高)的泵浦光源,而且需要合适的泵浦波长,这些条件在那时都难以满足,随着 EDFA 的广泛使用而逐渐淡出人们的研究视线。到 20 世纪 90 年代末,随着能满足要求的大功率泵浦激光器的出现和 WDM 超长传输的需求,又点燃了人们对光纤喇曼放大器研究的热情。由于 FRA 具有噪声低、频带宽、非线性损伤小等特点,所以逐渐被用到 WDM 长距离传输系统中。在 1999 年的 ECOC 上报道了用 FRA 和 EDFA 混合放大器实现了 40×40 Gbit/s 信号传输 400 km 的试验,随后,很多数千千米大容量 WDM 系统传输实验中也使用了 FRA。

目前在通信中用得最多的是 EDFA,它由于技术成熟、性能稳定可靠而广泛用于各种线性放大(补偿信号功率损失、提高信号发射功率)的场合。FRA 噪声特性好、增益谱宽,但是泵浦效率低、成本高,因此主要用在长距离、超长距离干线传输中。

2. 光放大器的分类

按照工作原理可以将光放大器分为受激辐射光放大器、受激散射光放大器和参量放大器三大类。

受激辐射光放大器的基本工作原理是利用受激辐射效应完成光子倍增、实现信号放大的。这种光放大器通过外界电或光的泵浦形成粒子数反转分布的有源区,当信号光经过有源区时,由于受激辐射占主导地位,从而实现对信号光的放大。属于此类的光放大器有半导体光放大器和掺杂光纤放大器,如覆盖 C 波段掺铒光纤放大器、覆盖 S 波段增益移动掺铥光纤放大器(GS-TDFA)、覆盖 O 波段(1.3 μm 波段)掺镨光纤放大器(PDFA)等。

受激散射光放大器具有与受激辐射放大器相似的机理和过程,不同之处在于受激辐射放大器涉及的是原子核外电子的跃迁,所以具有特定的吸收和辐射光谱,而受激散射放大器涉及的是原子的振动,可以散射任意波长的光波。光通信中用的此类放大器主要指受激喇曼光纤放大器。受激辐射和受激散射光放大器的通用结构和基本原理如图 4.4.2所示。

参量放大器是利用介质的三阶非线性光学效应——四波混频——实现信号的放大,利用

$$h\nu_{p1} + h\nu_{p2} = h\nu_s + h\nu_i \qquad (4.4.1)$$

将两个泵浦光(光子能量分别为 $h\nu_{p1}$、$h\nu_{p2}$)的能量转换到信号光(光子能量为 $h\nu_s$)上,同

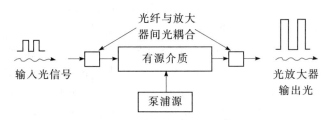

图 4.4.2　光放大器的通用结构

时产生一个闲频光(光子能量为 $h\nu_i$)。与受激散射光放大相似,由于参与混频过程中的是介质分子的振动和转动,所以没有特定的吸收谱。与受激散射光放大不同之处在于,参量放大需要满足相位匹配条件。

本节主要介绍 EDFA 和 FRA 的原理、结构和应用情况。

4.4.2　EDFA 的工作原理和基本性能

1. EDFA 的工作原理

铒(Er)是一种稀土元素(属于镧系元素),原子序数是 68,原子量为 167.3。EDFA 利用了镧系元素的 4f 能级,图 4.4.3 是 Er^{3+} 的能级图。在掺铒光纤中,由于石英基质的作用,4f 的每一个能级分裂成一个能带。图中 $^4I_{15/2}$ 能带称为基态;$^4I_{13/2}$ 能带称为亚稳态,在亚稳态上粒子的平均寿命时间达到 10 ms;$^4I_{11/2}$ 能带称为泵浦态,粒子在泵浦态上的平均寿命为 1 μs。除图中标出的吸收带外,Er^{3+} 还有 800 nm 等其他吸收带。由于 980 nm 和 1 480 nm 大功率半导体激光器已完全商用化,并且泵浦效率高于其他波长,故得到最广泛的应用。用 1 480 nm 泵浦源时泵浦效率高,可以获得较大的输出功率;采用 980 nm 泵浦源时虽然泵浦效率较低,但它引入的噪声小,可以得到好的噪声系数。

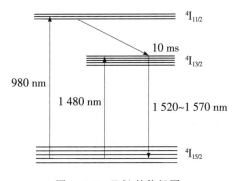

图 4.4.3　Er^{3+} 的能级图

先从概念上说明掺铒光纤放大器的基本工作原理。Er^{3+} 吸收泵浦光的能量,由基态^{4}I$_{15/2}$跃迁至处于高能级的泵浦态。对于不同的泵浦波长,电子跃迁至不同的能级,如图 4.4.3 所示,当用 980 nm 波长的光泵浦时,Er^{3+} 从基态跃迁至泵浦态^{4}I$_{11/2}$,由于泵浦态上载流子的寿命时间只有 1 μs,电子以非辐射方式由泵浦态迅速豫驰至亚稳态。在亚稳态上载流子有较长的寿命(10 ms),在源源不断的泵浦下,亚稳态上的粒子数积累,从而实现了亚稳态和基态间的粒子数反转分布。当有 1.55 μm 信号光通过已被激活的掺铒光纤时,在信号光的感应下,亚稳态上的粒子以受激辐射的方式跃迁到基态。对应于每一次跃迁,都产生一个与感应光子完全一样的光子,从而实现了信号光在掺铒光纤的传播过程中的不断放大。在放大过程中,亚稳态的粒子也会以自发辐射的方式跃迁到基态,自发辐射产生的光子也会被放大,这种放大的自发辐射(Amplified Spontaneous Emission,ASE)会消耗泵浦功率并引入噪声。当用 1 480 nm 波长的光泵浦时,Er^{3+} 从基态跃迁至亚稳态能带的上部,然后粒子以非辐射方式迅速在亚稳态上重新分布,实现粒子数反转分布。

EDFA 的吸收谱和增益谱如图 4.4.4 所示。

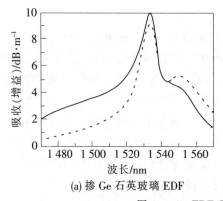
(a) 掺 Ge 石英玻璃 EDF

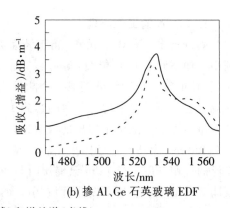
(b) 掺 Al、Ge 石英玻璃 EDF

图 4.4.4　EDF 吸收谱(实线)和增益谱(虚线)

2. EDFA 的结构

图 4.4.5 是 EDFA 的光路结构原理图,(a)为同向泵浦,即在掺铒光纤的输入端加一个泵浦激光器,信号光和泵浦光经波分复用器后合在一起,在掺铒光纤中同向传输;(b)为反向泵浦,即信号光和泵浦光在掺铒光纤中反向传输;(c)为双向泵浦结构,即在掺铒光纤的两端各加一个泵浦激光器。光隔离器的作用是只允许光沿箭头的方向单向传输,以防止由于光反射形成光振荡,防止反馈光引起信号激光器工作状态的紊乱。

双向泵浦可以采用同样波长的泵浦源,也可采用 1 480 nm 和 980 nm 双泵浦源方式。980 nm 的泵浦源工作在放大器的前端,用以优化噪声性能;1 480 nm 泵浦源工作在放大器的后端,以便获得最大的功率转换效率,这种配置既可以获得高的输出功率,又能得到较好的噪声系数。

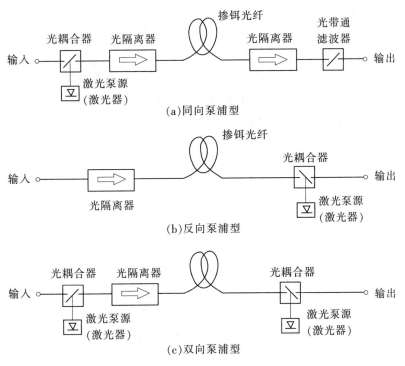

图 4.4.5　EDFA 的光路结构

3. EDFA 的速率方程模型

EDFA 的理论分析已经十分完善,根据不同的情况可以采用不同的分析方法。这些方法是 EDFA 性能研究和优化设计的基础。这里仍采用最常见的速率方程组来分析 EDFA 的工作过程。

EDFA 在 980 nm 泵浦时,是一个典型的三能级跃迁系统,在 1 480 nm 泵浦时是准二能级跃迁系统。由于 Er^{3+} 粒子在泵浦态上的寿命很短而在亚稳态的寿命很长,故可将 EDFA 等效为二能级分布。Er^{3+} 粒子在亚稳态和基态上的浓度变化由速率方程给出,在忽略掺铒光纤的背景损耗的情况下,此时的速率方程为

$$\frac{\partial N_1}{\partial t} = -\left(\frac{(P_p^+ + P_p^-)\sigma_p \eta_p}{h\nu_p A} + \frac{(P_s + P_{ase}^+ + P_{ase}^-)\sigma_{sa} \eta_s}{h\nu_s A}\right)N_1 +$$

$$\left[\frac{(P_s + P_{ase}^+ + P_{ase}^-)\sigma_{se} \eta_s}{h\nu_s A} + A_{21}\right]N_2 \tag{4.4.2}$$

$$N_1 + N_2 = N \tag{4.4.3}$$

式中,N_1、N_2 分别为亚稳态和基态上的铒离子浓度;N 为铒离子掺杂浓度;P_s、P_p 和 P_{ase}

为任一点处的信号光功率、泵浦光功率和 ASE 功率;其中"＋"号代表正向传播,"－"号代表反向传播;h 为普郎克常数;ν_s、ν_p 为信号光频率和泵浦光频率;A 为纤芯面积;σ_{se} 和 σ_{sa} 为信号光的受激辐射截面和受激吸收截面;σ_p 为泵浦吸收截面;η_s、η_p 为信号光和泵浦光在纤芯中分布的面积与纤芯面积之比;A_{21} 为亚稳态粒子自发辐射速率。

将长度为 L 的掺铒光纤定为 z 轴,信号传播方向为正,令 $z=0$ 与 $z=L$ 分别是 EDFA 的输入端和输出端,考虑 EDF 中的主要过程,信号光、泵浦光和 ASE 的传播方程为

$$\frac{\partial P_s(z,t)}{\partial z} = \eta_s[\sigma_{se}N_2(z,t) - \sigma_{sa}N_1(z,t)]P_s(z,t) \tag{4.4.4}$$

$$\frac{\partial P_p^\pm(z,t)}{\partial z} = \mp \eta_p\sigma_p N_1(z,t)P_p^\pm(z,t) \tag{4.4.5}$$

$$\frac{\partial P_{ase}^\pm(z,t)}{\partial z} = \pm \eta_s[\sigma_{se}N_2(z,t) - \sigma_{sa}N_1(z,t)]P_{ase}^\pm(z,t) + 2\eta_s\sigma_{sa}N_2(z,t) \tag{4.4.6}$$

在稳态情况下 $\dfrac{\partial N_2}{\partial t} = \dfrac{\partial N_1}{\partial t} = 0$, 故有

$$N_1 = \frac{\dfrac{(P_p^+ + P_p^-)\sigma_p\eta_p}{h\nu_p A}}{\dfrac{(P_p^+ + P_p^-)\sigma_p\eta_p}{h\nu_p A} + \dfrac{(P_s + P_{ase}^+ + P_{ase}^-)(\sigma_{sa} + \sigma_{se})\eta_s}{h\nu_s A}} N \tag{4.4.7}$$

遗憾的是,联立方程式(4.4.2)～式(4.4.7)无解析解,只能通过数值计算求解。运用改进后的农格-库塔算法,可求出信号、泵浦及正反向 ASE。根据以上理论模型和掺铒光纤的各种参数,可对 EDFA 进行拟和和优化设计。在这方面前人已作了大量的工作,EDFA 的性能已得到充分、全面的研究。

4. EDFA 的基本性能

(1) 增益特性

EDFA 的增益是指输出与输入的信号光功率之比,不包括泵浦光或自发辐射光。增益与泵浦功率和输入信号光功率有关,并存在一个最佳的掺铒光纤长度。在式(4.4.1)～式(4.4.6)中代入典型 EDFA(使用国产掺铒光纤)的各项参数,经数值求解后得到增益和泵浦光功率之间的关系,如图 4.4.6 所示。从图中可以看出,当输入信号较小时,放大器的增益较高;当泵浦光功率较大时,放大器增益出现饱和。图 4.4.7 显示了增益与掺铒光纤长度的关系,对应于一定的泵浦光功率,如果掺铒光纤的长度超过了一定的范围,泵浦光功率将消耗到阈值功率以下,其能量不足以使掺铒光纤中的粒子数反转,此时掺铒光纤将衰减信号光功率,其增益系数变为负数。因此,存在一个可以获得最大增益的最佳长度。图 4.4.8 显示了增益与输入光功率的关系,同样可以看到放大器的饱和特性。

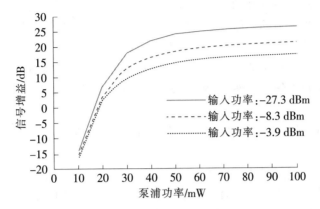

图 4.4.6　EDFA 信号增益与泵浦功率的关系

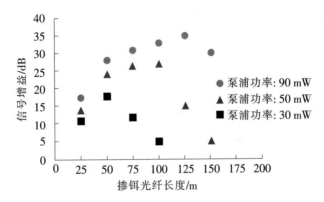

图 4.4.7　增益与掺铒光纤长度的关系（输入功率−33 dBm）

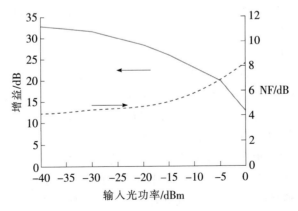

图 4.4.8　EDFA 增益与噪声性能（泵浦功率 120 mW）

EDFA工作在线性范围区时的增益称为小信号增益,这时,在给定的信号波长和泵浦功率下,增益基本上与输入信号光功率无关。增益比小信号增益降低3 dB时的波长间隔,称为小信号增益波长带宽,可以达到35 nm以上。

在信号波长上,EDFA的增益相对小信号增益减小3 dB时输出信号的光功率称为饱和输出功率,在正常工作的条件下,从EDFA能够得到的输出信号的最大光功率,称为最大输出信号功率。

以上几个性能参数较全面地反映了EDFA的增益性质。

(2)噪声特性

在EDFA中,信号被放大的同时,ASE功率也不断增加。由于ASE占有整个放大带宽,故不可能将其全部滤除。光检测器接收到经EDFA放大的信号时,其光生电流中除信号外,还包含有信号-ASE拍频噪声和ASE-ASE拍频噪声。其功率密度谱如图4.4.9所示。信号-ASE拍频噪声为带宽为 $\Delta f/2$ 的均匀白噪声(Δf 为EDFA的等效带宽),ASE-ASE拍频噪声频谱为三角形,并有一直流分量。

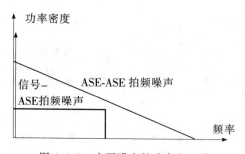

图4.4.9　主要噪声的功率密度谱

一般用噪声系数(Noise Figure,NF)来衡量一个EDFA的噪声特性,其定义为放大器输入信噪比和输出信噪比之比。在求解速率方程组的过程中可以发现EDFA的粒子数反转程度越高,其噪声性能越好。如图4.4.8所示显示了NF与输入光功率的关系。从图中可以看出,当EDFA有最大增益时,其NF最小。

对于不同的泵浦波长,NF是有差异的。当使用1 480 nm泵浦时,由于泵浦态和亚稳态处在同一个能带中,该能带中的粒子服从玻耳兹曼分布规律,所以始终有部分粒子保持在泵浦态上,使得基态粒子不能全部反转,其反转程度小于980 nm泵浦。正因如此,后者泵浦的EDFA的NF优于前者。理论上证明,对于任何利用受激辐射进行放大的放大器,其NF的最小值为3 dB,这个极限被称为NF的量子极限。对于980 nm泵浦,其NF可以接近量子极限,而1 480 nm泵浦,报道的最小NF约为4 dB。

EDFA的有3种基本泵浦结构方式,即同向泵浦、反向泵浦和双向泵浦。3种泵浦结构的EDFA在性能上略有差异。采用同向泵浦,可获得较好的噪声性能;采用反向泵浦,可获得较高的输出功率;采用双向泵浦,可使 EDFA 的增益和噪声性能都优于单向泵浦,但由于增加一个泵浦源,EDFA 的成本增加很多。

在这些基本结构的基础上,EDFA 向着多级化复合结构发展。研究表明,在掺铒光纤中插入合适的光学器件可以平坦放大器的增益、抑制反向 ASE 和瑞利散射;还可以实现增益控制(Gain Controlled EDFA,GCEDFA)和输出限制放大器(Optical Limiting Amplifier,OLA),充分利用泵浦光功率,等等。所有这些方法都以增加放大器的复杂程度来换取其性能的提高。报道的 EDFA 的指标不断刷新,其小信号增益已达到 54 dB,噪声系数接近量子极限。商用 EDFA 的一般水平也能达到小信号增益大于 30 dB,噪声系数小于 7 dB,最大饱和输出功率达到 19 dBm。

5. EDFA 的应用

(1) 系统应用方式

在光纤通信系统中,EDFA 有 3 种基本的应用方式,分别是功率放大器(Power Booster)、前置放大器(Preamplifier)和在线放大器(In-line Amplifier)。它们对放大器性能有不同的要求,功放要求输出功率大,前放对噪声性能要求高,而线放须两者兼顾。

由于光放大器对信号的调制方式和传输速率等方面具有透明性,EDFA 在模拟、数字光纤通信系统以及光孤子通信系统中显示了巨大的应用前景。尤其值得一提的是,在长途数字通信系统中,波分复用(Wavelength Division-Multiplexed,WDM)技术与 EDFA 结合将大大提高系统的传输容量和传输距离,WDM＋EDFA 已成为光纤通信系统重要的应用方向。

在 WDM 系统中,为了能同时放大多路不同波长的信号,要求 EDFA 的增益平坦,为此,可以在掺铒光纤中再掺入氟或铝,来改善掺铒光纤的增益谱,或采用适当的滤波措施,以使 EDFA 的增益平坦。

在模拟系统中,EDFA 也得到了广泛的应用。与数字系统相比,模拟系统的功率预算很低,采用低损耗的长波长窗口,并使用 EDFA 可大大提高功率预算。另外更为重要的一点是,由于模拟系统多用于 CATV 网和宽带用户接入网中,迫切需要 EDFA 来补偿分路损耗,所以在未来的光纤接入网中 EDFA 将是不可缺少的部件。

(2) EDFA 的级联方式

在级联 EDFA 的系统中,ASE 噪声将不断积累。由于级联方式不同,系统的噪声性能略有不同。理论分析和实验研究表明,要获得满意的信噪比应保持信号功率对 ASE 的有效抑制,在发射机后使用功率放大器能有效地提高整个系统的信噪比。

根据每级增益安排的不同,EDFA 可以有 3 种不同的级联方式。第一种级联方式是所谓的"自愈"方式,即对每级增益不做专门的控制。在这种方式下,开始几级 EDFA 的增益较大,随着信号光功率的增加和 ASE 噪声的积累,EDFA 增益饱和,最后每级 EDFA

输出功率趋于恒定,此时信号光功率不断下降,而 ASE 噪声功率不断增加。第二种级联方式是保证每级 EDFA 输出功率恒定,光功率的变化趋势与第一种级联方式的后半部分相同。第三种级联方式是保持每级 EDFA 的增益恰好抵消级间损耗。这种情况下每级 EDFA 输出的信号光功率恒定,但由于 ASE 噪声积累,总功率将不断上升。图 4.4.10 给出了两种情况下 3 种级联方式信噪比的变化。

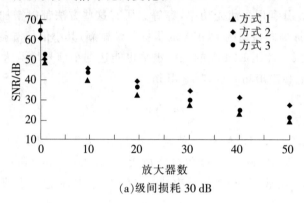

(a)级间损耗 30 dB

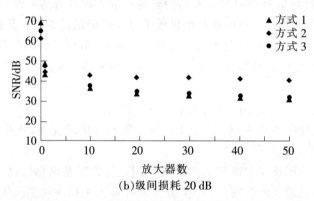

(b)级间损耗 20 dB

图 4.4.10   级联 EDFA 系统的 SNR 的变化

计算中分别取 $L=30$ dB 和 $L=20$ dB(包括 EDFA 的插入损耗)。从图中可以看出无论 EDFA 工作于何种状态,对于级联方式 2 和 3,在发射机输出端都有一 EDFA 作功率放大器,而在级联方式 1 中则没有,所以级联方式 1 中信号光在第一级 EDFA 之前的传输,散粒噪声占主导地位,信噪比下降最多。在几级放大之后,级联方式 2 的信噪比优于其他两种方式。多级放大之后,三种级联方式的信噪比下降速率基本相同。比较图 4.4.10(a)和图 4.4.10(b),我们还发现相同输入光功率条件下,减小级间损耗可以提高系统的信噪比。

（3）系统应用中的新问题

在含有 EDFA 的系统中，由于 EDFA 能提供足够的增益，信号的传输距离大大延长，随着信号速率的不断提高，光纤色散和非线性效应对系统性能的影响变得突出起来，增益的不平坦、如何补偿常规光纤中 1.55 μm 波长上的色散成为亟待解决的问题。这些问题将在第 6 章中讨论。

4.4.3　光纤喇曼放大器

EDFA 是线路上使用最广泛的光放大器，但是它的工作带宽较窄，增益带宽不够平坦，噪声系数较大。光纤喇曼放大器（FRA）的出现弥补了 EDFA 的不足，有望在宽带长距离传输系统上广泛使用。

1. 光纤喇曼放大器的原理

喇曼放大是利用强激光在光纤中传输时的三阶非线性效应——受激喇曼散射（SRS）效应——来工作的，当波长和功率合适的泵浦光送到传输光信号的光纤后，在传输过程中利用受激喇曼散射效应可以对信号光进行放大。

受激喇曼散射是由光纤物质中原子振动参与的光散射现象，是入射光子和声子相互作用的结果，声子是物质中晶格振动能量变化的最小单位。SRS 的基本过程可以理解为如下所述。

① 频率为 ν_{in} 的入射光子与介质相互作用时，可能发射一个频率为 $\nu_s = \nu_{in} - \nu_v$ 的斯托克斯（Stokes）光子和一个频率为 ν_v 的光学声子，在这个过程中能量保持守恒，即 $h\nu_{in} = h\nu_s + h\nu_v$（$h$ 为普朗克常量），光波产生下频移。

② 入射光子与介质分子相互作用的结果，也可能吸收一个频率为 ν_v 的声子而产生一个频率为 $\nu_a = \nu_{in} + \nu_v$ 的反斯托克斯光子，在这个过程中同样也保持能量守恒，但光波产生上频移。

当温度较低时，分子多分布在基态，因此主要表现出斯托克斯过程。

当光纤中传输的单波长光信号的功率较小时，主要表现出来的是自发喇曼散射，它们对光纤通信不产生明显的影响。但传输强光束时，尤其在光纤中存在多个波长时，就可能诱发出受激喇曼散射效应。

喇曼散射的增益谱很宽，峰值增益位置在频移 13 THz 处，如图 4.4.11 所示。如果用比信号光的频率高 13 THz 左右的强光进行泵浦，由于受激喇曼散射的斯托克斯过程，泵浦光功率将转移到信号光上，使信号光得到放大，这就是喇曼光放大器的工作原理。

喇曼增益依赖于泵浦功率以及泵浦和信号之间的频率间隔。如图 4.4.11 所示，如果将喇曼增益谱线拟合成如图中所示的一条直线，可以近似算出多波长系统中，频率间隔为 $\Delta\nu_g$ 的两波长间的喇曼增益系数为

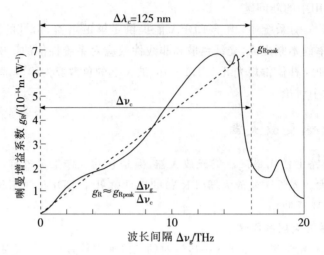

图 4.4.11　喇曼增益谱

$$g_R = g_{Rpeak} \cdot \frac{\Delta\nu_g}{\Delta\nu_c} \qquad (4.4.8)$$

式中 g_{Rpeak} 是峰值喇曼增益系数，$\Delta\nu_c$ 是喇曼增益谱的频率范围。

2. 喇曼放大器的结构和特点

　　喇曼放大器可以采用分立式结构，也可以采用分布式放大结构，即光信号在传输的同时被放大；可以采用反向泵浦方式，也可以采用双向泵浦方式。图 4.4.12 给出了反向泵浦喇曼放大器的一种结构，泵浦光来自包层泵浦的光纤激光器，经过 1 450/1 550 nm WDM 复用器耦合进传输光纤，沿与信号相反方向传输，使信号光在传输的同时被放大。

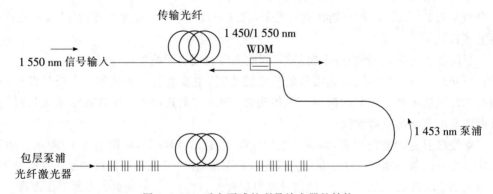

图 4.4.12　反向泵浦的喇曼放大器的结构

　　喇曼放大器的特点如下。

　　① 喇曼放大器利用石英光纤的固有属性(SRS)来获得信号放大，传输光纤可以用来

作为放大媒质,构成分布式放大器(DRA),即光信号在传输的同时被放大。

② 工作波长取决于泵浦波长,FRA 可以工作在 1.3 μm 波段,也可以在 1.5 μm 波段,增益带宽的位置能够通过调谐泵浦波长来进行调整,增益范围灵活,可调整。

③ 在不同波长泵浦下的喇曼增益谱形状几乎不变,而且之间可以相互重叠,这样可以利用多个泵浦提供宽带、平坦增益谱,并可根据需要调整增益谱的范围,即通过多波长泵浦实现宽带放大。已经报道的采用多波长泵浦的光纤喇曼放大器中,增益平坦带宽已达到 80 nm 以上,整个增益带宽可达到 120 nm 左右。图 4.4.13 是在 OFC'2001 上报道的用 7 个激光源泵浦实现的增益平坦的宽带喇曼放大器。

但在多波长泵浦时,不仅泵浦光和信号光之间会发生受激喇曼散射效应,而且泵浦光之间、信号光之间也会发生受激喇曼散射效应,产生短波长光功率向长波长的转移。若光纤中共有 n 个波长,由于受激喇曼散射效应,第 i 个波长的信号在传输中的功率变化为

$$\frac{\mathrm{d}p_{si}}{\mathrm{d}z} = -\alpha p_{si} + \left[\sum_{j=1}^{i-1} \frac{g_{Rj-i}}{K_{ij}A_{eff}} p_{sj} - \sum_{j=i+1}^{n} \frac{\nu_i}{\nu_j} \frac{g_{Ri-j}}{K_{ji}A_{eff}} p_{sj} \right] p_{si} \qquad (4.4.9)$$

式中,p_{si} 为第 i 波长的光功率。等号右面第一项表示该波长的功率损耗,α 为光纤的衰减系数;第二项表示受激喇曼散射引起波长信道间光功率的转移,方括号中第一项为波长比第 i 信道小的 $(i-1)$ 个信道向第 i 信道的功率转移,第二项表示第 i 信道向波长长的〔$(i+1)$ 至 n〕信道的功率转移。式中 g_{Ri-j} 表示 i 和 j 信道间喇曼增益系数;ν_i 和 ν_j 分别为第 i 和第 j 信道光的频率;A_{eff} 为光纤的有效面积;K_{ij} 为与光的偏振有关的系数。

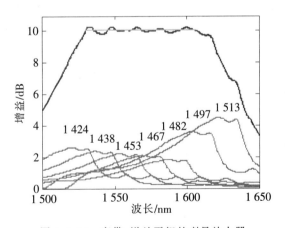

图 4.4.13 宽带、增益平坦的喇曼放大器

④ 采用多波长泵浦时,对每一波长的泵浦可以采用偏振复用,这样不仅可以降低对每一波长的泵浦激光器的功率要求,而且可以消除偏振敏感性。

⑤ 喇曼放大器具有优良的噪声性能,在超长距离传输时,可以保持好的 OSNR。目

前,数千千米的高速系统一般都要采用喇曼放大器。

喇曼放大器的不足之处如下。

① 石英光纤的喇曼增益系数小,泵浦效率低,要想获得足够的增益,需要较大的泵浦功率和较长的光纤长度;

② 喇曼增益系数具有偏振依赖性,对偏振较为敏感;

③ 快速的响应时间使得泵浦功率的变化和波动能很快地转移到对信号增益的变化上,所以泵浦的强度噪声会借此影响信号,降低信噪比。

3. FRA 的性能参数及变化规律

两个区别于 EDFA 的衡量 FRA 性能的重要指标为开关增益和等效噪声系数。

(1) 开关增益

FRA 可以像 EDFA 一样用净增益表示其放大能力,净增益表示泵浦源打开时的输出信号光功率(P_2)与输入信号光功率(P_0)的比值,表示为

$$G_{net} = \frac{P_2}{P_0} \tag{4.4.10}$$

但净增益并不能充分表示出 FRA 的放大能力,因为作为分布式放大器,信号在传输过程中光纤的衰减和喇曼放大是同时进行的。因此,FRA 引入开关增益。开关增益定义为有泵浦时的信号输出功率(P_2)相对于无泵浦时输出功率(P_1)的比值,即

$$G_{on\text{-}off} = \frac{P_2}{P_1} = G_{net} \exp(\alpha L) \tag{4.4.11}$$

开关增益直接表示了泵浦提升信号功率的能力。为了加深理解,可以把分布式 FRA 等效为传统的传输光纤+分立式放大器结构,如图 4.4.14 所示,开关增益就是这个假想的分立式放大器的增益。

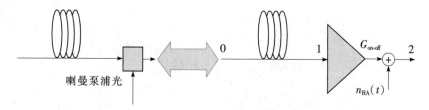

图 4.4.14　将分布式 FRA 等效为一段传输光纤和一个分立式放大器

(2) 等效噪声系数

一般放大器的噪声系数定义为器件(包括放大器和各种无源器件)对输入信噪比的恶化程度,即

$$NF = \frac{SNR_{in}}{SNR_{out}} \tag{4.4.12}$$

分布式放大器中包含了传输光纤的损耗,为了与传统分立式放大器进行条件等同的

比较,需要定义等效噪声系数。等效噪声系数定义为将分布式放大器等效为传统的传输光纤＋分立式放大器结构时,具有相同的输出 OSNR 的分立放大器所应具有的噪声系数。可见喇曼放大器的等效噪声系数反映的是分布式喇曼放大器比起传统的传输光纤＋分立式放大器在噪声特性方面的优劣。

假定分布式放大器的噪声系数(真实的)为 NF_1,假想的分立放大器的噪声系数分别为 NF_2,则有

$$NF_2 = NF_1 \exp(-\alpha L) \tag{4.4.13}$$

假想的分立放大器的噪声系数即为喇曼放大器的等效噪声系数。可见,喇曼放大器的等效噪声系数是其真实的噪声系数乘以光纤的损耗 $\exp(-\alpha L)$,所以完全有可能使其小于 3 dB,甚至为负值。这说明分布式 FRA 与传输光纤＋分立式放大器相比,如果两者要达到同样的噪声水平,则要求分立式放大器具有低于量子极限的噪声系数,这是不可能的,所以分布式 FRA 的噪声特性更好。已报道的利用分布式 FRA 提高系统 OSNR 或 Q 值从 3.7 dB 到 7.4 dB 不等,且随着光纤段距离加长而增长。这说明分布式放大器在噪声性能方面的确优于分立式放大器,这可以归因于分布式放大器中光纤对噪声的衰减作用。

4. 喇曼放大器的泵浦源

喇曼放大需要强的泵浦功率。目前的泵浦源主要有两种类型:一种是半导体激光器,波长为 1 400～1 500 nm 的高功率半导体激光器、偏振合波/波分复用的系列泵浦模块已经商用,可以实现波长范围 1 500～1 600 nm 的喇曼放大;另一种是多模激光泵浦的双包层掺镱光纤激光器＋喇曼频移光纤激光器泵浦模块,可以同时提供多个高功率泵浦波长,非常适合于宽带放大,图 4.4.15 就是这种激光器的一个例子。在这种结构中,1 117 nm 的双包层掺镱光纤激光器发射的光被耦合进喇曼频移模块,模块中含有 5 对光纤光栅,分别在 1 176 nm、1 238 nm、1 240 nm、1 316 nm、1 400 nm 波长处形成光学谐振腔,通过多级喇曼散射效应,可以在这些波长处建立起稳定的振荡,从而同时获得多个波长的强光输出,构成双包层掺镱光纤激光器＋喇曼频移光纤激光器泵浦模块。

目前光纤喇曼放大器还不像 EDFA 那样技术成熟,应用广泛,而且又需要高功率泵浦光源,目前主要应用在大容量、超长距离的 WDM 系统中。与 EDFA 相比,喇曼放大的主要优势如下。

① 更低的噪声积累;

② 可以直接利用传输光纤进行信号放大,不需要其他的放大媒质;

③ 增益谱位置灵活;

④ 通过组合几个泵浦波长的喇曼放大效应可以实现宽带、平坦增益的光放大。

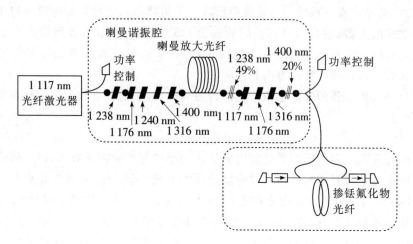

图 4.4.15　双包层掺镱光纤激光器＋喇曼频移光纤激光器泵浦模块

5. EDFA 与 FRA 混合光放大器

FRA 具有低噪声、低非线性损伤和增益带宽灵活可变的特点,但是泵浦效率低,提供的增益有限,而 EDFA 泵浦效率高、增益大,将两者结合起来构成了混合放大器,更能发挥各自的优势。图 4.4.16 给出 EDFA＋FRA 混合光放大器的结构,这种结构在降低噪声、增益谱互补和提供宽带增益方面具有很大的优势。

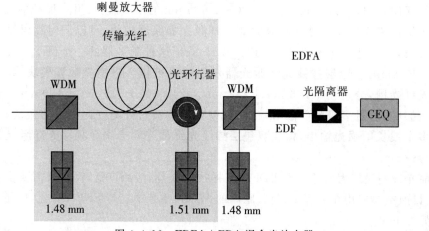

图 4.4.16　EDFA＋FRA 混合光放大器

理论分析发现在最佳的配置条件下,混合放大器要比单独的 FRA 或 EDFA 有更好的性能,在相同的非线性损伤条件下可以传输更长的距离,或者使用更长的光纤段距离。据报道,对于最低可接受 OSNR 为 20 dB 的 4 000 km NZDSF 传输系统,在相同的非线性损伤条件下,使用 EDFA 的最大光纤段距离是 80 km,而使用最佳配置的混合放大器,光纤段距离可以延长到 140 km。另外,利用 FRA 和 EDFA 的增益互补关系,还可以在不使用均衡滤波器条件下得到增益平坦的光放大器。

4.5　波分复用系统

20 世纪 90 年代中期,波分复用(WDM)技术开始实用化,并迅速在通信网中扮演重要角色。它的兴起反映了人类向信息社会迈进的过程中对通信容量和带宽日益增长的需求。尽管传统的电时分复用的光纤通信系统的速率几乎以每十年一百倍的速度稳定增长,但其发展速度最终受到电子器件速率瓶颈的限制,在 40 Gbit/s 以上很难实现。而 WDM 技术以较低的成本、较简单的结构形式成几倍、数十倍、上百倍地扩大单根光纤的传输容量,使其成为大容量光网络中的主导技术。WDM＋EDFA 也成为最具竞争力的长途干线网的解决方案。

4.5.1　WDM 光纤通信系统的构成和概况

1. 波分复用(WDM)、密集波分复用(DWDM)和光频分复用(OFDM)

WDM、DWDM、OFDM 本质上都是光波长分割复用(或光频率分割复用),所不同的是复用信道波长间隔不同。20 世纪 80 年代中期,复用信道的波长间隔一般在几十到几百纳米,如 1.3 μm 和 1.5 μm 波分复用,当时被称为 WDM。90 年代后,EDFA 实用化,为了能在 EDFA 的 35～40 nm 带宽内同时放大多个波长的信号,DWDM 发展起来,波长间隔为纳米量级。ITU-T 已建议标准的波长间隔为 0.8 nm(在 1.55 μm 波段对应 100 GHz频率间隔)的整数倍,如 0.8 nm、1.6 nm、2.4 nm、3.6 nm 等。

在 20 世纪 80 年代,OFDM 主要指相干光通信。90 年代以后,非相干的 OFDM 也发展起来,其复用信道间的频率间隔仅为几吉赫兹至几十吉赫兹。各种 WDM 技术相应的波长范围和频率范围如图 4.5.1 所示。

2. 波分复用系统的构成

光多路 WDM 系统的组成如图 4.5.2(a)所示。N 个光发射机分别发射 N 个不同波长的信号,经过光波分复用器 M 合到一起,耦合进单根光纤中传输。到接收端,经过具有光波长选择功能的解复用器 D,将不同波长的光信号分开,送到 N 个光接收机接收。

图 4.5.2(b)是双向 WDM 系统。图中 MD 是具有波长选路功能的复用/解复用器。光发射机 T_1 发射波长为 λ_1 的光信号,经 MD 送入传输光纤,在接收端,再经另一个 MD 的波长选择后送到接收机接收。T_2 和 R_2 是另一方向传输的发送和接收端机。

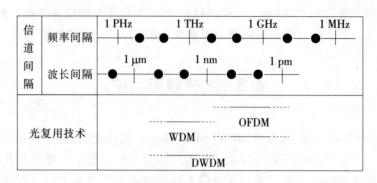

图 4.5.1 光复用技术

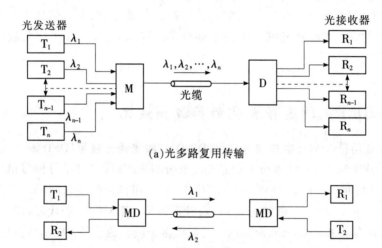

(a)光多路复用传输

(b)光双向传输

图 4.5.2 WDM 光纤通信系统的组成

光纤具有丰富的频带资源,在 1.3 μm 和 1.55 μm 窗口可以复用大量的信道。光纤的频带资源如图 4.5.3 所示。

WDM 系统的关键器件是复用和解复用器。这两个器件的引入,必定会带来一定的插入损耗,以及由于波长选择功能不完善而引起的复用信道间的串扰。对于解复用器,插入损耗 L_{ii} 和串扰 C_{ij} 分别表示为

$$L_{ii} = -10\lg\frac{p_{ii}}{p_i} \tag{4.5.1}$$

$$C_{ij} = -10\lg\frac{p_{ij}}{p_i} \tag{4.5.2}$$

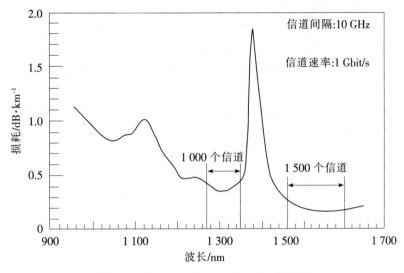

图 4.5.3　1.3 μm 和 1.55 μm 窗口的带宽

式中, P_i 和 P_{ii} 分别为波长 λ_i 的光信号的输入和输出光功率, P_{ij} 为波长为 λ_i 的光信号串入到波长为 λ_j 信道的光功率。

3. WDM 系统的主要优点

① 充分利用光纤的低损耗波段,大大增加光纤的传输容量,降低成本;

② 对各信道传输信号的速率、格式具有透明性,有利于数字信号和模拟信号的兼容;

③ 节省光纤和光中继器,便于对已建成系统的扩容;

④ 可提供波长选路,使建立透明的、具有高度生存性的 WDM 全光通信网成为可能。

4.5.2　复用、解复用器件

波分复用、解复用器件是波分复用系统的重要组成部分,是关系波分复用系统性能的关键器件,必须确保其质量。对波分复用、解复用器件的主要要求如下。

① 插入损耗小,隔离度大;

② 带内平坦,带外插入损耗变化陡峭;

③ 温度稳定性好,工作稳定、可靠;

④ 复用通路数多,尺寸小等。

目前,WDM 复用系统中常用的复用、解复用器大体可分为角色散型、干涉型、光纤方向耦合器型、光滤波器型等。

1. 角色散型

所有类型的角色散型复用器件的示意图都可以用图 4.5.4 来表示。从输入光纤来的光信号被透镜准直,经角色散元件后,不同波长的光信号以不同的角度出射,然后经透镜汇聚到不同的输出光纤中。角色散型复用器件是并联器件,其插入损耗并不随复用路数的增多而增加,因而容易获得较多的复用路数。

为使准直透镜能接收从输入光纤来的全部光信号,透镜的直径应满足

$$b \geqslant 2f(\mathrm{NA}_f / n_s) \qquad (4.5.3)$$

式中,f 为透镜的焦距;NA_f 为透镜的数值孔径;n_s 为透镜和光纤器件周围介质的折射率。

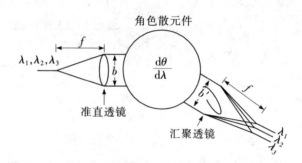

图 4.5.4 角色散型复用器件

角色散本领和色分辨本领是角色散元件的主要性能指标。角色散本领是相距为单位波长的光波散开角度,其表达式为

$$D_\theta = \frac{\partial \theta}{\partial \lambda} \qquad (4.5.4)$$

若色散元件是线性的,则输出端的线色散为

$$\frac{\partial x}{\partial \lambda} = f \frac{\partial \theta}{\partial \lambda} \qquad (4.5.5)$$

假设复用信道间的波长间隔为 $\Delta\lambda$,且各信道的光源发射单色光,则为尽量减小器件的固有插入损耗和串扰,线色散和光纤直径 D 之间应满足

$$D \leqslant \frac{\partial x}{\partial \lambda} \cdot \Delta\lambda \qquad (4.5.6)$$

色散本领只反映不同波长的谱线中心分离的程度,它不能说明两条谱线是否重叠。色分辨本领可以反映器件分辨波长很接近的谱线的能力。光学上经常用瑞利判据作为两谱线刚好能分辨的极限,即对波长分别为 λ 和 $\lambda' = \lambda + \delta\lambda$ 的两条谱线,设它们的角间隔为 $\delta\theta$,则谱线的半角宽度 $\Delta\theta = \delta\theta$ 就是两谱线刚好能分辨的极限。由此可以推断出元件能够分辨的最小波长差是

$$\delta\lambda_{\min} = \frac{\Delta\theta}{D_\theta} \qquad (4.5.7)$$

光学元件的色分辨本领定义为

$$R = \frac{\lambda}{\delta \lambda_{\min}} \tag{4.5.8}$$

为减小复用信道的串扰,复用信道的波长间隔应远大于器件能够分辨的最小波长差。

光栅和棱镜是最常用的角色散元件,而 WDM 系统又常采用光栅作为解复用器件。

广义上讲,任何一个具有周期性空间结构或周期性光学性质的衍射屏都是一个光栅。图 4.5.5 是闪耀光栅的结构。它是以磨光了的金属板或镀上金属膜的玻璃板为坯子,用劈形钻石刀头在上面刻出一系列锯齿状槽面。槽面和光栅宏观平面间的夹角叫做闪耀角(用 $\Delta\theta$ 表示),图中所示的 d 叫做光栅常数。闪耀光栅的基本工作原理可用物理中的多槽衍射来解释,当单槽衍射的主极强正好落在槽间干涉的 k 级闪耀波长 λ_{kb} 附近的 k 级光谱中时,将使这一级光谱的强度大大增加,其他级几乎都落在单槽衍射的暗线位置而形成缺级,从而将 $80\% \sim 90\%$ 的光能量集中到 k 级光谱上。若光栅周围介质的折射率为 1,则 λ_{kb} 应满足

$$kd \sin \theta_{b} = 2\lambda_{kb} \tag{4.5.9}$$

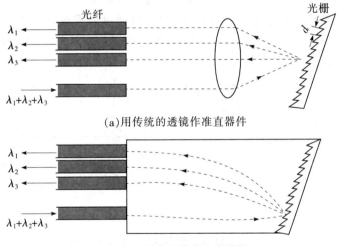

（a）用传统的透镜作准直器件

（b）用自聚焦透镜作准直器件

图 4.5.5　光栅型解复用器的两种结构

图 4.5.5 是光栅型解复用器的两种结构。一种结构用传统的透镜作准直器件,另一种结构用自聚焦镜作准直器件,两种情况都采用 Littrow 安装方式。对这种结构,光栅方程为

$$\sin i + \sin \theta = k\lambda/d \qquad k = 1,2,3,\cdots \tag{4.5.10}$$

式中,i 和 θ 分别为入射光束和衍射光束与光栅平面的法线的夹角。对 Littrow 安装方式,$i \approx \theta$,因而可得到器件的角色散本领为

$$D_\theta = \frac{\partial \theta}{\partial \lambda} \approx \frac{k}{2d \cos \theta} \tag{4.5.11}$$

由以上分析可知,光栅的色散本领与光栅常数 d 成反比,与级数 k 成正比,与入射角度有关。光栅的色分辨本领与光栅的总槽数 N 和 k 成正比。因此,要得到性能好的光栅,总槽数 N 应尽量多,光栅常数 d 应尽量小,并尽量选用高的衍射级数。

光栅型解复用器是一种并行器件,它可以同时分开多路不同波长的信号,使各路的插损都一样,具有解复用路数多、插损较小、分辨率较高等优点。据报道,人们利用光栅,已分开 132 个信道,其分辨率小于 1 nm,插损为 5~8 dB。目前,光栅型解复用器被广泛应用于 DWDM 系统中。

2. 干涉型复用器件

干涉型复用和解复用器件有多种结构,常用的有干涉膜滤波器型,Mach Zahnder 滤波器型和阵列波导光栅型(Arrayed Wavequide Grating,AWG)。

(1) 干涉膜滤波器型

干涉膜滤波器型复用、解复用器的基本结构如图 4.5.6 所示,主要由滤光片和自聚焦透镜组成。滤光片由多层介质薄膜构成,它可以通过介质膜系的不同选择构成长波通、短波通和带通滤波器。其基本原理可以通过每层薄膜的界面上多次反射和透射光的线性叠加来解释。

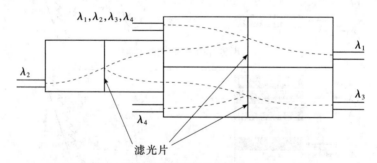

图 4.5.6　离轴安装的干涉膜滤波器型解复用器件

作为一种简单的情况,我们分析一层薄膜界面上光的反射和透射情况。

如图 4.5.7 所示,薄膜的厚度为 l,膜内折射率为 n,入射光线的折射角为 θ,考虑两束相邻的透过薄膜的光线 A_1 和 A_2,它们的路程差为

$$\Delta l = AB + BC = \frac{l}{\cos \theta} + l \frac{\cos 2\theta}{\cos \theta} = 2l \cos \theta \tag{4.5.12}$$

A_1 和 A_2 的光相位差为

$$\delta = \frac{2\pi \cdot \Delta l \cdot n}{\lambda} \tag{4.5.13}$$

式中,λ 为光波长。当光程差 $\Delta l \cdot n$ 等于光波长的整数倍时,A_1 和 A_2 同相相长而形成强

的透射波。这种薄膜的工作原理,类似于法布里-玻罗(F-P)腔,通过理论计算得到的透射特性如图 4.5.8 所示,图中 R 是薄膜界面上的反射率。适当地设计多层介质膜系,可以得到滤波性能良好的滤波片。

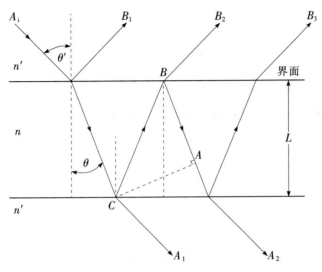

图 4.5.7　薄膜界面上光的反射和透射

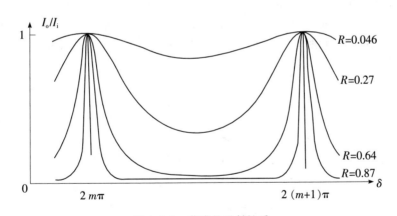

图 4.5.8　薄膜的透射性质

在制作干涉膜滤波器时,经常用自聚焦透镜(GRIN)作准直器件,直接在自聚焦棒的端面上镀膜形成光滤波器,以构成一种结构稳定的小型器件。自聚焦透镜是一种圆柱棒状微光学元件,其折射率分布同自聚焦光纤,只是直径远大于光纤芯径,规格为零点几毫米到几十毫米不等。其折射率分布近似为

$$n(r) = n_0 \left(1 - \frac{1}{2} \alpha^2 r^2 \right) \tag{4.5.14}$$

根据第 1 章第 1.1 小节分析的结果,在自聚焦透镜中,近轴光线的轨迹为

$$r(z) = r_0 \cos \alpha z + \frac{r'_0}{\alpha} \sin \alpha z \tag{4.5.15}$$

将式(4.5.15)微分得到

$$r(z)' = - r_0 \alpha \sin \alpha z + r'_0 \cos \alpha z \tag{4.5.16}$$

上两式中 r_0 是入射端面($z=0$)上射线的径向位置,$r'_0 = \dfrac{\mathrm{d}r}{\mathrm{d}z} \Big|_{z=0}$

在自聚焦透镜中,入射光线的轨迹是一条正弦曲线,而且所有的入射光线都有相同的周期,称之为自聚焦棒的节距,用 L_n 表示:

$$L_n = \frac{2\pi}{\alpha} \tag{4.5.17}$$

在自聚焦棒中:

当 $z = L_n/2$ 时,$r(L_n/2) = -r_0$;

当 $z = L_n$ 时,$r(L_n) = r_0$;

当 $z = L_n/4$ 时,$r(L_n/4) = r'_0/\alpha$,$r'(L_n/4) = -\alpha r_0$;

当 $z = 3L_n/4$ 时,$r(3L_n/4) = -r'_0/\alpha$,$r'(3L_n/4) = \alpha r_0$。

可见,对于入射端面的物体,在 $z = L_n/2$ 处可形成一个 $1:1$ 的倒立的实像;在 $z = L_n$ 处可形成一个 $1:1$ 的正立的实像;从入射端面上某一点发出的光线,在 $z = L_n/4$ 和 $z = 3L_n/4$ 处变为平行光,如图 4.5.9 所示。即是说,长度为 $L_n/4$ 的自聚焦透镜对入射光线有准直作用。

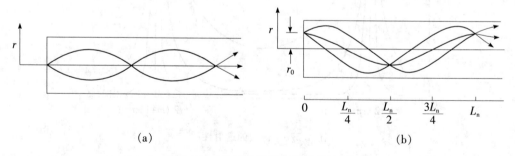

图 4.5.9 自聚焦光纤中光线的轨迹

在复用器中使用的自聚焦透镜,长度应为 1/4 节距,这样通过两个自聚焦透镜和中间的干涉滤光片就可以实现两个波长的分波和合波,如图 4.5.10 所示。

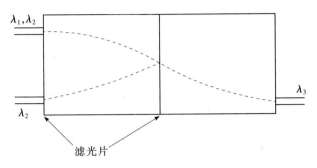

图 4.5.10　干涉滤光器型两波分复用器

从自聚焦透镜的成像性质,我们不难发现光纤离轴安装时,经 1/4 节距的 GRIN 透镜准直后的平行光和透镜轴线成一定角度,这时,干涉滤光片对不同极化方向光的透射率是不同的。偏角越大,差别也越大,极化效应越明显,导致复用器件的性能下降。当光纤安装在 GRIN 透镜的轴上时,准直后的光束垂直于滤波器,这样就可以避免极化效应发生,所以图 4.5.11 所示的结构更适合于波分复用器件。

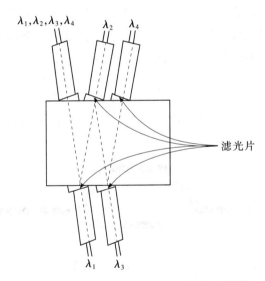

图 4.5.11　安装在透镜轴上的波分复用器件

图 4.5.12 是一个商用的 8 波长复用器的透射光谱图,8 路波长为 1 547.72～1 559.99 nm,波长间隔为 1.6 nm。由图可见,干涉膜滤波器型波分复用器的透射谱边沿陡峭,顶部平顶较宽,不仅插入损耗小,隔离度较高,而且对信道波长的漂移容纳度较高。但干涉膜滤波器型解复用器是一种串行器件,当复用路数较多时,各路的插损差异较大。

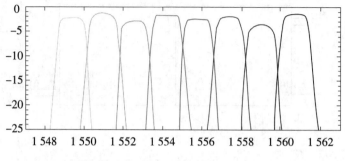

图 4.5.12　8 波长信号的光谱

（2）Mach-Zahnder 滤波器型

Mach-Zahnder(M-Z)干涉结构可用作光调制器，也可用作光滤波器，其结构如图 4.5.13 所示。输入光功率 P_i 经第一个 3 dB 耦合器等分为 P_{i1} 和 P_{i2} 两部分，它们分别在长度为 L_1 和 L_2 的光波导中传输后，经过第二个 3 dB 耦合器合在一起。

入射光波经过 3 dB 耦合器时，输入光功率分成相等的两束分别进入两波导臂，同时，沿耦合输出方向的光与沿直通输出方向的光束相比存在 $\pi/2$ 的相位滞后。由于两波导臂的长度不同，传输延迟也不同，两束光在第二个 3 dB 耦合器中再次耦合后相干叠加，从而表现出滤波效应。忽略耦合器引入的相位变化，M-Z 滤波器的透射率为

$$T = P_o/P_i = \cos^2\left[\frac{\pi\nu}{v}(L_1 - L_2)\right] \tag{4.5.18}$$

式中，ν 为光频率；v 为波导中光的传输速度；L_1 和 L_2 分别为两波导臂的长度。

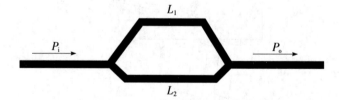

图 4.5.13　M-Z 滤波器的结构

图 4.5.14 给出透射率随光频变化的曲线，可以看出它的滤波效应。基于 M-Z 滤波器可以构成多路波分复用/解复用器，如图 4.5.15 所示给出一个基于 M-Z 干涉的集成的四波分复用/解复用器。

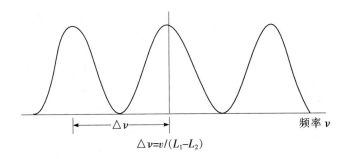

$$\triangle v=v/(L_1-L_2)$$

图 4.5.14　M-Z 滤波器的透射率随光频变化曲线

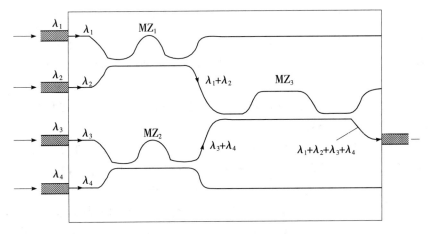

图 4.5.15　基于 M-Z 干涉的集成的四波分复用/解复用器

（3）阵列波导光栅（Arrayed Wavequide Grating，AWG）

图 4.5.16 是 AT&T 用集成光学方法研制的 $N \times N$ 阵列波导光栅型复用/解复用器。它是由输入波导、两个平面耦合波导、阵列波导和输出波导构成的。当多波长信号被激发进某一输入波导时，此信号将在第一个平面波导中发生衍射而耦合进阵列波导。阵列波导由很多长度依次递增的路径构成，光经过不同的波导路径到达第二个平面耦合波导时，产生不同的相位延迟，在第二个耦合波导中相干叠加。这种阵列波导长度差所引起的作用和光栅沟槽平面所起的作用相同，从而表现出光栅的功能和特性，这就是 AWG 名称的来源。

精确设计阵列波导的路径数和长度差，可以使不同波长的信号在第二个平面耦合波导输出端的不同位置形成主极强，分别耦合到不同的输出波导中，从而起到解复用器的作用。据报道，在几平方厘米见方的基片上，可以作出 100 条 SiO_2-GeO_2 波导通道，波导的长度差仅有 $100\ \mu m$，可以在 $1.55\ \mu m$ 波段分解出 10 个不同的光波长。

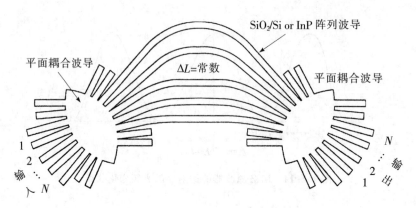

图 4.5.16　$N \times N$ 阵列波导光栅型复用/解复用器

AWG 是一种很有前途的集成光学器件,不仅可以用作复用/解复用器,而且可以用作波长路由器,在 WDM 光网络中具有多种用途。作为 WDM 器件,它的插损较小,但串扰不易达到很小。

另外,人们也用平面波导(如 LiNbO$_3$ 波导)构成 WDM 复用器件,在此不详细介绍。

3. 单模光纤方向耦合器型

光纤方向耦合器可以作为多路复用器(如图 4.5.17 所示)和两路解复用器(如 1.3 μm 和 1.55 μm 解复用器)。以两路解复用器为例,为了实现两单模光纤之间的光耦合,可采用两种方法:一是采用研磨和抛光的方法去除光纤的一部分包层,在两光纤相互接触的面上只留下很薄的一层包层,然后将同样研磨、抛光的两光纤紧靠在一起,通过包层里的消失波发生耦合;二是把光纤拉成锥形,然后熔融在一起,如图 4.5.18 所示。

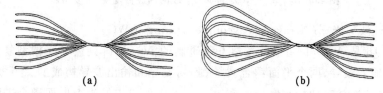

(a)　　　　　　　　　　　　(b)

图 4.5.17　单模光纤方向耦合器型多路复用器

对单模光纤,可以从波动方程和边界条件比较精确地求出光纤中传导模式的场型,但在光耦合器中,由于另一光纤的存在,光纤中的场分布发生畸变,在这样情况下,精确求解场分布是很困难的。因此,可以用微扰法近似地进行分析,即假设在光耦合器中,每一光纤的场分布不受另一光纤的扰动,耦合器系统总的场分布可以用每一光纤原来的场分布的线性叠加来表示,那么光耦合器中两波导的耦合性质就可以通过线性耦合方程来表示。从线性耦合方程的解得到(见附录 2)参数相同的两根互相平行的单模光纤沿互作用区域功率分布为

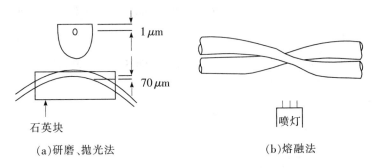

图 4.5.18　两路光纤解复用器的制作

$$p_1 = p_0 \cos^2(cz)$$
$$p_2 = p_0 \sin^2(cz)$$

$$(4.5.19)$$

式(4.5.19)中，p_0 为 $z=0$ 时激发进光纤 1 中的光功率；P_1 和 P_2 分别为沿互作用区域两光纤中的光功率；c 为两单模光纤 HE_{11} 模式的耦合系数，其数值与两模场分布的空间重叠有关，其值为

$$c = \frac{-\omega\varepsilon_0}{4p_0} \int_{-\infty}^{+\infty} \int [n^2(x,y) - n_2^2] \boldsymbol{E_1}^* \cdot \boldsymbol{E_2} \, dx \, dy \qquad (4.5.20)$$

式(4.5.20)中，$n(x,y)$ 为光纤纤芯折射率分布；n_2 为包层或周围折射率匹配物质的折射率；$\boldsymbol{E_1}$ 和 $\boldsymbol{E_2}$ 为相互作用的两模场的场分布；ω 为光信号的角频率。

对弱导行阶跃折射率分布的单模光纤，上式的计算结果为

$$c = \frac{\lambda}{2\pi n_1} \cdot \frac{U^2}{(Va)^2} \cdot \frac{K_0(Wh/a)}{K_1^2(W)} \qquad (4.5.21)$$

式(4.5.21)中，a 为纤芯半径；n_1 为纤芯折射率；λ 为光波长；h 为两光纤轴线间的距离；$K(x)$ 为第二类虚宗量贝塞尔函数；V 为光纤的归一化频率，为

$$V^2 = U^2 + W^2 = \left(\frac{2\pi}{\lambda}\right)^2 n^2 a^2 (n_1^2 - n_2^2) \qquad (4.5.22)$$

在光耦合器中，h 不是常量，c 也随位置变化，为简化分析，定义等效互作用长度 L_e，使

$$c_0 L_e = \int_{-\infty}^{\infty} c(z) \, dz \qquad (4.5.23)$$

c_0 是 $z = 0$ 时两光纤的耦合系数。可以得出光耦合器中的功率转换为

$$p_1 = p_0 \cos^2(c_0 L_e)$$
$$p_2 = p_0 \sin^2(c_0 L_e)$$

$$(4.5.24)$$

p_0 是激发进光纤 1 中的光功率。由于单模光纤色散的存在，c_0 和 L_e 都是光波长的函数，从而使功率耦合具有一定的波长响应特性。如图 4.5.19 所示给出某一耦合器的功率耦

合效率 $\eta\left[\eta = \dfrac{p_2}{p_0} = \sin^2(c_0 L_e)\right]$ 的波长响应曲线,单模波分复用器正是利用光耦合器的这一特性制作的。设波长为 λ_1 和 λ_2 的光信号进入光纤 1,用 $S_1 = (c_0 L_e)_1$ 和 $S_2 = (c_0 L_e)_2$ 分别表示波长为 λ_1 和 λ_2 时式(4.5.24)中的宗量,则这个耦合器作为分波器的条件为

$$\left.\begin{array}{l} \sin^2(S_1) = 1 \quad (\text{或} \ 0) \\[2mm] |S_1 - S_2| = \dfrac{\pi}{2} + m\pi \qquad m = 0, \pm 1, \pm 2, \cdots \end{array}\right\} \qquad (4.5.25)$$

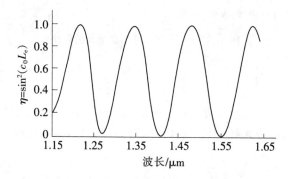

图 4.5.19　$\sin^2(c_0 L_e)$ 的波长响应特性

只要适当地设计耦合器的结构,使上述两个条件满足,就可以使波长为 λ_1 的光功率全部转换到光纤 2 中(或全部保留在光纤 1 中),而使波长为 λ_2 的光功率全部保留在光纤 1 中(或全部转换到光纤 2 中),起到分路的作用。

这种器件的突出特点是插损和串扰都很小。据报道,熔接双锥形解复用器的插入损耗可以小于 0.1 dB,串扰可以小于 -60 dB,并具有良好的温度稳定性。但用这种方式制作多路密集解复用器的难度却很大,对 DWDM 系统,光纤方向耦合器波被广泛用于复用器。

4. 梳状滤波器

近几年来,随着复用通道数的不断增加,一种称为波长交织器的复用/解复用器问世。这种器件是一种梳状滤波器,它通过交织对两组波长进行复用/解复用,如图 4.5.20 所示。

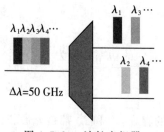

图 4.5.20　波长交织器

梳状滤波器主要用于大容量 WDM 系统中,当信道数量很大时,可以将这些信道分成两组,从而加大每一组复用信道的波长间隔,这两组的复用与解复用就需要使用梳状滤波器。如图 4.5.21 所示就是一个采用梳状滤波器复用的 160 波 WDM 系统,该系统在 C 和 L 波段内各有 80 波,将每波段的 80 波分为两组,每组的波长间隔为 100 GHz,但两组的起始波长

相差50 GHz,两组通过梳状滤波器交织复用,最后 C 和 L 波段的光信号再复用在一起。通过梳状滤波器的应用,可以将两个基础波长间隔为100 GHz的 40 波信号复用成频率间隔为 50 GHz 的 80 波系统,从而降低了复用/解复用器的制造难度。

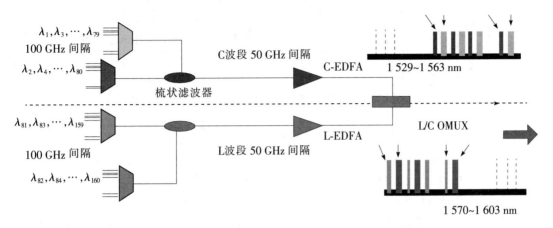

图 4.5.21　采用梳状滤波器复用的 160 波 WDM 系统

4.5.3　WDM 系统的设计

一般光纤通信系统的设计已在本章第 4.3 小节中进行了介绍,这里介绍采用级联 EDFA 的 WDM 系统的一些新的设计问题。

1. 参考配置

一个实际的 WDM 系统由主信道、监控信道和网管系统构成。主信道完成多波长信道复用和传输功能,包括有源的激光发射和接收部分、无源合波和分波部分、光纤传输和光放大部分。监控信道(OSC)对使用光线路放大器的系统是必须的,完成网管、公务电话及其他信息的传输功能。OSC 使用一个单独的波长进行传输,其波长为 1 510 nm,在每一个中继站都需要解复用/复用、O/E/O 变换,具有 3R 功能,完成对光线路放大器的监测、配置和管理功能。网管系统完成对整个 DWDM 系统的配置管理、性能管理、故障管理、安全管理等。我国有关 WDM 系统的国标规定的带有线路放大器的 WDM 系统的参考配置如图 4.5.22 所示。其中 OM/OA 表示光复用器/光功率放大器(Optical Multiplexer / Optical Amplifier),OA/OD 表示光前置放大器/ 光解复用器(Optical Amplifier/Optical Demultiplexer)。OM/OA 后的参考点 MPI-S 称为主通道接口的 S 点,OA/OD 前的参考点 MPI-R 称为主通道接口的 R 点。其他的参考点如图 4.5.22 所示。

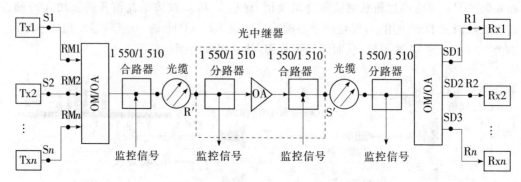

图 4.5.22　带有线路放大器的 WDM 系统的参考配置

表 4.5.1 给出有/无中继放大器的系统在 G.652 光缆上的色度色散容限值和目标传送距离。其中,L 代表长距离,目标传送距离为 80 km;V 代表很长距离,目标传送距离为 120 km;U 代表超长距离,目标传送距离为 160 km。$nWx\text{-}y.z$ 表示方式中,n 表示波长数;W 代表中继距离的字母,可为 L、V 或 U;x 是该应用代码允许的最大中继间隔的数目;y 是波长信号的最大比特率同步传送模块(STM)等级;z 是光纤类型,2 代表 G.652光纤,3 代表 G.653 光纤,5 代表 G.655 光纤。

表中最大色散容纳值是指在一定的目标距离下,系统应该容纳的 G.652 光纤色散值。为了能够容纳 G.652 光纤的色散,应该尽量选用谱线窄的光源,必要时,采用色散补偿措施。

表 4.5.1　有/无中继放大器的系统在 G.652 光缆上的色度色散容限值和目标传送距离

应用代码	L	V	U	$nV3\text{-}y.2$	$nL5\text{-}y.2$	$nV5\text{-}y.2$	$nL8\text{-}y.2$
最大色散容纳值/ps·nm^{-1}	1 600	2 400	3 200	7 200	8 000	12 000	12 800
目标传送距离/km	80	120	160	360	400	600	640

2. 设计中应注意的问题

(1) 中心频率及其偏差

ITU-T 目前规定的各个信道的频率间隔必须为 50 GHz(0.4 nm)、100 GHz(0.8 nm)或其整数倍,参考频率为 193.1 THz(1 552.52 nm)。目前广泛使用的 8 路 WDM 系统的波长为 1 549.32～1 560.61 nm,波长间隔为 1.6 nm。为了保证 WDM 系统的正常工作,各信道的波长必须足够稳定。对于信道间隔大于 200 GHz 的系统,各个信道的偏差应小于信道间隔的 1/5。对于信道间隔为 50 GHz 或 100 GHz 的系统,特别是多区段系统,则需要更严格的偏差要求,并使用更精确的波长稳定技术。

（2）考虑非线性光学效应的影响

受激喇曼散射、受激布里渊散射、四波混频、自相位调制、交叉相位调制等非线性光学效应对 WDM 系统的影响不能忽略。为了尽量减少非线性光学效应的影响，系统设计时应注意以下几点。

① 避免使用色散位移光纤（G.653 光纤），对于速率为 2.5 Gbit/s 及低于 2.5 Gbit/s 的系统，可采用 G.652 光纤，需要时进行色散补偿；对于 10 Gbit/s 及其以上系统，可采用 G.655 光纤或大有效面积非零色散位移光纤。

② 光纤中的总功率一般不超过 +17 dBm。假设有 M 路波分复用，则每路光功率电平一般不超过 $17-10\lg M$。

（3）色散和 ASE 的积累

在采用级联 EDFA 的长距离 WDM 系统中，色散和放大的自发辐射噪音（ASE）会随传输距离的加大而积累，严重地影响光信号的质量。对于采用 G.652 光纤的高速率系统，需要尽量减小光源的谱线宽度，并选用某种色散容纳技术来补偿光纤的色散。区段的配置和 EDFA 的选择，一般应保证光信噪比（OSNR）大于 20 dB。

（4）增益均衡和控制

由于 EDFA 的增益不平坦或 WDM 器件和光纤对不同信道的损耗不同，会造成复用信道的功率差别较大。一般来说，整个链路上各信道的功率差应小于 10 dB。另一方面，当复用信道数变化时，EDFA 的增益也会发生变化，影响系统的正常工作。因此，对 EDFA 进行增益均衡和控制是需要的。

4.6　相干光通信系统

相干光通信是一种用外差（或零差）光检测方式的光频分复用系统。我们前面介绍的光纤通信系统，不论是传输数字信号还是模拟信号，大多是采用强度调制-直接检测的方法，即 IM-DD 系统。这种系统的优点是调制、解调简便，成本低。由于这种系统没有利用光的相干性，从本质上说，还是属于噪声载波系统，使得系统的中继距离和传输容量受到限制。如果利用激光器的相干性，将无线电通信中采用的外差接收和先进的调制方式用于光纤通信系统，则可大大提高光接收机的灵敏度，增加中继距离，而且只要改变本振光源的波长，就可以像外差收音机一样选择接收不同光频率的信号，实现光频分复用。

在 20 世纪 80 年代，相干光通信被认为是一种理想的、有前途的通信方式，国内外也投入很大的力量研究它。但是，相干光通信对光源的谱线纯度和光频率的稳定性要求非常苛刻，致使它实用化很困难。90 年代后，EDFA 的实用化使传输距离的增加可以方便地实现，人们对相干光通信研究的热情也开始下降，相干光通信仅在某些特殊场合有应用需求。

近年来,由于 P2P、多重播放以及高清数字电视等业务的发展,网络流量迅猛增长,研究高速率、高频谱效率的技术已经迫在眉睫,高阶矢量调制格式的应用受到关注。相干光通信不仅可以明显提高接收机灵敏度,而且可以方便地支持高阶矢量调制信号,在空间光通信、高速通信(100 Gbit/s 及更高速率)等领域有重要应用。另外,半导体技术的进步使得激光器的谱线宽度已降低到 200 kHz 以下;大规模集成电路的发展,使得高速数字处理(DSP)技术不断成熟,在较高速率上对各种传输损伤利用 DSP 进行补偿,并实现信号光和本振光的载波同步已成为可能,这些都促使相干光通信技术的再次复苏。国内外已有大量的研究工作聚焦到相干光通信上,相干检测的偏振复用-四进制相移键控(PMD-QPSK)系统已成为 100 Gbit/s 高速光传输系统的主流解决方案。在一些超高速率的系统中,相干检测也有广泛的应用。

4.6.1 相干检测和混频原理

1. 相干检测技术

相干检测与 IM-DD 系统比较,主要差别在于光接收机中增加了光本地振荡器和光混频器。图 4.6.1(a)是基本的相干检测的原理图,一般用于幅移键控(ASK)系统。载有信息的光载波 $E_s(t)$ 经过光纤传输后到达接收端,和接收机内部的本振光波 $E_L(t)$ 在满足相位匹配和偏振匹配的条件下进行混频,然后从混频后的各种频率信号中选出本振光波和信号光波的差频信号(外差检测)或基带信号(零差检测),实现频率的下变换,送入电接收机。

图 4.6.1(b)是平衡相干检测结构。该结构可以适用于 ASK 调制、差分相移键控(DPSK)等调制格式,而且上下两支路经过混频和光电检测后相减,从而可以消除部分幅度噪声。但是图 4.6.1(b)所示的结构不能满足 QPSK 或者更高价的 PSK 和正交幅度调制(QAM)系统。对高阶矢量调制格式,需要用图 4.6.1(c)所示的正交相干检测结构,利用相差 90°的两个平衡检测器来获得信号中相位信息,得到两正交分量 I(in phase)和 Q(quadrotion)。图 4.6.1(d)是偏振分集相干检测结构,对两个不同的偏振方向分别进行正交相干检测。

2. 混频原理

下面按照图 4.6.1(a)所示的基本相干检测结构分析混频原理。

在发射端,假设光载波激光器发射频率稳定的单色光波,光载波在调制器中被数字信号调制,调制器输出的已调光波可以表示为

$$E_m(x,y,t)=E_m(x,y)\mathrm{e}^{\mathrm{i}(\omega_s t-\varphi_m)}m(t)i_m \qquad (4.6.1)$$

式中,ω_m 和 φ_m 分别为信号光载波的角频率和初相位;单位向量 i_m 表示已调光波的偏振状态;$m(t)$ 为调制信号。

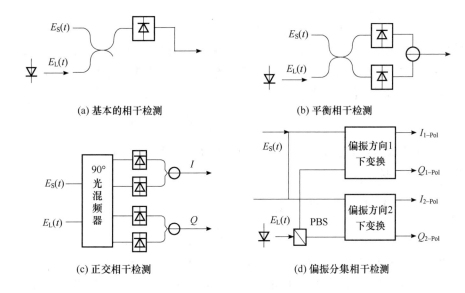

图 4.6.1　相干检测

已调光波耦合进单模光纤，以 HE_{11} 模在光纤中传输。在传输过程中，光波的幅度被衰减，相位被延迟，偏振方向也可能发生变化。在混频前，光波的电场分量可以表示为

$$\boldsymbol{E}_s(x,y,t)=B\sqrt{p_s}f(x,y)e^{i(\omega_s t-\varphi_s)}m(t-\tau_g)\boldsymbol{i}_s \tag{4.6.2}$$

式中，B 为常系数，p_s 为接收信号的平均光功率，$f(x,y)$ 为 HE_{11} 模的复振幅在空间的分布，τ_g 为传输时延。

接收机的本地振荡器发射的本振光波也可表示为

$$\boldsymbol{E}_L(x,y,t)=B\sqrt{p_L}h(x,y)e^{i(\omega_L t-\varphi_L)}\boldsymbol{i}_L \tag{4.6.3}$$

式中 p_L 为本地振荡器发射的平均功率；$h(x,y)$ 为混频时本振光波电场的复振幅的空间分布；$\boldsymbol{i}_L$ 为本振光波的偏振方向。

混频后光波的电场为

$$\boldsymbol{E}_t=B\{\sqrt{p_s}f(x,y)e^{i(\omega_s t-\varphi_s)}m(t-\tau_g)\boldsymbol{i}_s+\sqrt{p_L}h(x,y)e^{i(\omega_L t-\varphi_L)}\boldsymbol{i}_L\} \tag{4.6.4}$$

混频后的光信号由光电检测器进行检波，然后由中频放大器检出差频信号进行放大。若光电二极管的线性良好，那么它输出电流正比于入射光功率，即正比于 $|E_t|^2=\boldsymbol{E}_t\cdot\boldsymbol{E}_t^*$。从 $|E_t|^2$ 可以得到信号光波和本振光波的差频分量，并由中频放大器选出放大。光电二极管的响应度为 $\dfrac{\eta e_0}{h\nu}$，则它输出的中频信号电流为

$$I_s=\frac{\eta e_0}{h\nu}|\rho|\sqrt{p_s p_L}\{e^{i[(\omega_L-\omega_s)t-(\varphi_L-\varphi_s)]}m(t-\tau_g)+C.C\} \tag{4.6.5}$$

符号 $C.C$ 表示前一项的复数共轭项。$|\rho|$ 为下式的幅值：

$$\rho = (\boldsymbol{i}_s \cdot \boldsymbol{i}_L^*) \int f(x,y) h^*(x,y)\, \mathrm{d}x \mathrm{d}y \qquad (4.6.6)$$

可见混频的效率与信号光波和本振光波的偏振方向和空间分布有关,必须保持信号光波和本振光波的空间分布和偏振状态完全一致,才能获得最高的混频效率,此时 $|\rho| = 1$,检测器输出的信号电流的幅度为

$$|I_s| = \frac{2\eta e_0}{h\nu} \sqrt{p_s p_L} \qquad (4.6.7)$$

由于本振光波未经传输,P_L 远远大于 P_s,因而混频后中频信号产生了增益,称之为本振增益,这使接收机的灵敏度大大提高。

4.6.2　相干光通信系统的组成

在分析了混频原理以后,就不难理解相干光通信系统的组成。图 4.6.2 是基本的外差接收的光纤通信系统的方框图,图中发射机是由光载波激光器、调制器和光匹配器组成。光载波经调制器后,输出的已调光波进入光匹配器。光匹配器有两个作用:第一是为了获得最大的发射效率,使已调光波的空间分布和光纤中 HE_{11} 模之间有最好的匹配;第二是保证已调光波的偏振状态和单模光纤的本征偏振状态相匹配。

从光匹配器输出的已调光波进入单模光纤传输,光纤的损耗、色散和偏振状态的变化等因素都会影响已调信号光波。因此,在接收端光波首先进入光匹配器,它的主要作用是使信号光波的空间分布和偏振方向与本振光波匹配,以便得到最大的混频效率。

已调信号光波和本振光波混频后,由光电二极管进行检测,输出的中频信号在中频放大器中得到放大,然后再经过适当的处理,即根据发射端调制形式进行解调,就可以获得基带信号。

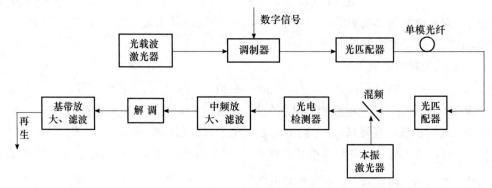

图 4.6.2　基本的相干光通信系统

由于相干光检测可以保留信号的幅度信息和相位信息,近几年发展的相干光通信系统常采用高阶矢量调制格式,如多进制相移键控(MPSK)和多进制正交幅度调制(M-

QAM)格式,实现高速率、高频谱效率、长距离的光纤传输。图 4.6.3 给出一个典型的、可用于 40 Gbit/s 和 100 Gbit/s 光传输的偏振复用-四进制相移键控(PMD-QPSK)相干光通信系统的框图。

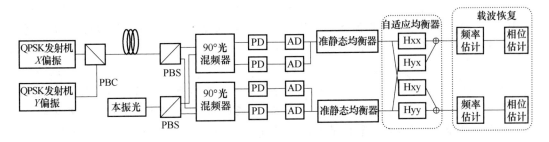

图 4.6.3　PMD-QPSK 相干光通信系统

如图 4.6.3 所示,两路相互独立的 QPSK 信息调制在不同的偏振方向(X 和 Y)上,经偏振合束器(PBC)后在光纤里传输。在接收端,接收的信号光和本振光分别经偏振分束器(PBS)将 X 和 Y 偏振光分开,然后同偏振的信号光与本振光进行混频,90° 光混频器与光电检测器(PD)构成正交相干检测器,分别检测出 QPSK 信号中的正交分量 I 和 Q(inphase 和 quadrotion)。

光信号在光纤中传输时会遭遇各种传输损伤,如光纤的色散、偏振模色散和非线性效应的影响等;本振激光器的中心频率与信号光的中心频率有一定的偏差,激光器的线宽会引入相位噪声等,这些都会严重影响相干检测的效果,图 4.6.3 所示的系统采用数字信号处理(DSP)技术先对光电二极管输出的信号进行模数变换(AD),然后采用自适应均衡器补偿传输链路中的各种光损伤效应,最后通过载波恢复进行频率估计和相位估计,从而消除相干检测中的相位噪声,保证相干光传输系统的性能。除了光器件的进步以外,DSP 技术的发展是相干光通信能够再次兴起的一个重要原因。

4.6.3　相位噪声对相干光通信的影响

我们在推导混频原理时,是将信号光和本振光都作为单频相干光源,而实际的半导体激光器的发射谱线总有一定的宽度,ω_s 和 ω_L 仅是它们的中心频率,φ_s 和 φ_L 是随时间变化的随机变量,这是由于量子噪声使得激光器输出光场的相位产生类似布朗运动的随机起伏,形成相位噪声。即使对本振激光器和信号光波进行了相位锁定,但相位控制电路也有固有的传输延迟时间,所以相位噪音总是存在的。设传输延迟时间为 τ,则相位偏差为

$$\Delta\varphi(\tau,t)=\Delta\varphi_L(\tau,t)-\Delta\varphi_s(\tau,t)=\varphi_L(t)-\varphi_L(\tau,t)-\varphi_s(t)+\varphi_s(\tau,t) \qquad (4.6.8)$$

用量子统计方法分析,激光器的相位偏差 $\Delta\varphi$ 的概率密度函数为高斯型,即

$$f_{\Delta\phi}(\Delta\varphi) = \frac{1}{\sqrt{2\pi}\sigma_{\Delta\varphi}} \exp\left(-\frac{(\Delta\varphi)^2}{2\sigma_{\Delta\varphi}^2}\right) \tag{4.6.9}$$

其方差 $\sigma_{\Delta\varphi}^2$ 与激光器的发射谱线宽度及 τ 有关,为

$$\sigma_{\Delta\varphi}^2(\tau) = 2\pi\tau(\Delta f_L + \Delta f_s) \tag{4.6.10}$$

式中,Δf_L 和 Δf_s 分别为本振激光器和信号激光器发射光谱的 3 dB 带宽。设信号激光器和本振激光器有相同的统计性质,且 $\Delta f_L + \Delta f_s = \delta f$,则有

$$\sigma_{\Delta\varphi}^2(\tau) = 4\pi\tau\delta f \tag{4.6.11}$$

激光器的相位噪声会对相干光通信系统产生严重的影响。基带信号的概率密度函数分析和接收机灵敏度计算结果显示:相干光通信的接收灵敏度不仅受信号与幅度噪声比(S/N)的影响,而且与相位起伏的标准偏差 $\sigma_{\Delta\varphi}$ 有很大关系。因此,半导体激光器谱线的窄化和稳定一直是相干光通信系统需要解决的关键技术之一。常用的降低相位噪声的方法如下。

① 选用谱线宽度窄、稳定性好的光源,并通过精确的温度控制和偏置电流控制减小光源发射频率的漂移;

② 采用光锁相环路(Optical Phase Locked Loop,OPLL)使得本振激光器的频率与相位能跟踪信号激光器的变化;

③ 在电域采用 DSP 技术实现本振激光器与信号激光器的频率同步与相位校准,从而消除相位噪声。

4.6.4 DSP 技术在相干通信中的应用

相干光通信系统对相位噪声的高敏感性是长期以来困扰其发展与应用的主要原因。DSP 技术的进步可以利用电域的数字处理技术实现本振激光器和信号光的频率同步和相位校准,降低对光源的谱线宽度和稳定性的要求。同时,数字处理技术还可以补偿光纤的各种传输损伤,是当前高速率相干光通信中的一个关键技术。

图 4.6.3 所给出的示例,DSP 处理可分为对光纤信道传输损伤的补偿和载波恢复两大部分。光纤中传输损伤分为线性损伤和非线性损伤两大部分,线性损伤包括色度色散(CD)和偏振模色散(PMD)。这部分将在第 6 章介绍。在色散和 PMD 得到补偿后,进行频率估计和相位估计。一般来说,由信号激光器和本振激光器的频率差引起的相邻符号间的相位差远大于相位噪声引起的相位差,故在系统实现中一般先进行频率补偿,然后进行相位估计。目前已提出多种不同的频率估计算法和相位估计算法,在算法的设计中,除了考虑算法的精度外,算法的复杂度、实现的难易程度也是必须考虑的问题。

图 4.6.4 是对 PMD-QPSK 相干通信系统接收信号进行 DSP 处理的仿真结果。图 6.6.4(a)表示 X 偏振方向上的原始接收信号,由于光纤中的 CD、PMD 以及激光器频率偏移和相位噪声的影响,存在严重的符号间干扰和相位旋转,星座图已经无法辨认。

图 6.6.4(b) 为 CD 补偿后的星座图,星座图中间部分已可以看出,符号间干扰已经明显减小。图 6.6.4(c) 为补偿了 PMD 效应后的星座图,这时候,偏振串扰等带来的大部分影响已经被抑制,剩下的仅为由于载波不同步造成的星座点旋转。图 6.6.4(d) 为频率估计和相位校准后的星座图,这时候的星座点已清晰可见。

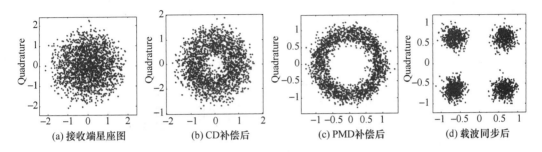

(a) 接收端星座图　　(b) CD 补偿后　　(c) PMD 补偿后　　(d) 载波同步后

图 4.6.4　PMD-QPSK 相干光通信中的信号处理前后的星座图

4.7　光载无线通信系统

无线通信的优点是能够随时随地获取信息,实现"任何时间、任何地点以任何方式进行信息交流",在过去的十多年中获得迅速发展与广泛应用。但是,无线通信有限的频谱资源、有限的调制带宽和有限的传输距离使其发展受到了很大的制约。另外,光纤通信具有丰富带宽资源,传输容量大,而且损耗很低,但其接入不够灵活。因此,光纤通信与无线通信的融合可以充分发挥二者的优势,弥补二者的不足,成为未来通信一个重要的发展方向。光载无线(Radio over Fiber,RoF)通信受到业界普遍的关注,同时也进一步推动了微波光子学的发展。

4.7.1　RoF 的应用领域

RoF 技术在移动通信、智能交通与车载通信、室内无线覆盖以及未来的毫米波通信中有广阔的应用。例如,在第三代移动通信的建设中,常用光纤分配网解决中心站与基站间的信息传输问题,如图 4.7.1 所示。这种应用尽量使复杂昂贵的设备都集中在中心站,实现中心站功能的集中化、设备的共享以及频谱、带宽资源的动态分配,同时尽量简化基站设备的结构和功能,使基站体积小巧、轻便,从而有效地降低系统的安装和维护成本。

随着人们对无线通信带宽的需求持续增长,为了承载几 Gbit/s 的宽带无线信号,载波的频率必须向高频段移动。30～90 GHz 的毫米波段有丰富频谱资源,成为未来超宽带无线通信重点关注的频段。但在毫米波波段,大气的透明度明显下降,损耗增加。尤其在 50~60 GHz 波段附近,毫米波的传输距离非常受限,只适应短距离通信,用光纤实现毫米波信号的长距离传输势在必行。因此,各种光载毫米波技术,如光生毫米波、高频谱效率的调制格式、光载波在基站的重利用、光纤传输损伤的补偿等技术成为研究的热点。

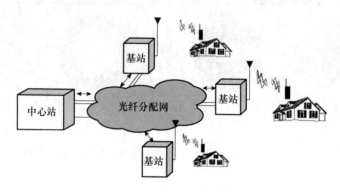

图 4.7.1 RoF 系统

由于正交频分复用(OFDM)技术具有抗干扰能力强、频谱利用率高、适合高速数据传输等优势,成为 4G 移动通信、无线局域网(WLAN)、WiMax、Wi-Fi 的核心技术之一。因此,光载 OFDM 技术也引起国内外广泛的关注。

下面简述 RoF 的传输技术、光载毫米波通信和光载 OFDM 技术。

4.7.2 RoF 信号的传输技术

RoF 技术发展的基础是 20 世纪末有线电视(CATV)光纤传输中应用的子载波复用(SCM)光波通信技术,当时也称为副载波复用技术。在 SCM 系统中,光波为载波,电的载波为子载波,模拟信号或数字信号调制到微波子载波上,多路子载波信号合成在一起,再对光源进行强度调制。在接收端,经过光电检测和宽带低噪声放大后,用可调谐的本地振荡器选出所需要的频道,送入微波接收机接收。该系统在模拟 CATV 信号的传输中曾经发挥过重要作用,随着 CATV 的数字化进程而逐渐淡出,但其技术基础对 ROF 的发展起到积极的推动作用。

1. RoF 的调制方式

当微波信号搬移到光载波上时,有 3 种调制方式:双边带(DSB)、单边带(SSB)和光载波抑制(OCS)调制方式。若微波信号的频率为 40 GHz,3 种调制方式的光谱如图 4.7.2 所示。由图分析 3 种不同调制方式在性能上的异同,可看到如下几点。

① 相对于 SSB 和 OCS 调制,双边带调制需要两倍于调制频率的信道带宽,这不仅对光纤信道和光接收机的带宽提出了更高的要求,同时,上下边带较大的光频率差会加大

光纤色散的影响,使得色散所致的周期性幅度衰落效应变得更加明显;

② SSB 和 OCS 调制占用较少的信道带宽,相对于 SSB、OCS 的两个边带频率分量的功率相近,可使接收灵敏度提高;

③ 在光生毫米波技术应用中,DSB 的上下边带拍频可得到调制信号的倍频波,尤其是相位调制可以形成多级边带,选择适当的某级边带,可以拍频得到调制信号的若干倍频波。

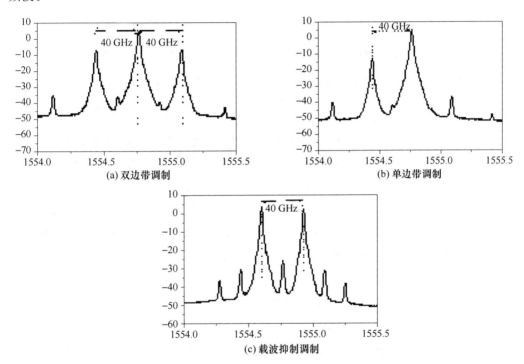

图 4.7.2　RoF 系统不同调制方式的光谱

2. 色散致功率衰落效应

色散对 RoF 系统的传输性能有着重要影响。色散不仅会导致脉冲展宽,而且还会造成微波信号的功率随传输距离发生周期性衰落。其原理简要说明如下。

以双边带调制为例来分析色散的影响。假设微波信号对光波进行强度调制,输出的光波电场强度为

$$E_1(t)=E_0\{a_0 e^{j\omega_0 t}+a_1 e^{j[(\omega_0-\omega_{RF})t+\varphi_1]}+a_1 e^{j[(\omega_0+\omega_{RF})t+\varphi_2]}\} \tag{4.7.1}$$

式中,E_0 为激光器发出的光波电场强度的振幅;ω_0 为光波的角频率;ω_{RF} 则为驱动 M-Z 调制器的微波信号的角频率;a_0 和 a_1 分别为调制器输出光谱中载波幅度与两个一阶上下边带幅度;φ_1 和 φ_2 分别为两个边带的初相位。

　　单模光纤中的群时延色散是指不同频率的光在传输媒质中具有不同的群速度。为了分析色散的影响,可将单模光纤中 HE_{11} 模式的相位系数 $\beta(\omega)$ 在中心频率 ω_0 附近展成泰勒级数,表示为

$$\beta(\omega)=n(\omega)\frac{\omega}{c}$$

$$=\beta_0+\beta'(\omega-\omega_0)+\frac{1}{2}\beta''(\omega-\omega_0)^2+\frac{1}{6}\beta'''(\omega-\omega_0)^3+\cdots+\frac{1}{m!}\frac{d^m\beta}{d\omega^m}(\omega-\omega_0)^m+\cdots$$

$$(4.7.2)$$

式中, β'、β''、β''' 分别为 $\beta(\omega)$ 对 ω 的一阶、二阶和三阶微商,即 $\beta^m=\dfrac{d^m\beta}{d\omega^m}\bigg|_{\omega=\omega_0}$,而 $\beta'=\dfrac{d\beta}{d\omega}=$ $1/v_g$,v_g 为群速度;β' 与群时延色散有关,它与单模光纤的色散参数 D 的关系如下。

$$D=\frac{d\tau}{d\lambda}=\frac{d}{d\lambda}\cdot\frac{1}{v_g}=\frac{d^2\beta}{d\lambda d\omega}=\frac{d^2\beta}{d\omega^2}\cdot\frac{d\omega}{d\lambda}=-\frac{2\pi C}{\lambda^2}\beta'(ps/nm\cdot km) \qquad (4.7.3)$$

　　由式(4.7.2)可知,由于光载波、上边带和下边带的光频率不同,其相位系数不同,在光纤中传输距离 z 以后,传输时延也不同。传输 z 距离以后光波的电场强度为

$$E_2(z,t)=E_0e^{j(\omega_0t-\beta_0z)}(a_0+a_1e^{j[-\omega_{RF}t+(\beta'\omega_{RF}-\frac{1}{2}\beta'\omega_{RF}^2)z+\varphi_1]}+$$

$$a_1e^{j[\omega_{RF}t-(\beta'\omega_{RF}+\frac{1}{2}\beta'\omega_{RF}^2)z+\varphi_2]}) \qquad (4.7.4)$$

　　调制光波经光纤传输后被光电检测器进行平方律检波。载波、两个一阶边带在平方律检测器中进行拍频,产生的光电流为

$$I_{PD}=\mathscr{R}E_0^2\{[a_0^2+2a_1^2]+$$

$$4a_0a_1\cos\left(\omega_{RF}t-\beta'\omega_{RF}z+\frac{\varphi_1+\varphi_2}{2}\right)\cos\left(\frac{1}{2}\beta'\omega_{RF}^2z+\frac{\varphi_1-\varphi_2}{2}\right)+$$

$$2a_1^2\cos(2\omega_{RF}t-2\beta'\omega_{RF}z+\varphi_2-\varphi_1)\} \qquad (4.7.5)$$

式中,$\mathscr{R}$ 为光电检测器的响应度,等号右边的第一项为直流项,第二项是频率为 ω_{RF} 的微波信号,第三项为 ω_{RF} 的倍频信号。由于通常小信号调制下 a_1 远小于 a_0,因此第二项的幅度远大于第三项。第二项的幅度为

$$A_{\omega_{RF}}=4\mathscr{R}a_0a_1E_0^2\cos\left(\frac{1}{2}\beta'\omega_{RF}^2z+\frac{\varphi_1-\varphi_2}{2}\right) \qquad (4.7.6)$$

　　光电检测器输出的微波信号功率的有效值与 $A_{\omega_{RF}}^2$ 成正比,表示为

$$P_{\omega_{RF}}\propto\frac{1}{2}A_{\omega_{RF}}^2=4\mathscr{R}^2E_0^4a_0^2a_1^2[1+\cos(\beta'\omega_{RF}^2z+\varphi_1-\varphi_2)] \qquad (4.7.7)$$

　　由上式可见,光电检测器输出的微波信号功率将随传输距离呈现周期性的变化,在传输距离为 $z=\dfrac{2k\pi-(\varphi_1-\varphi_2)}{\beta'\omega_{RF}^2}$ 处为最大值,式中 k 为整数;而在传输距离为 $z=$ $\dfrac{(2k+1)\pi-(\varphi_1-\varphi_2)}{\beta'\omega_{RF}^2}$ 处为零。微波信号功率的衰落周期 $L_T=\dfrac{2\pi}{\beta'\omega_{RF}^2}$。衰落周期与微波信

号频率的平方和 β'' 成反比,对于选定的光纤,微波频率越高,微波功率衰落周期越小,色散导致的功率衰落效应越明显。由于微波功率的周期性衰落效应对 RoF 系统的设计造成严重影响,所以从传输性能来看,双边带调制信号不适合高频微波信号的情况。

4.7.3　光载毫米波通信

毫米波位于微波频谱的高频段,对应的范围为 $30\sim300\ \text{GHz}$。这个波段有丰富的频谱资源,且很多频率的使用不需要授权,成为未来宽带无线通信重点关注的频段。光载毫米波技术结合了无线通信和光纤通信的优势,利用光纤链路传输毫米波信号,具有广阔的应用前景。

1. 光载毫米波系统

在光载毫米波系统设计中的一个重要原则是:将信号处理功能尽量集中在中心站,尽量简化基站的结构,降低基站的成本,并尽量在基站实现波长的重利用。图 4.7.3 是 OFC'09 上报道的一个有线传输与无线传输融合的光载 60 GHz 毫米波实验系统。概述此系统的特点如下。

① 10 Gbit/s 无线信号和 10 Gbit/s 有线信号偏振复用后在同一光纤中下行传输。在中心站(CO),10 Gbit/s 无线基带信号直接调制到 1 555 nm 的激光器上,然后将激光器发射的光束送入 LiNbO$_3$ 相位调制器(PM),该调制器由 30 GHz(7.5 GHz 的信号经过电四倍频)微波信号驱动,实现 10 Gbit/s 基带信号频谱搬移到 30 GHz 毫米波上。再经过光交织滤波器(IL)滤除光载波和二级调制边带,得到频率间距为 60 GHz 的一级边带,经 EDFA 光放大后输入到偏振控制器(PC)得到 X 方向的偏振光。10 Gbit/s 的有线信号也差分相移键控(DPSK)调制到另一波长为 1 555 nm 的激光上,经光放大和偏振控制后形成 Y 方向的偏振光。两束正交的光由偏振光束合波器(PBC)合在一起,经过 15 km 的色散位移光纤(DSF)传输到基站(BS)。在基站,偏振分束器(PBS)将无线信号与有线信号分离,由光电二极管(PD)分别检测。

② 光生 60 GHz 毫米波信号。在 PD 的平方律检波过程中,无线信号的两个一级边带拍频产生 60 GHz 毫米波,无需上变频,放大后直接送入毫米波天线发射出去,被用户接收。

③ 基站波长重新利用。由 PBS 分离出的有线信号在基站被光纤耦合器分成两路,一路转换成电信号后被有线接收机接收,另一路被重新利用作为上行光源。由于 DPSK 调制仅仅改变光的相位,光功率基本是恒定的,所以在基站可以将承载有线信号的光波分出一部分进行强度调制(IM),作为上行传输信号,实现波长的重利用。

概括地说,该系统实现了有线信号和无线信号的同纤偏振复用传输,光生 60 GHz 毫米波放大后直接上天线,基站的回传信号重用中心站的光波,从而简化了基站的结构。

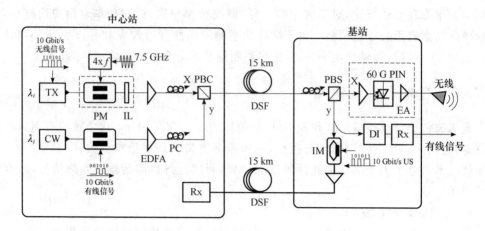

图 4.7.3　有线无线融合的光载 60 GHz 毫米波系统

2. 光生毫米波技术

在毫米波信号产生方面，采用 M-Z 电光外调制器的已调光波的适当边带拍频的光学方法显示出极大的潜力，其基本原理如图 4.7.4 所示。两束频率间隔为毫米波频率的相干光波 ω_1 和 ω_2 经光电二极管平方律检波后，可拍频产生频率为 $\omega_e = \omega_2 - \omega_1$ 的电毫米波信号，而这两束光可以从已调光信号的适当边带获得。当微波信号调制（尤其是相位调制）到光波上后，除了光载波外，还会产生相干性良好的多级边带，选择适当的某级边带拍频就可得到毫米波信号。例如，选择双边带调制信号的一级边带拍频可得到调制信号的倍频波；若通过选择适当的调制器的驱动条件强化二级边带，可拍频出四倍频波，以此类推。

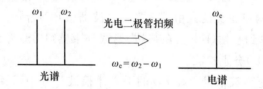

图 4.7.4　光外差法产生毫米波信号的基本原理

在过去的几年中，国内外对光生倍频和四倍频方案进行了大量的研究。利用单个光调制器，一般需要结合光滤波器才能实现高质量倍频/多倍频毫米波的产生。如图 4.7.5 所示，Gee-Kung Chang 等人提出了采用调制器和光交织滤波器的四倍频光生毫米波方案。在中心站（CO），频率为 f_0 的信号双边带调制在光波上，选择适当的驱动条件，抑制奇数级边带，只保留偶数级边带。然后用交织滤波器（图中的 OF）将调制光信号的载波和二级边带分开，在边带上调制数据信号，并与载波合路后在光纤中传输（下行）。在基站（BS），用交织滤波器再次将载波和边带分开。两个二级边带在光电转换时差拍出四倍频电毫米波,放大后直接由天线发射出去,而同纤传输到基站的光载波(连续光)可以波长重利用,承载上行信号由基站传输到中心站。

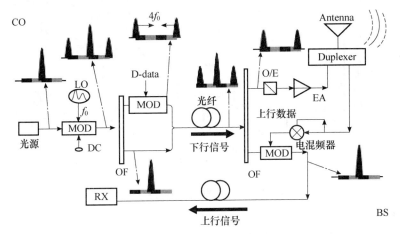

LO:本地微波振荡器;MOD:调制器;RX:接收机;OF:光交织滤波器;O/E:光电检测器;EA:电放大器

图 4.7.5　光生毫米波的实现

利用两个 M-Z 调制器级联或集成的 M-Z 调制器可以不需要光滤波器,就能产生高质量的四倍频、六倍频和八倍频电毫米波。这种方案通过选择两个 M-Z 子调制器适当的驱动条件,使其某阶边带的功率最大,而抑制载波和其它边带,从而在无光滤波器的情况下生成多倍频毫米波。

4.7.4　光载 OFDM

由于正交频分复用(OFDM)技术具有抗干扰能力强、频谱利用率高、适合高速数据传输等优势,成为 4G 移动通信、无线局域网(WLAN)、WiMax、Wi-Fi 等的核心技术之一。因此,光载 OFDM 技术也引起国内外广泛的关注。

OFDM 的基本思路是利用互相独立、正交的多个子载波承载高速信号。图 4.7.6 给出了 OFDM 的调制过程。高速基带信号经过串并变换后分成多路低速信号,每路低速信号调制到一个子载波上,然后将这些子载波信道合在一起进行传输。如图 4.7.6 右边所示,OFDM 输出信号在时域是由各子载波波形叠加而成的 OFDM 符号,该符号具有任意波形的特点,在一个符号周期内,各子载波相位变化为 2π 的整数倍。OFDM 信号在频域是多个正交的子载波频谱的叠加。

当高速信号以 OFDM 的方式调制到光波上传输时,多个子载波在光域以模拟的方式并行传输,每个子载波的带宽仅为高速信号的 $1/N$,这不仅降低了高速系统实现的难度,同时也使系统抗光纤色度色散的能力大为增强。但光载 OFDM 系统的多载波传输

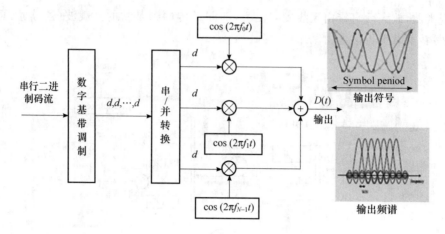

图 4.7.6　OFDM 的调制过程

也带来新的问题。

① 由于 OFDM 符号由多个独立的子载波信号叠加而成,合成的信号就可能产生较大的峰值功率,形成较高的峰均功率比(PAPR),从而使系统对非线性效应更加敏感;

② 频率间隔很近的子载波更容易满足相位匹配条件,在光纤传输时会产生较严重的四波混频(FWM)效应。

因此,研究光载 OFDM 信号光纤传输系统出现的新问题,降低 OFDM 系统的 PAPR,利用 DSP 处理技术进行信道估计和损伤补偿等,已成为重要的研究课题。

小　结

本章介绍了数字与模拟光纤通信系统的组成、原理、性能、设计以及应用中的一些问题,介绍了光同步数字传输体系(SDH)、掺铒光纤放大器(EDFA)和波分复用(WDM)系统、相干光通信和 RoF 系统的基本原理、关键技术及其在通信网中的应用。

数字光纤通信系统是由电发射机、光发射机、中继器(或 EDFA)、光接收机和电接收机组成,误码和抖动是数字光纤通信系统最重要的性能指标。当设计一个数字光纤通信系统(一个数字段或一个中继段)时,误码和抖动指标是从全程全网的需要分配下来。系统设计和选择设备时,要考虑全程全网的需要、要注意 ITU-T 的建议和国家标准,要考虑所设计的线路当前和近期对容量的需求,还要进行中继段功率和色散的计算。

在 1990 年以前,光纤通信一直沿用准同步数字体系(PDH),随着电信网的发展和用户要求的不断提高,PDH 系统暴露出一些明显的弱点,从而促使 SDH 的应运而生。SDH 采用以字节结构为基础的矩形块状帧结构,可以将各种低速率的 PDH 信号映射复用进来,而在高速率上采用同步复用,并建立了国际上统一的标准。SDH 最大的优势在组网上,SDH 的自愈环形网在过去近 20 年的应用中获得巨大的成功。

波分复用技术可以极大地增加单根光纤的传输容量,并可对不同速率、不同格式的信号透明传输。光栅型、干涉膜滤波器型、阵列波导光栅(AWG)等是常用的复用/解复用器件。

掺铒光纤放大器(EDFA)以其高增益、低噪声、可以同时放大多路 DWDM 信号的优势获得广泛的应用,DWDM 与 EDFA 的结合是过去十余年来电信网升级的首选方案。另外,随着大容量超长距离光纤传输系统的发展,噪声性能优越的分布式喇曼放大器也已进入商用。

由于光器件的进步和 DSP 技术的发展,近几年相干光通信再次引起众多的关注,成为过去几年中的一个研究热点。相干光通信采用外差或零差检测方法,可以明显提高接收机的灵敏度,并有良好的频率选择性。由于相干检测可以同时保留被检测信号的幅度信息和相位信息,因此常与高阶矢量调制格式配合用于单信道速率为 100 Gbit/s 及以上的高速率系统中,以及基于 OFDM 的 Tbit/s 量级的超级信道中。

为了顺应移动多媒体等业务日益增长的需求,RoF 技术迅速发展起来。该技术融合了无线通信的灵活性和光纤通信的大容量、低损耗优势,不仅在 3G 移动通信的建设中获得广泛的应用,而且在未来的毫米波通信、光载 OFDM 中都有广泛的应用前景。

习　　题

4.1　拟对彩色电视信号进行 PCM 数字编码,信号占据 5.5 MHz 的带宽,要求峰值信号对 r.m.s 噪声之比至少为 50 dB,求:

(1) 编码后数字信号所需要的最低比特速率;

(2) 100 分钟的电影胶卷数字信息量。

4.2 一阶跃折射率分布的多模光纤,数值孔径为0.2,纤芯半径 $a=25~\mu m$,光源为半导体激光器,有源区厚度为 $0.2~\mu m$(激光器 x 方向的光束宽度 $\bar{x}$ 近似等于有源区的宽度),求它和光源耦合时的耦合效率。

4.3 上题所述的情况,若改用圆锥透镜耦合,透镜的前端面的半径为 $10~\mu m$,求光纤和LD的耦合效率。

4.4 若系统的平均误码率 $BER=10^{-10}$,求相应的无误码秒是多少?

4.5 已知565 Mbit/s光纤通信的一些参数如下表所示:

系统	光发射机	光接收机	单模光纤
$BER=10^{-9}$ $M_e=3~dB$ $M_c=0.1~dB/km$	$P_s=-3~dBm$ $\lambda=1.3~\mu m$ $EXT=0$	光电二极管响应度为0.66 A/W 放大器的噪声参量为 $z=1\times10^6$ 光接收机动态范围为20 dB	损耗为0.5 dB/km 色散为3 ps/(km·nm)

表中,M_e 和 M_c 分别为设备富余度和线路富余度,光纤的敷设长度为1 km,接头的平均损耗为0.1分贝/个,565 Mbit/s系统全程总色散应小于120 ps/nm。求:

(1) 光接收机灵敏度;

(2) 合适的中继距离范围。

4.6 试分析光接收机的噪声性能和电缆数字接收机的异同。

4.7 试分析PDH和SDH系列的线路码型的特点。

4.8 一密集波分复用系统,复用信道间隔为0.8 nm,光源的谱线为高斯型,-3 dB宽度为0.15 nm,求中心频率为1 552.52 nm和1 553.32 nm的两个信道的串扰是多少?

4.9 Mach-Zahnder结构可以作为滤波器,也可以作为外调制器,当用作外调制器时,应怎样设计?

4.10 如题图4.1(a)所示的干涉膜滤波器型分波器,滤光片对波长为 λ_1 的光功率的透射率为0.95,求滤波器固有的插入损耗和串音。若此器件用于双向WDM系统,如题图4.1(b)所示,这时 λ_2 对 λ_1 的串音是否有改善?为什么?

4.11 在相干光通信系统中,假如信号激光器和本振激光器都为稳定的单色光源(即不存在相位噪声),且发射功率基本相同,光纤线路的总损耗为40 dB,问:

(1) 相干光通信系统检测器的输出信号电流是IM-DD系统的多少倍?

(2) 设相干光通信系统和IM-DD系统的接收机的高斯噪声近似相等,那么不存在相位噪声时,相干光通信系统接收灵敏度比IM-DD系统高出多少?

4.12 双边带调制的RoF系统,光纤的色散参数 $D=5$ ps/nm.km,微波信号的角频率为 $\omega_{RF}=30$ GHz,试求微波信号在光纤中传输时色散致功率衰落的周期为多少?

4.13　试设计一个光载 OFDM 系统的框图，并说明各个部分的功能。

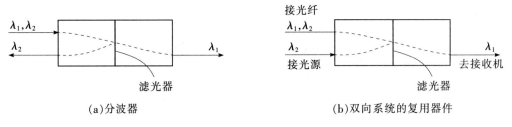

(a)分波器　　　　　　　　　(b)双向系统的复用器件

题图 4.1

第 5 章　WDM 光网络

随着人类社会信息化时代的发展,对通信容量和带宽需求呈现加速增长的趋势。通信网的两大主要组成部分——传输和交换,都在不断地发展和变革。随着波分复用(WDM)技术的成熟和广泛应用,传输系统的容量飞速增长,由此带来的是对交换系统发展的压力和促使其变革的动力。通信网中交换系统的规模将越来越大,运行速率越来越高,但是目前的电子交换和信息处理网络的发展已接近电子速率的极限。为了解决电子瓶颈限制问题,研究人员开始在交换系统中引入光子技术,实现光交换、光交叉连接(OXC)和光分叉复用(OADM),引发了光子交换技术和光网络的迅速发展。

5.1　光交换技术

光信号的分割复用方式有 3 种,即空分、时分和波分,相应也存在空分、时分和波分 3 种光交换方式,分别完成空分信道、时分信道和波分信道的交换。这 3 种分割复用方式的特点各自不同,其相应交换单元的实现方案和难易程度也不同。若光信号同时采用两种或 3 种交换方式,则称为复合光交换。

5.1.1　空分光交换

空分光交换是在空间域上将光信号进行交换。空间光开关是光交换中最基本的功能开关。它可以直接构成空分光交换单元,也可以与其他功能一起构成时分光交换单元和波分光交换单元。空间光开关可以分为光纤型和自由空间型两大类。

基本的光纤型光开关的入端和出端各有两条光纤,可以完成平行连接和交叉连接两种连接状态,如图 5.1.1 所示。

较大型的空分光交换单元可以由基本的 2×2 光开关级联、组合构成。构成的方式按网络结构可以分成许多种,常见的有纵横式(Crossbar)网络、Banyan 树拓扑、ShuffleNet 网络等。在构建绝对无阻塞的大型光开关矩阵时,减小串扰、降低损耗、实现低成本是需要研究的问题。

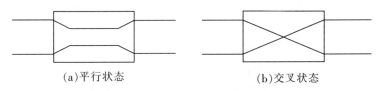

(a)平行状态　　　　　　　(b)交叉状态

图 5.1.1　2×2 光开关的状态

　　经过近十年的发展,光开关技术已经较为成熟。现在光通信中使用的光开关有机械型光开关、热光型光开关、微电子机械型光开关、波长选择开关和半导体光放大器门型光开关。下面简单介绍这些光开关的结构和性能。

1. 机械型光开关

　　机械型光开关技术成熟,在光网络中应用较为广泛,其结构可分为移动光纤、移动套管、移动准直器、移动反光镜、移动棱镜、移动耦合器等多种类型,图 5.1.2 给出了 3 种机械光开关的结构(移动光纤型、移动棱镜型和旋转反射镜型)。机械式光开关插损较低,2×2 光开关的损耗一般不大于 1 dB;隔离度高,一般大于 50 dB;对偏振和波长不敏感。其缺陷在于开关时间较长,一般为毫秒量级,有时还存在回跳抖动和重复性较差的问题。由于体积较大,不易做成大型的光开关矩阵。

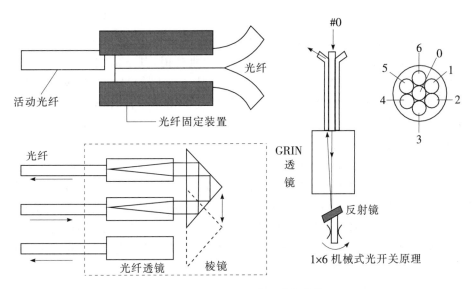

图 5.1.2　几种机械光开关的结构

2. 热光开关

　　热光开关一般采用波导结构,利用薄膜加热器控制温度,通过温度变化引起折射率变化来改变波导性质,从而实现光开关动作。热光开关可以在硅基材料上制作,也可以利用聚合物(Polymer)来实现。热光开关的基本结构有两种:一种是 Y 型分支器结构;另一种是 Mach-Zahnder 干涉仪型(MZI)结构。

(1) Y 分支器型热光开关

Y 型分支器结构如图 5.1.3 所示,在硅基底或 SiO_2 基底上生成矩形波导,微加热器(薄膜加热器)由 Ti 或 Cr 在波导分支表面沉积而成。当电功率被加到其中一个分支上的加热器时,在该加热器下面的波导的折射率减小,相应的,光功率被转向另一分支,即处于开的状态,同时,在有加热器的分支则处于关的状态。波导材料在开始阶段经常采用 Si 或 SiO_2,而现在人们则把更多的研究转向了聚合物波导,这主要是由于聚合物的导热率很低,而热光系数却很高。Y 分支器型热光开关功率消耗比较高,一般为 200 mW 左右,插损一般为 3~4 dB,消光比为 20~30 dB。

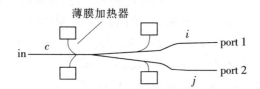

图 5.1.3　Y 分支器型热光开关的结构

(2) MZI 型热光开关

MZI 型热光开关如图 5.1.4 所示,由两个 3 dB 光纤耦合器和一个波导干涉仪构成,在波导上蒸镀金属薄膜加热器。当金属薄膜通电加热时,其下面波导的折射率发生变化,从而实现光的通断。如图 5.1.4 所示,假设信号光从 1 端口输入,若薄膜加热器处于关闭状态,此时 MZI 产生的相位差为 0,但光波经过 3 dB 耦合器时,沿耦合输出方向的光与直通输出方向的光相比存在 $\pi/2$ 的相位滞后。在 $1'$ 输出端口,经过耦合器的两次耦合的光波与经过耦合器的两次直通的光波累积相位差为 π,从而满足相干相消条件,因此,$1'$ 端口没有光输出。在 $2'$ 输出端口,两束光分别经历了一次直通,一次耦合,总的相位保持同步从而发生相干相长现象,即入射光的能量几乎全部从 $2'$ 端口输出,整个开关的工作状态处于交叉连接状态。如果对金属膜通电使其发热,将会导致其下面的波导折射率发生变化,从而改变了 MZI 干涉臂的光程,引入相位差。调节加热温度使之形成 π 相移,那么在 $1'$ 和 $2'$ 输出端口两束光的相位关系随之发生反转,信号此消彼长,整个热光开关也由原先的交叉状态变换成平行连接状态。

3. 微电子机械系统(MEMS)光开关

MEMS(Micro-Electro-Mechanical-Systems)是指一种在半导体材料上制作微电子机械(简称微电机)结构的集成工艺。将 MEMS 技术应用于光子交换领域,出现了新型的微电机光开关。它的基本原理是利用静电效应将外部激励转化为某种机械动作,通过微传动装置牵引光路中的自由镜面,使之发生旋转,从而改变光束传播方向。MEMS 光

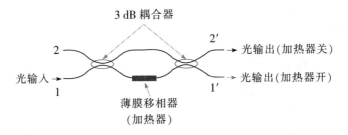

图 5.1.4　MZI 热光开关型的结构

开关将电子、机械和光路功能集合于同一芯片,既具备普通机械光开关损耗低、串扰小、偏振不敏感和消光比高的优点,又像波导开关一样具有体积小、易于大规模集成的特点。

典型的 MEMS 光开关可以分为二维和三维结构。一种基于微镜面的二维 MEMS 结构如图 5.1.5 所示,采用表面微机械制造技术将微镜阵列单片集成在硅基底上。微镜可以旋转,通过微型铰链锚定于硅基底上,微镜两侧有两个推杆,两端的链轴点分别与微镜及下方的转化盘铰合。外部激励控制转化盘牵引推杆动作,使微镜发生转动。当微镜调节为水平时,允许光束在其上直接通过;当微镜旋转到与硅基底垂直时,将对入射光束形成反射,使信号从与原方向正交的输出端口输出。二维 MEMS 开关需要 N^2 个微镜来完成 $N \times N$ 自由空间光交叉连接,其控制电路较为简单,由 TTL 驱动器和电压变换器来提供微镜所需的电压。

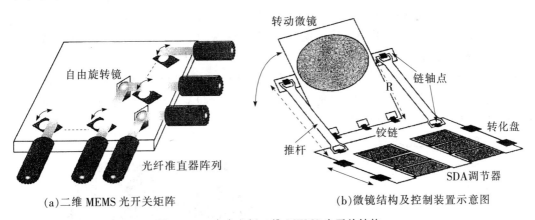

(a)二维 MEMS 光开关矩阵　　　　　(b)微镜结构及控制装置示意图

图 5.1.5　自由空间二维 MEMS 光开关结构

一种三维 MEMS 结构如图 5.1.6 所示,由两个微镜阵列和输入、输出光纤阵列组成,每个镜面能向任何方向偏转,输入到第一个阵列镜面上的光束被反射到第二个阵列的预定镜面上,然后再被反射到输出端口。

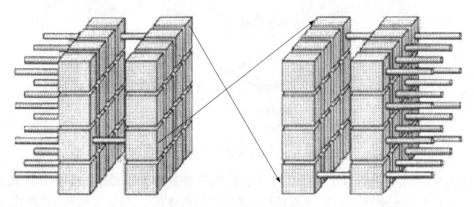

图 5.1.6 三维 MEMS 光开关

三维结构主要靠两个微镜阵列完成两个光纤阵列的光波空间连接,每个微镜都有多个可能的位置,为确保任何时刻微镜都处于正确的位置,控制精度要求达到百万分之一度左右,控制电路也比二维的 MEMS 复杂得多。由于 MEMS 光开关靠镜面转动来实现交换功能,所以任何机械摩擦、磨损或震动都可能会损害光开关。三维 MEMS 优点是可支持大型交叉连接矩阵,容易获得端口数目大的光开关。

4. 基于半导体光放大器的门型光开关

由于半导体光放大器(SOA)在不同泵浦状态下对入射光表现出吸收或放大两种不同的状态,因此,SOA 可以作为一种快速(开关速度为纳秒量级,甚至更快)门型开关应用。当 SOA 的注入电流低于阈值电流时,入射光被吸收,门开关处于关断(OFF)状态;当注入电流高于阈值电流时,入射光透明地穿过 SOA,同时可以获得增益,门开关处于导通(ON)状态。多个门开关可以构成光开关阵列,图 5.1.7 给出了一种基于 SOA 技术的 2×2 光开关实现方案。图中 2×2 开关结构包括 4 个 SOA 单元组成的光门阵列,彼此通过波导连接。控制各路 SOA 的通断状态,可以实现信号由任意输入端到任意输出端的定向连接或广播发送功能。

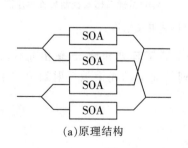

(a)原理结构

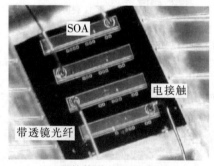

(b)器件外形(Alcatel 提供)

图 5.1.7 2×2 型半导体光放大器开关示意图

SOA 是一种有源器件,泵浦增益补偿了开关损耗,还可以获得增益。此外,SOA 开关还具有消光比高(大于 50 dB)、开关速度快(小于 1 ns)、易于集成等特点。尽管目前价格还较高,但在未来的光网络中(尤其是构建高速分组光网络),它代表了一类颇具潜力的光开关技术。其缺点是 ASE 噪声较大,对偏振较为敏感。

5. 波长选择开关

波长选择开关(WSS)是近几年发展起来的新型光开关,被广泛应用在可重构光分插复用器(ROADM)中。基本的 WSS 应用类型为 $1 \times N$ 或 $N \times 1$ 型,对于光路可逆的 WSS 结构,两种类型是等同的,可以互换使用。图 5.1.8 给出了 $1 \times N$ 型 WSS 的示意图,它可以将输入的多波长信号中的任意数目的任意波长组合输出到任意输出端口上,即在任意一个输出端口,可以从输入的 n 个波长中选择任意数量和任意的波长组合输出。

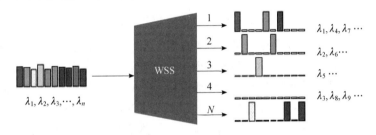

图 5.1.8　$1 \times N$ 型 WSS 功能示意图

WSS 实现技术主要有 3 种:①基于硅基液晶(LCOS)阵列技术;②基于 MEMS 技术;③基于平面光路(PLC)技术。

以 LCOS 为例说明之。LCOS 是 Liquid Crystal On Silicon 的缩略词,是硅基 CMOS 和液晶技术相结合的新生事物,通过控制施加在每个液晶单元上的电压,可以控制这个单元的反射光的方向。LCOS 与透镜组结合,可实现光束的任意选择。图 5.1.9 是澳大利亚 Engana Pty 公司的 WSS 结构示意,其构成主要包括输入/输出光纤阵列、透镜组、衍射光栅和 LCOS。输入光纤端口的多波长信号经过透镜组准直后入射到衍射光栅上,不同波长的光束被光栅衍射后以不同的角度出射,并被投射到 LCOS 的不同区域上,通过控制这些区域上的液晶单元的电压,可独立控制不同波长反射光的方向。反射光再次经过衍射光栅和透镜组,汇聚到任一目标输出光纤端口中。

一般来说,采用 LCOS 技术需要两个衍射/反射平面,结构较为复杂,且不易实现 $M \times N$ 的 WSS,但采用 MEMS 微镜阵列却可以形成集成度高、结构较为简单的结构,图 5.1.10 是 Shifu Yuan 等人设计的基于 MEMS 的 $N \times N$ 的集成 WSS,主要由阵列波导光栅(AWG)芯片、透镜阵列、MEMS 阵列和反射镜构成。AWG 芯片具有 40 个信道,信道间隔为 100 GHz,插入损耗约为 2 dB。MEMS 阵列采用三维结构,各个微镜的方向可以任意控制。该结构仅使用一个 MEMS 微镜面,可大大减小整个结构的复杂性。如

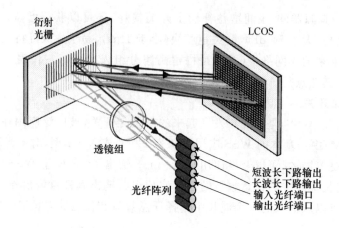

图 5.1.9　基于 LCOS 的 WSS 结构示意

图 5.1.10 所示,WDM 信号先送入 AWG 解复用,再经透镜阵列对各个波长的光束进行准直后投射到 MEMS 阵列上。MEMS 阵列根据各波长去往方向控制微镜的旋转方向,将直通波长反射回透镜阵列,将光束会聚到连接 WDM 输出端口的 AWG 上;将下路波长反射到反射镜面,反射镜面再次将光信号反射回 MEMS,经过两次微镜的选择,可以将任意数量、任意波长的信号送往各个下路端口。上路信号波长经过相反的光路过程,即经过 MEMS-反射镜-MEMS-透镜阵列-AWG 与直通波长复用后输出。该结构可以通过几个透镜/微静联合工作改变所选信道的带宽,在频谱可变的光网络中颇有竞争力。

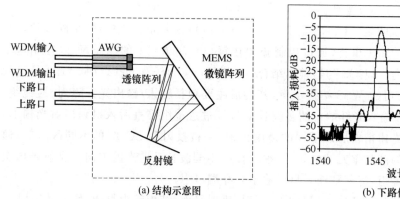

(a) 结构示意图　　　　　　　　　　(b) 下路信道通带

图 5.1.10　$N \times N$ WSS

随着可变带宽弹性光网络的发展,WSS 向可编程光滤波型 WSS(Programmable Filter WSS,PF-WSS)的方向演变。这种器件可以改变滤波器的频谱和带宽特性以适应网络中不同速率、不同带宽信号的需求。图 5.1.11 是 2012 年 OFC 会议上报道的两种 PF-WSS 类型,图 5.1.11(a)是 $1 \times N$ PS-WSS,N 可以选为 2~20;图 5.1.11(b)为可编程波长选择阵列(WBA)，即一种 $M \times N$ 的 PF-WSS,可实现滤波带宽从 $25 \sim 400\,\mathrm{GHz}$ 的变化,如图 5.1.11(c)所示,该器件在格形光网络中非常适用。

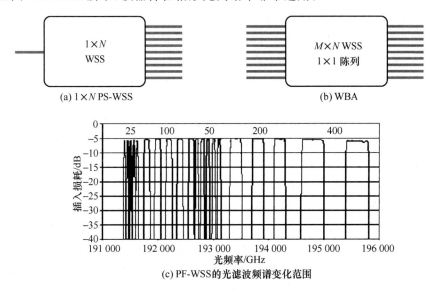

(a) $1 \times N$ PS-WSS　　　　　　　　　　　(b) WBA

(c) PF-WSS的光滤波频谱变化范围

图 5.1.11　可变带宽光滤波器 WSS

图 5.1.10 的结构也可以在一定程度上改变滤波带宽。若联合控制几个微镜,使其滤波带宽连续起来,则可以滤出带宽为 100 GHz 倍数的信道,以适应可变带宽光网络的需求。目前已商用的 WaveShaper 是完全可编程的 WSS,如 WaveShaper 4000S 是一款 1×4 的 PF-WSS,其滤波器的可编程带宽从 10 GHz 到覆盖 C+L 波段,在整个波段中心频率可以 1 GHz 步进增加;滤波特性表现为顶部平坦、边沿陡峭,支持带通型、带阻型和梳状滤波。

5.1.2　时分光交换

时分复用是通信网中普遍采用的一种复用方式。时分光交换就是在时间轴上将复用的光信号的时间位置 t_i 转换成另一时间位置 t_j。信号的时分复用可分为比特复用和块复用两种。由于光开关需要由电信号控制,在复用的信号间需要有保护带来完成状态转换,因此采用块复用比采用比特复用的效率高得多,而且允许光信号的数据速率比电控制信号的速率高得多。现假定时分复用的光信号每帧复用 T 个时隙,每个时隙长度相等,代表一个信道。

要完成时分光交换,必须有时隙交换器完成将输入信号一帧中任一时隙交换到另一时隙后输出的功能。完成时隙交换必须有光缓存器,双稳态激光器可用作光缓存器,但是它只能按位缓存,且还需要解决高速化和大容量等问题。光纤延时线是一种目前比较适用于时分光交换的光缓存器。它以光信号在其中传输一个时隙时间经历的长度为单位,光信号需要延时几个时隙,就让它经过几个单位长度的光纤延时线,所以目前的时隙交换器都是由空间光开关和一组光纤延时线构成。空间光开关每个时隙改变一次状态,把时分复用的时隙在空间上分割开,对每一时隙分别进行延时后,再复用到一起输出。

图 5.1.12 为 4 种时隙交换器。图中的空间光开关在一个时隙内保持一种状态,并在时隙间的保护带中完成状态转换。如图 5.1.12(a)所示,一个 $1 \times T$ 空间光开关把 T 个时隙时分解复用,每个时隙输入一个 2×2 光开关。若需要延时,则将光开关置成交叉状态,使信号进入光纤环中,然后将光开关置成平行状态,使信号在环中循环。光纤环的长度正好使光信号延迟 1 个时隙,需要延时几个时隙就让光信号在环中循环几圈,再将光开关置成交叉状态使信号输出。T 个时隙分别经过适当的延时后重新复用成一帧输出,从而实现时隙的交换。这种方案需要一个 $1 \times T$ 个光开关和 T 个 2×2 光开关,光开关数与 T 成正比增加。图 5.1.12(b)采用多级串联结构使 2×2 光开关数降到 $2\log_2 N - 1$,大大降低了时隙交换器的成本。图 5.1.12(a)和图 5.1.12(b)有一个共同的缺点:它们是反馈结构,即光信号从光开关的一端经延时又反馈到它的一个输入端。这种结构使不同延时的时隙经历的损耗不同,延时越长,损耗越大,而且信号多次经过光开关还会增加串扰。图 5.1.12(c)和图 5.1.12(d)采用了前馈结构,图 5.1.12(c)使用 $1 \times T$ 光开关代替多个 2×2 光开关,控制比较简单,损耗和串扰都比较小。但是在满足保持帧的完整性要求时,它需要 $2T - 1$ 条不同长度的光纤延时线,而图 5.1.12(a)只需要 T 条长度为 1 的光纤延时线。图 5.1.12(d)采用多级串联结构,减少了所需的延时线数量。

图 5.1.13 是在 2006 年 OFC 会议上报道的一种可以灵活调谐的光缓存器,由 3 段光纤延时线和 4×4 开关矩阵组成 3 个延时环路(D_i 端口、d_i 光纤延时线和 A_i 端口构成一个光纤延时环路,$i = 1, 2, 3$)。d_1 是基本延时单元(一个时隙),3 段光纤长度满足 $d_3 = 10 \times d_2 = 100 \times d_1$ 的关系。需要缓存的光信号由 A_4 端输入,控制开关矩阵的工作状态,可以使信号分别在 d_1、d_2 和 d_3 光纤环中传输若干圈,实现输入信号在缓存器中的存储时间在 d_1 和 $999 \times d_1$ 之间灵活选择。

另外一项正在研究的光缓存技术是慢光技术。由电磁场的基本原理可知,信息的传输速度是调制波包的传播速度,即群速度,考虑同时存在材料色散和波导色散的情况,对于平面波的情况,群速度的表达式为

$$V_g = \frac{\mathrm{d}\omega}{\mathrm{d}k} = \frac{c - \omega \dfrac{\mathrm{d}n(k, \omega)}{\mathrm{d}k}}{n(k, \omega) + \omega \dfrac{\mathrm{d}n(k, \omega)}{\mathrm{d}\omega}}$$

式中,ω 为光的角频率,k 为光的传播系数,c 为真空中光的传播速度。从上式不难发现群速度与材料折射率 n、波导色散 $\dfrac{\mathrm{d}n(k, \omega)}{\mathrm{d}k}$ 和材料色散 $\dfrac{\mathrm{d}n(\omega)}{\mathrm{d}\omega}$ 有关。材料折射率 n 的变化

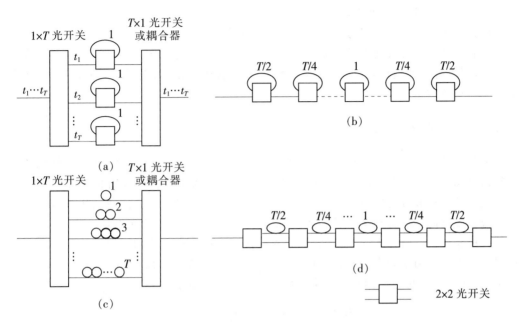

图 5.1.12　4 种时隙交换器

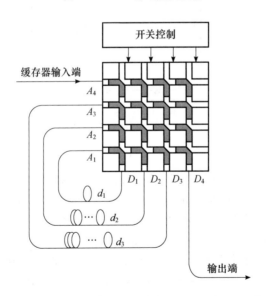

图 5.1.13　灵活调谐的光纤缓存器

范围一般不是很大,而波导色散或者材料色散的变化幅度在某些情况下可以达到很大,这时光的群速度将显著变化,从而实现慢光或快光。例如,当 $\dfrac{\mathrm{d}n(\omega)}{\mathrm{d}\omega}$ 很大且为正时,群速

度 $V_g \ll c$，光速将显著地降低，即可实现光缓存。

慢光一般可以采用两种方法实现：一是改变波导色散，通过人造材料（如光子晶体、微谐振腔、微波导等）改变介质的宏观光学性质，使波导色散产生大的变化；二是改变材料色散，通过各种物理现象（如电磁诱导透明、相干粒子数振荡、受激布里渊散射等）可明显改变材料色散特性。

5.1.3　波分光交换

密集波分复用是光纤通信在 20 世纪 90 年代的一个重大突破。它利用光纤的丰富的频谱资源，在光纤的低损耗窗口中复用多路光信号，大大提高了光纤的通信容量。波分光交换就是将波分复用信号中任一波长 λ_i 变换成另一波长 λ_j。注意这里波分光交换与波长路由不同。后者利用波长的不同来实现选路，即实现空分交换，其中不一定包含波长交换功能。与时分光交换类似，波分光交换所需的波长交换器也只能先用波分解复用器件将波分信道空间上分割开，对每一波长信道分别进行波长变换（Wavelength Converter，WC），然后再把它们复用起来输出，如图 5.1.14 所示。

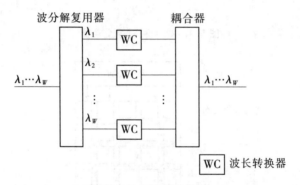

图 5.1.14　波长交换器

光波长变换器是实现波分交换不可缺少的器件。实现波长变换有多种方法，采用 O/E/O 变换是最简单的方法，即将输入的光信号变为电，再用新的波长重新发射。这种方法在同时需要对光信号进行整形时是很有效的，其缺点是结构复杂、功率消耗大、不保持光路的透明性，从而促使人们研究全光波长变换器。

半导体光放大器是有效实现全光波长变换的重要器件。半导体光放大器的原理与半导体激光器类似，所不同的是，在 SOA 的有源区里并不形成光振荡，而是将入射光信号放大。这里简要介绍利用 SOA 中交叉增益调制（Cross-Gain Modulation，XGM）、交叉相位调制（Cross-Phase Modulation，XPM）和四波混频（Four Wave Mixing，FWM）效应实现的全光波长变换器。

（1）交叉增益调制 SOA 型全光波长变换器

图 5.1.15 是基于交叉增益调制的 SOA 型全光波长变换器结构,图 5.1.15(a)为信号光和连续光同向输入的情况,图 5.1.15(b)为反向输入,图 5.1.15(c)为变换前后的脉冲波形。信号光(波长为 λ_s)和连续光(具有变换所需要的光波长 λ_c)入射到 SOA 上,当信号光为"1"码时,其功率使 SOA 达到饱和,这时对连续光的增益很小;而当信号光为"0"码时,SOA 不出现饱和,这时对连续光的增益很大,即 SOA 对连续光的增益随信号光"1"、"0"码的变化而变化,通过 SOA 的交叉增益调制使信号光的信息加载到连续光的振幅上。在输出端,用光滤波器滤出 λ_c,达到波长变换的目的,但变换后的信号与原信号反向。

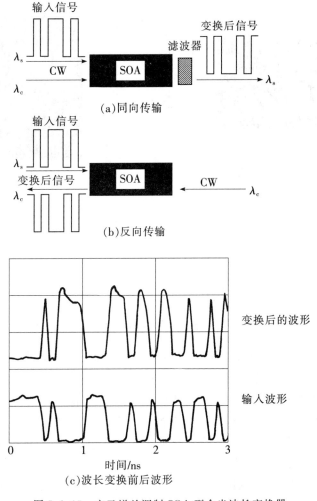

图 5.1.15　交叉增益调制 SOA 型全光波长变换器

交叉增益调制 SOA 型全光波长变换器的优点是结构简单、易于集成、能达到的速率较高(10～20 Gbit/s);其缺点是引入的啁啾较大,消光比较差,而且向长波长和向短波长方向分别进行变换时消光比有显著不同。向短波长方向进行变换时消光比较令人满意,而向长波方向进行变换时消光比较差。

(2) 交叉相位调制 SOA 型全光波长变换器

利用 SOA 中交叉相位调制现象实现的波长变换器是迄今为止所取得的最成功的全光波长变换器,图 5.1.16 是采用 M-Z 结构的基于 SOA 的 XPM 的全光波长变换器,如图 5.1.16(a) 所示为采用 0.69/0.31 光耦合器的非对称结构,图 5.1.16(b) 为采用 3 dB 耦合器的对称结构。

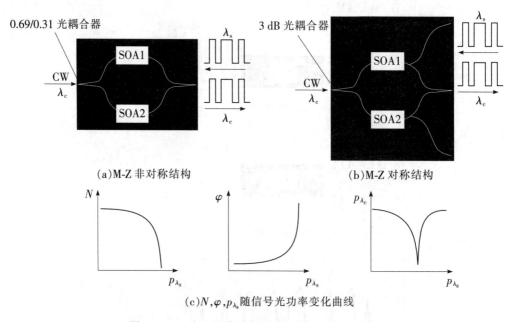

(a)M-Z 非对称结构　　　　　　　(b)M-Z 对称结构

(c)N,φ,p_{λ_s} 随信号光功率变化曲线

图 5.1.16　交叉相位调制 SOA 型全光波长变换器

交叉相位调制 SOA 型全光波长变换器的基本原理是光强度对折射率形成调制。由于入射的信号光在有源区感应受激辐射,消耗载流子,引起载流子浓度发生变化,而载流子浓度的变化又引起折射率变化,进而使输入的连续光的相位得到调制。M-Z 干涉仪两臂上的相位调制信号在第二个耦合器上进行相干叠加,将相位信息转换为强度信息,达到波长变换的目的。图 5.1.16(c)给出折射率 N、连续光相位 ϕ 和功率随信号光功率变化曲线,这些曲线正反映上述的物理过程。

在调制速率上,XGM 和 XPM 没有明显的差别,均受限于载流子寿命时间,但采用 XPM 进行波长变换时,啁啾较小,消光比较高,变换信号的信噪比也提高。其缺点是造价较高。

（3）四波混频型波长变换器

利用 SOA 或光纤等非线性光学器件的四波混频效应，可以得到光频率为 $\omega_{out}=2\omega_c-\omega_s$ 的变换光。这种方法的主要优点是对调制速率没有限制，可望达到与输入信号相同的消光比，并得到与原信号相反的啁啾。其主要缺点是变换效率（定义为输出光的强度与输入光的强度之比）低，一般仅为 $-20\ dB$ 左右。

5.1.4　复合光交换

空分＋时分、空分＋波分、空分＋时分＋波分等都是常用的复和光交换方式。图 5.1.17 给出空分＋波分光交换结构的例子。空分＋波分光交换需要波长复用的空分光交换模块和空间复用的波分光交换模块，分别用 S 和 W 表示。图中波分解复用器把输入信号波分解复用，再对每个波长的信号分别应用一个空分光交换模块，完成空间交换，然后再把不同波长的信号波分复用起来，完成空分＋波分光交换。

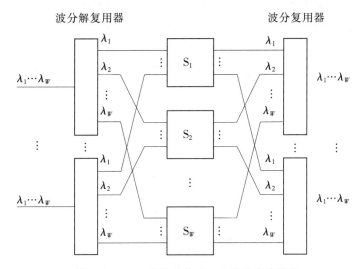

图 5.1.17　一种波长复用的空分光交换模块

光子交换已是人们多年的追求，但由于光逻辑器件的匮乏、光开关速度的限制和波长变换器昂贵的价格，使得真正意义上的光子交换技术的实现还有待器件上的突破，但这并没有阻止光网络的发展和在现有条件下实现光交换。本章首先简介光网络的发展概况和各种光交换技术的基本原理，然后较为详细地讲述全光通信网和自动交换光网络的结构、原理和关键技术。

5.2 光网络的发展概况和网络类型

20世纪90年代初,人们就已开始研究光子交换,ATM光交换、分组光交换是当时的热门研究课题。但由于光逻辑器件的匮乏、光开关速度的限制,ATM光交换和分组光交换很难实用化。与此同时,WDM技术在应用中获得很大的成功。人们在应用WDM过程中,发现WDM不仅能极大地提高光纤的传输容量,而且有良好的联网性能,从而引发了WDM光网络的迅速发展,经历了由全光通信网向高度智能化的自动交换光网络(Automatic Switched Optical Network,ASON)的发展过程。但由于波长交换的粒度太大,多年来,人们对光子交换网的研究和实验一直没有中断。随着IP流量的迅猛发展和通信网络由电路交换向分组交换的转变,人们对光分组交换(OPS)的追求有增无减。为了克服光逻辑器件的制约和满足多种粒度交换的需求,光突发交换(OBS)应运而生。OBS的交换粒度适中,介于波长和分组之间,从而降低了对光学器件的要求,是一种较现实的分组光交换的解决方案。随着IP流量的迅猛增长和MPLS的成功应用,光标记交换也引起人们的关注,由于ASON的控制平面采用通用多协议标记交换(GMPLS)协议和多粒度交换的节点结构,光标记交换和ASON在逐渐融合。国际上对光网络发展的进程的预测如图5.2.1所示。

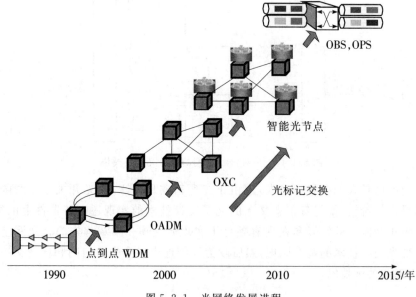

图5.2.1 光网络发展进程

5.2.1 分组光交换网络

光分组交换(OPS)技术借鉴了电域分组交换的思想,是分组交换技术向光层的渗透和延伸。OPS 直接在光域中完成 IP 分组的封装与复用、传送与交换,对波长通道实施统计复用,资源利用率高。OPS 在光域的分组交换还对数据速率和格式透明,是未来光网络中承载话音和数据等多种业务的理想平台。

在 OPS 网络里,业务数据和分组头一起放置在一定长度的时隙中,传输和存储都采用光的形式。当多个光分组交换节点组成网络时,各节点每个输入端口上的分组到达时间是随机的,交换节点内部需要对分组进行重新排队和同步处理,然后将光分组转发。OPS 节点结构如图 5.2.2 所示,由输入同步模块、交换矩阵和输出模块组成。

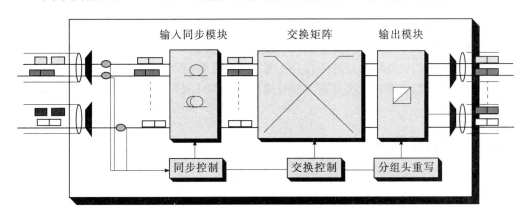

图 5.2.2　OPS 节点示意

(1) 输入同步模块

输入同步模块的主要作用是校准入口分组的相位。在 OPS 网络中,由于不同的分组到达同一个节点的入口的时间不同,分组头识别和载荷定界均要求快速时钟恢复,使所有光分组到达入口时与本地参考时钟相位对准,实现分组同步。为了保持比特率和编码的端到端的光透明传输,同步必须在光域完成。由于缺乏光逻辑器件,在同步实现过程中,时钟的恢复与提取常常涉及到 O/E/O 的转换。

为了尽量减少网络中分组同步器的数目,在需要时可以使用 WDM 结构作为节点的主要部分,与单个的信道结构轮流变化,这样可以抑制分组头和净荷间的抖动。

(2) 交换矩阵

交换矩阵的作用是实现路由并实时地解决冲突。交换矩阵的控制是 OPS 的难点,目前在光域实现交换控制难度很大。OPS 目前多采用混合的解决方案:传输与交换在光域实现,路由和转发控制功能以电的方式实现。控制部分仍然需要 O/E/O 转换,将每个分组头通过O/E转换分离到电域进行处理,确定转发路由。

同一时间里,可能有两个或两个以上的分组要从同一出口离开光交换节点,即出现了分组竞争,常见的解决竞争的方法是利用光分组缓存。由于没有可用的光随机存取存储器(RAM),目前都是利用光纤延时线与其他光器件(如光开关、光耦合器、光放大器等)结合来实现光分组缓存,设计光分组缓存器时要考虑分组丢失率、网络延时、硬件成本、控制电路的复杂性等一系列复杂问题。

（3）输出模块

输出模块的作用主要是重写分组头和进行信号再生功能。新形成的分组头通过E/O转换后,再与用户数据合并成分组在光域发送。为了消除消光比(ER)恶化、光信噪比(SNR)恶化、不同分组间的功率波动、抖动积累等对信号质量的影响,还需要对数据流进行再生。

光分组交换的关键技术有光分组的产生、同步、缓存、再生,光分组头重写及分组之间的光功率的均衡等。

迄今为止人们在光域的处理手段还不够成熟,使得OPS的实用化受到影响。在20世纪90年代,人们也把目光投向基于波长路由的WDM光网络,十几年来成为光网络发展的主流方向。

5.2.2 WDM 光网络

20世纪90年代初,人们提出了"全光网"的概念。全光网是指信号以光的形式穿过整个网络,直接在光域内进行信号的传输、再生和交换/选路,中间不经过任何光电转换。WDM全光网显示出独特的优越性,主要优点如下。

① 极大地提高网络的传输容量和节点的吞吐量,适应未来信息社会对容量和带宽的需求;

② WDM全光网对信号的速率和格式透明,从而提供透明的光平台;

③ 提供灵活的波长选路、动态资源配置能力,使组网更加灵活;

④ 可以在光层实现网络的重构、故障的自动恢复和自愈,从而建成具有高度透明性、灵活性和生存性的光网络。

然而,由于光信号固有的模拟特性,光纤色散和光放大器的ASE噪声的积累、非线性光学效应的影响使长距离的全光传输变得困难,目前在光域内很难完成3R中继功能(即重新定时、整形和放大),难以高质量实现全光信号再生,光控技术也不够成熟。因此,人们逐渐淡化全光的目标,转而用"光传送网"来代替。1998年,ITU-T正式提出光传送网(OTN)的概念。

十几年来,OTN有了长足的发展,光分插复用设备(Optical Add Drop Multiplexer,OADM)和光交叉连接设备(Optical Cross Connector,OXC)已应用到通信网中,更加灵活、功能更加强大的可重构 OADM(ROADM)的研究和应用也已引起业界的关注。

在过去的十几年中,由于数据业务(尤其是 IP 业务)在骨干网上的持续爆炸性增长,且 IP 业务流量是自相似模型,具有突发、多变、不对称等特点,因此,网络运营商不仅要解决带宽问题,更需要网络的智能,这促进了智能光网络的发展,使光层从一种静态的传输媒体变成一种智能的网络结构,从而大规模降低建网的投入和运维成本。

所谓智能是指能感知环境变化,据以分析判断并作出正确反应的能力。自动交换光网络代表了智能光网络的主流发展方向,最早是在 2000 年 3 月由 ITU-T 的 Q19/13 研究组正式提出,在短短的几年的时间内,无论是技术研究,还是标准化进程都进展迅速,成为各种国际性组织(如 ITU、IETF、ODSI、OIF 等等)以及各大公司研究讨论的焦点课题,现在已商用。

ASON 是能够智能化地、自动完成光网络交换连接功能的新一代光传送网。与传统的传送网相比,ASON 的控制功能与管理功能分离,增加独立的控制平面,通过控制平面的自动发现机制、信令协议和路由算法实现网络的自动连接和删除。

由于 OTN 和 ASON 是光网络发展的主流方向,本章第 3 节和第 4 节将会进一步讲述。

5.2.3　光标记交换

1. 多协议标记交换

20 世纪 90 年代后期,IP 作为网络层的主导技术已初见端倪,IP 流量已开始超过话音流量。但 IP 是一种尽力而为的业务,没有 QoS 保证,应用中存在着许多问题,多协议标记交换(Multi-Protocol Label Switching,MPLS)正是在这种具体情况下应运而生的。MPLS 引入等同转发类(Forwarding Equivalency Class,FEC)的概念,并为每个 FEC 建立一条虚电路,实现点到点的连接。MPLS 网络设备分为核心路由器和边缘路由器,网络结构如图 5.2.3 所示。

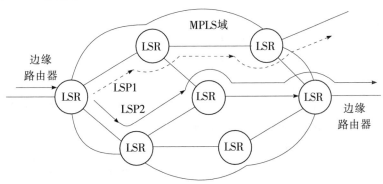

图 5.2.3　MPLS 的网络结构示意

如图 5.2.3 所示,业务到达 MPLS 网络的边缘标记交换路由器(Label Swit-ching Router,LSR)时,首先根据其目的地址、类别、特征等信息分成不同的 FEC,每一类 FEC 中的业务具有在 MPLS 网络中相同的标记交换通道需求,并根据网络的资源可用情况分配一个标记,标记交换通道(LSP)的资源配置由标记分配过程中的标记属性决定。在通道建立以后,在 MPLS 网络域中,核心 LSR 不需要知道 IP 高层内容,只需查询简单的标记就可以实现交换和转发操作,从而提高了转发速度,改善了 QoS。用标记分发协议(Label Distributed Protocol,LDP)可以分发与业务的属性和 QoS 指标相关的标记,包括标记栈标志、业务优先级标志等,因此 MPLS 协议可以很好地支持不同 QoS 和不同粒度的业务传输。在到达 MPLS 网络的边缘出口时,边缘标记交换路由器去掉标记,然后根据一般的 IP 转发方式,即根据分组头的地址信息将分组转发到其他通常的 IP 路由器。

多协议标记交换是面向连接的转发技术和 IP 路由协议的结合,在无连接的 IP 网络中引入了连接机制。它采用了 ATM 中的信元交换思想和高速分组转发技术,在 MPLS 域的核心 LSR 中利用简单的标记查询在 L2 进行分组的快速转发,其应用很快扩展到实现流量工程、将 L3 的路由功能和 L2 的转发功能有效地分离等领域,在应用中获得巨大的成功,在美国被誉为 1999 年电信十大热门话题之一。

2. 多协议波长标记交换

MPLS 网络采用标准分组处理方式对第三层的分组进行转发,采用标记交换对第二层分组进行交换,从而实现了快速有效的转发。同时,MPLS 还简化了选路功能,提供了流量工程解决方案。而光通道的特性是面向连接的,因此应用 MPLS 建立光路径是一种非常合适的方案。人们在研究中发现 OXC 和 LSR 有如下很多相似之处。

① 本质上,它们都是点到点的虚通道连接,LSP 是一条由入口和出口 LSR 提供的具有参数化的分组转发路径(流量管道),光信道路径是一条传送客户层信号的两个端点间的光信道;

② 加载在 LSP 和光信道路径上的净荷信息对沿各自通道上的中间节点都是透明的,LSP 和光路径都可以参数化;

③ LSP 中的标记分配和光路径中的波长分配类似,通过给定的 LSR 端口的两个不同的 LSP 不能分配同样的标签(这不包括标签归并和标签栈的 LSP 汇聚),而两个不同的光路径在通过一个确定的 OXC 端口时,也不能分配相同的波长;

④ LSR 的数据平面使用标签交换将带有标签的包从入口端转发到出口端,而 OXC 的数据平面采用交换矩阵来建立从入口端到出口端的光信道路径。

因此,MPLS 很容易扩展为 MPλS(或记为 MPLambdaS),即多协议波长标记交换,以波长作为转发的标记。MPλS 是 MPLS 与 WDM 光网络层的结合,将 MPLS 中具有流量工程的控制平面的思想应用于 WDM 光网络中,用来指配光层上的端到端的光通道,

其中不同的标记对应于不同的波长,这种应用称为 MPλS。MPLS 对 L3 数据流进行 L2
快速转发,而 MPλS 是将 L3 数据流在 L1 上实现直接转发。如图 5.2.4 所示,在 MPλS
网络中,使用波长为标记,标记的分发就是波长的分配,交换粒度可以是单个波长或波长
组;OXC 节点应具有标记交换功能,并能处理 IP 路由协议。

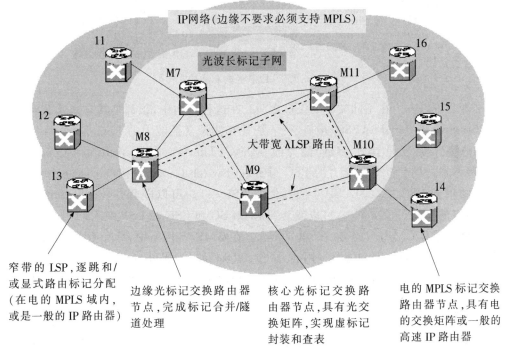

图 5.2.4　多协议波长标记交换

3. 通用 MPLS

MPλS 很快又发展为通用 MPLS(General MPLS,GMPLS)。GMPLS 支持多粒度、
多层次的交换,包括分组交换、TDM 交换(例如基于 SDH/SONET 的 VC 交换)、波长
级、波带级和光纤级的交换,形成嵌套结构,即将小粒度的业务嵌套进大粒度的业务中,
如图 5.2.5 所示。GMPLS 的研究着重于不同层次的控制平面,采用统一的信令和路由
机制来实现多层的控制和选路。

嵌套的 LSP 增强了系统的可扩展性。嵌套 LSP 的概念在传统的 MPLS 中就已经可
以被用来建立一个 LSP 层次,在 GMPLS 中,LSP 层次嵌套既可以发生在相同的接口,也
可以发生在不同的接口。如果一种接口能够复用一些来自相同技术(层)的 LSP,那么这
种接口可以发生嵌套。例如,一个低级别的 SDH/SONET LSP (VC-12)能够嵌套在一
个更高级别的 SDH/SONET LSP (VC-4)中。

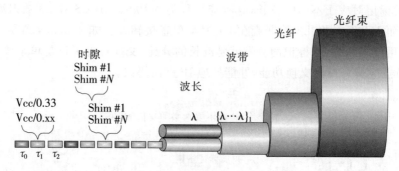

图 5.2.5　LSP 的嵌套结构

　　嵌套也可以发生在不同类型的接口之间。在这种结构中,顶部是具有光纤交换能力的(Fiber-Switch Capable,FSC)接口,往下是具有波长交换能力的 LSC(Lambda Switch Capable)接口,再就是具有 TDM 能力的 TDMC(Time-Division Multiplex Capable)接口,再接下来是具有包交换能力的 PSC(Packet-Switch Capable)接口。通过这种方式,开始和结束于 PSC 接口的 LSP(同其他的 LSP 一起)可以嵌套在一个开始和结束于 TDM 接口的 LSP。依次下去,可以嵌套到基于 LSC 和 FSC 的 LSP 中。

　　链路绑定是 GMPLS 的另一个重要概念。在 GMPLS 网络中,具有相同的链路类型、流量工程度量、资源类型和链路复用能力(包、TDM、波长、光纤)的多个并行的链路可以作为一个链路绑定(Link Bunding)在一起进行传输和转发,从而增加了流量工程的可扩展性。

　　GMPLS 扩展了 MPLS 的信令协议、路由协议,并增加了链路管理协议(LMP)。在自动交换光网络的标准化过程中,经过国际电联(ITU-T)和因特网工作任务组(IETF)的共同努力,ASON 的控制平面也采用扩展的 GMPLS 协议,并向多粒度交换的节点结构方向发展。因此,尽管光标记交换和 ASON 在很多方面还是存在差异,但两者正在逐步走向融合。

5.2.4　光突发交换技术

　　进入 21 世纪后,基于 WDM 的光网络已有了长足的发展。但波长交换粒度太大,造成资源利用率的降低,加之整个信息网络向分组交换转变的趋势日见明显,因此,光分组交换的研究又引起人们的关注。光突发交换(OBS)就是一种近期较为现实的支持分组交换的解决方案。

　　OBS 可看做兼顾电路交换与分组交换优点的折中方案。它的交换粒度介于电路交换与分组交换之间(为微秒量级),是多个分组的集合,称为突发(Burst)。因为 OBS 的交换颗粒较 OPS 粗得多,因而处理开销大为减少。

1. OBS 的网络结构

OBS 的突发分组的长度可变,而且光突发的净荷和控制头分离传送与处理。如图 5.2.6 所示,OBS 网络主要由边缘节点、核心节点和 DWDM 链路构成。入口边缘节点按照数据包的目地地址和 CoS 等信息,对数据包进行分类、缓存和封装,组合成突发数据分组,并产生控制分组,然后发送给与之最邻近的 OBS 核心节点。突发数据分组(BDP)是由多个分组所构成的较大粒度的数据流,它直接在端到端的透明传输通道中传输和交换。控制分组先于数据分组在特定的 DWDM 信道中传送,到达核心节点后,核心节点对控制分组进行电处理,根据控制分组中的路由信息和网络当前的状况为相应的数据分组预约资源,建立全光通路。资源的预约一般是单向处理的,不需要下游节点的确认。数据分组经过一段延迟后,在不需要确认的情况下直接在预先设置的全光通道中透明传输。突发数据分组和控制分组发送的时间差称为偏置时间。出口边缘节点将 BDP 拆卸,发送到其他子网或终端用户。偏置时间的长短要合适,使得路径上各个 OBS 节点在电域能来得及处理控制头,以确定突发数据的出口,并控制光交换结构的动作,同时又尽量减小传输延迟。通过调整时延,还可以支持不同 QoS 级别的业务。

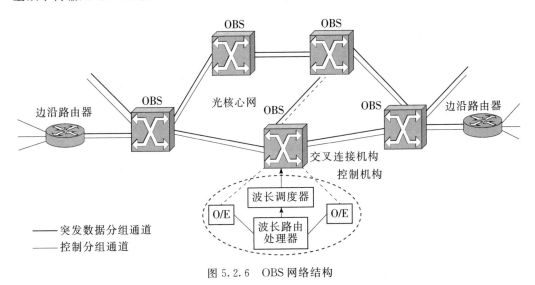

图 5.2.6　OBS 网络结构

这种将数据信道与控制信道的分离和单向资源预留方案简化了突发数据交换的处理过程,减小了建立通道的延迟等待时间,提高了带宽利用率。由于控制分组长度非常短,因此高速处理得以实现。数据分组和控制分组的分离、适合的交换颗粒度、较低的控制开销及非时隙交换方式降低了对光子器件的要求和中间交换节点的复杂度。在 OBS 网络中,中间节点可以不使用缓存,也不存在网络内的时隙同步问题等。

2. OBS 的 MAC 层和封装技术

为了完成突发数据分组的生成,边缘节点的层次结构中需要有媒体接入控制(MAC)层,完成突发数据包的封装、排队、调度、成帧和控制分组的形成与偏置时间的设置等功能。在出口边缘节点,OBS-MAC 层的功能是将突发数据拆装,抽取出原来的 IP 数据信号。

突发封装是 OBS 网络中一个重要课题,常见的突发封装技术一种是基于定时器的,即突发数据是以固定的时间间隔产生和周期性送入光网络中,突发的长度是可变的;另一种是基于阈值的,即突发的长度通常是固定的。目前,这两种封装方式相互结合的多种复合式封装技术也已提出,性能更为优良。

3. OBS 的带宽接入协议

OBS 采用带外信令方式,其带宽接入协议可以分为 TAW (Tell-And-Wait) 和 TAG (Tell-And-Go)两大类。TAW 是双向资源预约协议,在收到资源预约成功的确认后才发送突发数据包;TAG 是单向资源预约协议,在控制分组发出后等待一定时延(即偏置时间)后就发送突发数据包,不需得到资源预约成功与否的确认。大多数 OBS 网络的研究都采用单向资源预留协议,恰好足够时间(Just Enough Time,JET)协议就是一个杰出代表。

执行 JET 协议时,源端节点在发送突发数据分组前,首先在控制通道上向宿端节点发送控制分组,该控制分组在中间节点上进行电处理,为将要发送的数据分组建立一条全光的通道。JET 使用延时预留方式预约带宽,它的控制开销信号中含有突发数据的长度信息和偏置时间信息,源端发出控制分组后,等待一个偏置时间 T 后再发送突发数据,T 的大小恰好足以满足控制开销在各个中间节点所经历的处理时间,即 $T \geqslant n\delta$,其中 n 是中间节点数目,δ 是一个节点平均的开销处理时间(如图 5.2.7 所示),从而可以使所有中间节点不再需要光缓存。为了减少网络端到端的等待时延,应该尽量设置较小的偏置时间,但是过小的偏置时间不易解决多点通信中的信道竞争的问题,从而会造成数据丢失或拥塞。

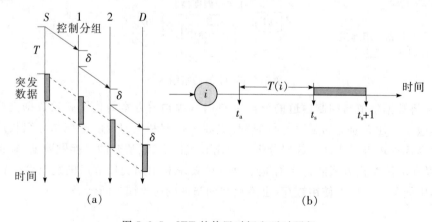

图 5.2.7　JET 的偏置时间和延时预留

在使用 JET 协议的 OBS 网络中，通过调节偏置时间 T 可以设定服务的优先级。因为增加偏置时间不仅有利于迂回路由，而且使对应的控制分组可以更成功地预留带宽。

由于基于 GMPLS 的 ASON 已成为未来光网络的重要技术，人们也在研究将 MPLS 的标记交换思想引入到光突发交换中，从而产生基于标记的 OBS(LOBS：Labeled OBS)。LOBS 将控制信道和数据交换信道进行分离，标记信息在控制包中，控制包应与 GMPLS 的控制平面成为一体。尽管这一解决方案尚有很多关键技术需要深入研究，但这些问题的解决将会对光网络的发展产生深远的影响。

5.3　全光通信网

20 世纪 90 年代初，人们提出了“全光网”的概念，后来由 ITU-T 定义为光传送网(Optical Transport Netwark，OTN)。本节讲述 OTN 的网络结构、节点结构、网络的保护和恢复等。

5.3.1　光传送网的体系结构

1. 光传送网的分层结构

分层结构是定义和研究光传送网的基础。ITU-T 的 G.872 已经对光传送网的分层结构进行了建议。建议中提出的分层方案是将光传送网分成光信道层(OCh)、波长复用段层(OMS)和光传输段层(OTS)。对应第 4 章第 4.2 小节中传送网分层结构，实际上 OTN 是将光层加到原传送网分层结构的段层和物理层之间。由于光信道可以将复用后的高速数字信号经过多个中间节点，直接传送到目的节点，中间不需电的再生中继，因此将原再生段省去，只保留复用段。再生段对应的管理功能综合到复用段节点中。为了便于区别，将原来的通道层和段层称为电通道层和电复用段层。考虑光层以后，传送网的分层结构如图 5.3.1 所示。

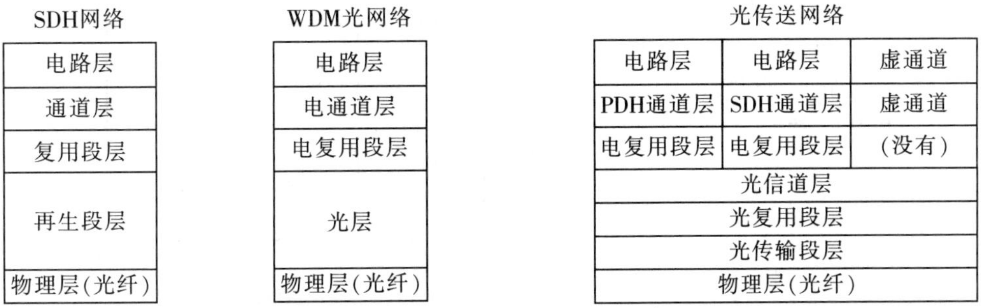

(a)SDH 网络　(b)WDM 网络　(c)电层和光层的分解

图 5.3.1　光传送网的分层结构

（1）光信道层

光信道层为透明传送不同格式（SDH、PDH、IP、以太网、ATM 等）的客户信息提供端到端的光信道网络功能。其中包括以下功能。

① 为灵活的网络选路重新安排光信道连接；

② 为保证光信道适配信息的完整性处理光信道开销；

③ 为网络层的运行和管理提供光信道监测功能。

（2）光复用段层

光复用段层为多波长光信号提供网络功能，包括以下功能。

① 为灵活的多波长网络选路重新安排光复用段连接；

② 为保证多波长光复用段适配信息的完整性处理光复用段开销；

③ 为段层的运行和管理提供光复用段监测功能。

（3）光传输段层

为光信号在不同类型的光媒质（如 G.652、G.653、G.655 光纤）上提供传输功能，包括对光放大器或中继器的监测功能等。

2. 数字封包技术

ITU-T 的 G.709 采用数字封包技术对光信道层的结构进行了细化，定义了随路开销及映射复用结构。

（1）光传送模块 0（OTM-0）和光传送模块 n（OTM-n）

ITU-T G.709 对于每个光传送网络节点接口（ONNI）规范了两种光传送模块的结构：OTM-n($n \geqslant 1$)和 OTM-0，其基本结构如图 5.3.2 所示。各种不同的客户层信号，如 IP、ATM、Ethernet 和 STM-n 等先映射到光信道层中，然后通过 OTM-0 或 OTM-n 传送。

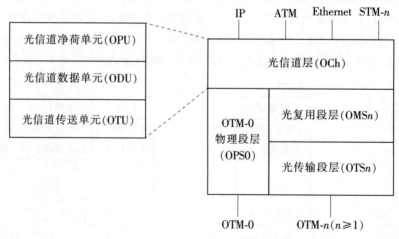

图 5.3.2　光传送网络节点接口的结构

OTM-n 是用来提供多波长复用后光传输段层(OTS)连接的信息结构,光传输段层的开销包含在光监控信道(OSC)中,OTM 的阶数 n 是由其支持的光复用单元(OMU)的阶数(即支持的波长数)决定。其信息的映射和包容关系如图 5.3.3 所示。

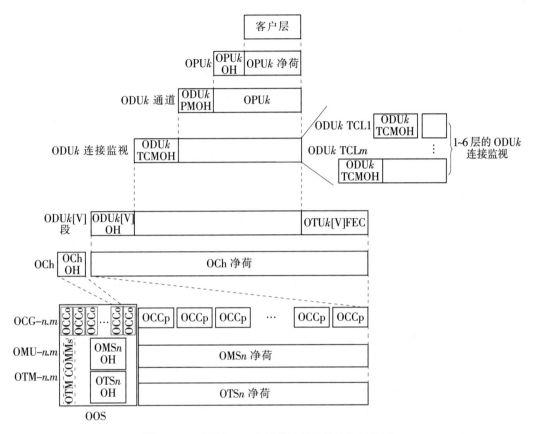

图 5.3.3　OTM-$n.m$ 的信息映射结构和包容关系

(2) 光信道层的子层

在 G.709 的规范中,光信道层分为 3 个子层,分别是光信道净负荷单元(OPU)、光信道数据单元(ODU)和光信道传送单元(OUT)。

① 光信道净负荷单元(Optical Channel Payload Unit k,OPUk)。光信道净荷单元是为使客户层信息能够在光信道层上传送提供适配功能,包括客户层信息,以及用来适配客户层信息而需要的所有开销信息。k 是与客户信号的速率有关的阶数。

② 光信道数据单元(Optical Channel Data Unit k,ODUk)。光信道数据单元是用来支持 OPUk 的信息结构,由 OPUk 的信息和光信道数据单元开销(ODUk OH)组成。光信道数据单元支持嵌套的 1~6 层的连接监视。

③ 光信道传送单元(Optical Channel Transport Unit k, OTUk)。该层在一个或更多的光信道连接的基础上支持 ODUk 的信息结构,是由光信道数据单元(ODUk)、光信道传送单元的前向纠错编码(FEC)域和光信道传送单元的开销(OTUk OH)组成的。光信道传送单元映射到光信道层中,完成在光信道层中的适配和映射。在每一次映射过程中,都加有本层的开销信息。

光信道层信号调制到光信道载波(OCC)上,每一个光信道载波有其对应的开销(OCCo)和净荷(OCCp),多个 OCC 波分复用形成一个光信道载波组(OCG-$n.m$),然后再依次映射形成光复用单元(OMU-$n.m$)和光传送单元(OTM-$n.m$)。

数字封包技术提供了光信道子层的随路开销字节,通过这些随路开销可以监测光信道层的性能,解决了光传送网中性能监视的难题,同时也充分考虑了对光信道再生的需求,方便各种业务的接入。数字封包可以引入前向纠错编码(FEC)技术,有效地提高客户层信号的性能,降低误码率。采用 FEC 将导致 6.7% 左右的冗余,但可以得到 5 dB 左右的灵敏度增益。

G.709 标准最早于 1999 年问世,后来几经修改与完善。修改的主要原因是随着数据业务的迅猛增长,OTN 承载的业务类型日益增多,其复用结构和映射方式的不灵活逐渐凸显。为了高效承载不同速率、不同粒度的业务,尤其是高速以太网业务,OTN 也在不断发生变革。标准修改主要集中在对 ODU 的补充与完善方面,初期的 ODU 只有 ODU1、ODU2 和 ODU3 三个复用映射速率等级,在需求和技术发展的推动下,ITU-T 先后完成了如下技术的标准化工作。

① 引入一个新的适合千兆以太网(GE)映射的光通道数据单元 ODU0,其速率为 1.244 Gbit/s,ODU0 可以独立地进行交叉连接,也可以映射进高阶 ODU 中。

② 为了适应 10 GE 和 100 GE 业务的高效接入,分别引入 ODU2e 和 ODU4。

③ 提出灵活的光通道数据单元(ODU flex)概念,ODU flex 为一灵活的传送容器,可以承载固定比特速率(CBR)的客户信号,称为 ODU flex(CBR);也可以通过通用成帧协议(GFP)承载可变速率的分组信号,称为 ODU flex(GFP)。

另外,在 OTN 的交叉连接研究中,ODU 作为子波长级交叉连接的粒度已引起业界众多的关注,我国的设备商已开始推出支持 ODU 级交叉连接的设备。

3. 波长通道和虚波长通道

电复用段一个单位的信息(如 SDH 信号、PDH 信号,甚至模拟视频信号)在光网络中传送时,需要为它选一条路由并分配波长。由于一根光纤中能够复用的波长数有限,且任何两路信号在一根光纤中不能使用同一波长,所以波长资源的分配在光信道层中是非常重要的。根据 OXC 能否提供波长变换功能,光通道可以分为波长通道(Wavelength Path)和虚波长通道(Virtual Wavelength Path)。波长通道是指 OXC 没有波长变换功能,光通道在不同的波长复用段中必须使用同一波长。这样,为了建立一条波长通道,光通道层必须找到一条链路,在这条链路的所有波长复用段中,有一个共同的波长是空闲的。如果找不到这样一条链路,这个传送请求就被阻塞掉了。虚波长通道是指 OXC 中有波长变换功能,光通道在不同的波长复用段可以占用不同的波长,从而提高了波长的利用率,降低了阻塞概率。建立虚波长通道时,光通道层只需找到一条链路,其中每个波长复用段都有空闲波长即可。波长通道方式要求光通道层在选路和分配波长时必须采用集中控制方式,因为只有在掌握了整个网络所有波长复用段的波长占用情况后,才可能为一个新传送请求选一条合适的路由。而当采用虚波长通道时,光通道层可以一个波长复用段一个波长复用段地为传送请求分配波长,因此可以进行分布式控制。虽然分布式控制方式可能选不到最佳路由,但是可以大大降低光通道层选路的复杂性和选路所需的时间。由于网络中任何两个节点间都会有多条路由,因此光通道层必须有一套有效的路由选择算法,根据网络的拓扑结构和目前的状态,为新到来的传送请求选路并分配波长。另外,当光通道层中允许接入分组信息时,还需要相应的分组交换型的选路算法。

5.3.2 光交叉连接节点结构

光交叉连接(OXC)是光网络最重要的网络设备,光分插复用器(Optical Add/Drop Multiplexer,OADM)可以看成 OXC 功能的简化。OXC 要完成的两个主要功能为光通道的交叉连接功能和本地上下路功能。除了实现这两个主要功能外,评价 OXC 结构时还必须考虑以下主要指标。

(1) 通道性质

只支持波长通道,还是支持虚波长通道。这关系到网络的阻塞率。

(2) 阻塞特性

交换网络的阻塞特性可分为绝对无阻塞型、可重构无阻塞型和阻塞型 3 种。由于光通道的传输容量很大,阻塞对系统性能的影响非常严重,因此 OXC 结构最好为绝对无阻塞型。当不同输入链路中同一波长的信号要连接到同一输出链路时,只支持波长通道的 OXC 结构会发生阻塞,但这种阻塞可以通过选路算法来预防。

(3) 模块性

考虑到通信业务量的增长和建设 OXC 的成本,OXC 结构应该具有模块性。这样可以做到当业务量比较小时,OXC 只需很小的成本就能提供充分的连接性;而当业务量增加时,在不中断、不改动现有连接的情况下就可实现节点吞吐量的扩容。如果除了增加新模块外,不需改动现有 OXC 结构,就能增加节点的输入/输出链路数,则称这种结构具有链路模块性,这样就可以很方便地通过增加链路数来进行网络扩容。如果除了增加新模块外,不需改动现有 OXC 结构,就能增加每条链路中复用的波长数,则称这种结构具有波长模块性。这样就可以很方便地通过增加每条链路的容量来进行网络扩容。

(4) 广播/组播发送能力

如果输入光通道中的信号经过 OXC 节点后,可以被广播/组播发送到多个输出的光通道中,称这种结构具有广播/组播发送能力。这种能力在 IPTV、流媒体等新业务中是必要的。

(5) 成本

成本可能是决定哪种结构占主要地位的关键因素。在节点的输入/输出光通道数一定时,所需的器件越少,越便宜,则成本越低。

下面介绍主要的 OXC 节点的结构。

1. 基于空间交换的 OXC 结构

(1) 基于空间光开关矩阵和波分复用/解复用器对的 OXC 结构

图 5.3.4 为两种基于空间光开关矩阵和波分复用/解复用器对的 OXC 结构,它们利用波分解复用器将链路中的 WDM 信号在空间上分开,然后利用空间光开关矩阵在空间上实现交换。结构(a)中无波长转换器,完成空间交换后各波长信号直接经波分复用器复用到输出链路中,因此它只能支持波长通道。结构(b)中每个波长的信号经过波长转换器实现波长交换后,再复用到输出链路中,因此它支持虚波长通道。

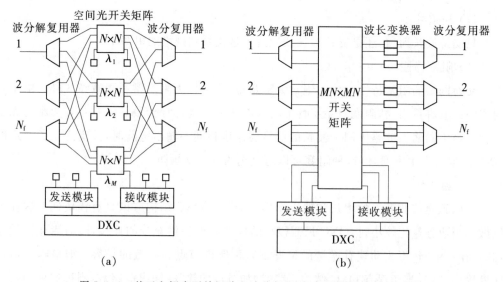

图 5.3.4 基于空间光开关矩阵和波分复用/解复用器对的 OXC 结构

图中节点有 N_f 条输入/输出链路、每条链路中复用同一组 M 个波长。结构(a)中的空间光开关矩阵的交换容量是 $N \times N$ $(N \geqslant N_f)$。每个光开关矩阵有 $N - N_f$ 个端口用于本地上下路功能,与电 DXC 相连。在下面的讨论中,我们设 $N = N_f + 1$,即每个节点共可上下 M 路信号。这样结构(a)需要 $2N_f$ 个复用/解复用器和 M 个 $N \times N$ 空间光开关矩阵,即 MN^2 个交叉点。这种结构具有波长模块性,但是不具有链路模块性和广播发送能力。

在结构(b)中,由于任一输入链路中的任一波长可能需要交换到任一输出链路中的任一波长,因此这种结构的光开关矩阵必须实现 $MN \times MN$ 绝对无阻塞交换,最多时需要 $M^2 N^2$ 个交叉点。另外,这种结构还需要 $2N_f$ 个波分复用/解复用器和 MN_f 个波长转换器。这种结构可支持虚波长通道,但既无波长模块性和链路模块性,也不具有广播发送能力。

(2) 基于空间光开关矩阵和可调谐滤波器的 OXC 结构

图 5.3.5 为两种基于空间光开关矩阵和可调谐滤波器的 OXC 结构,它们利用耦合器＋可调谐滤波器完成将输入的 WDM 信号在空间上分开的功能,经过空间光开关矩阵和波长转换器〔结构图 5.3.5(b)〕后,再由耦合器将各个波长复用起来。

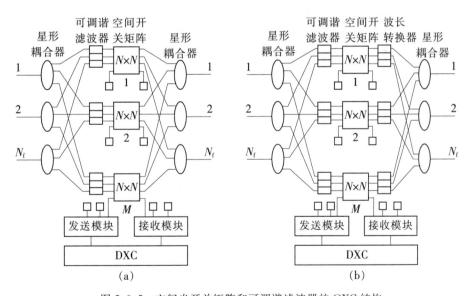

图 5.3.5　空间光开关矩阵和可调谐滤波器的 OXC 结构

结构图 5.3.5(a)中无波长转换器,只能支持波长通道。它需要的器件有 M 个 $N \times N$ 开关矩阵(MN^2 个交叉点)和 MN_f 个可调谐滤波器。与图 5.3.4(a)所示结构相似,它具有波长模块性,但不具有链路模块性。由于它使用可调谐滤波器来选出某一波长的信号,只要将一条链路对应的多个可调谐滤波器调谐到同一波长上,即可将这一信号广播发送到多条输出链路中,因此它具有广播发送能力。

图 5.3.5 中,结构(b)仅仅比结构(a)增加了 MN_f 个波长转换器,从而可支持虚波长通道。它的其他性能与结构(a)完全相同。

2. 基于波长交换的 OXC 结构

图 5.3.6 是基于阵列波导光栅复用器的多级波长交换 OXC 结构。该结构巧妙地利用了阵列波导光栅复用器(Arrayed-waveguide Grating Multiplexer)的特性,将多级的波长交换器级联起来,完全在波长域上实现光通道的交换。一个阵列波导光栅复用器可同时实现波分复用和解复用的功能,并且相隔宽度为自由谱宽(Free Spectral Range)的整数倍的多个波长将被它复用到一个出端。图中的 $1×1$ 波长交换器由一个解复用器、M 个波长转换器和一个耦合器构成,完成将 M 个输入波长转换为 R 个内部波长中某个波长的功能。当 $R \geqslant \left\lceil \dfrac{2M-1}{N} \right\rceil \times N$ 时,这种结构就可实现绝对无阻塞的虚波长通道交叉连接,$\lceil x \rceil$ 表示大于或等于 x 的最小整数。

由图可知,它具有波长模块性,但不具有链路模块性。如果波长交换器中使用的是解复用器,它不具有广播发送能力;如果使用的是可调谐滤波器,则具有广播发送能力。

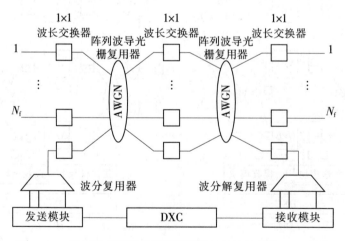

图 5.3.6 基于阵列波导光栅复用器的三级波长交换 OXC 结构

3. 基于电交叉矩阵的 OXC 结构

由于光开关的价格较高,技术不是十分成熟,基于电交叉连接矩阵的 OXC 结构目前在很多场合都有很好的应用前景。图 5.3.7 给出一种基于电交叉矩阵的 OXC 结构,输入的波分复用信号先被解复用,然后由光接收机将光信号转换为电信号后送入电交叉连接矩阵,在电域可以进行所需要粒度的交叉连接和分插复用,最后,再由光发射机将处理后的电信号转换为光信号,波分复用后输出。这种 OXC 结构对外的接口是光接口,但核心交换矩阵是电子器件。

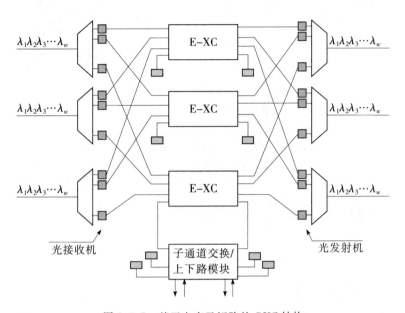

图 5.3.7　基于电交叉矩阵的 OXC 结构

这种 OXC 结构技术成熟,可以很容易实现交叉连接、信号再生、广播/组播、波长变换和上下路等功能,而且在网络的运营、管理、维护和控制等方面都有全光交叉连接矩阵难以比拟的优势。这种结构的主要问题是对信号格式和速率不透明,端口的扩展性较差,如何提高处理速度也是难解决的问题,但作为一种过渡的结构,目前在国内外获得广泛的应用。

4. 多粒度 OXC 结构

随着智能光网络(尤其是自动交换光网络)的兴起,OXC 结构正由单一的波长交换向多粒度交换的方向发展。这是因为未来的光传送网含有各种各样的网元设备,需要支持不同层次、不同粒度信号的交叉连接或交换,实现多种选路功能。可能的交换层次包括光纤束(多根光纤构成光纤束)级、光纤级、波带(多个波长信道构成的波带)级、波长级以及数据级,如图 5.3.8 所示。

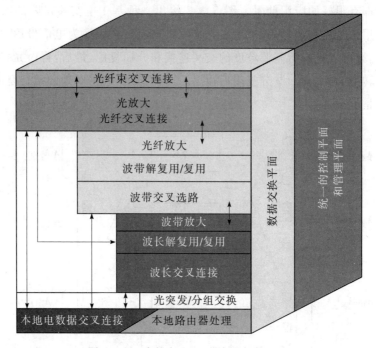

图 5.3.8　多粒度 OXC 节点的部件组成

多粒度交叉连接设备需要有统一的控制平面,支持多层次动态环境的操作,协调多层次的连接请求和恢复机制。目前的发展趋势是将控制平面和传送实体分离开来,在控制平面内采用统一的信令协议(如 GMPLS)实现对多层网络的有效控制。控制平面通过各种接口与网络中其他平面(传送平面和管理平面)、用户以及其他网络交换信息。

图 5.3.9(a)是一种支持 4 种粒度的反馈式 OXC 结构,包括光纤级交叉连接层(FXC)、波带/波长组级交叉连接层(WBXC/WGXC)、波长级交叉连接层(WXC)和电数字交叉连接层(DXC)。在每一层上信息处理的颗粒不同,从上往下依次变小。

这种 OXC 的分层结构满足了对信息处理的颗粒度的要求,而且简化了节点的设计,减少了端口数量,降低了复杂度和设备的成本。进入节点的所有光纤链路都连接到 FXC 模块上,对于只需要交换整根光纤中的容量的链路,经交叉连接后直接输出;若需要对光纤中的信号作进一步的处理,经 FXC 寻路到上下路端口进入 WBXC/WGXC 模块,并在此模块完成以波带/波长组为单位的解复用、交叉连接和复用功能;WXC 模块则可以完成单波长级的解复用、交叉连接、上下路和复用等功能。所谓反馈式结构,是指较小粒度的信号完成交叉到后返回到上一级(较大粒度的交叉级)的输入端,并参与上一级的交叉连接。图 5.3.9(b)给出了 WBXC 和 WXC 的结构细节。

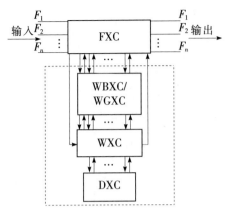

(a)支持 4 种粒度的反馈式 OXC 结构

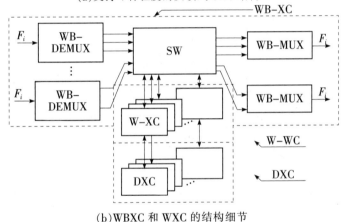

(b)WBXC 和 WXC 的结构细节

图 5.3.9　OXC 节点的分层实现

5. 含有共享波长变换模块的 OXC 结构

在光网络中采用虚波长路由可以有效地解决波长路由过程中的波长冲突,降低网络的阻塞概率。但实现虚波长路由需要大量的波长变换器,而波长变换器技术尚不太成熟,价格也很昂贵,从目前的成本上看,实际应用不太现实的。研究结果表明,采用共享波长变换模块实现的网络性能可以接近采用完全波长变换时网络的性能,因此,部分虚波长通道(PVWP)的概念应运而生,它既能降低成本,又能满足需要。

共享波长变换模块大致分为节点共享型、链路共享型和本地共享型 3 类,分别如图 5.3.10(a)、(b)和(c)所示。

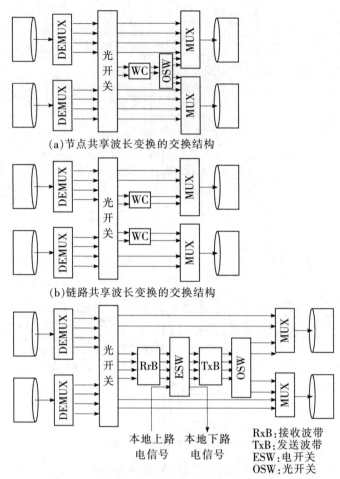

(a)节点共享波长变换的交换结构

(b)链路共享波长变换的交换结构

RxB:接收波带
TxB:发送波带
ESW:电开关
OSW:光开关

本地上路　本地下路
电信号　　电信号

(c)本地共享波长变换的交换结构

图 5.3.10　共享波长变换器的交换结构

　　节点共享型是指节点中所有的波长都能够寻路到波长变换模块进行处理,只是每一次处理的波长是受限的。

　　链路共享型是指波长变换器模块只是由一条链路中所有波长共享,这条链路中所有波长都有机会根据需要进行波长变换,只是每次处理的波长数是有限的。

　　本地共享型是将波长变换功能加到传统波长交叉连接的上下路模块中,可以通过O/E/O 方式实现波长变换。

6. 可变带宽的 OXC 结构

　　近几年,国内外对更高速率和更高频谱效率的单信道传输技术展开大量的研究,单信道传输速率的纪录不断被刷新。目前,单波长 40 Gbit/s 的光纤通信系统已经大量商用,基于偏振复用和 QPSK 调制格式的 100 Gbit/s 的系统已经成熟,开始商业部署,单波长 400 Gbit/s 或者 1 Tbit/s 光传输技术在实验室已获得成功,将成为构筑未来光通信网络的重要设备。不同速率的系统占据的光频带宽度不同,即使比特速率相同,不同调制格式的系统占据的频带宽度也不同。

单信道速率的不断攀升对传统的等间距 DWDM 系统提出新的挑战。如图 5.3.11 所示,当信道速率为 400 Gbit/s 或 1 Tbit/s 时,它们占据的频带宽度往往达到 100~400 GHz,需要占据数个 DWDM 信道的带宽,因此,传统的 100 GHz 或 50 GHz 等间距的 DWDM 光网络难以承载小至 10 Gbit/s、大到 1 Tbit/s 的不同速率的信道。为了适应信道带宽变化的需求,提高光域频谱利用率,频谱灵活、带宽可变的弹性光网络成为新的研究热点。与此同时,带宽可变的灵活光交叉连接设备的研究也提到日程。

早期 DWDM 系统信道间隔为 100 GHz 的整数倍,随着信息流量的迅猛增长,ITU-T 又定义了 50 GHz 等间距的频率栅格(frequency grid)。为了提高频谱利用率和网络的灵活性,无固定频率栅格(也称为栅格无关或无栅格,即 gridless)应用模式和使用 12.5 GHz 的灵活栅格应用模式已被提出,并引起众多的关注。无栅格模式一般应用于信道带宽变化很大的网络中,如图 5.3.11(b)所示,有 Tbit/s 级、400 Gbit/s、100 Gbit/s、40 Gbit/s 等不同带宽的信道,频率栅格较难划分,所以根据信道带宽分配频谱资源。灵活栅格模式给出基本的频率栅格(12.5 GHz 为频率栅格),频率分配方法可以根据信道带宽的变化占据一个或数个栅格,形成灵活适应的栅格分配方式。

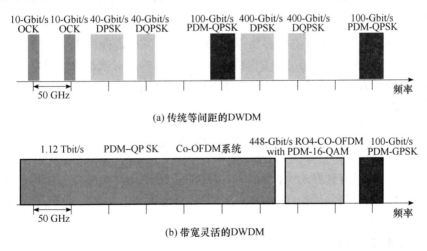

图 5.3.11　信道带宽示意

全光 OFDM(O-OFDM)是实现单信道超大容量的一个可行的使能技术,400 Gbit/s 以上的单信道系统一般都采用 O-OFDM 技术,通过弹性分配子载波数目实现可变带宽光传输。而可编程滤波器型 WSS(或称为带宽可变型 WSS:BV-WSS)是实现带宽可变的 OXC 的关键器件,利用 BV-WSS 的带宽可编程控制滤波器特性,可以灵活地改变信号的频谱和带宽,实现可变带宽光交叉连接。如图 5.3.12 所示。各链路的输入信号先经过光耦合器广播发送到各个 BV-WSS,WSS 可以选择任意信道,并根据信号占据的带宽决定滤波特性,实现将任意方向来的任意波长、任意带宽的信号交叉连接到任意输出方向或下路,支持无栅格或栅格灵活应用模式。

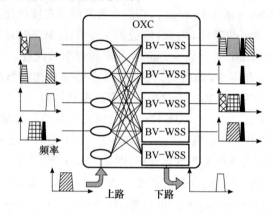

5.3.12　可变带宽光交叉连接

图 5.3.12 的 OXC 结构还具有无色性、无向性的特点。无色性也称为波长无关性(colorless),是指节点中任意方向的端口对波长的选择性质与波长无关,即取消了只能对于固定频率上下路的限制,可以将任意方向来的任意波长指配到任意下路端口,或者交换到任意输出端口,它的实现主要利用 WSS 对波长的灵活选择性质。无向性也称为方向无关性(directionless),是指在多方向的 ROADM 中,端口对波长的选择性质与方向无关,即可选择任意方向来的某波长信号下路,或交换到任意方向的输出端口,其实现主要利用光耦合器的广播分路性质。

5.3.3　光分插复用器和 WDM 环形自愈网

由于环形网络具有良好的生存性,从 SDH 网络到 WDM 光网络一直是广泛应用的网络拓扑形式。光分插复用器(OADM)是 WDM 环形网络的基本网络节点,也是较成熟的全光网节点设备。

1. OADM 节点结构

OADM 节点主要的功能是提供光信号的分出和插入。根据不同的应用场合,OADM 节点既可以是上下固定波长的,也可以是动态可选择上下波长的,从而使网络的组网能力更强,控制和管理更灵活。下面介绍几种典型的 OADM 结构。

(1)基于复用器、解复用器和交换单元的 OADM

这种 OADM 的基本原理如图 5.3.13 所示。输入的多波长信号首先由解复用器把各个波长分开,然后经过光开关动态选择上下路波长,最后由复用器复用到同一链路中输出。图(a)采用 M 个 2×2 光开关来选择上下路波长,M 是 WDM 链路中波长的数目。图(b)采用大开关矩阵代替图(a)中 M 个 2×2 光开关,可以具有端口指配功能,即可以根据需要将任意的下路波长指配到任意下路端口。图中的两种结构都只支持单向上下路功能,增加同样的另一方向的模块便可支持双向上下路功能。这种方案的优点在于结构简单,可动态重构,上下路的控制比较方便,是当前应用较多的一种结构。

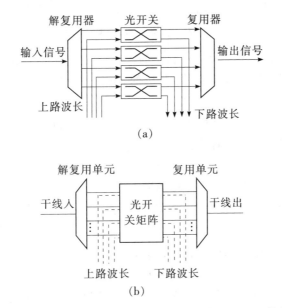

图 5.3.13　基于复用器、解复用器和光开关的 OADM 结构

(2) 基于光纤光栅和光环形器的 OADM

这种结构的典型方案如图 5.3.14 所示,由光环形器、光纤布喇格光栅(FBG)和 $1 \times N$ 光开关构成。输入的 WDM 信号先送入光环形器,再经过光开关选路,送入某光纤布拉格光栅(FBG)。每个 FBG 对准波分复用的一个波长,被 FBG 反射的波长经环形器下路到本地,其他的信号波长通过 FBG,经环形器与本地节点的上路信号波长合波后输出。若节点不需要上下路,两个光开关置在最下端,信号直通过去。这个方案同样可以根据开关状态和 FBG 来任意选择上下话路的波长,但只能选择一个波长下路。目前,一些将原来的单波长上下路变为多个波长 FBG 链的改进方案也已提出。

简单介绍一下光环形器和 FBG 的工作情况。光环形器是在光通信中应用广泛的微光学器件,其最基本的原理是利用法拉第电磁旋转效应实现光的单向传输特性。环形器可以具有多个端口,最常用的是 3 端口和 4 端口器件。环形器的工作特点是:当光从任意端口输入时,只能在环形器中沿单一方向传输,并在下一端口输出。即在光环形器中,从端口 1 输入的信号沿顺(或逆)时针方向传输,到端口 2 输出。端口 2 输入的信号,也只能沿同一方向传输,到下一端口输出。

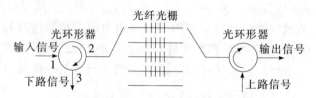

图 5.3.14   基于 FBG 和光环形器的 OADM

FBG 是利用光纤材料的光敏性质制作的。所谓光敏性质,是指紫外光通过光纤时,光纤的折射率会随光强的空间分布发生相应的变化,并在紫外光撤消后将这种变化永久保存下来。这种结构和 DFB 激光器周期性波纹结构的作用一样,提供周期性的耦合点,使短周期的均匀光纤光栅的基本特性表现为一个反射式光滤波器,反射峰值波长称为布拉格波长,记为 λ_B,满足下列方程式:

$$\lambda_B = 2n_{eff}\Lambda \tag{5.3.1}$$

式中,n_{eff} 为纤芯的等效折射率;Λ 为光栅周期。

这种类型的 OADM 结构简单,价格便宜,受到人们的关注,并基于此提出了各种各样的结构。

(3) 基于波导阵列光栅(AWG)的 OADM

根据 AWG 的波长路由原理,可以构成各种新颖的 OADM 结构,如图 5.3.15 所示是由 AWG、光滤波器和光环形器组成的一种新颖的双向 OADM,其最大的优点是具有双向传输和上下路的功能,适用于双向自愈环形网。

此结构充分利用了 AWG 的路由功能和双向复用/解复用功能,以及光环形器的单向传输性能。如图 5.3.15 所示,从西到东的多波长信号输入到光环形器,在环行器中沿顺时针方向传输,到下一端口输出,进入 AWG 的端口 4。在 AWG 中多波长信号被解复用,单波长信号从右边的输出端口 1、2、3 输出。然后,需要在本地下路的信道直接下路,直通的信道环回(如图中 AWG 右边的端口 1 环回到端口 5,端口 3 环回到端口 7),与上路信道(端口 6)一起被 AWG 沿相反方向复用,从左边的端口 8 输出,经过光带通滤波器(OBPF1)和环形器后进入输出光纤。从东到西向的传输和分插复用经历类似的过程。

该结构巧妙地用一个 AWG,既作为复用器和解复用器,又作为波长路由器,支持双向分插复用功能,但波长数很多时,对 AWG 的端口数、损耗和串扰性能提出很高的要求。

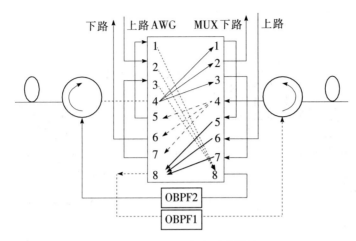

图 5.3.15　基于 AWG 和光环形器的 OADM

（4）完全可重构的分插复用器（ROADM）

上面介绍的 OADM 结构大多只支持一个方向的分插复用，重构方式也很有限。随着数据业务的飞速发展，OADM 的结构和功能都有了很大的发展。在结构上，OADM 向无色、无向、无竞争（C/D/C）、可完全动态重构的方向发展；在功能上，不仅具有任意上下路的功能，而且具有交叉连接的功能，已经成为近几年最受关注的光网络设备技术之一。

图 5.3.16 给出了一个支持 3 个方向、无色无向的 ROADM 结构示意，该结构采用光耦合器和 WSS 组成。以北向链路为例，WDM 信号被光耦合器分成三路，分别送到下路、西向和东向的 WSS，每个 WSS 可以根据需求选择任意波长，将其指配到合适的下路端口，或与上路波长合在一起送到输出端口。该结构具有波长无关、方向无关的性质，但存在波长的竞争，当两个方向来的同一波长都要交换到同一输出方向时，就会有波长的竞争。

图 5.3.17 给出一个 OFC'2012 会议上报道的无色、无向和无竞争的 ROADM 结构。无竞争（contentionless）是指允许多个信道的相同波长在同一节点进行上下路的操作。该结构由波长交叉（WXC）核心模块、$N \times M$ 汇聚器（TPA）和 M 个光收发转换器组成，N 和 M 分别是输入/输出光纤数和光收发转换器数。WXC 可以有两种构成方式，一种是在下路侧采用 $1 \times N$ 光分路器（图中的 SPL），在上路侧采用 $N \times 1$ WSS，光分路器将各个方向输入的 WDM 信号广播发送到 WSS 和 TPA 上，由 WSS 或 TPA 选择下路波长或交叉连接到某输出方向。另一种方式是在两侧均采用 WSS，输入的 WDM 信号由 WSS 按需选择连接方向。TPA 的结构如图 5.3.17（b）所示。由 WXC 的各下路端口输出的信号送到 TPA 后，先由 $1 \times M$ 光耦合器分成 M 路，分别连接到 $N \times 1$ 光开关。在下路的 TPA 中，光开关拒绝将两个或多个相同波长发送到同一个输出端口，以避免波长竞

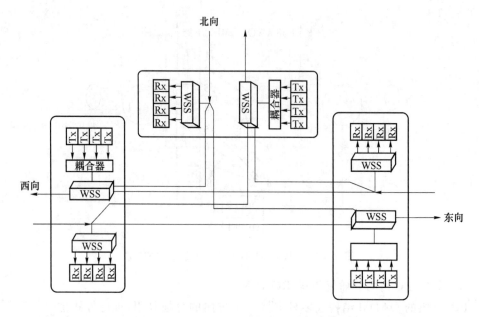

图 5.3.16　3-D 无色分插的 ROADM

争。若多个方向来的 WDM 信号中相同波长都需要下路，可由不同的光开关完成，再经过可调谐滤波器滤出需要下路的波长，被光收发转换器接收。上路波长在另一 TPA 中经过一个相反的过程，与交叉模块其他链路信号一起由输出侧的 WSS 选择，形成各条链路的输出信息。无论是下路端口还是输出端口，都可以选择任意输入链路中的任意波长与输入端口实现无竞争的连接，从而实现 C/D/C ROADM 结构。

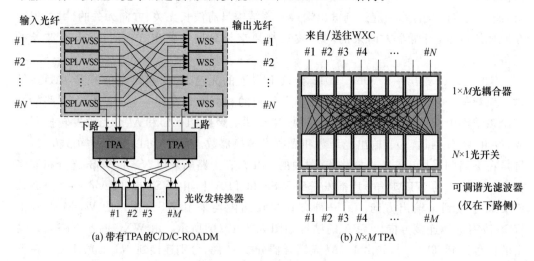

(a) 带有 TPA 的 C/D/C-ROADM　　　　　(b) N×M TPA

图 5.3.17　C/D/C-ROADM

2. WDM 环形网络的结构与类型

SDH 环形网在多年的应用中非常成功,WDM 环形网也是首先应用的全光网络拓扑。WDM 环形网络的实现方式多种多样。按光纤的数量分类,可以分为二纤环、四纤环和多纤环;按业务路由分类,可以分为单向环和双向环;按保护内容分类,可以分为复用段保护环和通道保护环;按保护方式分类,可分为 1+1、1∶1 专用保护和 1∶n 共享保护。本小节仅介两种典型的 WDM 环网结构。

(1) 二纤单向复用段共享保护环

针对一个节点而言,在同一条传输通道中,如果来业务的传输方向与去业务的传输方向相同(如都是顺时针传输或都是逆时针传输),则这种环称为单向环。二纤单向复用段共享保护环是指环网由两根光纤构成,节点之间的双向业务使用不同路由绕环以相同方向传送。因此,为了建立两点之间的双向连接,需要占用整个环网的一个波长资源,网络资源的利用率不很高,也不利于波长的空间重用,但对 OADM 节点的配置要求较低。复用段共享保护方式是指组成环的每个复用段(一个区段)的保护容量由所有其他区段共享。

图 5.3.18 是二纤单向复用段共享保护环的示意图,图中外环光纤为工作光纤,承载工作业务;内环光纤为保护光纤,携带保护波长。如图 5.3.18 所示,假设环路节点不作波长变换,节点 D 到节点 C 的通信由波长 λ_{DC} 携带沿顺时针方向传输,节点 A,B 直通该波长。节点 C 到节点 D 的通信由波长 λ_{CD} 携带,也沿顺时针方向传输。当环网正常工作时,内环光纤并不携带业务,或者传输一些低优先级的额外业务。

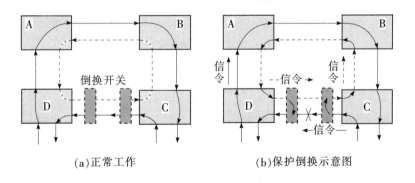

(a)正常工作　　　　(b)保护倒换示意图

图 5.3.18　二纤单向复用段共享保护环

当环网发生故障时,如节点 D 和 C 之间的外环光纤断裂(或双纤断裂),C 到 D 的通信中断,D 收到"收无光"信号,产生自动倒换信令(APS),D 右端倒换开关和 C 左端的倒换开关动作,将 C 发出的信号环回到内环的保护波长,经 B 和 A 到 D,回到外环的下路端口,使环网在很短的时间内(在 50 ms 时间内)实现业务的自动恢复,用户感觉不到发生了故障。若内环光纤携带额外业务,在倒换前需要先切断额外业务。

利用两根光纤也可以构成双向复用段保护环。双向环的来业务的传输方向与去业务的传输方向相反,内环和外环各有一半的波长作为工作波长,另外一半的波长是保护波长。外环的保护波长为内环的工作波长提供保护,反之亦然。一个双向光通道使用在相同路由上反向传输的波长来建立,从而提供了波长的空间重用能力,网络资源利用率较高,但节点的配置比单向环要加倍。当环网发生故障时,同样可以通过保护开关的倒换使故障在短时间内自动恢复。

(2) 二纤光通道保护环

与 SDH 环网类似,通道保护可以使用 1+1 或 1:1 配置方式,而其中 1+1 保护配置方式使用"源端桥接,宿端选优"的配置方式,如图 5.3.19 所示。被保护的通道在源端以热备份的方式同时向两个方向发送,宿端根据信号的质量择优接收,不需要协议就可以完成保护倒换。

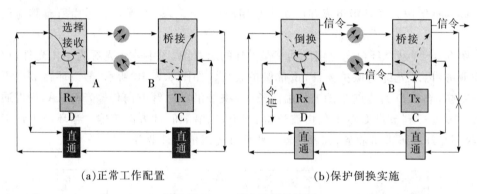

(a)正常工作配置　　　　　　　　　(b)保护倒换实施

图 5.3.19　二纤光通道保护环

5.3.4　格形网和路由波长优化算法

格形网(Mesh 网)是光网络的发展趋势。在格形网中,通过 OXC 可以在源宿节点之间建立波长路由,在光域内实现数据的交换。具有波长路由功能的 OXC 也被称为波长路由交换机(Wavelength Routing Switch,WRS),连接源宿节点的波长信道也被称为光通道(Lightpath),而为连接请求计算路由并分配波长的问题就是所谓的路由波长分配(Routing and Wavelength Assignment,RWA)问题。通过优化的 RWA 算法,格形网不仅可以提高网络资源利用率,还可以通过重选路由实现网络故障情况下的自动恢复。因此,RWA 算法是提高格形网性能的重要研究课题。

RWA 问题可以分为静态光通道建立(Static Lightpath Establishment,SLE)问题和动态光通道建立(Dynamic Lightpath Establishment,DLE)问题。所谓 SLE 问题是指,在整个网

络中光通道连接请求的业务矩阵是已知的,业务矩阵在进行路由选择与波长分配的过程中不发生任何变化(这种业务模型被称为非时变静态业务模型),或者虽然业务矩阵随时间的推移发生变化,但这种变化是可预测的(这种业务模型被称为 Scheduled 业务模型)。SLE 问题的优化目标可以概括为:以有限的网络资源尽可能地建立更多的光通道连接。静态 RWA 问题主要适用于长期、稳定的连接请求,因此对传统的话音业务支持较好。但随着 Internet 的飞速发展,数据业务的带宽需求正迅速增加,在这种情况下,连接建立请求和连接拆除请求的到达可能会更加频繁,因此动态 RWA 问题更显得重要。

如果在进行路由选择与波长分配的过程中,各节点之间连接建立请求和连接释放请求是动态到达的,则是动态 RWA 问题,即 DLE 问题。对于 DLE 问题,当节点接收到连接建立请求后,需根据当前网络的状态信息,实时地为连接请求选择路由并分配波长,建立光通道连接。如果网络资源不足以支持连接的建立,则此请求将被拒绝,这种情况称为阻塞。在动态 RWA 问题中,阻塞率是衡量路由与波长分配策略的重要指标,同时业务模型和业务的请求带宽也是影响网络性能的重要因素。

路由和波长分配问题属于非确定型多项式–完备(NP-C)问题,随着网络规模的增大,问题求解的复杂性也急剧上升。在具体解决时可以综合考虑路由选择和波长分配,统筹解决,但当网络规模较大时,这种解决方案难度较大。由于 RWA 问题是 NP 完备问题,为了简化问题,降低复杂性,一般将 RWA 问题分为路由子问题和波长分配子问题来分别研究,先解决有关选路的问题,再解决波长分配的问题。

目前,已经提出了各种各样的优化 RWA 算法,这些算法以不同的策略,如达到最小的全网阻塞率,或最大的资源利用率,或考虑全网负载的均衡等实现网络优化的目的。本节限于篇幅,仅介绍几种最典型、最简单的路由选择和波长分配算法。

1. 路由选择子问题

路由选择从整体上讲可以划分为基于全网信息选路和基于局部信息选路两种方式。所谓基于全网信息是指做出路由决策的节点具有全网每一条链路的资源信息,基于端到端的通路来选择路由。这种方式既可适用于集中式控制的网络,也可适用于分布式控制的网络。基于局部信息的路由方式是以逐跳方式确定路由的,因此,路由策略更为灵活,可扩展性更强,但连接建立的时间较长,信令过程比较复杂。目前,基于全网信息的路由方式是一种较为成熟的路由策略,因此本节将着重讨论基于这种路由策略的各种算法。

(1) 固定路由(Fixed Routing,FR)

这是一种最简单的路由方案。在全网拓扑已知的情况下采用最短路径算法为每一个源宿节点对预先计算出一条连接路由。当连接请求到达时,即在这条预先计算好的路由上为连接请求分配波长,建立连接。FR 方案简单,但难以有效地利用网络资源。最短路径算法是指优先选用源宿节点间路径最短的路由的算法。

（2）固定备选路由(Fixed Alternate Routing，FAR)

FAR 是在 FR 方案上的改进。在这种方案中，预先为每一对源宿节点计算多条备选路由，构成备选路由集。考虑到网络的抗毁性，一个集合里的多条备选路由应该是链路不相关的，即不在同一风险共享链路组内。备选路由集中的路由按照一定的顺序进行排列，一般来说，较短的路由拥有较高的优先级。当请求到达时，按照预先排定的顺序确定路由，只有当优先级较高的路由阻塞时，才会使用优先级较低的路由。

（3）备选路由(Alternate Routing，AR)

从性能上看，AR 是一种较好的方案。FR 和 FAR 方案都不能考虑到网络当前的状态，而 AR 则可以根据当前的网络状态动态地进行路由选择。AR 方案具体还可细分为两种：一种是受限 AR；另一种是非受限 AR(AUR:Alternate Unconstrained Routing)。受限 AR 与 FAR 较为相似，同样是预先为每一对源宿节点建立备选路由集，集合中的路由排列是无序的，当需要建立连接时，根据当前的网络状态和算法的优化策略选择最合适的一条路由，这种方案的代表算法有最小负载路由(LLR)、最小阻塞通路优先(FPLC)等。非受限 AR 则不事先建立备选路由集，而是在请求到达时完全动态地计算出一条连接源宿节点的路由。下面简介 LLR 算法和 FPLC 算法。

① 最小负载路由(Least Loaded Routing，LLR)。LLR 是一种针对多纤网络的同时解决路由波长问题的方案，首先建立受限 AR 的数学模型。假设网络当前处于任意状态 Ψ，当前到达的连接请求为 r^*，受限 AR 算法将根据网络当前状态 Ψ，从连接请求 r^* 的备选路由集 $A(r^*)$ 中选出一条路由 p^*。定义状态 Ψ 条件下链路 l 上波长 λ 的空闲信道数(即空闲光纤数)为 $c(\Psi,l,\lambda)$。

算法思路：遍历 $A(r^*)$ 中每一条路由上的所有波长，选择可用信道数最大的波长以及这个波长所在的通路。

数学描述：

$$p^* = \max_{p \in A(r^*)} \{ \max_{\lambda \in W} [\min_{l \in L(p)} c(\Psi,l,\lambda)] \} \qquad (5.3.2)$$

② 最小阻塞通路优先(First Path Least Congest，FPLC)。有两种相似的 FPLC 算法，WT-FPLC(Wavelength Trunk based FPLC) 和 LP-FPLC(Lightpath based FPLC)。这里介绍 WT-FPLC 算法思路：比较备选路由集 $A(r^*)$ 中每一条路由上的可用波长数，只要波长没有被阻塞，无论此波长平面内还包含有多少空闲信道，都只记为一个可用波长，最后选择可用波长数最大的那条路由。

数学描述：

$$p^* = \max_{p \in A(r^*)} \{ \sum_{\lambda \in W} U[\min_{l \in L(p)} c(\Psi,l,\lambda)] \} \qquad (5.3.3)$$

其中 $U(t)$ 为单位阶跃函数，其定义为

$$U(t) = \begin{cases} 1 & t > 0 \\ 0 & t \leqslant 0 \end{cases} \qquad (5.3.4)$$

2. 波长分配子问题

在源宿节点间有多个波长可用的情况下,波长分配算法将负责从中选择一条最合适的波长建立光路,这里介绍几种常用的算法。

(1) 首次命中(First Fit,FF)

在 FF 方案中全网的波长被按照一定的顺序进行排列,当选择波长时,就按照这个顺序遍历集合中的波长,第一个可用波长即被选中建立光路。

(2) 最小负载(Least Loaded,LL)

由于 FF 方案依照一定的顺序遍历波长,因此不利于均衡各波长平面上的业务流量。LL 算法考虑到各波长平面上的业务均衡,是针对多纤网络的一种简单而有效的波长分配方案。在当前状态下,在通道 p 的各条链路上,波长 w 的可用容量可能各不相同,其中,波长 w 可用容量最小的一条链路被定义为波长 w 在通道 p 上的瓶颈链路,即

$$c(\boldsymbol{\Psi}, l_{\text{bottle-neck}}, w) = \min_{l \in p}(\boldsymbol{\Psi}, l, w) \tag{5.3.5}$$

其中 $l_{\text{bottle-neck}} \in p$。而通道 p 上波长 w 的容量等于这条通道上波长 w 的瓶颈链路的容量。LL 方案从通道 p 上的所有可用波长中选择可用信道数最大(负荷最小)的波长建立连接,即

$$w^* = \max_{w \in W} \min_{l \in p} c(\boldsymbol{\Psi}, l, w) \tag{5.3.6}$$

从而使得各个波长平面的业务均衡。

(3) MaxSum

针对 FR 方案,有人提出了 MaxSum 波长分配算法。这种算法计算在用波长 w 建立连接后,整个网络的剩余容量。波长的选择应使整个网络的剩余容量为最大。MaxSum 的波长选择方案可以描述为

$$w^* = \max_{w \in W} \sum_{p \in P} c(\boldsymbol{\Psi}, p) \tag{5.3.7}$$

其中 P 表示所有节点对之间所有预计算路由构成的集合,$c(\boldsymbol{\Psi}, p)$ 表示通路 p 在状态 $\boldsymbol{\Psi}$ 下的可用容量。

$$c(\boldsymbol{\Psi}, p) = \sum_{w \in W} \min_{l \in p} c(\boldsymbol{\Psi}, l, w) \tag{5.3.8}$$

除了上述的 3 种波长分配算法外,还有相对容量损失算法(RCL)、相对容量影响算法(RCI)等多种波长分配优化算法,它们的优化策略不同,复杂度不同,性能也各有特点,但目前实际实验网络中多采用较为简单的 RWA 算法。

5.3.5　WDM 全光网中的同频串扰

1. OXC 的结构与同频串扰的产生

在传统的点到点 WDM 系统中,由于波长选择器件(如波分复用器/解复用器和可调

谐光滤波器)性能的不完善,相邻波长信道之间会产生串扰,对系统性能造成影响,这种串扰被称为异频串扰。异频串扰是一种加性串扰,即表现为在信号上叠加了一定功率的噪声,恶化了信号的消光比。构成光网络时这种串扰的影响不会积累,且在接收机前加光滤波器可以将其滤掉,因此对系统的影响较小。

光网络中的另一类串扰称为同频串扰。同频串扰和信号在同一个波长信道内,不受波长选择器件的影响,将随着节点数的增加而不断积累,因此同频串扰需要我们进行着重研究。图5.3.20为一个典型的OXC结构,由波分解复用器、光开关和波分复用器组成。解复用器将波分复用的信号解开,送到不同的光开关中。不同输入链路中同一波长(频率)的信号被送入同一光开关,根据需要完成光交叉连接,再送入相应的波分复用器中。由于器件性能的不完善,一个信道的信号经过器件后会包含其他信道的串扰。当多个信道重新耦合到一起时异频串扰就会转化为同频串扰,即与信号光频率相同的串扰。它可以是不同链路中相同波长间的串扰,或同一信号与自身的串扰。

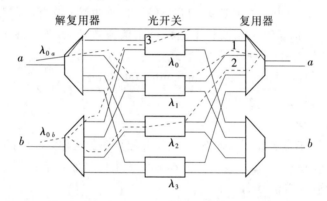

图5.3.20 典型的OXC结构和同频串扰的产生

在OXC中有3种途径产生同频串扰。图中第1种途径为信号(如λ_{0a})本身从解复用器漏过的一部分功率经过不同的路由后又与原信号耦合在一起;第2种途径为其他链路中同频的信号(如λ_{0b})漏过解复用器和复用器的部分;第3种途径为其他链路相同频率的光信号通过同一光开关时,由光开关产生的串扰。同频串扰与信号的拍频分量可能会落在接收机带宽之内,并且强度远大于其他波长的串扰产生的噪声功率,对系统性能的影响极大。由于同频串扰不能通过滤波消除,随着经过的节点数的增加,它会不断积累,最终限制了系统的传输距离。

2. 同频串扰的理论研究

对于平均功率为p_s、消光比为r的NRZ码光信号来说,其"1"码和"0"码的光功率p_{s1}、p_{s0}分别为

$$p_{s1} = p_s \frac{2}{r+1}, p_{s0} = p_s \frac{2r}{r+1} \tag{5.3.9}$$

存在 N 路串扰时,"1"码和"0"码对应的电场表达式分别为

$$E_1(t) = \sqrt{2p_{s1}}\cos[\omega_s t + \Phi_s(t)]\boldsymbol{i}_s(t) + \sum_{i=1}^{N} \sqrt{2p_i}\cos[\omega_i t + \Phi_i(t)]\boldsymbol{i}_i(t)$$

(5.3.10)

$$E_0(t) = \sqrt{2p_{s0}}\cos[\omega_s t + \Phi_s(t)]\boldsymbol{i}_s(t) + \sum_{i=1}^{N} \sqrt{2p_i}\cos[\omega_i t + \Phi_i(t)]\boldsymbol{i}_i(t)$$

(5.3.11)

式中的 $p_i(i=1,2,\cdots,N)$ 为第 i 路串扰的平均功率。ω_s 和 ω_i 是信号和第 i 路串扰的中心角频率,$\Phi_s(t)$ 和 $\Phi_i(t)$ 是它们的相位噪声,$\boldsymbol{i}_s(t)$ 和 $\boldsymbol{i}_i(t)$ 是电场强度的单位矢量,代表极化方向。接收机接收"1"码和"0"码产生的光电流分别为

$$I_1(t) = I_{s1} + \sum_{i=1}^{N} 2\sqrt{I_{s1} I_i}\cos[\Delta\omega_i t + \Delta\Phi_i(t)]\cos\varphi_i(t) \quad (5.3.12)$$

$$I_0(t) = I_{s0} + \sum_{i=1}^{N} 2\sqrt{I_{s0} I_i}\cos[\Delta\omega_i t + \Delta\Phi_i(t)]\cos\varphi_i(t) \quad (5.3.13)$$

式中,$I = \dfrac{e_0 \eta}{h\nu}p$;$e_0$ 为电子电荷;η 为检测器的量子效率;h 为普朗克常量;ν 为光频率,p 为光功率。$\Delta\omega_i$、$\Delta\Phi_i(t)$ 分别为信号光和第 i 路串扰光的角频率差、随机相位差。$\cos\varphi_i(t) = \boldsymbol{i}_s(t) \cdot \boldsymbol{i}_i(t)$;$\varphi_i(t)$ 是信号和串扰极化方向的夹角。式中第 1 项是信号的光生电流,第 2 项是串扰与信号的拍频噪声。由于串扰功率相对于信号功率非常小,上两式中忽略了 $\sqrt{I_i}$ 的高阶项。

式(5.3.12)和式(5.3.13)中第 2 项就是串扰与信号的拍频噪声。通过计算拍频噪声的自相关函数,再进行傅里叶变换,即可得到噪声的功率谱密度以及接收机带宽内的差拍噪声功率,进而求出同频串扰对接收机灵敏度的影响。

通过对于同频串扰的理论分析和模拟计算,可以得出以下结论。

① 噪声功率与信号和串扰的极化方向的夹角有关。当信号和串扰的极化方向相同时,$\cos\varphi_i = 1$,噪声功率最大;极化方向垂直时,$\cos\varphi_i = 0$,噪声功率为 0。在系统设计时应考虑最坏情况,即 $\cos\varphi_i = 1, i \in [1, N]$,即所有串扰都与信号光同极化方向。

② 接收机带宽 B_e 与激光器线宽 $\Delta\nu$(假设 $\Delta\nu = \Delta\nu_s = \Delta\nu_i$)的关系对系统功率恶化量有重要影响。当 $B_e \gg \Delta\nu$ 时,拍频噪声全部落在接收机带宽内,功率恶化量最大;而当 $B_e/\Delta\nu < 0.1$ 时,同频串扰对系统的影响非常小。因此采用 $\Delta\nu$ 较大的激光器可以减小同频串扰的影响(如采用直接调制方式代替外调制方式),但这与系统对色散的要求相矛盾。

③ 串扰与信号的中心频率偏差 Δf 对功率恶化量的影响明显。当 $\Delta f > B_e$ 后,功率恶化量迅速减小,在 $\Delta\nu$ 较小时尤其明显。即便在 $\Delta\nu$ 较大的情况下,$\Delta\nu > 3B_e$ 时的功率恶

化量可以忽略。如图 5.3.20 所示中第 2、3 种途径引入的同频串扰虽然标称频率与信号光相同,但由于温度波动、器件老化等影响,它们的频率会有漂移,不可能始终完全相同,因此这两种同频串扰的影响小于第 1 种途径引入的同频串扰。

④ 研究中还发现,在光网络中当消光比小于某一值后,功率恶化量迅速增加。在 WDM 全光网中,消光比的影响比对点到点光纤通信系统更严重,所以在光网络中对激光器消光比的要求更为严格。

5.4 自动交换光网络

与传统的光传送网相比,自动交换光网络(ASON)强化了控制功能,突破性地引入了智能化的控制平面,从而使光网络能够在信令的控制下完成资源的自动发现、连接的自动建立、维护和删除等过程,成为光网络发展的必然趋势。

5.4.1 ASON 网络体系结构

ASON 的体系结构主要表现在具有 ASON 特色的 3 个平面、3 个接口以及所支持的 3 种连接类型上。

1. 3 个平面

ITU-T 的 G.8080 和 G.807 定义了一个与具体实现技术无关的 ASON 的体系结构,它包括 3 个独立的平面,即控制平面(CP)、传送平面(TP)和管理平面(MP),3 个平面之间运行着一个传输路由、信令、链路资源管理以及网络管理信息的数据通信网(DCN),如图 5.4.1 所示。

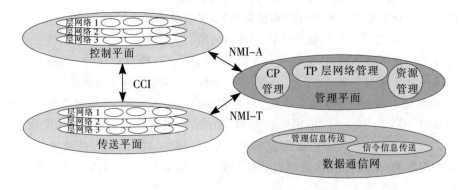

图 5.4.1 智能光网络的体系结构

控制平面是 ASON 最具特色的核心部分,主要实现路由控制、连接及链路资源管理、协议处理以及其他的策略控制功能。控制平面的控制节点由多个功能模块组成,它们之间通过协议或原语相互协调,形成一个统一的整体,完成呼叫和连接的创建与释放,实现连接管理的自动化;另外,在连接出现故障的时候,能够进行快速而有效的恢复。可以说,ASON 的智能主要由控制平面来实现。

ASON 传送平面由一系列的传送实体组成,它是业务传送的通道,可提供信号端到端的单向或者双向传输。ASON 传送网络基于格网结构,也可构成环形网络,光节点使用 OXC、OADM、数字交叉连接设备(DXC)和分插复用器(ADM)等光交换设备。另外,传送平面结构具有分层的特点,并向支持多粒度交换的方向发展。

ASON 的管理平面负责对传送平面和控制平面进行管理。相对于传统的光传送网管理系统,其部分的管理功能被控制平面所取代。ASON 的管理平面与控制平面互为补充,可以实现对网络资源的动态配置、性能监测、故障管理以及路由规划等功能。可以说,ASON 的管理系统是一个集中管理与分布智能相结合、面向运营者的维护管理需求与面向用户的动态服务需求相结合的综合化的光网络管理方案。

2. 3 个接口

3 个平面通过 3 个接口实现信息的交互。如图 5.4.1 所示,控制平面和传送平面之间的接口是连接控制接口(CCI),通过 CCI 交换从控制平面到传送平面网元的交换控制指令,及从传送网元到控制平面的资源状态信息。网络管理 A 接口(NMI-A)是管理平面和控制平面的接口,用以实现对控制平面的管理,主要是对信令、路由和链路资源等功能模块进行配置、监视和管理。同时,控制平面发现的网络拓扑也通过 NMI-A 接口报告给网管。网络管理 T 接口(NMI-T)是实现管理平面对传送平面管理的接口,对传送平面的管理包括基本的传送平面网络资源的配置,日常维护过程中的性能检测和故障管理等。

3. 3 种连接方式

根据用户的需求,ASON 能够提供 3 种形式的连接,包括交换式连接(SC)、永久式连接(PC)和软永久式(SPC)连接。SC 是指由源端用户发起呼叫请求,通过控制平面实体的信令交互建立起来的连接类型,如图 5.4.2 所示。这种连接集中体现了 ASON 的本质特点,是 ASON 中最重要的一种连接形式。为了实现交换连接,ASON 必须具备一些基本功能,包括:自动发现功能(如邻居发现、业务发现)、路由功能(各种条件下路由计算、更新与优化)、信令功能(完全信令模式下的连接管理,并结合流量工程)、保护和恢复功能(网络在出现故障时实现快速的业务恢复)、策略功能(链路管理、连接允许控制和业务优先级管理),等等。相应地,针对 SC 的 RWA 算法对路由建立的实时性要求很高,属于动态 RWA 问题。

PC 沿袭了传统光网络的连接建立形式,是指整个连接完全由网络管理系统来控制传送平面上的网元进而建立的连接。PC 相应的 RWA 算法对实时性要求不高,属于静态 RWA 问题。SPC 则是指用户到 ASON 网络之间的连接,由管理平面创建,而 ASON 网络内部的连接是由控制平面来建立的连接形式。这 3 种连接各具特色,增强了 ASON

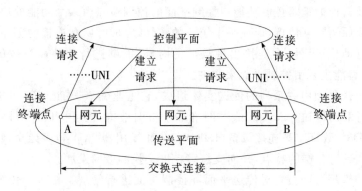

图 5.4.2   交换式连接示意

提供光通道的灵活性,支持 ASON 与现存光网络无缝连接,也有利于现存网络向 ASON 的过渡和演变,以满足不同的业务需求。

5.4.2   ASON 网络控制平面结构

控制平面是体现 ASON 网络动态选路、自动交换等智能性的核心层面,它的引入赋予了 ASON 网络以智能性和生命力,也给网络带来了一些新的特点。

① 控制为主的工作方式。ASON 的最大特点就是从传统的传输节点设备和管理系统中抽象分离出了控制平面。传统的传送网管理功能很强,控制功能很弱,控制功能含在管理功能之中,而 ASON 的自动控制成为主要的,也是最具特色的工作方式。

② 实现了分布式智能。ASON 的重要标志是实现了网络的分布式智能,即网元的智能化,具体体现为依靠网元实现网络拓扑发现、路由计算、链路自动配置、路径的管理和控制、业务的保护和恢复等。

③ 能实现流量工程,使得网络资源能够动态地分配,动态地进行故障的恢复。

④ 面向新业务的应用。ASON 支持各种新的业务类型(例如带宽按需分配和虚拟专用网等),并具有快速的业务提供能力。

本节介绍控制平面的功能结构与组件、接口类型等内容。

1. 控制平面的组成模块和组件

控制平面由独立的或分布于网元设备中的多个控制节点组成,它们通过控制信道相互连接。控制平面可以分为路由模块、信令模块、资源管理模块和自动发现模块,每个模块又含有一些功能组件,如图 5.4.3 所示。

(1) 路由模块

路由模块由路由控制器(RC)和路由协议控制器(Routing PC)功能组件构成,RC 负责完成路由功能,为将要发起的连接建立选择路由,同时它还负责网络拓扑和资源利用等信息的分发。协议控制器(PC)在各个模块中都存在,它将各个模块中抽象的接口参数转换为消息,通过消息的分类收集和分发实现接口的互操作。路由协议需实现的基本功能包括资源发现、状态信息传播和信道选择。因特网工作任务组(IETF)基于 GMPLS 提出的内部网关路由协议主要包括基于流量工程的最短路径优先(OSPF-TE)协议和基于流量工程的中间系统-中间系统(IS-IS-TE)协议。

（2）信令模块

信令模块由呼叫控制器(CallC)、连接控制器(CC)和信令协议控制器(Signaling PC)功能模块组成,负责完成信令功能,分别实现 ASON 中分离的呼叫和连接处理两个过程。信令模块用于创建、维护、恢复和删除光链路连接。信令协议中包含如下几个方面的问题:地址和命名、信令的过程、信令的类型、信令的具体内容以及安全性等。为了实现一种可靠的、能够支持快速指配、快速恢复和有效删除机制的信令协议,IETF 提出了两种改进的信令协议:基于流量工程的资源预留协议(RSVP-TE)和基于约束路由的标记分发协议(CR-LDP)。这两种协议都能承载 GMPLS 协议中定义的所有对象,但由于这两种协议存在多方面的差异,所以在具体实现方面还有诸多不同,而且两者不能兼容。

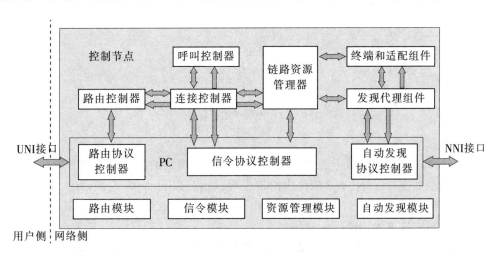

图 5.4.3　控制平面的结构

（3）资源管理模块

资源管理模块由链路资源管理器(LRM)和信令协议控制器组成,LRM 负责完成资源管理功能,检测网络资源状况,对链路的占用、状态、告警等特性进行管理。资源管理模块的主要功能是维护网络中的链路资源信息,为连接的建立提供资源保障。IETF 提出的相关协议有链路管理协议(LMP)。

（4）自动发现模块

自动发现模块包括终端和适配组件(TAP)、发现代理组件(DA)和自动发现协议控制器。DA 用于发现连接点到连接点(CP-CP)的关系,而 TAP 完成 CP 到子网点(SNP)的映射,负责完成邻居的自动发现和业务的自动发现。

除了上述的功能组件外,还有流量策略(TP)组件,负责检查用户连接是否满足以前协商好的参数配置。由于在连续比特流网络中不需要这个模块,所以在图中没有标出。

2. 控制平面的接口

控制平面的接口有用户网络接口(UNI)、内部网络网络接口(I-NNI)和外部网络网络接口(E-NNI),如图 5.4.4 所示。

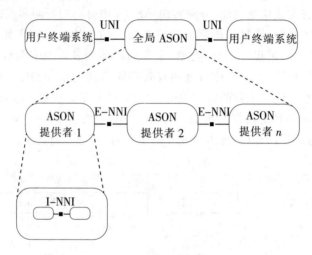

图 5.4.4　控制平面的接口

(1) UNI

UNI 接口是客户设备和传送网络之间的信令接口,提供的服务包括如下几点。

① 对信令的支持:UNI 1.0 规范中的信令可以执行以下动作:连接创建、连接删除、连接状态查询。关于链路连接的另一个动作是连接修改,即允许修改已有连接的参数,但 UNI 1.0 不支持连接修改这一动作。

② 邻居发现:邻居发现过程是动态建立客户和传送网元之间接口映射的基础,它辅助检验传送网元和客户设备之间的局部端口连接性,它也允许建立和维护 UNI 信令控制通道。

③ 服务发现:服务发现过程使客户设备能获得传送网络提供的服务信息,使传送网络能获得客户 UNI 信令和端口的能力信息。

④ 信令控制通道维护:UNI 信令需要在客户信令实体和网络信令实体之间有一个控制通道,可以使用不同的控制通道配置。

UNI 1.0 规范中规定了 4 种 UNI 的物理配置方式,如图 5.4.5 所示,客户端和网络端的 UNI 信令代理部分分别被称为 UNI-C 和 UNI-N。根据 UNI-C 的位置不同,又分为两种服务调用模式:直接调用和间接调用模式。其中,图 5.4.5 中(a)和(b)属于直接调用模式,UNI-C 直接在客户设备上实现;(c)和(d)属于间接调用模式,UNI-C 以一种代理的方式来实现。UNI-C 和 UNI-N 之间需要一个控制通道传送信令消息,这个控制通道可以是嵌入在客户和传送网元之间的传送数据的光链路内的一个通信通道,也可以是光缆外的一个专用通信通道。

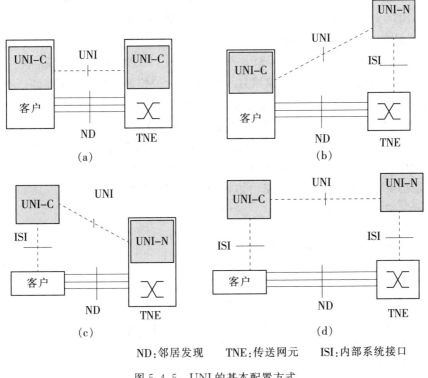

ND:邻居发现　　TNE:传送网元　　ISI:内部系统接口

图 5.4.5　UNI 的基本配置方式

（2）NNI

NNI 接口的主要功能如下。

① 自动发现功能:NNI 支持的自动发现机制包括邻居发现、业务发现和邻接发现 3 种。邻居发现使得在同一层的传送网网元和与其直接相连的客户设备能互相确定对方的标识,以及与局部端口相连的远端口的标识;业务发现是使网元设备或子网表明其自己的处理能力,同时获得其他网元或子网处理能力的过程;邻接发现是确定在特定物理层次上相邻两个网元设备的两个物理端口之间连接性的过程。

② 信令功能:NNI 中信令功能主要体现在链路连接的建立、释放、修改和维护的过程中。

③ 路由功能:NNI 中路由功能主要包括可达性、拓扑和状态信息的交互等。

④ 连接控制和管理功能:包括连接的建立、释放、管理和维护等。

⑤ 保护和恢复功能:NNI接口应支持域间、域内以及端到端的保护和恢复功能。使用可靠性强的信令机制,以确保恢复信息的畅通性,而且相关恢复信令应具有较高的优先级。在保护未成功的情况下,相关的连接应被释放。

NNI接口分为内部网络网络接口(I-NNI)和外部网络网络接口(E-NNI)。I-NNI指属于同一控制域或多个具有托管关系的控制域的控制面实体间的双向信令接口。从功能角度看,跨越I-NNI接口的信息流应该至少支持资源发现、连接控制等基本功能。实现I-NNI功能的协议包括信令协议(前面已提到的RSVP-TE与CR-LDP和ITU-T建议的PNNI)协议、路由协议(主要是OSPF-TE和IS-IS-TE)和链路管理协议。

E-NNI接口是指属于不同管理域且无托管关系的控制面实体间的双向信令接口。从功能角度看,跨越E-NNI接口的信息流应该至少支持呼叫控制、连接控制、连接选择和连接选路等4项基本功能,此外还应支持保护恢复消息处理等。E-NNI与I-NNI的主要区别在于路由。目前用得比较多的域间路由协议是边界网关协议(BGP-4)和域到域路由协议(DDRP)。BGP-4是运营商间的E-NNI的主要候选路由协议,目前DDRP正在完善过程中,它是一种分级链路状态的路由协议,满足ITU-T制定的G.7715协议的路由体系结构,可以实现不同厂商的互通。

5.4.3 ASON中的路由问题

1. 路由功能结构

ASON的路由功能主要由路由控制器(RC)、路由数据库(RDB)、链路资源管理器(LRM)和协议控制器(PC)完成,如图5.4.6所示。RC主要作用是与对等端的RC交换路由信息,并通过对路由信息数据库的操作来回复路由查询(路径选择)信息;RDB负责存储本地拓扑、网络拓扑、可达性和其他通过路由信息交换获得的信息;LRM负责向RC提供所有子网端点池(SNPP)链路信息,并将其控制的链路资源的任何状态的改变情况告知RC;PC将路由的原语转换成特定路由协议的协议消息,并处理用于路由的信息交换。

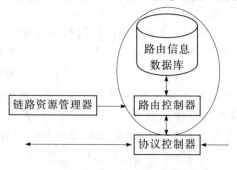

图 5.4.6　路由功能组件关系

2. 3 种路由模式

考虑大规模 ASON 网络在多域网络环境中动态光通道的建立问题,ASON 提出了 3 种路由模式:层次路由(Hierarchical Routing)、源路由(Source Routing)和逐跳路由(Step-by-step Routing)。不同的路由模式导致了节点之间控制功能模块的不同分布和连接控制器之间不同的关系。

(1)层次路由模式

在 ASON 网络中,从水平方向来说,一般可划分成不同的路由域,每个路由域又可分为不同的子网。而子网之间可以相互嵌套,一个大的子网(被称为上层子网)内部可包含若干小的子网(被称为下层子网),形成子网的层次。在层次路由中,子网层次的每一级都有一个包含路由控制器、连接控制器和链路资源管理器的主节点负责本级子网的选路,每级主节点之间按照层次结构的关系相互作用来选择路由。如图 5.4.7 所示,连接请求首先到达最上层子网主节点 A,由它计算出在源和目的节点之间的路径所需经过的下一层子网(包括 B、F 和 C 控制的子网)和它们之间的链路连接,然后,通知相关的下层子网主节点 B、F 和 C 分别建立在自己子网内部对应的连接,这样由上到下逐级子网进行分段的选路,最终得到整个连接的路由。

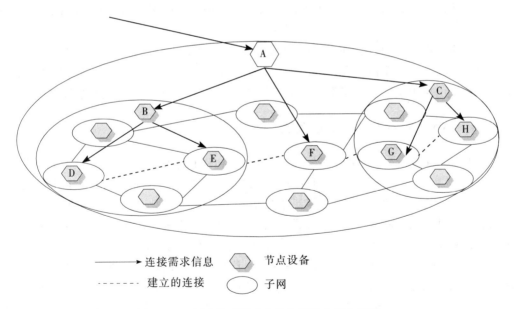

图 5.4.7　层次路由模式中的连接建立信令流程

(2)源路由模式

源路由模式是由源端节点负责选路。在源路由模式中,从源节点开始每经过的一个路由域,则其入口节点(第一个节点)要负责本路由域中的路由选择,并负责判断连接所需要进入的下一个路由域的入口节点,这样逐个路由域进行选路,直到最终到达目的节点所在的路由域。源路由模式与层次路由有很多相似之处,但在源路由模式中,连接过程是通过分布于节点中的连接控制器和路由控制器分段联合完成的。

(3) 逐跳路由模式

在逐跳路由方式下,路由的选择是以节点为单位逐跳选择的,与IP网中数据包的转发方式类似。在逐跳路由模式中,节点进一步减少了路由的信息量,这也给跨越子网络路径的确定增加了限制条件。逐跳路由模式同源路由模式不同之处在于:源路由模式是以经过的路由域为单位逐段选择路由的,而逐跳路由模式是以节点为单位逐跳选择路由的。

3. 路由域的划分

网络中路由域的划分可以是基于管理权利限制的(不同的域由不同的管理者管理),也可以是基于技术的(网络的不同部分由不同设备厂商设备构成,支持的路由协议可能不同);可以是基于地理部署位置的,也可以是基于网络层次的。后两者往往是由于网络规模很大,路由负荷很高,需划分域或层。网络中的路由域由子网(SN)、连接子网的链路和这些链路的端点(SNP)组成,它们可递归地分割,可一直到最小的包含两个子网和一条链路的子路由域。当在同一层次中的路由域再次进行其内部的分割时,就形成了下一层次的子路由域。

在多个路由中,域和域之间只传递提炼后必要的路由信息,而不是全部路由信息,这样可以有效减少网络路由负荷,提高网络伸缩性和可管理性。为以后的网络扩展考虑,采用分层次的路由很容易实现网络升级,基于路由域的扩展很容易扩大网络规模。

5.4.4 ASON 在城域网络的应用

按照地域来划分,光网络可以分为广域网(也称作长途网或骨干网)、城域网和局域网(或称接入网)。广域网(WAN)是指跨越国界、运营商网络边界或者广大的地理距离(可能达到几千千米)的网络;城域网泛指在地理上覆盖都市管辖区域的信息传送网络,用来连接广域网和局域网(LAN),提供不同业务的接入、汇聚和传输等功能;局域网是本地交换机和用户之间的实施系统,具有复用、交叉连接和传输等功能。

近年来,Internet技术的普及和迅速发展给传统的城域网带来了极大的挑战,骨干网的大规模部署和接入网的宽带化趋势也导致城域网成为全网的带宽瓶颈。因此,城域网成为近几年来业界关注的焦点并获得长足的发展,各种先进的技术都应用在城域网的建设中,支持多业务、面向分组化的宽带传输平台是当前城域网建设的重点。业界目前已经提出多种城域网解决方案,比较典型的解决方案有:基于SDH的多业务传送平台(Multi-Service Transport Platform, MSTP)、基于以太网技术的弹性分组环(Resilient Packet Ring, RPR)、城域WDM解决方案。在我国,基于SDH的MSTP是电信运营商当前的主流选择,而 MSTP 与 ASON 的结合则是宽带智能城域网的发展方向。

1. MSTP 的功能模型

MSTP 的功能模型如图 5.4.8 所示,它是基于新一代 SDH 的多业务传送平台,它采用 SDH 帧结构、虚容器通道交叉和保护机制,并对 SDH 设备进行了改造,这主要体现在对以太网业务的支持上。MSTP 支持标准的包映射结构,为 ATM、以太网和 IP 提供标准的接口。MSTP 融 ADM、DXC 功能于一身,增加了以太网等各类数据接口,部分继承了 ATM、IP、以太网技术。

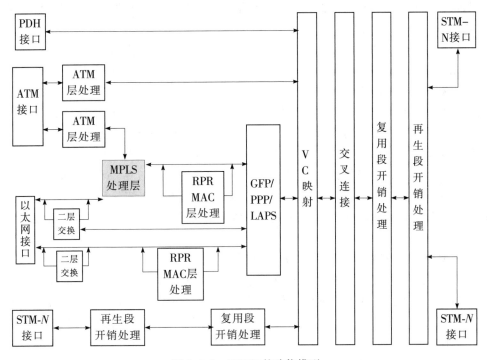

图 5.4.8　MSTP 的功能模型

近年来,MSTP 经历了从提供以太网点到点透传功能的第一代 MSTP、支持以太网二层交换功能的第二代 MSTP 到融合弹性分组环(RPR)技术、引入虚级联(VCat)和链路容量调整方案(LCAS)、支持通用成帧规程(GFP)的第三代 MSTP 的发展历程。

虚级联是为解决 SDH 复用体系过于僵化的问题而提出的,已得到 ITU-T G.707 建议的规范定义。虚级联技术能将任意数量的虚容器逻辑上连接起来,根据业务的速率组建带宽容量合适的字节同步比特流,从而解决了传统 SDH 网络与以太网速率不匹配的矛盾,增加了业务带宽配置的灵活性,提高了网络带宽的利用率。参与虚级联的虚容器从逻辑上组成所谓的虚级联组(VCG),每个虚容器成员都具有自己的通道开销,可以不受相同路由的限制独立在网络中传送。到达接收端时,根据 VCG 中虚容器序列号(SQ)

和复帧指示符(MFI)还原信息,有利于网络资源的充分利用和网络负载均衡。虚级联技术仅要求终端设备具备虚级联功能即可,对网络的中间节点透明,可以与标准的相邻级联技术互通。

虚级联并不能为网络提供动态带宽分配的能力,用户带宽仍是基于峰值速率固定分配的。为了能实现链路带宽的动态调整,LCAS 技术应运而生。LCAS 是对虚级联技术的扩充,允许无损伤地调整传送网中虚级联信号的链路容量,而不至于中断现有业务或预留带宽资源,是一种收发双方握手的传送层信令协议。简单来说,LCAS 的实施是以虚级联技术的应用为前提的,能够实现在现有带宽的基础上动态地增减带宽容量,满足虚级联的 IP 业务的变化要求。

LCAS 还可以为虚级联业务的多径传输提供软保护与安全机制。由于 VCG 的各个成员可以在不同的通道中传输,当一个成员所在的通道发生故障时,LCAS 可以暂时将该成员通道从 VCG 中移出,自动降低此时的业务承载带宽,同时保证所承载的数据业务不会有太大的损伤,待告警消失或故障恢复后,LCAS 再自动将该成员通道重新纳入到VCG 中,承载带宽恢复到初始的配置状态,从而增强虚级联业务的健壮性。

GFP 协议是由 ITU-T G.7041 规范的一种新型数据链路层封装协议,能灵活支持现在和将来的各种数据业务的传送,提高现有 SDH 网络的带宽效率,为以太网帧提供简单经济的端到端连接,具有封装效率高、误码扩展小、无随机带宽膨胀代价等优点,尤其适合高速传输链路的应用。GFP 协议可能成为将来的主流封装技术,目前也已得到大多数厂家的支持。

2. ASON 和 MSTP 结合的智能城域光网络

城域网业务和接口的多样性需要网络的智能,城域网流量的不确定性需要网络能动态分配资源、自动建立、维护和删除连接,这使得智能城域光网络成为发展的方向。典型的智能城域光网络的应用是将 ASON 的控制平面与 MSTP 结合,赋予 MSTP 控制平面的智能,如图 5.4.9 所示。如果说 MSTP 中 VCat+LCAS+GFP 意味对数据流量灵活可变的传送容量和标准的封装格式,那么,ASON 的控制平面可以使链路容量的调整通过控制平面的信令和接口自动完成,使带宽的按需分配更加快捷、智能,从而提升业务的控制管理能力,实现实时的带宽按需分配,并适应对一个呼叫建立多个连接。

智能城域光网络的实现主要从以下几个方面进行考虑。

① 在控制层面,引进具有网络拓扑和服务自动发现、连接自动建立和灵活调整等功能;

② 在业务层面,支持多种协议、多种业务的光接入和透明传输,支持各种光网络新业务的快速开通,满足各种网络生存性要素;

③ 在传输层面,扩展具有优化数据流传输特性的 SDH 的平台。

智能城域光网络技术的先进性在于它利用控制平面的智能实现带宽的动态按需分

配,满足网络发展中各种智能化需求,支持各种新业务的快速提供,成为城域网发展的方向。

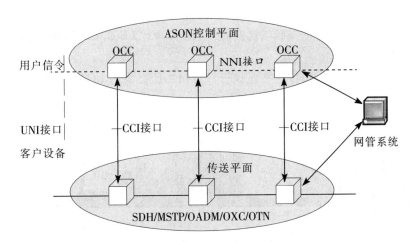

图 5.4.9　智能城域光网络的结构

3. 智能城域光网络支持的新业务

通过智能光网络中的各种网络功能,如快速动态的连接建立、满足流量工程的网络资源分配、跨域的端到端的连接管理等,运营商不仅可以在智能城域光网络上提供原有的各种业务类型,还可以开展多种更具竞争力的个性化增值业务,如带宽出租、按需带宽(BoD)、光虚拟专用网(OVPN)等。

(1) 按需带宽业务

IP 流量具有突发性、不对称性和不可预知性,这使得按峰值带宽固定配置的通道资源利用率很低。BoD 业务是智能城域光网络支持快速、灵活的连接功能的重要体现。BoD 业务对用户来说可以节约服务的费用,对运营商来说能更有效地利用网络资源,为用户提供具有吸引力的服务,从而大幅提升网络的经营效益。因此,BoD 业务的出现带来的是一种双赢的局面。

目前 BoD 业务有两种实现方案:一种是按照流量随时间的周期性规律分时段提供带宽,图 5.4.10 给出不同时间 IP 流量的变化和分时段提供带宽的示意图;另一种是利用 ASON 的分布式智能,动态按需带宽,如图 5.4.11 所示。

下面说明分布式控制下直接修改机制实现 BoD 业务的过程,如图 5.4.11 所示。具体步骤大体如下。

① 源端用户通过 UNI 接口向网络发出对已有业务连接的带宽进行修改的请求(假设请求新增一个 VC-4),产生 GMPLS 信令消息,消息中带有该业务的连接标识符 ID、新

的流量参数等;

② 控制平面采用 GMPLS 协议完成新增成员 VC-4 通道的选路和建立,各节点采用 OSPF-TE 或 IS-IS 协议广播各自的时隙使用情况,边缘节点根据接收到的各节点的广播信息来完成新增成员通道的端到端选路,再利用 RSVP-TE 或 CR-LDP 等信令机制来建立新增的 VC-4 通道;

③ 触发 LCAS 协议,在传送平面执行容量增加所必要的 LCAS 动作序列,进行业务连接的带宽修改;

④ 向端用户回送带宽调整响应消息,带宽调整的整个过程结束。

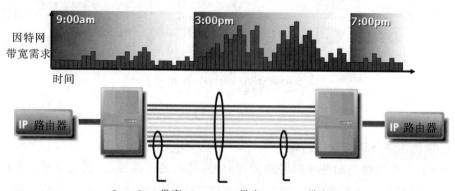

图 5.4.10 按时段提供带宽示意

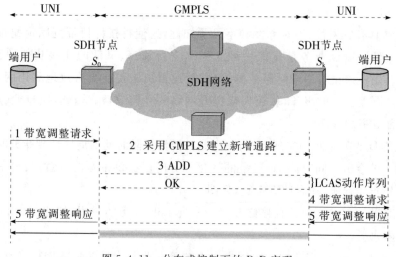

图 5.4.11 分布式控制下的 BoD 实现

（2）光虚拟专用网（OVPN）

OVPN 对网络运营商和用户来说都是一项极富吸引力的光网络增值业务。OVPN 业务使得用户能在较少的通信费用的情况下,在公网内部灵活地组建自己的网络拓扑,实现对端口和保护组的指配,设置连接的恢复协议和优先级,并监测业务的运行情况,拥有完全使用、管理所租用的 OVPN 的权力；OVPN 允许运营商在控制平面上对物理网络资源进行划分,并在不增加新的硬件设备的情况下为运营商打开新的市场和创造新的、利润丰厚的商机。

在 OVPN 业务实现中,网络设备主要有客户边缘设备（CE）、运营商边缘网络设备（PE）、运营商核心网络设备（P）。运营商核心网络设备只与运营商网络内部的光网络设备相连,而运营商边缘网络设备不仅与运营商网络内部的光网络设备相连,还连接到运营商网络外部的客户边缘设备,CE 可以是路由器、SDH 交叉连接或者以太网交换机等。OVPN 网络参考模型如图 5.4.12 所示。

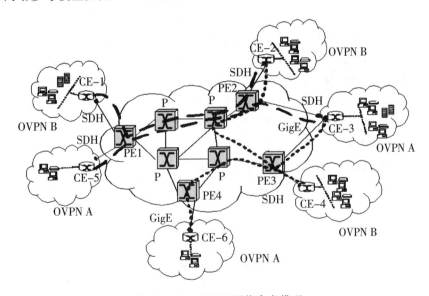

图 5.4.12　OVPN 网络参考模型

OVPN 业务基本单元是一对客户边缘设备之间的一个光连接或者 TMD 连接,PE 设备上的一个端口最多只与一个 OVPN 相关联。一个 CE 可以通过一条或者多条链路连接到 PE 设备,一个 PE 也可以通过一条或者多条链路连接到一个或多个 CE 上。实现 OVPN 需要通过以下几个技术。

① 每一个 CE 端口在 OVPN 内部都会分配一个唯一的端口标识符（CPI）,它可采用两种方式表示,一种是用 IP 地址,另一种是用端口索引号加 CE 的 IP 地址的形式〈端口

索引号,CE IP 地址〉。而 PE 的端口标识符(VPN-PPI)同样也可采用这两种形式。但是,对于 CE 和 PE 间一条给定的链路,其两端的端口标识符 CPI 和 VPN-PPI 的形式应该保持一致。

② 每个 PE 为相关联的各个 OVPN 维护着一张端口信息表(PIT),每个 PE 的 PIT 中的信息包括两部分:一是与该 PE 相连的 CE 端口的相关信息;二是从该 OVPN 的其他 PE 获得的相关信息。PIT 中包含着在本 OVPN 内部的〈CPI,PPI〉列表。运营商可通过传送存储在与 CE 相连的 PE 中的 PIT 信息,直接为 CE 提供一个该 OVPN 中的所有其他 CE 地址信息的列表。当 CE 从 PE 那里得知远端 CE 的 CPI 信息后,就可决定是否提出建立与远端 CE 的光连接请求,这将有利于避免连接请求被拒绝。

③ 当 CE 得知同一 OVPN 中目的端口的 CPI 信息时,CE 就可以利用 GMPLS 信令由控制信道向运营商网络请求建立一条到达目的端口的光连接。CE 发起的请求中包含用于建立光连接的本地 CE 端口 CPI 和目标端口 CPI。当与发起请求的 CE 相连的 PE 接收到请求时,PE 查看相应的 PIT 进行确认,然后利用 PIT 中的地址信息查找到与目的端口 CPI 对应的用于建立光连接的 PPI。最终,请求信息到达与目标端口 CPI 对应的 CE(请求中仍然包含发起请求的 CE 的 CPI)。如果目的 CE 接受请求,光连接也就可以建立起来。

④ 除 CPI 和 PPI 之外,一个端口还有其他相关的描述通道特征的信息,如通道所支持的编码、通道带宽、端口中的预留带宽等。这些信息可用于保证每个光连接的终端点的端口有相互兼容的特征,并保证有足够的未分配资源用于建立一条光连接。这些信息的发布与〈CPI,PPI〉地址信息发布方式相同。

OVPN 具有的共享的经济性、灵活性、可靠性、安全性和可扩展性等优势,已成为智能城域光网络最具发展潜力的增值业务之一,也为运营商在现有网络上提供了新的利润增长点。

5.5　光分组传送网

当前,电信业务 IP 化的趋势已十分明显,数据流量在整个信息网的流量中已占据绝对优势的地位,这种趋势推动着光传送网的转型和演变。既能支持统计复用的分组交换,又保持传送网强大的网络运行维护管理(OAM)能力和服务质量保证(QoS)是业界多年来追求的一个目标。

2005 年前后,光分组传送网(PTN)应运而生。PTN 是面向连接的分组交换技术,融合了数据网和传送网的优势,既具有分组交换、统计复用的灵活性和高效率,又具备电信网强大的 OAM、快速保护倒换能力和良好的 QoS 保证,引起业界众多的关注,并很快形成 T-MPLS/ MPLS-TP 和 PBB-TE 两大主流实现技术。

　　传送-多协议标记交换(T-MPLS)是传送网技术与 MPLS 技术结合的产物,最初由 ITU-T 于 2005 年提出。2008 年,ITU-T 同意和 IETF 成立联合工作组来共同讨论 T-MPLS 和 MPLS 标准的融合问题,并扩展其技术成为 MPLS-TP(Transport Profile for MPLS)。

　　PBB-TE 是在运营商骨干桥接(Provider Backbone Bridge,PBB)基础上发展而来的电信级以太网技术,由国际电气和电子工程师协会(IEEE)的 802.1Qay 任务组负责开发,具有面向连接的特性,并增加了流量工程(TE)来增强 QoS。PBB-TE 技术可以兼容传统以太网的架构,转发效率较高,但对 TDM 业务的支持上还需要继续研究。

　　从几年来 PTN 的发展情况来看,中国的运营商更青睐 MPLS-TP,本节下面的内容主要介绍基于 MPLS-TP 的 PTN 技术。

5.5.1　MPLS-TP 的网络功能架构

1. 层网络模型

　　MPLS-TP 沿袭了传送网分层分域的体系结构,在水平方向可分为不同的管理域,在垂直方向分成不同的层网络。我国《PTN 总体技术要求》中规范了层网络模型可分为虚通道层、虚通路层和虚段层,如图 5.5.1 所示。

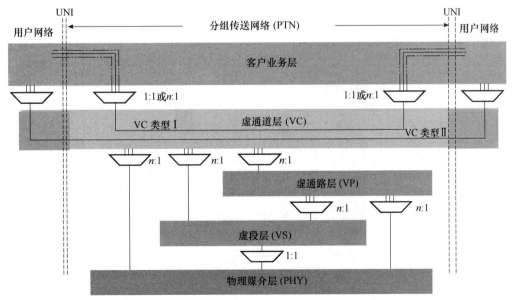

图 5.5.1　PTN 层网络模型

① 虚通道(VC)层。该层网络提供点到点、点到多点、多点到多点的客户业务的传送,提供 OAM 功能来监测客户业务并触发 VC 子网连接(SNC)保护。客户业务信号可以是以太网信号或非以太网信号(例如,TDM、ATM、帧中继)。MPLS-TP 的 VC 层即伪线层。

② 虚通路(VP)层。该层网络通过配置点到点和点到多点的虚通路(VP)层链路来支持 VC 层网络,并提供 VP 层隧道的 OAM 功能,可触发 VP 层的保护倒换。

③ 虚段(VS)层。PTN 虚段层网络提供监测物理媒介层的点到点连接能力,并通过提供点到点 PTN VP 和 VC 层链路来支持 VP 和 VC 层网络。PTN VS 层为可选层,在物理媒介层不能充分支持所要求的 OAM 功能或者点到点 VS 连接跨越多个物理媒介层链路时选用。

层网络信号之间的复用关系可以是 $1:1$ 或 $n:1$ 关系,$1:1$ 和 $n:1$ 关系是通过层间适配功能提供的。MPLS-TP 各层能够独立于它的客户层以及控制平面运行,并可运行在 SDH、OTN 和以太网等多种物理层技术之上。

2. 网元的功能结构

PTN 网元设备沿袭了 ASON 的做法,由传送平面、管理平面和控制平面组成,3 个平面包括的功能模块如图 5.5.2 所示。

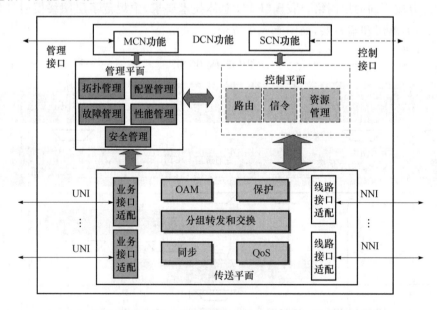

图 5.5.2 PTN 网元的功能模块示意

① 传送平面。传送平面提供端到端的双向或单向信息传送,监测连接状态,提供网

络控制信息和管理信息的传送。传送平面的主要功能为实现对业务接口和线路接口的适配、报文的标记转发和交换、业务的服务质量(QoS)处理、OAM 报文的转发和处理、网络保护、同步信息的处理和传送等。

② 管理平面。管理平面执行传送平面、控制平面及整个系统的管理功能,它同时提供这些平面之间的协同操作。管理平面实现网元级和子网级的拓扑管理、配置管理、故障管理、性能管理和安全管理等功能,并提供必要的管理和辅助接口。

③ 控制平面功能(可选)。控制平面由提供路由、信令和资源管理等特定功能的一组控制元件组成,并由一个信令网络支撑。目前 PTN 的控制平面的相关标准还没有完成,一般认为它可以是 ASON 向 PTN 领域的扩展,用 IETF 的 GMPLS 协议实现,支持信令、路由和资源管理等功能,并提供必要的控制接口。

PTN 支持基于线形、环形、树形、星形和格形等多种组网拓扑。在城域核心、汇聚和接入三层应用时,PTN 通常采用多环互联+线形的组网结构。

5.5.2　MPLS-TP 的业务适配和数据转发

有人将 MPLS-TP 归纳为一个等式:MPLS-TP ＝ MPLS ＋ OAM－IP。概括地说,MPLS-TP 是 MPLS 的子集,采用 MPLS 的业务承载和数据转发方式,同时增加了 ITU-T 传送风格的 OAM 功能。为了支持面向连接的端到端的 OAM 功能,MPLS-TP 丢弃了一些 IP 所带有的无连接特征的功能,如不采用基于 IP 的逐跳转发机制、不采用等价多路径(ECMP)、最后一跳弹出(PHP)和标记交换通道(LSP)合并等。

1. MPLS-TP 网络的业务适配

MPLS-TP 网络采用面向连接的多种业务承载机制,目前阶段的标准主要规范了基于伪线的仿真业务,TDM 业务、以太网二层业务和 ATM 业务都可以以伪线仿真的方式封装接入。

伪线仿真基于 IETF 的 IP/MPLS 标准进行规范,是一种在分组交换网络中仿真诸如 ATM、帧中继、以太网及 TDM 等业务的本质属性,在封装这些业务时尽可能忠实地模拟业务的行为和特征,管理时延和顺序,并在 MPLS 网络中构建起 LSP 隧道,从而在客户边缘设备中为各种二层业务提供透明的传送。在接收端,再对接收到的业务进行解封装、帧校验、重新排序等处理后还原成原始业务。

MPLS-TP 网络中业务适配需经过预处理、汇聚和封装 3 个主要模块的处理过程。预处理是指对客户信息进行必要的预先处理,比如数据和地址的转换、对客户信息类型的识别等,以便降低下一步处理的设计难度。汇聚模块主要负责根据客户信息或信令信号的类型及重要性将分组进行分类整理和汇聚,并安排到不同类型的 LSP 中传输,以满足不同类型信号的 QoS 需要。封装模块在信号进行 T-LSP 复用和转发之前将信号进行适配。

封装模块的实现与所要封装的客户信息的类型密切相关,对于分组、信元和时分这 3 种不同信号需采用不同的封装方法。IP 业务可以直接映射到 T-LSP 上,也可使用双标签方式间接映射。对于非 IP 业务的适配,基于虚电路进行间接映射。若客户信号超过服务层网络所能承载的最大分组长度时,则要对客户信号进行分段。有些客户信息如 TDM 可能需要按顺序传送和实时性支持,对这些信号的传输需要具有排序和定时功能。

2. 标记转发机制

面向连接的 MPLS-TP 技术可以看作是基于 MPLS 标记的遂道技术,采用双标记转发机制,即 MPLS-TP 在为客户层提供分组式数据传输时,会对客户信息分配两类标记:公共互通指示标记(CII 标记)和传送-交换通道标记(T-LSP 标记)。CII 标记是虚电路(VC)标记,如图 5.5.3 所示,在现阶段的规范中 VC 标记被定义为伪线(PW)标记。通过 CII 标记将两端的客户联系在一起,用于终端设备区分客户信息。T-LSP 标记用于客户信息在标记交换通道中的交换和转发,通过标记交换协议,给分组数据提供面向连接的 LSP,实现具有统计复用特点、端到端的透明分组传送。为了支持 MPLS-TP 层网络,T-LSP 支持无限嵌套,所以 T-LSP 标记可以有多个。复用/解复用模块通过虚电路捆绑的方法可以将多个 VC 捆绑成一个虚电路组(VCG)在同一个 T-LSP 上传送,见图 5.5.3。这样可以降低网络传输交换设备的复杂度,同时减少对带宽资源的占用。

图 5.5.3　T-MPLS 双重标记示例

5.5.3　OTN 和 PTN 的联合组网

MPLS-TP 技术以其多粒度接入能力、良好的 OAM 和 QoS 特性已成为城域网的一个优选方案。而波长交换为特征的 OTN(也称为 WSON)以其巨大的交换和传输容量、对多种客户信号透明等优势在骨干网的建设中扮演着重要角色。MPLS-TP 和 OTN 分别作为光传送网在城域层面和骨干层面的两大发展方向,可以通过灵活的配置和调度,在不同的网络层面上进行部署,并联合组网,从而实现既能利用 PTN 技术对客户和业务流进行精细管理,又能对大容量业务利用 OTN 的大颗粒容器进行调度,同时满足 TDM 业务对同步时钟的传送要求和下一代传送网 IP 化的需求。图 5.5.4 给出一种 OTN＋

PTN 联合组网模型。

在联合组网模型中,OTN 或 IP/MPLS 主要部署在骨干网,基于 MPLS-TP 的 PTN
和 MSTP 部署在汇聚层和接入层,承载的主要业务包括来自 3G 等移动网络用户、大客
户专线、行业应用客户、普通家庭用户等点到点、点到多点的数据业务。

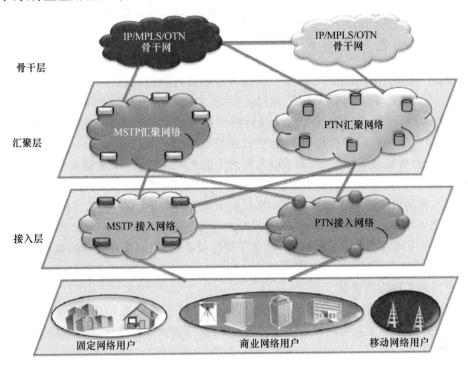

图 5.5.4　OTN+PTN 联合组网模型

5.6　无源光网络

接入网作为交换局与用户终端间的连接纽带,它的数字化和宽带化已被提到重要议
程。接入网是电信网中的重要部分,它不仅投资比重大,建设周期长,而且直接影响未来
宽带综合业务网的发展。随着数据、高清电视等多业务的发展,光纤接入网受到广泛的
重视,光纤越来越靠近用户,铜线逐渐退出,作为接入网发展目标的光纤到户(FTTH)的
建设也已提到日程,工信部"宽带普及提速工程"2012 年的一个阶段性目标就是新建
FTTH 3 500 万户。

光纤接入网分为无源光网络(PON)和有源光网络(AON)两大类。在无源光网络

中,信号从局端由树状结构的全光纤分配网络直接分送至用户,整个分配网络是无源的。而 AON 和 PON 的主要区别是以有源电复用设备代替无源光分路器。AON 将一些网络管理功能,如带宽管理和高速复接功能在远端节点中完成,再从远端节点将信号分配到用户。

目前研究和建设的主流光纤接入技术是 PON,所以本节主要介绍无源光网络。

5.6.1 PON 的发展历史

基于时分多址(TDM)的 PON 是一直是多年来研究和应用的主流技术。在 20 世纪 90 年代,基于 ATM 的 PON(APON)就已被提出,后来更名为宽带 PON(BPON)。尽管 APON/BPON 标准化程度高,且 ATM 统计复用的特点可以较好地利用资源,但由于业务适配复杂,数据传送速率和效率不高,所以并没有得到广泛的商用。

随着 IP 的崛起和迅猛发展,基于以太网的无源光网络(EPON)应运而生。EPON 保留物理层 PON 的精华部分,而以以太网作为链路层协议,构成一个可以提供更大带宽、更低成本和更高效率的新型结构。EPON 在以太网界得到了积极响应,并由 IEEE 802.3 形成了千兆以太无源光网络(GEPON)的标准草案。EPON/GEPON 消除了 ATM 和 SDH 层,降低了初建成本和运维成本,简化了硬件设备,可以工作在更高的速率和支持更多用户,成为近几年 PON 的主流应用形式。10GHz EPON 的标准也在 2009 年成熟,工业界很快开发了相应的设备。

与 EPON 发展的同时,工作速率超过 1 Gbit/s、基于通用成帧协议(GFP)的 PON (GPON)的标准化和工业化进程也引起众多的关注。2003 年 1 月,ITU-T 通过两个有关 GPON 的标准 G.984.1(总体特性)和 G.984.2(物理媒质层),这两个标准规定 GPON 可以提供 1.244 Gbit/s 和 2.488 Gbit/s 的下行速率,传输距离达到 20 km,具有高速高效传输的特点。另外,GPON 在传输汇聚层采用了新的标准协议——通用成帧协议。该协议可以透明、高效地将各种信号封装进接入网络,具有开放、通用的特点,可以适应现有的各种用户信号以及未来可能出现的各种新业务。由于采用 GFP 进行封装,GPON 的传输汇聚层本质上是同步的,并使用 SDH 的 125 μs 帧长,因而使得 GPON 可以直接支持 TDM 业务,成为 PON 发展的一个重要方向。

全业务接入网论坛(FSAN)考虑人类社会对带宽长期持续的增长需求,在 2009 年左右启动了下一代 PON(NG-PON)的研究和标准化工作,并将其分化为 NG-PON1 和 NG-PON2 两个阶段。NG-PON1 主要延续了 GPON 的发展思路,下行使用 1 557 nm 波长,10 Gbit/s 速率;上行使用 1 270 nm 波长,2.5 Gbit/s 或 10 Gbit/s 速率。NG-PON2 被作为一个较长期的解决方案,以增加接入带宽、延长传输距离为主要目标,其技术方案可以多种多样,如选用 40 Gbit/s TDM-PON、WDM-PON、WDM/TDM 混合 PON(WDM/TDM-PON)、OFDM-PON 等。NG-PON2 的基本要求为:接入速率达到 40 Gbit/s 或更高;光网络单元(ONU)的下行带宽大于 1 Gbit/s,上行带宽达到 0.5~1 Gbit/s;覆盖距离 20~60 km 或 100 km。图 5.6.1 给出了十几年来 PON 的发展历程。

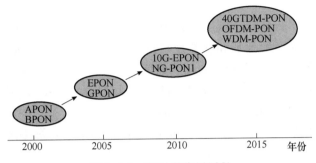

图 5.6.1　PON 的发展历程

5.6.2　TDM-PON 的关键技术

PON 的基本结构如图 5.6.2 所示,主要由光线路终端(OLT)、光网络单元(ONU)和光纤分配网(ODN)组成。OLT 位于交换局端,通过业务节点接口(SNI)与业务网络连接,按照一定的格式(ATM 或以太网)实现多种业务的接入。OLT 可以分离交换和非交换业务,管理来自 ONU 的信令和监控信息,为 ONU 提供维护和供给功能。ONU 位于用户端,主要完成业务复用/解复用和用户网络接口功能。ONU 终结来自 ODN 的光信号并为用户提供业务接口,完成对语声信号的数/模和模/数转换、复用、信令处理和维护管理功能。根据 ONU 位置的不同,可以实现光纤到户(FTTH)、光纤到路边(FTTC)、光纤到大楼(FTTB)或光纤到交接箱(FTTCab)。ODN 为 OLT 和 ONU 之间的物理连接提供共享光纤传输媒质,通过无源光分路器构成树型拓扑的光分配网,实现业务的透明传送。

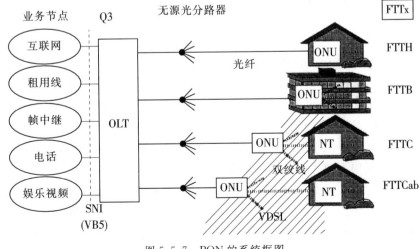

图 5.5.7　PON 的系统框图

PON 的上、下行速率等级可以相同,也可以不相同。上行和下行可以采用单向双纤的空分复用(SDM)技术,用两根光纤分别传输,也可以采用 WDM 技术实现单纤全双工双向通信。

从 OLT 发送的下行信号采用时分复用(TDM)技术广播发送给每个 ONU,ONU 可以根据信元的标识(如目的地址和帧类型)选择接收属于自己的信元,再传送给用户终端。在上行方向,各个 ONU 收集来自用户的信息,按照 OLT 的授权和分配的资源,采用突发模式发送数据。ONU 传送到 OLT 的信号采用时分多址接入(TDMA)技术,各个 ONU 发送的信号在 OLT 处时分复用到一起。

精确测距、突发工作模式和动态带宽分配(DBA)是 PON 的关键技术,前两项技术主要解决各个 ONU 发射的上行信号在 OLT 复用时相位突变和幅度突变问题,而 DBA 是为了能够高效、按需地分配给上行信号的带宽。

(1) 系统同步和测距

测距的目的是补偿各个 ONU 与 OLT 之间的传输时延差异,使所有 ONU 到 OLT 的逻辑距离相同。

在 PON 中,各个 ONU 与 OLT 之间的距离不同,短者几百米,最长者可达数十千米,造成传输时延的明显不同。另外,光电器件性能的差异也可能造成传输时延的差异,致使各个 ONU 发送的信号在 OLT 中复用时很难在相位上对准。为了使每一个 ONU 的上行信元在 OLT 复用时能够插入到指定时隙且不发生碰撞,必须对各个 ONU 到 OLT 距离进行准确测定,确保 ONU 的上行信元在 OLT 规定时刻到达。

在上行传输中,各个 ONU 的发送时隙必须与 OLT 系统分配的时隙保持一致,以防止各个 ONU 上行数据发生碰撞,要求 ONU 侧的时钟应与 OLT 侧的时钟同步。以 EPON 为例,采用时间标记方式实现时钟同步,将 OLT 或 ONU 的当前时间放入 MAC 帧的时间标记中,通过传递时间标记使系统时钟同步。同时可以根据 ONU 返回的时间标记,进行测距。

(2) 突发模式

由于测距精度总是有一定限度,各个 ONU 发送的上行信号到达 OLT 时相位仍会有一定的偏差。另外,ONU 与 OLT 之间的距离不同以及线路特性差异将导致各个 ONU 的发送功率相同,OLT 接收到的功率却有很大的差异。为了使 OLT 正确地接收各个 ONU 发送的信号,OLT 应能迅速确定从不同 ONU 传来的每个突发信号的正确时钟相位,实现比特同步、字节同步和帧同步,同时根据收到的信号实时调整接收门限,以便正确接收。所以需要突发模式同步技术和突发模式接收技术。

另一个解决方法是调整 ONU 的发送功率,使得 OLT 接收到的各个 ONU 信号功率电平相等。但是这个方法会导致 ONU 的发送机的设计更为复杂,同时也使得从 OLT 到 ONU 之间的控制协议复杂化。对系统的整体性能带来较大的影响。现在人们采用的方法是在 OLT 端使用光突发接收机,采用各种突发接收技术来接收突发信号。

（3）动态带宽分配（DBA）

DBA 技术是 MAC 层的关键技术,它直接关系到上行信道的利用率和数据时延。TDMA 方式的最大缺点在于其带宽利用率较低,采用 DBA 可以提高上行带宽的利用率,在带宽相同的情况下可以承载更多的终端用户,从而降低用户成本。另外,DBA 所具有的灵活性为进行服务等级协定（SLA）提供了很好的实现途径。

带宽分配分为静态和动态两种,静态带宽由打开的窗口大小决定,动态带宽则根据 ONU 的需要,由 OLT 分配。实现带宽动态分配的关键在于如何获得 ONU 的实际状态,不同的 DBA 算法获得 ONU 状态的手段也不同。目前使用最多的方案是基于轮询的带宽分配方式,即 OLT 采用轮转的方式对各 ONU 进行轮询,ONU 在传输的有效数据流中嵌入带宽请求控制信息,OLT 对各个 ONU 大小不一的带宽请求信息按照限定最大发送窗的分配方案分别进行授权。

5.6.3　NG-PON

1. WDM-PON

WDM-PON 具有接入速率高、传输距离长、对调制格式透明、私密性和网络灵活性好等优点,是一种颇具竞争力的 NG-PON 解决方案。图 5.6.3 给出了一种 WDM-PON 的实现方案。在该方案中,上下行信号使用相同的波长,借助于环行器的单向传输特性,下行信号和上行信号共用一根光纤馈线,波长数可以多达 80、160 或 320。OLT 发送的多波长信号分别被高速数据调制后,经阵列波导光栅合路后送入环行器 1 的端口 1,并从端口 2 输出,在光纤馈线中传输数十千米甚至上百千米,到达无源远端节点（PRN）。PRN 中的 AWG 解复用多波长信号,不同的波长经过光纤配线传输后分别送达各个 ONU 中的环行器 2 的端口 2,并由端口 3 输出,被接收机接收。ONU 中的环行器与 OLT 中的环行器作用相同,利用其单向传输性质起到双向通信的目的。每个 ONU 通过光纤配线与 AWG 的一个端口相连,绑定一个波长,实现波分多址。

PRN 中的 AWG 既作为分路器（对下行）,又作为合路器（对上行）。对上行信号,各个 ONU 发射与其接收的信号相同的波长,送入环行器 2 的端口 1,并由端口 2 输出,再经配线光纤传输、PRN 中的 AWG 合路和馈线光纤传输,达到 OLT 中的环行器 1 的端口 2,并由端口 3 输出,解复用后被分别接收。

因接入网的建设费用只有有限的用户分摊,因此,用于接入网中的光器件应尽量降低成本。选择合适的光源是降低成本的一个重要途径。OLT 使用的光源可以有以下几种选择。

① 采用多个分立的 DFB 激光器,通过温度微调其发射波长使之适合 WDM 规定的波长;

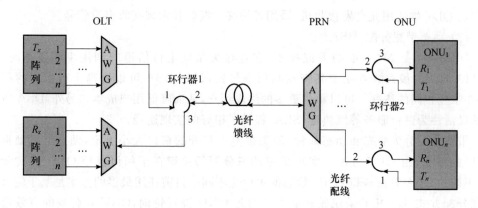

图 5.6.3　一种 WDM-PON 的实现方案

② 多波长光源,如集成半导体激光器阵列;

③ 采用光谱分割技术,如采用宽谱光源,经过滤波性质符合 WDM 的标准波长的梳状滤波器,同时得到多个不同的波长,再进行光放大;

④ 采用 FP 腔的多纵模振荡特性,设法锁定振荡模式,作为 WDM 的光源。

ONU 的光源也有以下几种选择。

① 采用波长符合要求的 DFB 激光器,但整个系统需要备用各种确定波长的激光器,成本较高。WDM-PON 的商业应用首先要解决光模块的互换性,以减少备用的光模块的数量。因此,无色型 ONU 的实现方法引起关注。

② 重用 OLT 发射的光,即利用部分下行光在 ONU 环回并调制上行信号。但这需要 OLT 的光源发射功率很大,而高的发射功率会加剧下行信道的非线性光学效应,引起信道间的串扰,因此,该方案则只适合分路数不多、传输距离不长的系统。

③ 采用反射型半导体光放大器(RSOA)。RSOA 是一种在后镜面镀有高反膜的半导体光放大器。该方案取小部分下行光作为种子光注入 RSOA,迫使 RSOA 在该注入波长上产生受激辐射并将注入光放大,然后再将上行信号调制到 RSOA 上。该方案可以多个 ONU 共用一个 RSOA 备件,节省备件的成本,缺点是 RSOA 的价格较高。

目前,国内外提出了多种多样的 WDM-PON 的研究和实验方案,其中一种 WDM 和 TDM 结合的 PON 方案(称为 TWDM-PON)在近期有良好的应用前景。这种方案以较低的成本和成熟的技术明显提高接入带宽,延长传输距离,增加覆盖范围和用户数。方案将 PON 分为两级实施,基本架构如图 5.6.4 所示。第一级(从 OLT 到 RN1)采用波分复用的方式,即用多波长传输来提高 PON 接入带宽,延长传输距离。第二级(从 RN1 输出的一个波长端口到 ONU)为 TDM 的方式,即由 RN1 的 AWG 解复用后的每一个波长作为发送端带动一个 EPON/GPON,以时分多址的方式将信号分配到各个 ONU。图中 RN1 使用 AWG 作为波长解复用/复用器,RN2 使用无源光分路器,RN1 和 RN2 之间的光纤对于第一级是配线,对于第二级是馈线。

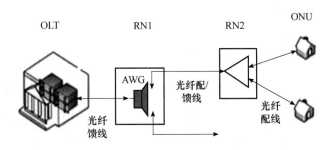

图 5.6.4　TWDM-PON 的架构

2. OFDM-PON

由于 OFDM 技术频谱效率高,对色散的容限好,所以光正交频分多址在 NG-PON 的发展中受到关注。目前,有关 OFDM-PON 的实现方案可分为两大类,一类是电域进行 OFDM 调制,然后将多子载波复用的 OFDM 信号调制到光上,再通过无源光纤分配网络发送到各个 ONU,OFDM 信号的每个子载波绑定一个 ONU,实现子载波多址复用。另一类是光域的子载波多址复用,在光域用若干频率锁定的子载波分别调制不同信号,每个 ONU 接收一个光子载波信号,从而为每个 ONU 提供高速率、大带宽的信号接入。光域子载波多址复用需要多个频率锁定的光子载波,成本较高。本节介绍一种电域 OFDM 与 WDM 结合的 PON 的实验方案。

图 5.6.5 是 2012 年 OFC 上报道的电域 OFDM 与光域 WDM 结合的 PON(WDM-OFDM-PON)的实验系统(下行系统),该系统基于低成本的注入锁定 FP 腔激光器,采用直接强度调制-直接检测技术,并将 OFDM 与正交多电平调制(QAM)相结合,以克服 FP-LD 直接调制时响应速度较低的问题,实现 20 Gbit/s 的 WDM-OFDM 信号传输 52 千米后的 SNR 代价仅为 0.5 dB。

在此实验系统中,FP-LD 被远端的种子光控制,而种子光是由多个符合 WDM 波长的 DFB 激光器阵列构成,可以被 WDM 各个信道共享使用。如图 5.6.5 所示,多个符合 WDM 波长要求的种子光经光环行器反向耦合进传输光纤,经过波分解复用后分别注入各个 FP-LD,锁定其发射波长,并被 OFDM 所调制。在该实验系统中,20 Gbit/s 的 OFDM 信号是离线产生的(使用 MATLAB 程序产生的),$2^{17}-1$ 的伪随机序列(PRBS)经过串-并变换(S/P)、16QAM 调制映射、快速傅里叶反变换(IFFT)、插入循环前缀(CP)、并-串变换(P/S)后,形成具有 1 024 个子载波的 OFDM 信号。该信号经过数模转换后驱动 FP-LD,LD 发射的光信号在标准单模光纤(SSMF)中传输 2 km 左右后与其他波长的 OFDM 信号在波分复用器中合在一起,再在标准单模光纤(SSMF)中传输 50 km,然后经环行器后被波分解复用,再分别送给各个 ONU,由光电二极管(PD)转换为电信号,再经过模数转换和 OFDM 解调。OFDM 解调器是与调制器相反的过程,经过解调制过程后还原出原始的 PRBS 信号。

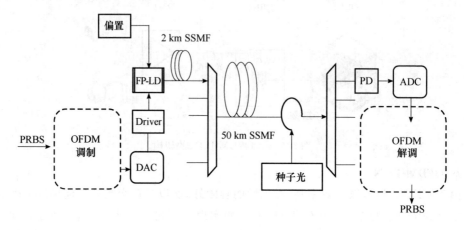

图 5.6.5 WDM-OFDM-PON 实验系统

在实际的 WDM-OFDM-PON 系统中,WDM 链路可以由多个 OLT 共享,每个 OLT 可以使用一个或数个波长,每个波长在远端节点解复用后还可以再接一个光纤分配网络,分别连接到若干 ONU,每个 ONU 根据需要与一个或数个子载波绑定,接收这些子载波所承载的信号。通过 WDM 和 OFDM 两级分配网络,提高了 PON 的传输容量,延长了传输距离,增加了用户的数量。

NG-PON 的实用化不仅由技术的成熟程度而定,而且与用户需求和成本因素密切相关。

5.7 光时分复用技术

多年来,人们一直在追求光纤通信的更高速率和更大容量,光时分复用(OTDM)是另外一种扩展光纤通信传输速率的实验方案。与 WDM 技术相比 OTDM 尚处于探索阶段。尽管国内外也进行了不少实验,建成了一些实验系统,但它还是属于未来的技术。因为要在光域对信号进行处理,恢复时钟,识别信头及选出路序,都需要有全光逻辑和存储器件,而这些器件尚不成熟,这就限制了 OTDM 的发展和应用。但随着信息社会对通信容量需求的日益增加和光逻辑器件的发展,OTDM 不失为一种良好的提高速率和容量的可选方案。

OTDM 是指在光域进行时间分割复用。当速率较低的支路光信号在时域上分割复用成高速 OTDM 信号时,应有自己的帧结构,每个支路信号占帧结构中的一个时隙,即一个时隙信道。存在两种形成帧的时分复用方式:比特间插(Bit-interleaved)和信元间插 (Cell-interleaved),信元间插也称为光数据包(Optical Packet)复用。

图 5.7.1 是 OTDM 系统原理示意,由图中可见,OTDM 光发射机应具有产生超短脉 冲和延迟的功能,各支路电信号被调制在其产生的超短光脉冲上(E/O 变换)。超短脉冲 光源必须是稳定的、低抖动的、没有或极低啁啾的。它可以利用增益开关 DFB 激光器和 色散管理的孤子压缩技术产生,也可以用半导体锁模激光器产生,脉宽窄到数十或数百 飞秒(fs)量级。

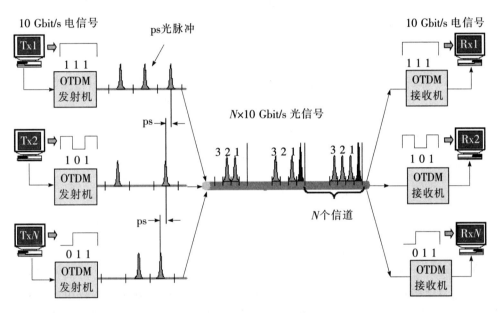

图 5.7.1　OTDM 系统

各支路信号被调制到各束超短光脉冲上后,进行适当的光延迟。如图 5.7.1 所示, 第一路延迟时间为 0,第二路延迟时间为 D(线路码一个比特持续的时间),第三路延迟时 间为 $2D$,依次类推,第 n 路延迟时间为 $(n-1)D$,从而使各支路光脉冲精确地按预定要求 在时间上错开,再经过光耦合器将这些支路光脉冲串复用在一起,便完成了在时域上的 比特间插复用。

在接收端,首先要恢复光时钟信号,国际上已用多种方法来恢复光时钟,这里简介两 种方法:一种是利用锁模激光器的光注入锁定的方法,即将入射光信号注入半导体外腔 激光器或光纤环激光器中,引入幅度或相位调制而产生锁模,可在接收端全光恢复位时 钟或帧时钟;另一种是电光锁相环法,在接收端由一个压控振荡器驱动一个本地超短光 脉冲源产生本地光时钟,再用比特相位比较器(如非线性光环路镜,NOLM)将本地光时 钟与入射光比特流锁定。

接收端的光解复用器为一个光控高速开关,在时域上将支路信号分开,分别送入接机端接收。该高速光开关在逻辑上可以是一个全光的与门或者电/光脉冲控制的开关器件,实现方案包括:基于四波混频的并行解复用技术、非线性光纤环路镜(NOLM)、半导体光放大器环镜(TWSLA-NOLM)、半导体光放大器的 Mach-Zehnder 干涉仪等。图 5.7.2 是一个光纤 NOLM 解复用器的示意图。

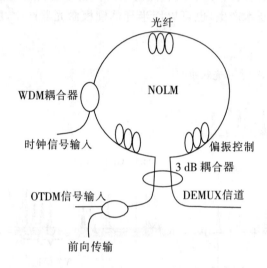

图 5.7.2 光纤 NOLM 解复用器

NOLM 的基本原理是利用强光下光纤折射率的非线性调制。当 WDM 耦合器没有时钟信号输入时,接收光信号由输入端注入后,经耦合器分为沿顺时针方向和逆时针方向的两路强度相等的光波,由于这时非线性光学效应很弱,两束光在传输中经历相等的相移,相互干涉后自入口透射,而输出端无输出。若在 WDM 耦合器输入处注入顺时针方向传输的较强的时钟信号,并使其与输入的 OTDM 信号中某一信道的信号在时域上完全重合,由于非线性折射率调制效应,两个方向传输的光产生不同的相移,当相位差为 π 时,则在 NOLM 输出端输出与时钟相同的解复用信号。

实现 DTDM,需要解决的关键技术主要有如下几点。

① 超短脉冲光源;

② 超短光脉冲的长距离传输和色散抑制技术;

③ 光时钟提取技术;

④ 帧同步及路序确定技术;

⑤ 全光解复用技术。

对这些关键技术,国内外正在进行大量的理论和实验研究,也有一些比较成熟的方案,但有些技术(如确定路序)至今还有相当的困难,也使 OTDM 技术离实用化尚有一定距离,在此我们不作详细介绍。

小　结

　　WDM 技术使光纤的传输容量极大地提高,随之而来的是对电交换节点的压力和变革的动力。为了提高交换节点的吞吐容量,必须在交换上引入光子技术,从而推动 WDM 光网络的发展。本章首先介绍了光子交换技术和光网络的发展情况,然后主要介绍了基于 WDM 技术的光网络的原理、结构和特点,最后介绍了光纤接入网的情况。

　　与复用技术可分为空分复用、时分复用和波分复用相对应,光交换技术也可分为空分交换、时分交换和波分交换。空分交换主要使用光开关矩阵在空间域上实现信息的交换,时分交换利用时隙交换器在时间域上交换信息,而波分交换采用波长变换器在波长域上实现信息的交换。人们早在 20 世纪 90 年代初就开始研究基于时分交换的 ATM 光交换和分组光交换,但由于缺乏成熟的光逻辑器件,而且高速光开关矩阵不成熟,分组光交换很难实用化。90 年代中,WDM 开始实用化,并在后来的应用中获得很大的成功,也促使了 WDM 全光通信网和自动交换光网络的发展。由于波长交换粒度太大,人们也一直在寻找新的支持分组的光交换方式。面对电信网日趋 IP 化的明显趋势,综合了电信网和 IP 网优势的分组传送网应运而生。本章讲述了各种光交换技术的原理、网络结构、节点结构和相关协议。

　　WDM 全光通信网、自动交换光网络和分组传送网是十几年来光网络发展的主流方向,本章在 5.3~5.5 节中进行了重点讲述。全光通信网是在传统的光网络中加入光层,在光层进行交叉连接(OXC)和分插复用(OADM),从而减轻电交换节点的压力。光传送网可以分为光信道层、光复用段层和光传输段层,具有透明性、灵活性和可重构性。环形网和格形网是光传送网的主要拓扑结构,环形网具有很强的生存性,可以在 50 ms 时间内完成故障的保护倒换。对格形网,可以通过优化的路由波长分配算法实现故障的自动恢复。

　　自动交换光网络(ASON)是高度智能化的光传送网。ASON 引入独立的控制平面,通过控制平面的信令、路由、链路资源管理和自动发现机制,实现连接的自动建立、删除和维护。本章讲述了 ASON 的体系结构、控制平面的结构与功能、路由问题和在城域网中的应用。

　　分组传送网是一种基于分组交换的光网络,支持统计复用,同时保持电信级运营特点,具有强大的 OAM 功能和良好的 QoS 保证,现已形成 MPLS-TP 和 PBB-TE 两大主流实现技术。

　　本章还介绍了光纤接入网的主要解决方案,讲述了无源光网络发展情况、发展趋势和关键技术。目前,FTTH 的研究与建设已提到日程,而无源光网络是支持FTTH 的主要技术。本章的最后一节简介了光时分复用的系统结构、关键技术和发展情况。

习　题

5.1　试分析微机械光开关端口的规模、芯片尺寸和开关的插入损耗、串扰之间的关系。

5.2　说明基于 GMPLS 的光标记交换与 ASON 的异同。

5.3　说明全光通信网的分层结构和各层的功能,以及主要的网元设备的功能。

5.4　试设计一个能支持四条链路、每条链路含有 4 个波长的 OXC 结构,该 OXC 能:

(1) 将不同链路中的同波长信号进行交叉连接,并能将每条链路中的一个波长在本地上下路;

(2) 将不同链路中的所有波长无阻塞地进行交叉连接,并能将每条链路中的任何两个波长在本地上下路。

5.5　试设计一个能从八波分 WDM 链路中任意选择 2 个波长上下路的双向 OADM 节点结构,并对自己设计的节点结构作简要说明。

5.6　试分析如图 5.3.6 和图 5.3.7 所示的 OXC 结构中各部件的作用,为了保证 OXC 的性能良好,对各部件的要求是什么?

5.7　根据图 5.3.17,试分析同频串扰产生的 3 种途径和它们的性能。若光开关与复用/解复用器的隔离度近似相等,试分析这三种串扰的量级。采用哪些措施可以减少同频串扰?

5.8　目前较为成功的全光波长变换器是利用 SOA 中的交叉增益调制或交叉相位调制效应而制成。试分析,能否利用 EDFA 中的这些效应做成全光波长变换器? 为什么?

5.9　试分析 ASON 的控制平面如何实现连接的自动建立的?

5.10　试提出一种 RWA 算法。

5.11　试分析智能城域光网络中 BoD 和 OVPN 业务是怎样实现的?

5.12　PON 的关键技术有哪些? 试对这些关键技术提出解决方案。

5.13　WSS 和 PF-WSS 有什么特点?

5.14　无色、无向和无阻 ROADM 的含义是什么? 这些性质适应光网络发展中哪些需求?

5.15　基于 MPLS-TP 的分组传送网通过什么途径支持 TDM 信号的接入?

第6章 大容量、长距离光纤传输的支撑技术

近几年来大容量、长距离(甚至超长距离)传输系统引起众多的关注,这是因为长距离无电中继传输系统可以简化系统结构,提高系统的可靠性,降低成本和维护难度,在沿途的节点上配置光分插复用器可以方便地解决上下路问题。另一方面,支持长距离、超长距离无电中继传输也是支持动态路由、网络重构、构建灵活光网络的必要基础。

6.1 大容量、长距离光纤传输系统及其支撑技术概述

6.1.1 大容量、长距离光纤传输系统概况

一般来说,无电中继传输距离超过 1 000 km 的系统被称为长距离传输系统,超过 2 000 km 被称为很长距离,超过 3 000 km 被称为超长距离传输系统。

近几年来,国内外已投入大量的人力、物力研究大容量、超长距离 WDM 系统及其关键技术,在国际会议和杂志上也已报道了很多成功的传输实验。几个典型的传输试验如下。

① 2002 年首次进行了真正意义上的大容量超长距离野外实地传输实验,WorldCom 公司在已经铺设好的 4 000 km 标准 SMF 进行了话音、数据和图像业务的传输(采用 RZ 码,没有使用喇曼放大器和 PMD 补偿)。实验系统由 51 个网元设备组成,包括 2 个终端、40 个在线放大器、8 个动态增益均衡和 1 个能上下 4 个通道的光分插复用器 (OADM)。

② Tyco 电信在 2003 年实现了 3.73 Tbit/s(373×10 Gbit/s)跨洋传输实验,无电中继传输距离达到 11 000 km,并于同年进行了 128×10 Gbit/s 系统野外实地传输 8 998 km 的实验;在实验室环境下的 40×40 Gbit/s 系统也实现了 10 000 km 的传输。

③ 2004 年 Tyco 电信在已铺设的 13 000 km 色散斜率不匹配海底光缆链路上进行了 96×10 Gbit/s RZ-DPSK 信号传输试验,收发端机都位于美国新泽西州的沃尔,信号经 6 550 km 的海底光缆传到英国的高桥,经过放大后又回传到沃尔。

④ 在我国,中兴、华为、武邮也分别成功地进行 1.6 Tbit/s(160×10 Gbit/s)系统

3 000～5 000 km 的传输试验,并推出商用系统,如中兴的 ZXWM M900,武邮的 FONSTW1600 等。

超长距离传输系统由发收端机、光放大器(EDFA、FRA 或 Raman＋EDFA)的组成,中间节点上可以配置 OADM 解决沿途的上下路需求,但整个链路不需要进行电光转换。系统容量和传输距离(无电中继)是衡量长距离 WDM 光传输系统性能的两个基本指标,同时也是一对矛盾,为此定义容量距离积为衡量长距离 WDM 光传输系统的参量,以综合反映系统平衡这一对矛盾的能力。

6.1.2　大容量、长距离光纤传输系统的主要支撑技术

大容量、长距离光纤传输系统有诸多的优点,但也面临严峻的挑战。光信号在长距离传输中更容易受到损伤,光放大器的 ASE 噪声、光纤的色散和偏振模色散的积累、非线性光学效应的影响都是严重影响信号传输质量的因素。为了解决这些问题,人们进行了大量理论和实验研究,也促使各种支持长距离、超长距离传输的新技术应运而生。

1. ASE 噪声的积累和低噪声放大技术

对于 EDFA 级联的长距离 WDM 系统,ASE 噪声是不断积累的,随着级联 EDFA 数目的增加,光信噪比(OSNR)会不断下降,如图 6.1.1 所示,从而限制了总的传输距离。但是 OSNR 的下降与级联 EDFA 数目并不是线性关系,因此,对其级联后光信噪比 OSNR的计算成为一个重要问题。

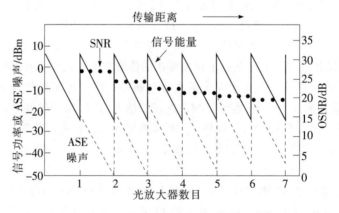

图 6.1.1　级联 EDFA 的 WDM 系统中光功率和 OSNR 的变化

级联 EDFA 的 WDM 系统的 OSNR 的严格计算可以从 EDFA 的速率方程求得,但计算很复杂。因此,工程计算公式被普遍应用。假设波分复用系统中各路光信号的初始功率都相等,任意两个光放大器间的损耗都相同,各个 EDFA 拥有相同的特性,则经过 N 个光中继段的传输后,我国有关 WDM 系统的标准中建议的光信噪比 OSNR 的计算公

式为

$$\text{OSNR} = P^{\text{out}} - 10\lg M - L + 58.03 - \text{NF} - 10\lg N \qquad (6.1.1)$$

式(6.1.1)中，M 为波分复用的波长信道数；P^{out} 为总的入纤功率，单位是 dBm；L 为两个光放大器间的损耗(包括光纤、连接器和接头损耗)，单位是 dB；NF 为光放大器的噪声系数。

为了延长无电中继的传输距离，低噪声光放大技术成为新的研究热点，喇曼放大器和喇曼＋EDFA 就是在这种需求下迅速发展起来的。图 6.1.2 是用 OpticSimu 仿真软件对 160×10 Gbit/s WDM 系统 3 000 km 传输的仿真结果。160 波分布在 C 和 L 波段，信道间隔为 50 GHz，发射功率为每信道－1 dBm，传输 NRZ 码；系统采用 G.652 光纤，DRA＋EDFA 混合放大，光放大器间距为 100 km；采用预补偿＋在线补偿＋后置补偿方式补偿色散。

从仿真结果来看，在前 600 km 的传输中，OSNR 下降得非常快，随着传输距离的延长，OSNR 下降的趋势逐渐缓慢，经过 3 000 km 传输后，OSNR 下降为 15～17 dB。在这种情况下，若不采用前向纠错编码技术，很难保证低误码率。

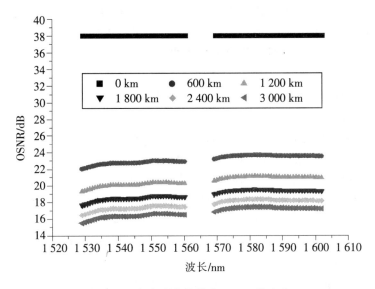

图 6.1.2　超长距离传输中 OSNR 的变化

由于 EDFA 的增益不平坦，或 WDM 器件和光纤对不同信道的损耗不同，造成复用信道的功率差别较大。另外，当复用信道数变化时，EDFA 的增益也会发生变化，影响系统的正常工作。因此，对 EDFA 进行增益均衡和控制是需要的。一般来说，整个链路上各信道的功率差应小于 10 dB。因此，需要采用传输特性与放大器增益谱形状互补的滤波器来实现增益的均衡。实现增益平坦放大的另一途径是适当地配置喇曼放大的增益谱,使之与 EDFA 的增益谱互补。

2. 非线性光学效应的影响和抑制

非线性光学效应对 WDM 系统的影响远远大于对单信道传输系统,尤其对级联放大的长距离 WDM 系统。由于光信号的多次被放大,可以在长距离上保持光的高强度,而当多个波长的光在光纤中同时传输时,一个波长可以被认为是另一波长的泵浦光,从而诱发更强的非线性光学效应。因此,研究各种非线性光学效应的影响和抑制方法是支撑长距离传输的重要课题之一。本章第 2 节分析非线性光学效应及其对光纤通信的影响,并讨论对其抑制方法。

3. 群速度色散和偏振模色散的积累与补偿

由于群速度色散的影响,信号中的各个频率分量到达接收端的时延不同,信号脉冲展宽,导致信号产生符号间干扰(ISI)。色散的影响随着信号速率提高、传输距离的延长和光源谱线的加宽而迅速增加,因此,在大容量、长距离传输系统中,群速度色散补偿成为必要的支撑技术。

随着信号速率的提高和传输距离的增加,偏振模色散(PMD)的影响也凸现出来,成为一道制约系统性能进一步提高的难关。为了克服其影响,一方面是改进光纤制造和光缆铺设技术减小光纤的 PMD,另一方面也需要对信号的 PMD 进行补偿。

本章第 3 节介绍色散和偏振模色散补偿技术。

4. 新型调制码型

传输码型对提高传输性能和改善频谱效率都有很大影响。从通信理论可知,对于某种特定的信道,存在匹配于该信道的最佳信号波形。而光纤信道中,非线性使得信道特性同信号功率相关联,分析系统的传输特性时,不仅要考虑噪声,还需要考虑 GVD、PMD和非线性的影响。实验证明,常用的不归零码(NRZ)虽然简单,但它在抗色散和非线性光学效应影响的能力都比较一般,而针对光纤信道传输特点所提出的新型调制码型可以进一步提高系统的容量距离积和传输性能,如载波抑制归零码(CSRZ)、差分相移键控码(DPSK)、相邻比特偏振交替码等。这些新的码型在某一个或某几个方面都要强于 NRZ码。本章第 4 节将介绍支持大容量、长距离传输的新型调制码型。

5. 前向纠错编码

在长距离传输系统中,由于 ASE 噪声的不断积累和非线性串扰的影响,接收端光信噪比已难以保证所需要的误码率,因此常用前向纠错编码(Forward Error Correction,FEC)来提高传输质量。FEC 是一种差错控制编码,它的基本思想是通过对信息序列作某种变换,使原来彼此独立、相关性极小的信息码元产生某种相关性,在接收端利用这种相关性来检查并纠正信息码元在信道传输中所造成的差错。

所谓 FEC,是指在发送端发送纠错码,接收端通过纠错译码自动发现和纠正传输过程中产生的差错。纠错过程在接收端独立进行,不存在差错信息的反馈。这种方法的优点是无需反向信道,控制电路简单,时延小,实时性较好,但译码设备复杂,编码效率较低。

20 世纪 90 年代初 Reed-Solomon (RS)码作为 FEC 开始应用海底光缆系统中,后来 RS(255,239)成为 ITU-T G.975 的推荐码型,广泛用于长距离光通信系统中。

在过去的几年中,多种基于级联码、具有超强纠错能力的 FEC 也已被提出,例如,RS(255,223)＋RS(255,239),RS(239,233) ＋ RS(255,239)等。级联码引入交织技术,其主要思想是通过交织器将无法纠正的、连续的突发性错误打乱,以提高纠错能力。交织前进行的编码叫做外码,交织后进行的编码叫做内码。而经过外码纠错后,再通过交织送到内码作迭代译码,这样可以把原先没有纠正的突发错误纠正过来。例如级联 RS(239,223)＋RS(255,239)码＋迭代解码,冗余度仅仅为 14％,对于 STM-64 负荷经过这个 FEC 编码后总的比特速率为 11.6 Gbit/s。在 10^{-13} 的 FEC 输出误码率的情况下可以达到 8.5 dB 的编码增益,而在相同 BER 的情况下,标准的 ITU 的 FEC 能够提供大约 5.5 dB 的 FEC 增益(冗余度大致为 6.69％)。在 11.6 Gbit/s 下信号的非线性损伤仅有 1 dB 左右。

6.2　非线性光学效应及其对光纤通信的影响

当光纤中的光场较弱时,光纤是无源媒质也称为线性媒质,光纤的各项特征参量随光场作线性变化。但是,在高强度的电磁场中,任何电介质都会表现出非线性,光纤也不例外。非线性光学效应的强弱不仅与光强有关,而且与相互作用的长度有关。当 EDFA 实用化以后,耦合到光纤中的光功率已经达到＋17 dBm 以上,在小芯径低损耗的单模光纤中,可以在较长的距离上保持高的光强度,从而使非线性光学效应的影响变得不可忽视。

6.2.1　非线性光学效应

1. 非线性极化理论

非线性光学效应是光场和物质相互作用时发生的一些现象。光纤作为电介质,在外电场(包括光波电场)的作用下产生感应电偶极矩,极化所形成的附加电场与外电场叠加形成介质中的场。在强电场的情况下,电偶极子的极化强度 P 对于电场 E 是非线性的,通常满足关系式

$$\boldsymbol{P} = \varepsilon_0 \boldsymbol{\chi}^{(1)} \cdot \boldsymbol{E} + \varepsilon_0 \boldsymbol{\chi}^{(2)} : \boldsymbol{EE} + \varepsilon_0 \boldsymbol{\chi}^{(3)} \vdots \boldsymbol{EEE} + \cdots \qquad (6.2.1)$$

式中,ε_0 为真空中的介电常数;$\boldsymbol{\chi}^{(1)}$ 为线性电极化率;$\boldsymbol{\chi}^{(2)}$ 和 $\boldsymbol{\chi}^{(3)}$ 为张量,分别是二阶和三阶电极化率。各阶非线性电极化率的张量元素之间有如下关系:

$$\frac{\chi^{(2)}}{\chi^{(1)}} = \frac{\chi^{(3)}}{\chi^{(2)}} = \frac{\chi^{(4)}}{\chi^{(3)}} = \frac{1}{E_0} \tag{6.2.2}$$

式中，E_0 为原子内部的库仑场，其强度约为 10^8 V/cm。非线性效应的阶数越高，表现出的现象越弱。当外加电场较弱时，仅仅表现出线性光学性质。线性光学性质由式 (6.2.1) 的第一项表示，即

$$\boldsymbol{P}^{\mathrm{L}} = \varepsilon_0 \chi^{(1)} \cdot \boldsymbol{E} \tag{6.2.3}$$

若极化强度可以仅用上式表示，则介质可以看成是线性系统。在这种情况下，基本的物质方程

$$\boldsymbol{D} = \varepsilon_0 \boldsymbol{E} + \boldsymbol{P} = \varepsilon_0 (1 + \chi^{(1)}) \boldsymbol{E} = \varepsilon_0 \varepsilon_{\mathrm{r}} \boldsymbol{E} = \varepsilon \boldsymbol{E} \tag{6.2.4}$$

成立，因此，由麦克斯韦方程组导出的光在介质中传播的波动方程也具有线性性质，为

$$\nabla^2 \boldsymbol{E} - \mu \varepsilon_0 \varepsilon_{\mathrm{r}} \frac{\partial^2 \boldsymbol{E}}{\partial t^2} = 0 \tag{6.2.5}$$

在线性光学范围内，光的叠加性原理及光传输的互不干扰性成立。光波在介质中传播时，各个光频分量各自独立地产生自己的极化，形成自己的折射波，总的极化强度矢量是各光频分量的线性叠加。各光频分量不存在相互作用，它们的频率在传输时一般也不会改变。表征介质特性的参数，如介电系数、吸收系数等，都与外加光场的强度无关。

但在非线性光学范围内，情况就不同了。式 (6.2.1) 的第二项及其以后各项之和统称为非线性极化强度矢量，记作

$$\boldsymbol{P}^{\mathrm{NL}} = \varepsilon_0 \chi^{(2)} : \boldsymbol{EE} + \varepsilon_0 \chi^{(3)} \vdots \boldsymbol{EEE} + \cdots \tag{6.2.6}$$

由于非线性极化强度矢量的存在，物质方程式 (6.2.4) 不再成立，由麦克斯韦方程组导出的波动方程也具有非线性性质，为

$$\nabla^2 \boldsymbol{E} - \mu \varepsilon_0 \frac{\partial^2 \boldsymbol{E}}{\partial t^2} = \mu \frac{\partial^2 \boldsymbol{P}}{\partial t^2} \tag{6.2.7}$$

上式中 $\boldsymbol{P}$ 应该用式 (6.2.1) 代入。现在考察一下式 (6.2.1) 中所包含的物理内容。为了分析简单，仅分析最低阶的非线性极化项——二阶极化项。设外场含有 ω_1、ω_2 和 ω_3 3 个不同的频率成分，表示为

$$\boldsymbol{E} = \boldsymbol{E}_1(\omega_1) \mathrm{e}^{\mathrm{i}\omega_1 t} + \boldsymbol{E}_2(\omega_2) \mathrm{e}^{\mathrm{i}\omega_2 t} + \boldsymbol{E}_3(\omega_3) \mathrm{e}^{\mathrm{i}\omega_3 t} + \mathrm{c.c} \tag{6.2.8}$$

式中的 c.c 表示前面各项的复数共轭。那么，二阶极化项为

$$
\begin{aligned}
\boldsymbol{P}^{(2)}/\varepsilon_0 &= \chi^{(2)} : \boldsymbol{EE} \\
&= \chi^{(2)}(\omega_1, \omega_1) E_1(\omega_1) E_1(\omega_1) + \chi^{(2)}(\omega_2, \omega_2) E_2(\omega_2) E_2(\omega_2) + \\
&\quad \chi^{(2)}(\omega_3, \omega_3) E_3(\omega_3) E_3(\omega_3) + \chi^{(2)}(\omega_1, \omega_2) E_1(\omega_1) E_2(\omega_2) + \\
&\quad \chi^{(2)}(\omega_2, \omega_1) E_2(\omega_2) E_1(\omega_1) + \chi^{(2)}(\omega_1, \omega_3) E_1(\omega_1) E_3(\omega_3) + \\
&\quad \chi^{(2)}(\omega_3, \omega_1) E_3(\omega_3) E_1(\omega_1) + \chi^{(2)}(\omega_2, \omega_3) E_2(\omega_2) E_3(\omega_3) + \\
&\quad \chi^{(2)}(\omega_3, \omega_2) E_3(\omega_3) E_2(\omega_2) + \chi^{(2)}(\omega_1, -\omega_2) E_1(\omega_1) E_2(-\omega_2) +
\end{aligned}
$$

$$\chi^{(2)}(-\omega_2,\omega_1)E_2(-\omega_2)E_1(\omega_1)+\chi^{(2)}(\omega_1,-\omega_3)E_1(\omega_1)E_3(-\omega_3)+$$
$$\chi^{(2)}(-\omega_3,\omega_1)E_3(-\omega_3)E_1(\omega_1)+\chi^{(2)}(\omega_2,-\omega_3)E_2(\omega_2)E_3(-\omega_3)+$$
$$\chi^{(2)}(-\omega_3,\omega_2)E_3(-\omega_3)E_2(\omega_2)+\chi^{(2)}(\omega_1,-\omega_1)E_1(\omega_1)E_1(-\omega_1)+$$
$$\chi^{(2)}(\omega_2,-\omega_2)E_2(\omega_2)E_2(-\omega_2)+\chi^{(2)}(\omega_3,-\omega_3)E_3(\omega_3)E_3(-\omega_3)+\text{c.c}$$

$$(6.2.9)$$

将上式代入式(6.2.7)后,得到的是一系列光波之间的耦合波方程。这种方程反映了不同频率电场之间的非线性耦合,是求解非线性光学效应中电磁场传播的基本方程。

2. 非线性光学效应

本节不具体求解复杂的耦合波方程,仅简单介绍一下较低阶的非线性极化项中所蕴含的各种非线性光学现象。二阶非线性极化项可以产生各入射基波分量的二次谐波(倍频波)、和频波、差频波以及一个直流电场,相应的效应分别为倍频、和频、差频以及光整流效应。我们在电光调制中谈及的普科尔效应,也与二阶非线性极化项有关。然而,$\chi^{(2)}$只有在分子结构非反演对称的介质中才不为零。SiO_2 分子是对称结构,因此,光纤通常不显示二阶非线性效应。只有考虑纤芯中的掺杂物时,才需要考虑二阶非线性光学效应。

三阶非线性极化项导致克尔效应、双光子吸收、光波的自作用(自聚焦、自相位调制)以及受激散射(受激喇曼散射和受激布里渊散射)等现象。这些也是影响光纤通信的主要的非线性光学效应。

从物理机理上讲,非线性光学效应大致可以分为两大类:一类称为参量过程(非激活的);另一类称为非参量过程(激活的)。参量过程是指光场与物质进行非线性相互作用后,介质中的原子依然停留在它们的初始状态上,非线性介质本身的本征频率不与光场频率发生耦合,它好像是一种催化剂,促进光场之间的相互作用而保持本身不变。这一类过程有倍频、和频、差频、普科尔效应、克尔效应等。参与参量过程的光场之间需要满足一定的相位匹配条件。

在非参量过程中,参与作用的介质中的原子的终态和初态是不同的,非线性相互作用使介质激发,这时,不仅存在着入射光场相互之间的耦合,而且存在着入射光场与物质激发态之间的耦合。这类过程有双光子吸收、受激喇曼散射和受激布里渊散射等。非参量过程不需要满足相位匹配条件。

对光纤通信影响较大的非线性光学效应主要有:①受激散射,包括受激喇曼散射(Stimulated Raman Scattering,SRS)和受激布里渊散射(Stimulated Brillouin Scattering,SBS)。②非线性折射率调制,包括自相位调制(Self Phase Modulation,SPM)、交叉相位调制(Cross Phase Modulation,XPM)和四波混频(Four Wave Mixing,FWM)。

下面主要介绍光纤中的非线性光学效应。

6.2.2 受激散射及其对光纤通信的影响

受激散射(SRS 和 SBS)是三阶非线性极化项所表现出来的现象。为避免求解复杂的耦合波方程,我们从量子观点来说明它们的物理机理,并分析其对光通信系统的影响。

1. 喇曼散射和布里渊散射的物理机理

喇曼散射和布里渊散射是由光纤物质中原子振动参与的光散射现象。在晶体中,原子在其平衡位置附近不停地振动,由于原子间的相互作用,每一个原子的振动要依次传递给其他原子,从而形成晶体中的格波。格波的形式是很复杂的,它可以分解成一些简谐波的叠加。

根据量子力学理论,格波的能量是量子化的,对频率为 ν 的格波,每份能量是 $h\nu$,被称为一个声子。所谓声子,实际上就是晶格振动能量变化的最小单位。入射光波被晶格振动散射的问题可以理解为它和声子相互碰撞的问题。在散射的过程中,常常伴随着声子的被吸收或者被发射,但必须满足能量守恒定律,从而使入射光产生频率转换。

通过薛定谔方程求出的格波解分为两支:频率较高的一支与晶体的光学性质有关,通常称为光学波;频率较低的一支与宏观弹性波(声波)有密切关系,通常称为声学波。由光学支声子参与的光散射被称为喇曼散射,由声学支声子参与的光散射叫做布里渊散射。

在第 4 章 4.4 小节中已讲述喇曼散射可分为斯托克斯和反斯托克斯两种基本过程,图 6.2.1 给出了一个熔融的二氧化硅在绝对温度为 0 K 及 300 K 时的上下散射边带(反斯托克斯线和斯托克斯线),当绝对温度为 0 K 时,分子都处在基态,因此只表现出斯托克斯散射光,而在 300 K 时,上边带也明显地表现出来,频移 $\Delta\nu$ 大的高频声子也有微弱的激励。

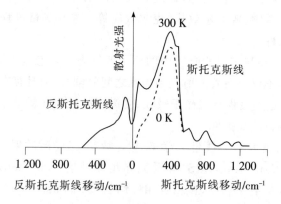

图 6.2.1　熔融的二氧化硅的斯托克斯和反斯托克斯散射光强

布里渊散射除去它所包含的是声学声子而不是高频光学声子外,基本原理和基本过程是和喇曼散射相似的。由于声学声子频率低,因此布里渊散射频移小。玻璃中喇曼散射的线宽可达 $400\ \mathrm{cm^{-1}}(10^{13}\ \mathrm{Hz})$,而布里渊散射的线宽一般只有 $100\ \mathrm{MHz}$ 左右。

2. 受激喇曼散射及其对光通信的影响

当光纤中传输的功率较小时,主要表现出来的是自发喇曼散射和布里渊散射,它们对光纤通信不产生明显的影响。但传输强光束时,就可能诱发出受激喇曼散射和受激布里渊散射效应来。

受激喇曼散射的斯托克斯光强 I_s 的增加与入射光强 I_0(称为泵浦光)和 I_s 的乘积成正比,即

$$\mathrm{d}I_s = g_R I_0 I_s \mathrm{d}L \tag{6.2.10}$$

式中,g_R 为喇曼增益系数,它与介质的光学性质、振动状态密度、泵浦光波长及频移量等因素有关,石英玻璃在 $1.55\ \mu\mathrm{m}$ 时 $g_R \approx 7 \times 10^{-12}\ \mathrm{cm/W}$。由上式可以得到

$$I_s(L) = I_s(0) \mathrm{e}^{g_R I_0 L_{\mathrm{eff}}} \tag{6.2.11}$$

或用光功率的形式写作

$$p_s(L) = p_s(0) \mathrm{e}^{g_R I_0 L_{\mathrm{eff}}} \tag{6.2.12}$$

式中,L_{eff} 为光纤的等效长度,它是考虑到泵浦光沿光纤传输时逐渐被吸收而减少所进行的近似,定义为

$$L_{\mathrm{eff}} = \int_0^L \mathrm{e}^{-\alpha z} \mathrm{d}z = (1 - \mathrm{e}^{-\alpha L})/\alpha \tag{6.2.13}$$

式中,L 为光纤的实际长度;α 为光纤的衰减系数。当 I_0 很大或 L 很长时,喇曼增益可使散射光增强到和泵浦光差不多的量级,对大多数用途来说,常常规定斯托克斯功率和泵激功率相等时的入射光功率为受激喇曼散射的临界功率。临界功率 p_c 满足

$$g_R \cdot \frac{p_c}{A_{\mathrm{eff}}} \cdot L_{\mathrm{eff}} = 16 \tag{6.2.14}$$

式中,A_{eff} 为光纤的等效面积,定义为

$$A_{\mathrm{eff}} = \frac{\left[\iint r I(r,\theta)\mathrm{d}r\mathrm{d}\theta\right]^2}{\iint r I^2(r,\theta)\mathrm{d}r\mathrm{d}\theta} \tag{6.2.15}$$

对常规单模光纤,$A_{\mathrm{eff}} \approx 80\ \mu\mathrm{m}^2$,临界功率大约为 $3\ \mathrm{W}$ 左右;对色散位移光纤,$A_{\mathrm{eff}} \approx 50\ \mu\mathrm{m}^2$。

受激喇曼散射主要以前向散射为主,它对光纤通信的影响主要表现如下。

(1) 限制光纤中传输的最大功率

受激喇曼散射造成光纤中损耗增加,频率转换,必须加以限制,这也限制了光纤中传输的最大功率。

（2）引起波分复用系统中的串扰

受激喇曼散射对波分复用系统的影响，远远超过单信道光纤系统。这是由于当两个或两个以上的不同频率的光同时传输时，短波长信道可以认为是长波长信道的泵浦光，从而诱发强的受激喇曼散射，使较高频率（较短波长）信道上的光功率转换到较低频率（较长波长）的信道上去，造成复用信道之间的串扰。在波分复用系统中，每信道几个毫瓦的光功率，就能引起明显的喇曼串扰。这种串扰有如下两个特点。

① 较短波长信道的功率向较长波长信道转移，如图 6.2.2 所示。这是由于在一般情况下，光纤中处于激发态的原子数少，反斯托克斯散射光增益小，较长波长信道的功率向较短波长信道转移不明显。

图 6.2.2　SRS 引起的 WDM 系统中的串扰

② 在数字光纤通信系统中，当两个信道都是"1"码时诱发出的喇曼散射最厉害，串扰最明显，如图 6.2.3 所示。

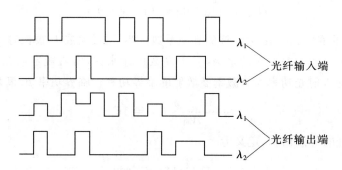

图 6.2.3　SRS 串扰示意图

3. SBS 的特点及对光通信的影响

相对 SRS 而言，SBS 有如下特点。

① 后向散射为主；

② 增益系数大，$g_B \approx 4 \times 10^{-9}$ cm/W；

③ 阈值低，阈值功率由式 $G_B L_{\mathrm{eff}} p_c / (2A_c) = 21$ 决定，对常规单模光纤，阈值功率约为 4 mW；

④ 增益系数与泵浦激光器的谱线宽度有关，$G_B \approx G_{B0}(\Delta\nu_B/\Delta\nu_p)$，式中 G_{B0} 为 $\Delta\nu_B =$

$\Delta\nu_p$ 时布里渊增益系数，$\Delta\nu_B$ 和 $\Delta\nu_p$ 分别为布里渊线宽和泵源的线宽；

⑤ 频移小，仅有数十兆赫兹。

因此，SBS 主要对窄谱线光源的系统产生严重影响。后向散射光反馈回窄谱线激光器，会严重影响激光器的正常工作，在这些系统中必须使用光隔离器。SBS 使光源谱线增宽，对相干光通信系统产生影响。

6.2.3　非线性折射率调制引起的非线性光学效应

折射率与光强有关的现象是由 $\chi^{(3)}$ 引起的，光纤的折射率可以表示为

$$n = n_0 + n_2 p/A_{\text{eff}} \tag{6.2.16}$$

式中，n_0 为原来的线性折射率；n_2 为与 $\chi^{(3)}$ 有关的非线性折射率系数，其量值约为 3×10^{-20} m^2/W；p 为光功率。光信号在传输过程中，由于折射率随功率变化，引起相位被调制，产生自相位调制（SPM）、交叉相位调制（XPM）及四波混频（FWM）等现象。

1. SPM

由于 n 依赖于 p，光传输的相位系数 β' 也与 p 有关，表示为

$$\beta' = \beta + \gamma p \tag{6.2.17}$$

$$\gamma = k_0 n_2 / A_{\text{eff}} \tag{6.2.18}$$

式中，β 为不考虑非线性效应时光传输的相位系数；k_0 为真空中的波数，$k_0 = 2\pi/\lambda$。传输 L 长的距离以后，产生的非线性相位差可表示为

$$
\begin{aligned}
\phi_{\text{NL}} &= \int_0^L (\beta' - \beta) \, \mathrm{d}z = \int_0^L \gamma p(z) \, \mathrm{d}z = \gamma p_{\text{in}} \int_0^L \mathrm{e}^{-\alpha z} \, \mathrm{d}z \\
&= \frac{k_0 n_2}{A_{\text{eff}}} p_{\text{in}} \int_0^L \mathrm{e}^{-\alpha z} \, \mathrm{d}z = \frac{k_0 n_2 L_{\text{eff}}}{A_{\text{eff}}} p_{\text{in}}
\end{aligned}
\tag{6.2.19}
$$

p_{in} 是输入端的光功率，当光波被调制后随时间变化。瞬时变化的相位意味着光脉冲的中心频率的两侧有不同的瞬时光频率的变化，也就是说，SPM 导致频谱展宽。频谱展宽的值可以通过 ϕ_{NL} 的导数来表示。

$$
\begin{aligned}
\Delta\nu_{\text{SPM}} &= \frac{\mathrm{d}\phi_{\text{NL}}}{\mathrm{d}t} \cdot \frac{1}{2\pi} = \frac{1}{2\pi} \cdot \frac{2\pi}{\lambda} \cdot \frac{n_2 L_{\text{eff}}}{A_{\text{eff}}} \cdot \frac{\mathrm{d}p_{\text{in}}}{\mathrm{d}t} \\
&= \frac{n_2 L_{\text{eff}}}{\lambda A_{\text{eff}}} \cdot \frac{\mathrm{d}p_{\text{in}}}{\mathrm{d}t}
\end{aligned}
\tag{6.2.20}
$$

SPM 导致的频谱展宽也是一种频率啁啾，但这种啁啾与 GVD 之间的互作用引起一些新的特点。在光纤的反常色散区，这两种现象共同作用的结果导致光纤能形成光孤子，有关光孤子的问题下面讨论。

2. XPM

产生 XPM 现象的物理机理与 SPM 类似。当两束或更多束光波在光纤中传输时，某信道的非线性相位漂移不仅依赖与该信道的功率变化，而且与其他信道有关，从而引起

较大的频谱展宽,以及在适当的条件下通过不同的非线性现象产生新的光波。

3. FWM

FWM 是起源于折射率的光致调制的参量过程,需要满足相位匹配条件。从量子力学观点描述,一个或几个光波的光子被湮灭,同时产生几个不同频率的新光子,在此参量过程中,净能量和动量是守恒的,这样的过程就称为 FWM。所谓动量守恒,即波矢量守恒,也称为相位匹配条件。

四波混频大致可分为两种情况。一种是 3 个光子合成一个光子的情况,新光子的频率 $\omega_4 = \omega_1 + \omega_2 + \omega_3$。当 $\omega_1 = \omega_2 = \omega_3$ 时,对应三次谐波的产生;当 $\omega_1 = \omega_2 \neq \omega_3$ 时,对应频率转换,相应的频率为 $2\omega_2 + \omega_3$。对于这种情况,由于很难在光纤中满足相位匹配条件,高效地实现这些过程是困难的。

另一种情况是对应频率为 ω_1 和 ω_2 两光子的湮灭,产生频率为 ω_3 和 ω_4 的新光子。此过程中能量守恒和相位匹配条件分别表示为

$$\omega_1 + \omega_2 = \omega_3 + \omega_4 \tag{6.2.21}$$

$$\Delta k = k_3 + k_4 - k_2 - k_1 = (n_3\omega_3 + n_4\omega_4 - n_2\omega_2 - n_1\omega_1)/c = 0 \tag{6.2.22}$$

在 $\omega_1 = \omega_2$(或用光频率表示为 $\nu_1 = \nu_2$)的特定条件下,光纤中满足 $\Delta k = 0$ 的条件相对容易些,因此,图 6.2.4 所示的过程是光纤中主要的 FWM 过程。

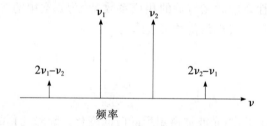

图 6.2.4 光纤中主要的 FWM 示意

FWM 是严重影响 WDM 系统传输质量的因素。FWM 产生的新的频率成分落入 WDM 信道中,引起复用信道间的串扰,如图 6.2.5 所示。

6.2.4 非线性光学效应的抑制与补偿

1. 非线性光学效应的抑制方法

(1)限制入纤功率

非线性光学效应的强弱与光强有关,因此,对特定的光纤,限制入纤功率是抑制非线性光学效应的有效途径。入纤功率的选择,需要在信号噪声比和信号非线性串扰比之间均衡考虑。我国信息产业部制定的"光波分复用系统(WDM)技术要求"中规定的 32×2.5 Gbit/s 系统主光通道的总功率在 $17 \sim 20$ dBm。

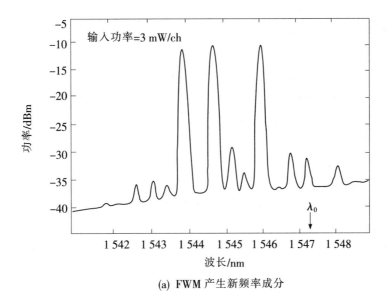

(a) FWM 产生新频率成分

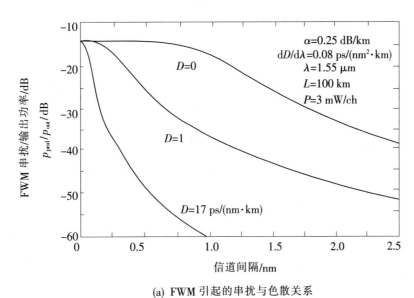

(a) FWM 引起的串扰与色散关系

图 6.2.5　光纤中的 FWM 现象

（2）保留适当的色散

色散是一种制约非线性光学效应的物理过程，以 FWM 为例，光纤的色散越小，复用信道间隔越小，这种串扰越严重，如图 6.2.5 所示。这是因为光纤的 GVD 较大时，相位匹配条件难以满足，四波混频效率较低，而在色散位移光纤中，相位匹配条件容易满足，四波混频效率较高。这就是为什么当 WDM 普遍应用以后,色散位移光纤失去了它的魅力,非零色散光纤应运而生。

非零色散位移光纤(NZDSF)在 WDM 信号波长处具有非零但适度的色散以抑制非线性光学效应。这是因为一定的色散使得不同波长的光信道在传输中发生走离,从而破坏了产生 FWM 所需的相位匹配的条件,减小了不同信号脉冲之间的相互作用距离。这类光纤的代表有 Alcatel 公司的 Terelight 光纤,Corning 公司的 SMF-LS 光纤,Lucent(现为 OFS)公司的 TrueWave 光纤等。

(3)加大光纤的有效面积

NZDSF 虽然具有适度的色散,但有效面积比较小,使得同样的入纤功率下光强较高,不利于抑制非线性光学效应和 WDM 长距离传输。在 NZDSF 的基础上进行改进,开发出大有效面积 NZDSF(如康宁公司的 LEAF 光纤)。大有效面积 NZDSF 增大了光纤有效面积,但色散斜率仍比较大,因此,其他的新型光纤也在不断出现,例如,在 2001 年 OFC 会议上报道的 10.92 Tbit/s WDM 传输实验中使用的纯石英芯子单模光纤,其有效面积达到 110 μm^2,而损耗降低到 0.17 dB/km。

2. 非线性光学效应的补偿方法

若忽略光纤中的受激拉曼散射效应,光纤的非线性算子可简化为

$$N = -j\gamma |E(z,t)|^2 \tag{6.2.23}$$

其中,γ 如式(6.2.18)所示。经过光纤传输后的信号的电场强度可以表示为

$$E_T = E_L \exp(j\phi_{NL}) \tag{6.2.24}$$

式中,E_L 为信号的线性传输部分,ϕ_{NL} 为与光强相关的非线性相移,由式(6.2.19)给定。

(1)集总式补偿

从式(6.2.24)可以看到,非线性效应相当于对信号相位进行旋转,旋转的角度与光信号的强度有关。集总式补偿主要通过相位调制器来补偿非线性相位旋转。该方法根据所使用的光纤的非线性参数、光强度和光放大段数等估计非线性相位 ϕ_{NL} 的积累值,在接收端(或在发送端进行预补偿)使用相位调制器将信号的相位进行反方向的旋转,最终补偿非线性效应。这种方法的优势在于复杂度低,简单易行,但不能同时补偿色散,只适合于低色散或者已经进行了色散补偿的传输系统,且补偿效果不是很好。

(2)反向传输法

常用的另一种非线性损伤的补偿方法是反向传输法。该方法是指将接收到的光信号再沿着一段虚拟的光纤传输,虚拟光纤参数的数值与真实传输光纤保持一致,但符号相反。经过反向传输处理后,不仅可消除非线性光学效应的影响,也可消除色散等线性损伤的影响。

如图 6.2.6 所示是反向传输法的示意。该方法相当于将传输到接收端的信号再向

发送端重新传输一次，只是光纤的所有参数（线性参数和非线性参数）取相反值，如图 6.2.6 所示。图中(a)是实际系统中的光纤，(b)是虚拟的光纤，其所有参数均为实际模型的相反数。

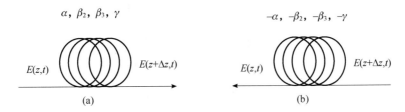

图 6.2.6　反向传输法的示意

反向传输法的具体实现要借助于相应的 DSP 算法，还要对光电转换之后的电信号进行高速抽样和 A/D 变换。因此，在实施反向传输法时需要深入研究相应的优化算法，解决高速抽样和 A/D 器件等问题。

6.2.5　光孤子通信

在光纤的反常色散区，由于色散和非线性效应相互作用，可产生一种非常引人注目的现象——光学孤子。孤子是一种特别的波，它可以传输很长的距离而不变形，特别适用于超长距离、超高速的光纤通信系统。即便当两列波相互碰撞以后，依然保持各自原来的形状不变。它利用的是光在光纤中传输时的非线性效应（SPM 效应）来补偿色散。

孤子问题可以通过求解非线性薛定谔方程来分析。在不考虑高阶色散的无耗光纤中，无量纲的非线性薛定谔方程可以表示为

$$i\frac{\partial U}{\partial Z} \pm \frac{1}{2}\frac{\partial^2 U}{\partial T^2} + |U|^2 U = 0 \tag{6.2.25}$$

方程中 $U(x,t)$ 代表归一化的光波电场强度的复幅度的包络，Z 代表沿传输方向的归一化距离，T 代表归一化时间。方程的第二项与光纤的群速度色散有关，"+"号对应于反常色散介质，方程支持亮孤子，"−"号对应于正常色散介质，方程支持暗孤子。方程的第三项与光纤的非线性效应（SPM 效应）有关，光纤中之所以存在孤子，是群速度色散和 SPM 效应相互抵消的结果，若 SPM 产生的频率啁啾与 GVD 的符号相反，则相互抵消。

设输入光脉冲为 sech 形超短脉冲在反常色散光纤中传输时，借助计算机对方程式(6.2.25)进行数值求解，则可分析脉冲沿途的演变，其解有如下特点。

① 当光强较低时，脉冲在时域展宽，主要表现出光纤的色散效应；

② 在较强的某一功率下，SPM 效应正好抵消了群速度色散，结果导致在没有损耗的情况下，脉冲沿光纤传输时波形保持不变（如图 6.2.7 所示），这种孤子被称为基本光孤子；

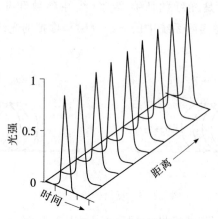

图 6.2.7 基本孤立子的传输波形

③ 当光强很高、SPM 效应的影响大于群速度色散时,会发生复杂的演变过程,对应高阶光孤子的情况,如图 6.2.8 所示,输入光脉冲在传输过程中首先变窄,然后发生分裂,在特定的距离 Z_0 上周期性地复原,Z_0 称为孤子周期,仅与脉冲宽度有关。

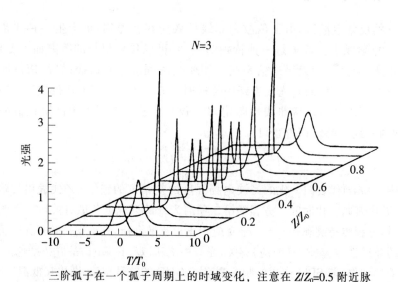

三阶孤子在一个孤子周期上的时域变化, 注意在 $Z/Z_0=0.5$ 附近脉冲分裂,然后孤子又复原

图 6.2.8 三阶孤子在一个周期上的时域变化

光孤子通信是一种很有潜在应用前景的传输方式,能否迅速实用,取决于这一技术本身的发展和市场的需求、技术上的可靠性和经济上的合理性,以及与其他技术相比,实现上的难易程度。

6.3 色散补偿技术

光纤通信正向高速率(单信道速率 10 Gbit/s、40 Gbit/s)、多波长、长距离传输的方向发展,实验室中的 WDM 光纤通信容量已经达到 10 Tbit/s 以上。在采用级联 EDFA 的高速率和 WDM 系统中,由于 EDFA 的出现,基本上解决了光纤损耗问题,光纤的色散成为系统的重要限制因素。因此如何解决高速光通信系统中色散积累问题就成了当前光通信研究的一个焦点。

单模光纤中主要的色散是群速度色散,此外还有高价色散和偏振模色散,这些色散都会导致脉冲展宽。针对色散的物理机理,人们研究了各种色散补偿技术,如色散补偿光纤法、啁啾光纤光栅法、频谱反转法、电域 DSP 补偿法等,本节介绍色散及色散补偿方法。

6.3.1 单模光纤中的色散

单模光纤中的群速度色散简言之就是不同频率的光在传输媒质中具有不同的群速度。将单模光纤中模式的相位系数 $\beta(\omega)$ 在中心频率 ω_0 附近展成泰勒级数,表示为

$$
\begin{aligned}
\beta(\omega) &= n(\omega)\frac{\omega}{c} \\
&= \beta_0 + \beta'(\omega-\omega_0) + \frac{1}{2}\beta''(\omega-\omega_0)^2 + \frac{1}{6}\beta'''(\omega-\omega_0)^3 + \cdots + \frac{1}{m!}\frac{d^m\beta}{d\omega^m}(\omega-\omega_0)^m + \cdots
\end{aligned}
\tag{6.3.1}
$$

式中的 β'、β''、β''' 分别是 $\beta(\omega)$ 对 ω 的一阶、二阶和三阶微商,即 $\beta^m = \dfrac{d^m\beta}{d\omega^m}\Big|_{\omega=\omega_0}$。

群速度(光波包络的传输速度)$v_g = \dfrac{d\omega}{d\beta} = \dfrac{1}{\beta'}$,而 β' 称为群速度色散(Group Velocity Dispersion,GVD)系数,它是脉冲展宽的主要因素。通常也用色散参数 D 来表示光纤的色散。

$$
D = \frac{d\tau}{d\lambda} = \frac{d}{d\lambda}\cdot\frac{1}{v_g} = \frac{d^2\beta}{d\lambda d\omega} = \frac{d^2\beta}{d\omega^2}\cdot\frac{d\omega}{d\lambda} = -\frac{2\pi C}{\lambda^2}\beta'
\tag{6.3.2}
$$

式中的 λ、v_g、β、ω 分别是光波长、群速度、相位系数和角频率。D 的单位是 ps/(nm·km)。对于通常采用的常规光纤来说,其零色散点位于 $\lambda=1.31\ \mu m$ 处,而对于现在常用的 WDM 系统,波长一般是 $1.55\ \mu m$(此处为掺铒光纤放大器的放大窗口),常规光纤在此波长上色散大约为 $+17\ ps/(nm\cdot km)$。在光通信系统中,群时延展宽通常取决于光源的谱线宽度 $\Delta\lambda$ 和传输距离 L,表示为

$$\Delta \tau = DL \Delta \lambda \qquad (6.3.3)$$

式(6.3.1)中的 β''' 对应的是光纤的高阶色散,由 $\mathrm{d}D/\mathrm{d}\lambda$ 决定,与 GVD 色散相比通常较小。但是当系统工作在光纤的零色散区或补偿了群速度色散时,它的作用就不能忽略。

另外单模光纤中还存在一种色散叫做偏振模色散,它是由光纤的双折射效应所引起。两个正交的偏振模传输的相对时延差为

$$\Delta \tau = \left| \frac{1}{v_{gx}} - \frac{1}{v_{gy}} \right| = \left| \frac{\mathrm{d}\beta_x}{\mathrm{d}\omega} - \frac{\mathrm{d}\beta_y}{\mathrm{d}\omega} \right| \qquad (6.3.4)$$

式中的 x, y 分别表示两个正交的偏振方向。在常规单模光纤中它的值通常低于 $0.1 \text{ ps}/\sqrt{\text{km}}$,一般的情况下可以忽略,但对工作在零色散区的超高速系统,需要考虑对它的抑制和补偿方案。

6.3.2　半导体激光器的调制特性

对半导体激光器进行调制时,调制过程产生的频偏称为啁啾。高速系统中常用的 DFB 激光器的啁啾性质可以通过研究其速率方程组得到,表示为

$$\Delta \nu(t) \approx - \frac{\alpha}{4\pi} \left[\frac{\mathrm{d}}{\mathrm{d}t} \ln p(t) + kp(t) \right] \qquad (6.3.5)$$

$$k = 2\Gamma \varepsilon / V_{\text{act}} \eta h\nu \qquad (6.3.6)$$

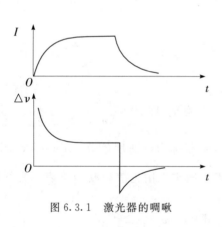

图 6.3.1　激光器的啁啾

式中,$p(t)$ 是激光器发射功率;α 是激光器的线宽增强因子;ε 为增益饱和因子;Γ 为光限制因子;V_{act} 是有源区的体积;η 是微分量子效率;h 是普朗克常量;ν 是光频率。式(6.3.5)中的第一项代表瞬态啁啾(Transient Chirp),它取决于功率的变化率,与功率的稳态值没有关系;第二项代表绝热啁啾(Adiabatic Chirp),它正比于功率的稳态值,与功率变化无关。当对激光器进行数字调制时,"0"码和"1"码发射的功率不同,会引起绝热啁啾,而"0"和"1"之间的变化,又会引起瞬态啁啾,如图 6.3.1 所示。

6.3.3　色散补偿方案

对于新敷设的高速和 WDM 光纤线路,可以采用非零色散位移光纤(NZ-DSF),ITU-T定名为 G.655 光纤。这种光纤在 $1.55 \mu m$ 处有非零,但很小的色散〔1～6

ps/(nm・km)〕。而且这种光纤可以是正色散,也可以是负色散,若采用色散管理技术,可以在很长距离上消除色散的积累,同时,对 WDM 系统的四波混频效率又较低,有利于抑制非线性效应的影响。

在光纤通信发展的 20 多年中,国内外已大量敷设常规单模光纤(G. 652 光纤),在工作波长转移到 1.55 μm 时,必须考虑色散补偿问题。

1. 采用负色散光纤

当前比较常用的一种方案是利用负色散光纤来补偿在常规光纤中传播所产生的正色散。负色散光纤也称为色散补偿光纤(DCF),这种光纤在 1.55 μm 波长处产生较大的负色散,当常规光纤和色散补偿光纤级联使用时,两者将会互相抵消。若用 D_s 和 D_c 分别表示常规光纤和色散补偿光纤在 λ_1 处的色散系数,L_s 和 L_c 分别表示常规光纤和色散补偿光纤的传输距离,则当满足

$$D_s L_s + D_c L_c = 0 \tag{6.3.7}$$

时,群时延色散被补偿。当满足

$$D'_s L_s (\lambda - \lambda_1) + D'_c L_c (\lambda - \lambda_1) = 0 \tag{6.3.8}$$

时,二阶色散被补偿。D'_s 和 D'_c 分别表示 D_s 和 D_c 的微商。

负色散光纤有两种,一种基于基模 LP_{01} 模,另一种基于高次模 LP_{11} 模。使用基模的负色散光纤是利用光纤的波导色散效应,采用较小的光纤内径和适当的折射率设计得到较大的光纤波导色散,从而使得该光纤在 $\lambda = 1.55$ μm 处呈现较大的负色散。图 6.3.2 就是一种色散补偿光纤的折射率分布,它是由折射率按照抛物线分布的纤芯区域、低折射率的包层区域和高折射率的环形区域所组成。通过求解感兴趣的区域中的标量场方程可以研究其传输性质,并优化折射率分布和芯径尺寸。

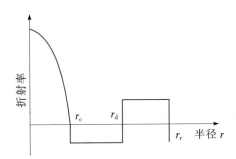

图 6.3.2　基于 LP_{01} 模的色散补偿光纤的折射率分布

国际上报道的这种负色散光纤的色散值可达到 -300 ps/(nm・km)。但是该光纤的结构决定了它具有比较大的损耗。通常采用品质因数来衡量补偿性能的优越程度,它等于色散和损耗的比值。目前较好的色散补偿光纤的品质因数可达 300 ps/(nm・dB)。

这种方案的特点是简单易行,且有足够大的带宽,缺点是目前成本还比较高。

采用 LP_{11} 模进行色散补偿是先将常规光纤中的 LP_{01} 模通过模式变换器转变为 LP_{11} 模,再利用 LP_{11} 模在截止频率附近巨大的负色散来补偿常规光纤中的正色散,补偿系统如图 6.3.3 所示。其关键技术之一是如何有效地进行模式转换,激励起所需要的高阶模。

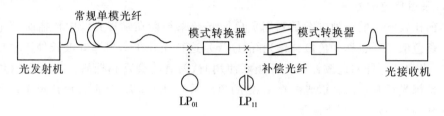

图 6.3.3　利用高阶模进行色散补偿的系统示意

这种方法补偿效率较高,负色散可达 $-600\ \mathrm{ps/(nm \cdot km)}$,而且不仅可以补偿 GVD,还可以补偿二阶色散。在模式转换过程中以及双模光纤中的损耗,使得这种方案的总品质因数通常只能达到 $100\ \mathrm{ps/(nm \cdot dB)}$。尽管此方法的补偿率较高,但其系统比较复杂,光纤对微弯也非常敏感。

2. 啁啾光栅滤波器

近年来,光纤光栅在通信领域获得广泛的应用,啁啾光纤光栅以其体积小、补偿率高等优点而成为色散补偿领域研究的热点。

在光纤或光波导上刻上光栅可以控制光在其中的反射,从而实现光信号的延迟。如果在一个波导上采用等间距的刻度,只能反射某一个很窄频带的信号,造成带宽过窄。若采用不等间距的刻度,则可以控制不同频率的光延时,从而实现较大带宽上的色散补偿。因此,啁啾光纤光栅的基本设想是在光学波导上刻出一系列不等间距的光栅,光栅上的每一点都可以看成是一个本地布拉格光栅的通带和阻带滤波器。如图 6.3.4 所示,经过光纤传输以后的入射光脉冲中的长波长分量(低频分量)位于脉冲的后沿,使其在光栅的起始端就被反射,而短波长分量位于脉冲的前沿,使其在脉冲的末端才被反射,于是补偿了色散效应,使脉冲宽度被压缩甚至还原。环行器的作用是使光信号单向传输,1 端输入的信号只能在 2 端输出,被啁啾光纤光栅反射回到 2 端的信号只能在 3 端输出。

这种方案的优点是器件的体积小,补偿效率高,能够很方便地对现有已经敷设的光纤线路进行扩容和升级。据报道,使用 5 cm 长度这样的集成滤波器就可以补偿 50 km 常规光纤所造成的色散。其缺点是补偿带宽较窄,目前人们正在研制宽带啁啾光纤光栅以适应 WDM 系统的需要。

3. 色散管理技术

色散管理技术的基本思想是在通信链路中交替使用正色散光纤和负色散光纤,如使

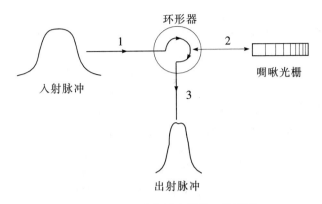

图 6.3.4　啁啾光纤光栅的工作原理

用工作于正色散区的标准单模光纤(SMF)和工作于负色散区的色散补偿光纤(DCF),这样每段光纤的 GVD 都足够大,以至于可以忽略 FWM 效应。与此同时,光脉冲又可以通过周期性的展宽和压缩使其得到一定程度的恢复,甚至是完全恢复,从而获得稳定的传输,如图 6.3.5 所示。因此,对色散进行控制的关键在于对其进行管理而不是消除它。

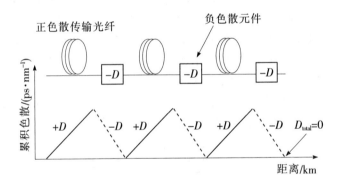

图 6.3.5　色散管理技术示意图

在 WDM 应用中,为了抑制光纤非线性效应的影响,传输光纤的有效面积应该足够大,但是大的有效面积易于导致光纤中的色散斜率变大。因为色散斜率的存在,色散补偿只能使某个特定波长的累积色散为零,其他信道由于累积色散会导致传输性能劣化。比如,假设色散斜率为 0.14 ps/(nm² · km),则经过 9 000 km 传输,在偏离补偿波长 5 nm 处,累积色散超过 6 000 ps/nm。所以,在 WDM 应用中,如何在有效面积和色散斜率之间进行权衡成为一个难题。

4. 基于 DSP 的电域色散补偿

上面介绍了 3 种光域色散补偿技术。近年来,基于 DSP 的电域色散补偿是一个新的研究热点。DSP 技术不仅可以补偿色散,还可以补偿光纤的其他传输损伤,是当前高速率光通信中的一个关键技术。

光纤的线性效应通常包含损耗和色散（群速度色散和高阶色散），根据非线性薛定谔方程，可以得到群速度色散效应的传递函数为

$$G(z,\omega) = \exp\left(-j\,\frac{D\lambda^2 z}{4\pi c}\omega^2\right) \tag{6.3.9}$$

其中，z 代表传输距离，λ 为光载波的波长，D 表示光纤的色散系数，c 是光速，ω 是光波的角频率。对上式做傅里叶反变换得到色散效应的冲激响应为

$$g(z,t) = (1-j)\sqrt{\frac{c}{2D\lambda^2 z}}\exp\left(j\,\frac{\pi c}{D\lambda^2 z}t^2\right) \tag{6.3.10}$$

相应的色散补偿器的传递函数及其对应的冲激响分别为

$$G_c(z,\omega) = \exp\left(j\,\frac{D\lambda^2}{4\pi c}\omega^2 z\right) \tag{6.3.11}$$

$$g_c(z,t) = (1+j)\sqrt{\frac{c}{2D\lambda^2 z}}\exp\left(-j\,\frac{\pi c}{D\lambda^2 z}t^2\right) \tag{6.3.12}$$

电域 DSP 色散补偿根据上两式进行设计，可以在时域进行，也可以在频域进行。下面以时域补偿为例简要说明之。时域补偿用多抽头的均衡器形成反馈值，从而抵消由色散引起的符号间干扰，补偿群速度色散，其框图如图 6.3.6 所示。图中的延时单元为 1 个采样值的延时，各抽头的取值由时域波形的拖尾决定，系统输出是输入信号和滤波器抽头系数的线性卷积。由于待处理的信号一般是无限长的，这要求对接收信号进行存储，不仅会引入大量的存储单元，而且也不利于实时处理。为了解决这个问题，一般会将接收信号进行分段，每段分别与滤波器抽头系数进行线性卷积，然后再按照重叠相加或重叠保留法来对分段的线性卷积输出进行处理，最后得到整个的长序列的线性卷积。

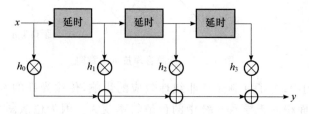

图 6.3.6　时域补偿

抽头设计时需要用到链路的相关信息，这在实际系统中是比较难获得的，或者即使能得到，也是不完全准确的。在实际系统中，往往只能得到部分正确的先验信息，然后根据这个先验信息来设置色散均衡器的抽头系数，之后再用色散监控器来对色散补偿后的残余色散进行监控，形成反馈。这样不断地对抽头系数进行更新，最终做到完全补偿。

5. PMD 问题

PMD 问题起源于光纤制造过程中产生的不规则的几何尺寸、残留应力导致的折射率分

布的各向异性；光缆敷设过程中由于外界的挤压、弯曲、扭转和环境温度变化而产生的偏振模式耦合效应；以及其他光通信器件自身引入的双折射。它使得光纤中的两个偏振模式之间产生群时延差和能量耦合，导致输出信号脉冲发生展宽和变形。由于这种变化是随机的，所以该问题比确定性的色散补偿要困难得多。为了克服其影响，一方面是改进光纤制造和光缆敷设技术，减小光纤的 PMD；另一方面需要对信号 PMD 进行补偿。PMD 补偿可以采用光域补偿和电域均衡，光域补偿的效果比较好，但控制复杂，需要多个控制变量和快速收敛的算法；电域均衡比较简单，但受电子器件速率的限制，一般用于 40 Gbit/s 以下的信号。

以上我们介绍了几种已经报道的色散补偿技术方案。在实际的系统中常使用色散补偿光纤、啁啾光纤光栅来抵消常规光纤在 $1.55\ \mu\mathrm{m}$ 波段的正色散，实现高速率 WDM 系统的长距离传输。另外，色散管理技术也是一种常选的方案。用 DSP 方法补偿光纤色散是近几年新兴的技术，该技术发展迅速，正在逐渐用于实际的光纤通信系统中。

6.4　扩充传输容量的新技术

相干光通信、DSP 技术、新型调制格式、全光 OFDM 和新型复用方式等是近十年来发展起来的扩充传输容量、提高频谱效率和延长传输距离的新技术。相干光通信和 DSP 技术在前面的章节中已作了介绍，本节主要介绍后面的 3 种技术。

6.4.1　新型调制格式

在光纤通信发展的数十年中，光调制格式也不断地发展与演变。初期的光通信系统主要采用不归零（NRZ）码或归零（RZ）码对光强度进行调制，被称为通断键控（OOK）调制方式。这种调制格式的优点是设备简单，容易实现，但它们不能有效地抵抗传输损伤，且频谱效率较低。到 20 世纪末和 21 世纪初期，随着大容量、超长距离 WDM 传输系统的发展，为了改善系统对色度色散的容限，抑制非线性光学效应，人们开始使用载波抑制归零（CSRZ）码和差分相移键控（DPSK）等码型。而最近的几年中，随着数据流量的快速增长，提高频谱效率成为业界追求的目标，高阶矢量调制格式（如 M 进制相移键控和 M 进制正交幅度调制）受到众多的关注。

1. 改善传输损伤容限的调制格式

（1）载波抑制 RZ 调制格式

载波抑制 RZ（CSRZ）码的特点是在频域对光载波频谱进行压制，其优势在于它对光纤中的非线性效应有更强的容忍力，作为传统 RZ 码的改进，被广泛应用于高速大容量的 WDM 系统中。

CSRZ 码可以通过如图 6.4.1 所示的两级调制电路形成，发射机由一个 DFB 激光器

后接两个 $LiNbO_3$ M-Z 调制器组成。第一级用数字信号对连续波激光器产生的光波进行强度调制,第二级用频率为比特速率一半的正弦波对光束进行相位调制(对波形进行切割),使相邻两个"1"码的相位相差"π",从而使其频谱的载频分量被压制。若调制信号的速率是 40 Gbit/s,占空比为 0.5 的 RZ 码和 CSRZ 码的信号眼图和光谱分别如图 6.4.2 所示。

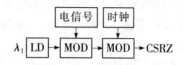

图 6.4.1 CSRZ 的两级调制

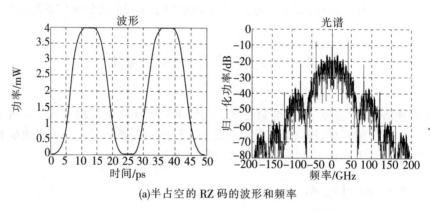

(a)半占空的 RZ 码的波形和频率

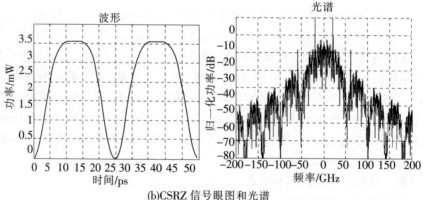

(b)CSRZ 信号眼图和光谱

图 6.4.2 RZ 码和 CSRZ 码的波形和频谱

比较 CSRZ 和 RZ 的眼图和光谱,可以看出如下特点。

① 40 Gbit/s 信号 RZ 码调制的光谱的第一级边带的频率间距为 80 GHz,而 CSRZ

调制格式的第一级边带间距为 40 GHz，仅为 RZ 码的一半。因此，CSRZ 具有更窄的光谱宽度，更好的色散容纳性能和更高的频谱效率。

② CSRZ 码没有载波频谱分量，从而降低了峰值功率，这使其对各种非线性光学效应有更好的容限。

（2）差分相移键控（DPSK）调制格式

与 CSRZ 光调制格式的生成方式类似，DPSK 信号也可以通过二级调制的方式产生，或采用集成的 M-Z 调制器产生。DPSK 用光载波相位来承载发送信号，为避免接收机的某一次的误判可能造成的后续全部码元的解码失败，采用差分编码方式：对"1"码，光载波相位不变；对"0"码，光载波相位变化 π，如下所示：

信号　　　　　　0 1 0 1 1 1 0 0 0 0 1 0 1 0 1 0

DPSK 编码 0　π π 0 0 0 0 π 0 π 0 0 π π 0 0 π

如图 6.4.3 所示为占空比为 0.5 的 40 Gbit/s DPSK-RZ 信号的眼图与光谱，由图可见，DPSK-RZ 信号的光谱中没有载波分量。

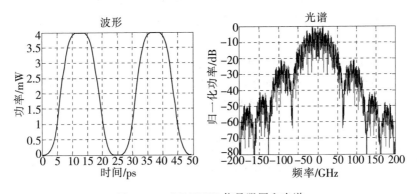

图 6.4.3　RZ-DPSK 信号眼图和光谱

DPSK 信号需要用平衡接收机接收信号，其结构如图 6.4.4 所示，由光滤波器、MZ 干涉仪解调器（MZDI）和平衡光电检测器组成。平衡光电检测器是由两个光电二极管、一个可以产生平衡光电流的减法运放和一个电滤波器组成。信号在接收端经过预放大和光带通滤波后，被送入 MZDI（其两臂有 1 bit 的时延差），同相端和反向端的输出信号分别为

$$I_+ = \left| \frac{f_n + f_{n-1}}{2} \right|^2 \tag{6.4.1}$$

$$I_- = \left| \frac{f_n - f_{n-1}}{2} \right|^2 \tag{6.4.2}$$

式中的 f_n 表示第 n 个时隙信号。由上两式可以看出，当相邻比特间没有相位变化时，同相输出端有最大的功率输出；而当相邻比特间相位变化 π 时，反相输出端出现最大

的功率输出。两个输出端分别接到平衡检测器的光电二极管上,输出电信号相减后滤波可得到解调的电信号为

$$I_{\mathrm{bal}}=I_+-I_-=\frac{f_n f_{n-1}^*+f_n^* f_{n-1}}{2} \tag{6.4.3}$$

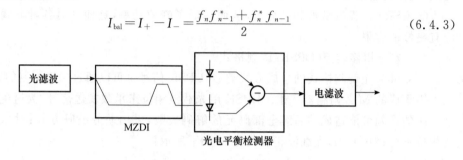

图 6.4.4　DPSK 信号接收机结构示意

由式 6.4.3 可以进而求出 DPSK 系统平衡接收机的误码率和灵敏度。可以证明,当系统的误码率相同时,OOK 接收机需要的输入平均功率约为 DPSK 码接收机输入平均功率的两倍,即与 OOK 传输系统相比,DPSK 系统的平衡接收机灵敏度有 3 dB 的优势,而平衡检测器是接收灵敏度提高 3 dB 的关键。由于在平衡接收系统中判决电平为 0,所以对于功率的波动不敏感。

另外,由于 DPSK 信号的等包络特性,在相同的平均功率下,码元峰值功率比 OOK 信号的峰值功率小 3 dB,因此,相同条件下,DPSK 信号所受的非线性效应影响小于 OOK 信号。这些特点都使 DPSK 信号在 WDM 长距离系统中颇具优势。

2. 高阶矢量调制格式

高阶矢量调制格式之所以在近几年倍受关注,是因为它们具有高频谱效率。频谱效率定义为信息速率与信道间隔的比值,单位是 bit·s⁻¹/Hz,反映了系统对频谱利用率的高低。

（1）多进制相移键控(MPSK)调制格式

用数字信号控制光载波相位的调制方式称为相移键控。在 MPSK 中,最常用的是 2PSK、4PSK 和 8PSK,2PSK 和 4PSK 也分别称为 BPSK 和 QPSK。随着 M 值的增加,PSK 的频谱效率增加,但星座点之间的相位差减小,相位噪声的影响加剧,系统的可靠性降低。图 6.4.5 给出了 3 种 PSK 调制格式的星座图,由图可见,PSK 只是调制光波的相位,不改变光波的幅度。

BPSK 信号的表达式为

$$s_{\mathrm{BPSK}}(t)=A\Big[\sum_{n=-\infty}^{\infty} a_n g_T(t-nT_b)\Big]\cos \omega_c t \tag{6.4.4}$$

式中,$g_T(t)$ 为光脉冲的波形,T_b 为二进制信号每比特持续时间,ω_c 为光载波的角频率,a_n 为数字信号序列,它的取值为 +1 或 -1。

QPSK 是常用的矢量调制信号,其频谱效率可以是 BPSK 的一倍,其正弦载波有 4

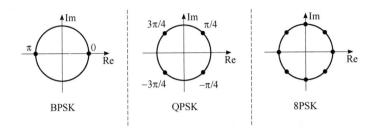

图 6.4.5　MPSK 调制格式

个可能的离散相位状态,其信号表达式为

$$s_{QPSK} = A\cos(\omega_c t + \theta_i) \qquad i = 1,2,3,4 \qquad 0 \leqslant t \leqslant T_s \qquad (6.4.5)$$

式中,T_s 为四进制符号间隔,$\theta_i(i=1,2,3,4)$ 为正弦载波的相位。若 $\theta_i = (i-1)\dfrac{\pi}{2}$,则 θ_i 为 $0, \dfrac{\pi}{2}, \pi, \dfrac{3\pi}{2}$;若 $\theta_i = (2i-1)\dfrac{\pi}{4}$,则 θ_i 为 $\dfrac{\pi}{4}, \dfrac{3\pi}{4}, \dfrac{5\pi}{4}, \dfrac{7\pi}{4}$。也就是说,QPSK 的星座点有两种分布情况。

QPSK 信号可以采用 M-Z 调制器串联产生,也可以采用图 6.4.6 所示的两个 MZM 并联产生。为实现 QPSK 调制,需要将输入序列串并转换,生成 I、Q 两路序列,通过合理地控制两个调制器的控制电压,即可产生光 QPSK 调制信号。

图 6.4.7 给出了 QPSK 的检测结构。这是一种正交相干检测结构(类似如图 4.7.1(c)所示),由一个 90° 的光混频器和两个平衡探测器构成。光混频器输入和输出之间的关系可由以下矩阵描述

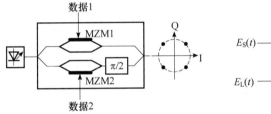

图 6.4.6　QPSK 调制原理　　　　　图 6.4.7　QPSK 的检测

$$\boldsymbol{S}_2 = \frac{1}{2}\begin{bmatrix} 1 & 1 \\ 1 & -1 \\ 1 & j \\ 1 & -j \end{bmatrix} \qquad (6.4.6)$$

假设输入信号光波和本地振荡光波(简称为本振光波)的电场分量分别为

$$E_s(t) = A_s(t)e^{j\omega_c t}e^{j\varphi_s(t)} \qquad (6.4.7)$$

$$E_L(t) = A_L e^{j\omega_L t} \qquad (6.4.8)$$

式中，ω_s 和 φ_s 分别为信号光载波的角频率和相位，ω_L 为本振光的角频率，则可得

$$i_I(t) = \frac{R}{4} \left[\,|\,E_s(t) + E_L(t)\,|^2 - |\,E_s(t) - E_L(t)\,|^2 \,\right]$$

$$= RA_L A_s(t) \cos[\omega_{IF} t + \varphi_s(t)] \qquad\qquad (6.4.9)$$

$$i_Q(t) = \frac{R}{4} \left[\,|\,E_s(t) + E_L(t) e^{j\frac{\pi}{2}}\,|^2 - |\,E_s(t) - E_L(t) e^{j\frac{\pi}{2}}\,|^2 \,\right]$$

$$= RA_L A_s(t) \sin[\omega_{IF} t + \varphi_s(t)] \qquad\qquad (6.4.10)$$

从上两式可以看到，输出电流分别为余弦和正弦形式，两者正交，从而分别获得 I 路和 Q 路信息。一般的平衡接收机只能检测一维调制格式，如 OOK、2PSK，而正交平衡接收机则可以检测 QPSK 以及 M-QAM 等二维调制格式。

（2）M 进制正交幅度调制(M-QAM)

M-QAM 是由两个正交载波的多电平幅移键控信号叠加而成的，即 I 路和 Q 路，可以看作联合控制正弦波的幅度和相位的数字调制，其信号可以表示为

$$s_{M\text{-}QAM}(t) = a_{ic} g_T(t) \cos \omega_c t - a_{is} g_T(t) \sin \omega_c t \qquad i = 1, 2, 3, \cdots, M, \qquad 0 \leqslant t \leqslant T_s$$

$$(6.4.11)$$

式中，a_{ic} 和 a_{is} 是一组离散电平的集合。图 6.4.8 给出了 4-QAM、8-QAM、16-QAM、32-QAM 的星座图，4-QAM 与 QPSK 调制格式是相同的。M-QAM 调制的最大优点是能有效地提高频谱效率，若 $m = 2^k$，则相对于二进制 OOK，频谱效率最大能提高 k 倍。但随着 M 的加大，星座图中欧氏距离减小，信号抗幅度噪声和相位噪声的能力下降，满足一定的误符率时所需的平均发射功率增加。光功率的增加，又使非线性光学效应的影响加剧。因此，星座图的设计应尽可能保持星座点间有较大的欧氏距离。

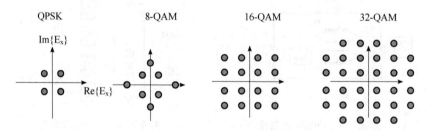

图 6.4.8　M-QAM 调制格式

一般来说，在 M 较大时，M-QAM 抗噪声的能力比相同阶数的 PSK 要好。实际应用中 PSK 的调制阶数 M 一般不大于 10，而 QAM 的调制阶数却可远远大于 10。几年来已报道了 32-QAM、64-QAM 和 512-QAM 在超高速率的光纤通信系统中应用的实验。

M-QAM 光信号有多种实现方式，如图 6.4.9 是周翔等人提出的一种以 QPSK 为基础的 16-QAM 实现方案。该方案分成如下 3 个步骤实现。

① 通过两个并联的 M-Z 调制器(图 6.4.9 中的 MZM1 和 MZM2)产生 QPSK 格式

的信号,设此时的星座点在第一象限,如图 6.4.9 (b)所示;

② 设置 MZM3 的双臂产生 π 的相位差,光信号经过 MZM3 后,可产生第三象限的星座点,与第一象限的星座点合在一起,如 6.4.9 (c)所示;

③ 最后经过相位调制器 PM,将第一、三象限的符号旋转 90°,即得到第二、四象限的符号映射,与第一、三象限的星座点合在一起,形成如图 6.4.9 (d)所示的 16-QAM 星座图。

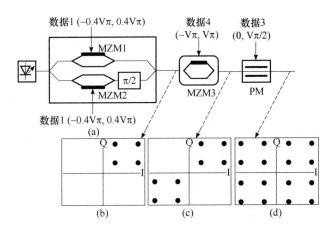

图 6.4.9　16-QAM 调制的实现方案

高阶矢量调制虽然可以有效地提高频谱效率,但也更容易受噪声和传输损伤的影响,传输容量、信噪比需求、传输距离一直是互相制约的因素,DSP 可以在一定程度上消除传输损伤、降低噪声,但光纤的传输容量极限一直是研究的重要课题。

6.4.2　基于全光 OFDM 技术的超级信道

在提高 WDM 复用信道数目的同时,增加单信道的传输能力一直是光通信领域研究的一个热点课题。目前,单波长 40 Gbit/s 的光纤通信系统已经开始了商用部署,单波长 100 Gbit/s 的系统已经基本成熟,400 Gbit/s 或者 1 Tbit/s 光传输技术也已引起广泛的关注。国内外著名研究机构正在对单信道更高速率和更高频谱效率的传输技术展开竞争,纪录不断被刷新。

超级信道(Superchannel)是指基于全光 OFDM 技术、具有 Tbit/s 量级容量的单信道系统。该系统通过一个光源产生多个频率锁定的正交子载波,每个子载波分别承载高速信号,若干正交子载波合成超大容量的传输系统。由于超级信道的各子载波可以很好地继承当前的高速通信技术(如高阶矢量调制格式等),从而可以以较低成本大幅度地提高单信道传输能力,并使得系统具有良好的可扩展性。

O-OFDM 信号的接收可以分为相干检测 OFDM(CO-OFDM)和非相干检测两种方式。相干检测使用可调谐光本振激光器选择目标子载波,可以从频谱重叠的子载波中对需要的子载波进行解调,具有优良的频率选择性。同时,相干检测能检测出信号的相位信息,支持高频谱效率的矢量调制格式,因而更受到关注。在 CO-OFDM 系统中采用高阶调制格式能提高频谱利用率,从而使信号的频谱宽度变窄,这更有利于容纳光纤中的色度色散(CD),增加系统的传输距离。同时,波特率的降低会减轻对模数转换器(ADC)采样速率的要求。所以目前 Tbit/s 级的超级信道多采用 CO-OFDM 的传输模式。

超级信道的概念最早由 S. Chandrasekhar and Xiang Liu 提出,下面以他们在 ECOC'10 上报道的文章来说明超级信道的构成及其工作原理。

1. 多载波产生

循环频移(Recirculating Frequency Shifting,RFS)是一种能产生数量多、频率锁定的子载波的方案,图 6.4.10 给出该方案的框图。该方案是由 2×2 光耦和器、单边带调制器、EDFA 和光滤波器组成的循环装置。外腔激光器(ECL)发射的窄谱稳定的激光束经过光耦合器耦合进 RFS,在双平行 M-Z 调制器上,12.5 GHz 的信号单边带调制到激光光束上,形成多子载波的种子来源。该种子在 RFS 中多次循环,不断产生新的边带,适当的环路设计和滤波器带宽的选择可以得到所需要数量的、频率锁定的边带。循环装置中的 EDFA 补充环路中信号的衰减。同时,利用 EDFA 的增益饱和特性,各子载波在 RFS 循环中幅度将变得相等。光滤波器滤除带外噪声,同时其通带宽度也决定了产生的子载波数。RFS 形成的频率锁定的多个子载波经过光耦合器输出,如图中右上角的光谱图所示。Xiang Liu 等人用这种方法产生频率间隔为 12.5 GHz 的 24 个频率锁定的子载波。

2. PDM-CO-OFDM 超级信道系统

图 6.4.11 给出报道的偏振复用-相干-OFDM(PMD-CO-OFDM)超级信道系统,分成发射端和接收端两部分。在发射端,由 RFS 形成的多子载波信号先被波长解复用(DMUX),并偏振分束,然后各个子载波的两个偏振方向分别进行 I/Q 调制后由偏振光束合路器(PBC)完成偏振复用,再由光耦合器将调制后的多个子载波合在一起在光纤中传输。由于子载波之间有正交性,子载波之间可以不留保护带。不留保护带、高阶矢量调制格式和偏振复用的应用都使系统的频谱效率大大提高。图 6.4.11 左下方的(a)、(b)和(c)是 ECL、RFS 和调制器后输出的光谱图。24 个子载波的总传输速率达到了 1.2 Tbit/s。

PMD-CO-OFDM 信号在超大面积光纤(ULAF)中传输,并采用拉曼/EDFA 混合放大技术实现数千千米的长距离传输。在接收端,经过光纤传输的 N 个子载波信号分成 $M(M<N)$,分别采用偏振分集正交相干检测和 DSP 技术进行接收。在该系统中,一个本地振荡器同时解调两个子载波,其频谱分布如图中接收端中间的频谱图所示。

OFDM 技术是实现单信道速率达到 T bit/s 的有竞争力的解决方案,但密集的子载

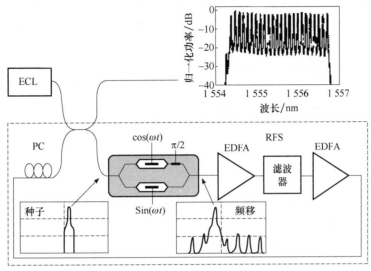

ECL：外腔激光器；DMUX：波长解复用器；PC：偏振控制器

图 6.4.10　RFS 装置

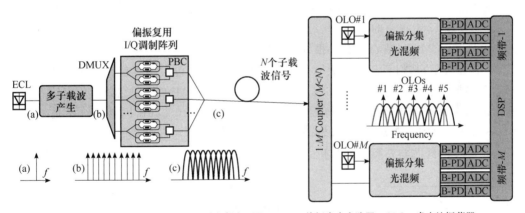

ECL：外腔激光器；DMUX：波长解复用器；PBC：偏振光束合路器；OLO：光本地振荡器；
B-PD：平衡检测器；ADC：模数转换；DSP：数字信号处理

图 6.4.11　PMD-CO-OFDM 超级信道系统

波间隔和高阶矢量调制格式的应用在带来高频谱效率的同时,也产生了一些问题。主要
有如下几点。

① 高阶矢量调制格式中符号间的欧氏距离减少,这使其对调制、解调和传输过程中
的损伤和噪声更为敏感;

② 高阶矢量调制格式密集的星座点分布对接收信号的信噪比要求更高,为了提高信

噪比,不得不增加发送端的信号功率,这又会使得光纤非线性效应的增加;

③ 高阶矢量调制格式包含相位信息,因而对激光器的相位噪声和传输过程中的非线性相位噪声敏感;

④ DSP 是补偿传输损伤、抑制噪声的一个关键技术,但超级信道速率的提高对 DSP 技术也提出新的要求,尤其是 DSP 器件的处理速度。由于受限于器件的处理速度,有些超级信道的实验中,DSP 是离线进行的。因此,超级信道面临着更多的挑战,也带来更大的研究空间。

6.4.3 空分复用技术

信息流量持续增长促使人们探索能大大增加传输容量的新型复用方式。目前,光纤通信中已经使用的复用方式包括时分复用、波分复用、正交频分复用、偏振复用等。近三四年来,为了提高传输容量,基于多芯光纤的芯分复用和基于少摸光纤的模分复用又应运而生,并引起众多的关注。芯分复用和模分复用都属于空分复用的范畴,本节将简要介绍这两种复用方式的基本原理和关键技术。

1. 芯分复用

芯分复用基于多芯光纤(MCF)来实现,即在一根光纤中集成多个纤芯。如图 6.4.12 所示是 OFC'12 上报道的 7 芯、19 芯和 10 芯 MCF 的横截面。图 6.4.12(a)是一种典型的六角形 7 芯 MCF,轴心上有一根纤芯,外圈上有 6 根纤芯,相邻纤芯轴线之间的距离(图中用 Λ 表示)都相等,OCT 表示外包层的厚度,CD 是包层的直径。若在 7 芯结构的基础上再加一层纤芯,就得到图 6.4.12(b)所示的 19 芯 MFC。19 芯 MCF 中所有纤芯间的距离也相等,并依然保持六角形状。图 6.4.12(c)是 10 芯 MCF,该光纤不是等 Λ 结构,外圈纤芯之间的距离是 Λ_{out},轴心上的纤芯与外圈纤芯间的距离是 Λ_{in},由于 $\Lambda_{in} > \Lambda_{out}$,轴心上的纤芯与外圈上纤芯间的串扰较小。

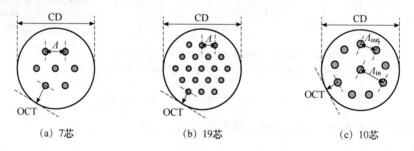

(a) 7芯   (b) 19芯   (c) 10芯

图 6.4.12 多芯光纤的横截面示意

较大的 Λ 是减小纤芯之间信号串扰的重要保证。纤芯个数的增加可以提高复用效率,加大单根光纤的传输容量,同时也减少了占用的敷设管道的空间。但在不过多增加包层尺寸的情况下，芯数的增加也会使纤芯之间光波信号的串扰加剧，因此纤芯的布局、纤芯与包层折射率的优化都是 MCF 的关键技术。低串扰多芯光纤设计的基本方法是加强纤芯内光模场的限制，减少不同芯中光场的重叠。主要的方法如下。

① 采用高相对折射率差和小尺寸芯径，如图 6.4.13(a)所示；

② 在每根纤芯周围加一层离散小圆形空穴作为辅助包层，如图 6.4.13(b)所示；

③ 在每根纤芯周围加一层深沟（低折射率沟）辅助包层，如图 6.4.13(c)和图 6.4.13(d)所示。

图 6.4.13(e)为了一种深沟折射率分布的设计，即在包层外边加一层低折射率的深沟，以限制光场向外的扩散，减小纤芯间的串扰。

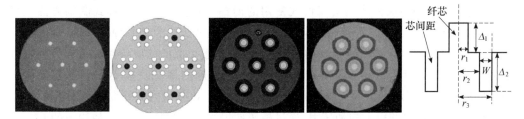

(a) 小芯径大折射率差　(b) 圆形空穴辅助包层　　　　(c) 和(d) 深沟辅助包层　　　　(e) 深沟包层折射率分布

图 6.4.13　低串扰 MFC 光纤

据报道，基于如图 6.4.13(e)所示的深沟结构，通过优化 10 芯 MFC 的参数，相邻外芯间的平均串扰可降低到 -40 dB，轴心的纤芯与外圈纤芯间的串扰降至 -70 dB，各纤芯在 1.55 μm 时的有效面积达到 $116 \sim 125$ μm^2，而包层直径仅为 204 μm。

MCF 的问世将促进适合 MFC 的激光器阵列和检测器阵列的研究，以及多芯光放大器的开发。而这些器件的研发又将大大提高整个系统的集成度，增强系统的竞争力。

2. 模式分割复用

模式分割复用（MDM）是在同一根纤芯中使用不同的模式来传输不同的信息，简称为模分复用。MDM 相当于在光纤通信中增加了一个新的复用维度，因此可以大大增加单根纤芯的传输容量，使光频谱的利用率进一步提高。

模分复用可以在多模光纤中实现，但多模光纤中存在大量的传导模式，模式之间容易发生耦合，从而引起模式间的串扰，因此，少模光纤（仅支持几个或十几个传导模式的光纤）经常被用来实现模分复用。图 6.4.14 给出了 MDM 中最常用的 LP_{01} 和 LP_{11} 模的场强分布和相位分布示意，图中 X-pol 和 Y-pol 分别表示 X 和 Y 方向的极化场。

近年来，模式激励与转换、模式复用/解复用、多模光放大器、模式间的耦合与串扰等模分复用的关键技术已经被进行了大量的研究与实验。研究成果表明，模分复用的方式颇具潜力。随着关键技术的研究与掌握，人们期待着 MDM 能像 WDM 一样，再次大大地提高光纤通信的传输容量和频谱效率,解决当前带宽供需的矛盾。

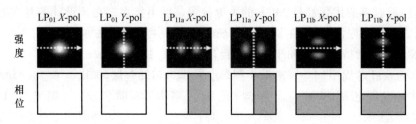

图 6.4.14　LP$_{01}$和LP$_{11}$模的场强分布和相位分布示意

3. 模式的激励和转换

激励出不同的高次模是实现模式复用的前提。目前已提出的模式激励方法主要有长周期光栅挤压法和空间相位调制法。长周期光栅可以认为是一种特殊的光纤光栅,其折射率调制周期可达数百微米,具有布拉格光纤光栅类似的滤波特性和低带外损耗性能,并有强偏振依赖性。但长周期光栅折射率调制深度的调谐困难,S. Savin 等人提出一种如图 6.4.15 所示机械式长周期光栅的实现方案。该方案将光纤放置在平板和 V 型槽板之间,并在 V 型槽板上施加压力,通过施压使得光纤产生应变,从而使输入的 LP$_{01}$ 模转换成 LP$_{11}$ 模。该方法简便易行,但能激励的模式种类有限。

空间相位调制法是目前最典型的各种模式的激励方法。图 6.4.16 是基于空间光调制器(SLM)的傅里叶成像系统,透镜 L$_1$ 和 L$_2$ 有相同的焦距 f,激光器位于输入焦平面 (x_1, y_1) 上,SLM 位于两透镜的共焦面 (x_f, y_f) 上,多模光纤端面位于的输出焦面 (x_2, y_2) 上。SLM 一般为基于硅基液晶的光相位调制器,由大量的液晶阵元组成,通过调制各液晶阵元的相位,可以获得所需要的空间光束的波前分布。对于图 6.4.16 所示的装置,可以近似认为激光器发光面位于输入焦平面的中心点上,设发射的光束为平面波,根据傅里叶光学原理,入射到 SLM 上的光场应为激光器发射光场的傅里叶变换,MMF 端面上的光场应为 SLM 光场的傅里叶变换。若想激励某个模式,即已知该模式在 MMF 中的场分布,可以推导出 SLM 上的场分布,并根据需要的场分布设置 SLM 驱动条件,激励出所需要的模式。一般来说,求得的 SLM 上的场分布是复数,既有相位又有幅度,空间相位调制器很难精确地实现,常采用近似的方法实现。

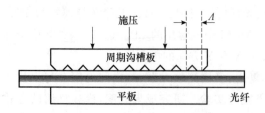

图 6.4.15　机械式长周期光栅

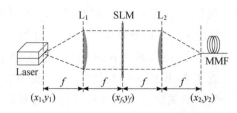

图 6.4.16　基于 SLM 的模式激励装置

4. 模式的复用/解复用

已经报道的模式复用/解复用器的实现方案主要有 3 种：第 1 种是利用自由空间光学和相位板，采用分束器、偏振分束器和相位板实现；第 2 种方法是采用硅基液晶（LCOS），利用 LCOS 的相位共轭特性实现模式复用/解复用；第 3 种是采用模式耦合器。前两者的特点是对波长的依赖性低，但插入损耗和实现复杂度高，而第 3 种方法与前两种正好相反，对波长的依赖性高，但插入损耗和实现复杂度低。

模式耦合器作为模式滤波器在 1986 年就已被提出，它对波长依赖性高的缺点也可以通过优化耦合条件得以改善。图 6.4.17 给出了一种基于光耦合器的模式模式复用/解复用器的结构，图中的小插图为实际测试的光纤中各点模式的近场分布。长周期布拉格光栅将 LP_{01} 模转换成 LP_{11} 模，转换条件是光栅周期 $\Lambda = \lambda/(n_{e01} - n_{e11})$，式中 λ 为光波长，n_{e01} 和 n_{e11} 分别为 LP_{01} 模和 LP_{11} 模的等效折射率。模式耦合器实际上是 2×2 对称耦合器，由两根相距很近的纤芯组成，直通输出端与耦合输出端的耦合比不仅与纤芯的距离和耦合长度决定，同时与模式的传输系数有关。图 6.4.18 给出了当耦合长度为 50 mm 时，直通端和耦合端的耦合比与纤芯距离的关系，通过控制两纤芯间的距离，可以使 LP_{01} 模和 LP_{11} 模的耦合比正好相反，从而实现模式复用（或模式解复用）的目的。由图 6.4.18 可见，当纤芯距离为 15 μm 时，直通端 LP_{01} 模的耦合比为 1.0，而交叉端 LP_{11} 模的耦合比为 0.9，也就是说，LP_{01} 模全部从直通端输出，绝大部分的 LP_{11} 模从交叉端输出，从而解复用了这两个模式。

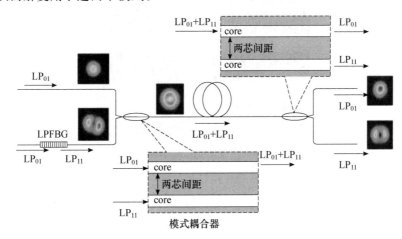

图 6.4.17　模式转换和复用/解复用的基本概念

图 6.4.19 是 10 Gbit/s 信号分别调制到 LP_{01} 模和 LP_{11} 模上，经过 10 km 光纤传输前后的眼图，可验证模式复用的可行性。

尽管在过去的 3～4 年中 MDM 技术的研究已有了很大的进展，但该技术的真正实

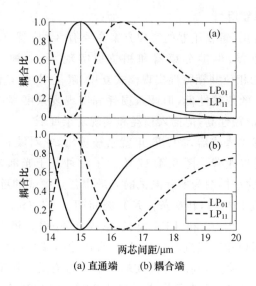

图 6.4.18　耦合比与两纤芯间距的依赖关系

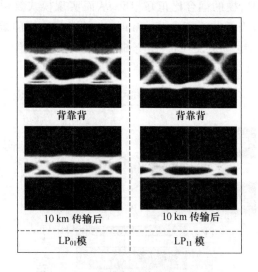

图 6.4.19　两模复用传输前后的眼图

用化,还有很多需要解决的实际问题。顺便提一句,正在兴起的光纤中轨道角动量(OAM)复用技术,实际上是 MDM 的一种特例,是一种具有涡旋特征模式的复用技术。

小　结

由于 WDM 长距离（甚至超长距离）传输系统具有巨大的传输容量、简洁的系统结构、低的建设和维护成本而受到众多的关注。但光信号在长距离传输中更容易受到损伤，光放大器的 ASE 噪声、光纤的色散和偏振模色散的积累、非线性光学效应等都是严重影响信号传输质量的因素。本章围绕光信号在长距离传输中的各种限制因素及其支撑技术进行了论述。

非线性光学效应是在强光场的作用下，物质发生非线性极化所产生的现象。光纤中主要的非线性效应可分为两大类，一类是受激光散射（SRS 和 SBS），另一类是由于非线性折射率调制所引起，如 SPM、XPM 和 FWM。对单信道系统，非线性光学效应引起功率的耗散和信号频率的转移，使光纤中的传输功率受到限制。对于 WDM 系统，除了上述的限制外，受激光散射和 FWM 还会引起复用信道之间的串扰。FWM 对 DWDM 系统的影响与色散的大小有关，为了减小 FWM 对 DWDM 系统的影响，采用非零色散位移光纤，并尽量加大光纤的有效面积，限制入纤的总功率。在反常色散光纤中，SPM 产生的啁啾可能与群速度色散相互抵消，从而形成长距离传输中光脉冲的波形保持不变的光孤子传输的形式。

在高速率或采用级连 EDFA 的系统中，色散的积累和补偿是一个重要的问题。色散的补偿可以在光域进行，也可以利用 DSP 技术在电域进行。色散补偿光纤和啁啾光纤光栅是常用的光域色散补偿器件。色散补偿光纤具有较大的负色散，可以抵消常规光纤在 $1.55\ \mu m$ 处的正色散。啁啾光纤光栅是一种不等间距的光栅，利用不同频率信号在其上的传输时延不同，补偿光纤传输的群时延差。

随着数据流量的日益增长，探索各种扩充传输容量、提高频谱效率、延长传输距离的新技术成为研究的热点。相干光通信、新型调制格式、基于全光 OFDM 的超级信道和空分复用技术等是近十年来先后发展起来的新技术，而 DSP 是辅助这些技术实施的一个关键手段。DSP 不仅可以补偿光纤的线性和非线性损伤，而且可以抑制幅度噪声、相位噪声和信道间的串扰。本章最后介绍了提高传输损伤容限和频谱效率的新型调制格式、基于全光 OFDM 的 Tbit/s 量级超级信道关键技术和空分复用（包括芯分复用和模分复用）技术，以及 DSP 在这些技术中的应用。

习　题

6.1　试分析影响 WDM 超长距离传输的主要限制因素，说明这些因素是怎样影响传输距离的。

6.2 16×10 Gbit/s WDM 系统,入纤总功率为＋17 dBm,发送端采用 6 段 G.652 光纤,通过 EDFA 级连实现 600 km 的传输。光纤损耗(包括光纤、连接器和接头损耗)为 0.24 dB/km,光放大器的噪声系数为 4.8 dB,试求经过 600 km 传输后 OSNR 为多少?

6.3 一长距离的 G.625 光纤,损耗为 0.2 dB/km,受激喇曼增益系数 $G_R = 5×10^{-8} \mu m/W$,受激布里渊增益系数 $G_B = 2×10^{-5} \mu m/W$,求光纤的 SRS 和 SBS 的临界功率。

6.4 试推导 XPM 频谱展宽公式。

6.5 试分析四波混频怎样影响 WDM 系统? 怎样抑制四波混频效应?

6.6 试比较各种色散补偿方案的优缺点。

6.7 100 GHz 信道间隔的 WDM 系统,40 Gbit/s 系统和 10 Gbit/s 系统的频谱效率为多少? 分析 CSRZ 为什么能提高频谱效率?

6.8 为什么要采用差分 PSK? 怎样产生 DPSK 码? DPSK 码有什么优点?

6.9 试推导平衡接收机灵敏度的计算公式。说明为什么平衡接收机能提高接收灵敏度?

6.10 试分析比较 16PSK 和 16-QAM 调制格式的性能。

6.11 试画出一种全光 OFDM 传输系统的框图,分析全光 OFDM 技术的优缺点。

6.12 试分析模分复用系统中,可能引入模式串扰的因素有哪些?

附　　录

附录 1　贝塞尔方程及其性质

一、贝塞尔方程及解

典型的贝塞尔方程可表示为

$$\frac{d^2 y}{dx^2} + \frac{1}{x} \frac{dy}{dx} + \left(1 - \frac{\nu^2}{x^2}\right) y = 0 \tag{A1.1}$$

其解为第一类贝塞尔函数 $J_\nu(x)$ 和第二类贝塞尔函数 $Y_\nu(x)$ 的线性组合,即

$$y = AJ_\nu(x) + BY_\nu(x) \tag{A1.2}$$

$$J_\nu(x) = \sum_{k=0}^{\infty} (-1)^k \frac{1}{k!} \frac{1}{\Gamma(k+1+\nu)} \left(\frac{x}{2}\right)^{2k+\nu} \tag{A1.3}$$

$$Y_\nu(x) = \frac{\cos\nu\pi \cdot J_\nu(x) - J_{-\nu}(x)}{\sin\nu\pi} \tag{A1.4}$$

对于形式为

$$\frac{d^2 y}{dx^2} + \frac{1}{x} \frac{dy}{dx} - \left(1 + \frac{\nu^2}{x^2}\right) y = 0 \tag{A1.5}$$

的方程,如果令 $z = ix$,即化为自变数为 z 的贝塞尔方程,因此,称为变形(或虚宗量)贝塞尔方程,其解可以用第一类变形的贝塞尔函数 $I_\nu(x)$ 和第二类变形的贝塞尔函数 $K_\nu(x)$ 的线性叠加来表示,即

$$y = CI_\nu(x) + DK_\nu(x) \tag{A1.6}$$

在图 A1.1 中给出了这 4 类贝塞尔函数的图形。

对于阶跃折射率光纤中需要求解的波动方程

$$\frac{d^2 R(r)}{dr^2} + \frac{1}{r} \frac{dR(r)}{dr} + \left(k^2 - \beta^2 - \frac{\nu^2}{r^2}\right) R(r) = 0$$

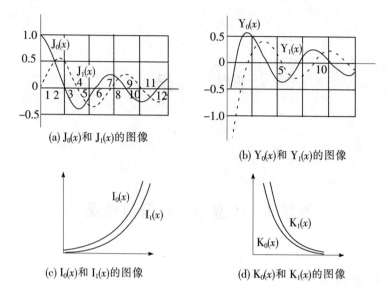

(a) $J_0(x)$和 $J_1(x)$的图像

(b) $Y_0(x)$和 $Y_1(x)$的图像

(c) $I_0(x)$和 $I_1(x)$的图像

(d) $K_0(x)$和 $K_1(x)$的图像

图 A1.1　各类贝塞尔函数图形

① 若 $k^2-\beta^2>0$,可设 $u^2=(k^2-\beta^2)a^2$,再令 $x=\dfrac{ur}{a}$,则上式可化为贝塞尔方程；

② 若 $k^2-\beta^2<0$,可设 $w^2=(\beta^2-k^2)a^2$,再令 $x=\dfrac{wr}{a}$,则式(1.3.23)可化为变形的贝塞尔方程。

二、贝塞尔函数的递推关系和渐近式

1. $J_\nu(x)$的递推公式

$$xJ_\nu'(x)+\nu J_\nu(x)=xJ_{\nu-1}(x) \tag{A1.7}$$

$$xJ_\nu'(x)-\nu J_\nu(x)=-xJ_{\nu+1}(x) \tag{A1.8}$$

$$J_{\nu+1}(x)+J_{\nu-1}(x)=\frac{2\nu}{x}J_\nu(x) \tag{A1.9}$$

$$J_{\nu-1}(x)-J_{\nu+1}(x)=2J_\nu'(x) \tag{A1.10}$$

若 $\nu=0$,由式(A1.10)可得

$$2J'_0(x)=J_{-1}(x)-J_1(x)$$

又因为

$$J_{-1}(x)=-J_1(x) \tag{A1.11}$$

得到

$$J'_0(x)=-J_1(x) \tag{A1.12}$$

410

2. $K_\nu(x)$ 的递推公式

$$K'_\nu(x) = -K_{\nu-1}(x) - \frac{\nu}{x}K_\nu(x) \tag{A1.13}$$

$$K'_\nu(x) = \frac{\nu}{x}K_\nu(x) - K_{\nu+1}(x) \tag{A1.14}$$

$$K_{\nu-1}(x) - K_{\nu+1}(x) = -\frac{2\nu}{x}K_\nu(x) \tag{A1.15}$$

$$K_{\nu-1}(x) + K_{\nu+1}(x) = -2K'_\nu(x) \tag{A1.16}$$

$$K'_0(x) = -K_1(x) \tag{A1.17}$$

3. 贝塞尔函数的渐近公式

当 $x \to \infty$ 时

$$J_\nu(x) \approx \left(\frac{2}{\pi x}\right)^{1/2} \cos\left(x - \frac{\nu\pi}{2} - \frac{\pi}{4}\right) \tag{A1.18}$$

$$Y_\nu(x) \approx \sqrt{\frac{2}{\pi x}} \sin\left(x - \frac{\nu\pi}{2} - \frac{\pi}{4}\right) \tag{A1.19}$$

$$I_\nu(x) \approx \frac{1}{\sqrt{2\pi x}} e^x \tag{A1.20}$$

$$K_\nu(x) \approx \sqrt{\frac{\pi}{2x}} e^{-x} \tag{A1.21}$$

当 $x \to 0$ 时

$$K_\nu(x) \approx \frac{2^{\nu-1}\Gamma(\nu)}{x^\nu} \tag{A1.22}$$

$$K_0(x) \approx \ln\frac{2}{x} = -\ln\frac{x}{2} \tag{A1.23}$$

三、阶跃折射率光纤中各模式特征方程的推导

1. TE_{0m} 和 TM_{0m} 模截止状态下特征方程〔式(1.3.38)〕的推导

已知弱导近似下 TE_{0m} 和 TM_{0m} 模的特征方程为

$$\frac{J'_0(u)}{uJ_0(u)} + \frac{K'_0(w)}{wK_0(w)} = 0$$

将式(A1.23)和式(A1.22)代入,得到截止状态下的特征方程为

$$\frac{K'_0(w)}{wK_0(w)} = \frac{\left(-\ln\frac{w}{2}\right)'}{-w\ln\frac{w}{2}} = \frac{-\frac{1}{w}}{-w\ln\frac{w}{2}}$$

当 $w \to 0$ 时,利用罗必塔法则可求出上式的极限,为

$$\lim_{w \to 0} \frac{\dfrac{1}{w^2}}{\ln \dfrac{w}{2}} = \frac{-\dfrac{2}{w^3}}{\dfrac{2}{w} \cdot \dfrac{1}{2}} = -\frac{2}{w^2} = -\infty$$

所以

$$\frac{J'_0(u)}{u J_0(u)} = \infty$$

$$J_0(u) = 0$$

2. HE$_{\nu m}$ 模特征方程式的推导

利用贝塞尔函数的递推公式式(A1.7)和式(A1.13),有

$$J'_\nu(u) = -\frac{\nu}{u} J_\nu(u) + J_{\nu-1}(u)$$

$$K'_\nu(w) = -\frac{\nu}{w} K_\nu(w) - K_{\nu-1}(w)$$

将这两式代入 HE$_{\nu m}$ 模的特征方程式(1.3.40),得到

$$\frac{J'_\nu(u)}{u J_\nu(u)} + \frac{K'_\nu(w)}{w K_\nu(w)} = -\frac{\nu}{u^2} + \frac{J_{\nu-1}(u)}{u J_\nu(u)} - \frac{\nu}{w^2} - \frac{K_{\nu-1}(w)}{w K_\nu(w)}$$

$$= -\frac{\nu}{u^2} - \frac{\nu}{w^2}$$

所以

$$\frac{J_{\nu-1}(u)}{u J_\nu(u)} = \frac{K_{\nu-1}(w)}{w K_\nu(w)}$$

即证明了式(1.3.41)。

当 $\nu = 1$,$w \to 0$ 时,由 $K_\nu(w)$ 的渐近公式,得

$$\frac{J_0(u)}{u J_1(u)} = \frac{K_0(w)}{w K_1(w)} = \frac{-\ln \dfrac{w}{2}}{w \cdot \dfrac{2^0 \Gamma(1)}{w}} = \frac{-\ln \dfrac{w}{2}}{1} \to \infty$$

所以

$$J_1(u) = 0$$

这便证明了式(1.3.44)。

当 $\nu > 1$ 时,HE$_{\nu m}$ 模的特征方程为

$$\frac{J_{\nu-1}(u)}{u J_\nu(u)} = \frac{K_{\nu-1}(w)}{w K_\nu(w)}$$

截止状态,$w \to 0$ 时

$$K_{\nu-1}(w) \approx \frac{2^{\nu-2} \Gamma(\nu-1)}{w^{\nu-1}}$$

$$K_\nu(w) \approx \frac{2^{\nu-1}\Gamma(\nu)}{w^\nu}$$

将这两式代入式(1.3.41),得

$$\frac{J_{\nu-1}(u)}{uJ_\nu(u)} \approx \frac{2^{\nu-2}\Gamma(\nu-1)w^\nu}{w2^{\nu-1}\Gamma(\nu)\cdot w^{\nu-1}}$$

因为 ν 为整数,

$$\Gamma(\nu) = (\nu-1)!$$

所以

$$\frac{J_{\nu-1}(u)}{J_\nu(u)} = \frac{u}{2(\nu-1)}$$

即证明了式(1.3.45)。

3. $EH_{\nu m}$ 模特征方程的证明

弱导近似下,$EH_{\nu m}$ 模的特征方程式为

$$\frac{J'_\nu(u)}{uJ_\nu(u)} + \frac{K'_\nu(w)}{wK_\nu(w)} = \frac{\nu}{u^2} + \frac{\nu}{w^2}$$

将贝塞尔函数的递推公式

$$J'_\nu(u) = \frac{\nu}{u}J_\nu(u) - J_{\nu+1}(u)$$

$$K'_\nu(w) = \frac{\nu}{w}K_\nu(w) - K_{\nu+1}(w)$$

代入式(A1.13),得

$$\frac{\nu}{u^2} - \frac{J_{\nu+1}(u)}{uJ_\nu(u)} + \frac{\nu}{w^2} - \frac{K_{\nu+1}(w)}{wK_\nu(w)} = \frac{\nu}{u^2} + \frac{\nu}{w^2}$$

即

$$\frac{J_{\nu+1}(u)}{uJ_\nu(u)} = -\frac{K_{\nu+1}(w)}{wK_\nu(w)}$$

当模式截止,$w \to 0$ 时

$$K_{\nu+1}(w) \approx \frac{2^\nu\Gamma(\nu+1)}{w^{\nu+1}}$$

$$K_\nu(w) \approx \frac{2^{\nu-1}\Gamma(\nu)}{w^\nu}$$

所以

$$\frac{K_{\nu+1}(w)}{wK_\nu(w)} \approx \frac{2^\nu\Gamma(\nu+1)w^\nu}{w2^{\nu-1}\Gamma(\nu)w^{\nu+1}} = \frac{2\nu}{w^2} \longrightarrow \infty$$

即

$$\frac{-J_{\nu+1}(u)}{uJ_\nu(u)} = \infty$$

$$J_\nu(u) = 0$$

这便是 $EH_{\nu m}$ 模截止状态下的特征方程。

附录 2 两平行介质波导中简并模的耦合

从微扰理论分析两平行介质波导之间的功率耦合问题。两介质波导可以有任意的折射率分布,两波导的模式也不一定相同,但这里只讨论简并模(传输常数相同的模)之间的耦合。

波导耦合的一般性质可以通过线性耦合方程来分析。忽略波导中反方向传输的模式耦合的可能性,两个简并模式(分属两个波导)的线性耦合方程为

$$\frac{\mathrm{d}A(z)}{\mathrm{d}z} = -\mathrm{i}\beta A(z) + c_1 B(z) \tag{A2.1}$$

$$\frac{\mathrm{d}B(z)}{\mathrm{d}z} = -\mathrm{i}\beta B(z) + c_2 A(z) \tag{A2.2}$$

式中,$A(z)$ 和 $B(z)$ 分别是两个模式的振幅;c_1 和 c_2 是耦合系数,由于光纤有损耗,c_1 和 c_2 及传输系数 β 都可能是复数量。

对于确定的模式,β、c_1 和 c_2 是常数,线性耦合方程组的解为

$$A(z) = \frac{1}{2}\left[A_0(\mathrm{e}^{-\mathrm{i}\Delta\beta z} + \mathrm{e}^{\mathrm{i}\Delta\beta z}) + \left(\frac{c_1}{c_2}\right)^{1/2} B_0(\mathrm{e}^{-\mathrm{i}\Delta\beta z} - \mathrm{e}^{\mathrm{i}\Delta\beta z})\right]\mathrm{e}^{-\mathrm{i}\beta z} \tag{A2.3}$$

$$B(z) = \frac{1}{2}\left[B_0(\mathrm{e}^{-\mathrm{i}\Delta\beta z} + \mathrm{e}^{\mathrm{i}\Delta\beta z}) + \left(\frac{c_2}{c_1}\right)^{1/2} A_0(\mathrm{e}^{-\mathrm{i}\Delta\beta z} - \mathrm{e}^{\mathrm{i}\Delta\beta z})\right]\mathrm{e}^{-\mathrm{i}\beta z} \tag{A2.4}$$

式中,

$$\Delta\beta = \mathrm{i}\sqrt{c_1 c_2} \tag{A2.5}$$

A_0 和 B_0 是 $A(z)$ 和 $B(z)$ 在 $z=0$ 时的值。

很明显,式(A2.3)和式(A2.4)是两个新模式的线性叠加,这两个新模式的传输常数为

$$\beta_1 = \beta + \Delta\beta \tag{A2.6}$$

$$\beta_2 = \beta - \Delta\beta \tag{A2.7}$$

对于无耗介质光波导,β 和 $\Delta\beta$ 都是实数,同时为了更清楚地观察功率耦合性质,设 $B_0=0$,即设 $z=0$ 时,只有模式 A 被激发。则得到

$$A(z) = A_0\cos(\Delta\beta \cdot z)\mathrm{e}^{-\mathrm{i}\beta z} \tag{A2.8}$$

$$B(z) = -\mathrm{i}\left(\frac{c_2}{c_1}\right)^{1/2} A_0\sin(\Delta\beta \cdot z)\mathrm{e}^{-\mathrm{i}\beta z} \tag{A2.9}$$

可见两模式的振幅沿 z 轴呈现正弦或余弦变化。对于无耗介质光波导,功率守恒给

出以下条件：

$$c_1 = -c_2*$$ (A2. 10)

在这种情况下，两个模式的功率耦合关系可写为

$$p_A = p_0 \cos^2(cz) e^{-i\beta z}$$ (A2. 11)

$$p_B = p_0 \sin^2(cz) e^{-i\beta z}$$ (A2. 12)

式中 $c = \sqrt{|c_1|^2} = \sqrt{|c_2|^2}$。

参考文献

［1］大越孝敬．通信光纤．北京：人民邮电出版社，1983

［2］D K Mynbaev，L L Scheiner．光纤通信技术．北京：机械出版社，2002

［3］叶培大，吴彝尊．光波导技术基本理论．北京：人民邮电出版社，1981

［4］A Yariv．Optical Electronics in modern communications．5th ed．New York：Oxford University Press，Inc．，1997

［5］M K Barnoskil．Fundamentals of Optical Fiber Communications．New York：Academic Press，1981

［6］G Keiser．Optical Fiber Communication．3rd ed．New York：McGraw-Hill，1983

［7］T V Muoi．Receiver Design for High-Speed Optical-Fiber Sytem．J．Lightwave Technology，1984，LT-2(3)：243

［8］H Kressel，J K Butler．Semiconductor Lasers and Heterojunction LEDs．New York：Academic Press，1977

［9］S D Personick，et al．A Detailed Comparison of Four Approaches of the Calculation of the Sensitivity of Optical-System Receivers．IEEE COM-25，1977(5)：541

［10］杨恩泽，杨同友．光纤数字通信接收机．北京：人民邮电出版社，1984

［11］韦乐平．光同步数字传送网．北京：人民邮电出版社，1998

［12］解金山．光纤用户传输网．北京：电子工业出版社，1995

［13］韦乐平．接入网．北京：人民邮电出版社，1997

［14］E Desurvire，J R Simpson．Amplificaion of Spontaneous Emission in Erbium-Doped Single-Mode Fiber．Journal of Lightwave Technology，1989，7：835－845

［15］韩煜国，等．AM-CATV 系统中 DFB 激光器的非线性失真．北京邮电大学学报，1994(4)：35

［16］Yunfeng Shen，Kejie Liu，Wangyi Gu．Goherent and Incoherent Crosstalk in WDM Optical Networks．IEEE J．Light Technol．，1999，17(5)

［17］Sun Jian，Gu Wanyi，Li Guorui，Xu Daxiong．Analysis of optical equalization in WDM system．CHINESE JOURNAL OF LASERS，June，1998，BT(3)：257－262

［18］何华杰，等．级联光放大器通信系统中信噪比的变化．电子学报，Jan．，1997，25(1)：117－120

［19］申云峰，顾畹仪．光传送网中分层结构和网络管理的研究．通信学报，July，1998，19(7)：18－24

［20］Yunfeng Shen，Wanyi Gu．Layered Structure and Network Management for Multiwavelength Communications．SPIE'Voice，Video，and Data Communications，1997(11)

［21］孙健，顾畹仪，李国瑞，等．解决长距离高速光纤通信中色散问题的若干方案．电信科学，1997(2)

416

［22］顾畹仪,张杰,等. 全光通信网.2版. 北京:北京邮电大学出版社,2001

［23］徐荣,龚倩,等. 高速宽带光互联网技术. 北京:人民邮电出版社,2002

［24］顾畹仪,等. 光传送网. 北京:机械工业出版社,2003

［25］张杰,等. 自动交换光网络. 北京:人民邮电出版社,2004

［26］顾畹仪,等.WDM 超长距离光传输技术. 北京:北京邮电大学出版社,2006

［27］王建全,杨万春,等. 城域 MSTP 技术. 北京:机械工业出版社,2005

［28］Chunming Qiao,Myungsik Yoo. Optical Burst Switching (OBS)—A New Paradigm for an Optical Internet. J. High Speed Networks，1999,8(1):69－84